中国建筑电气节能发展报告 2018

中国建筑节能协会建筑电气与智能化节能专业委员会
中国勘察设计协会建筑电气工程设计分会 | **组织编写**

化学工业出版社

·北京·

《中国建筑电气节能发展报告2018》由中国建筑节能协会建筑电气与智能化节能专业委员会与中国勘察设计协会建筑电气工程设计分会组织全国建筑电气行业的知名专家学者编写而成。

本书共分9章，主要内容包括建筑电气节能现状和发展趋势、供配电系统电气节能技术、建筑照明的电气节能技术、建筑智能化技术的节能措施、数据中心的节能技术、建筑新能源与绿色建筑的节能技术、BIM技术与装配式建筑的节能技术、海绵城市与地下综合管廊的节能技术、影响中国建筑电气行业品牌评选。

本书具有较强的权威性、实用性和参考性，非常适合建筑行业一线技术人员、相关产业从业人员以及各大高校、设计院研究人员学习使用。

图书在版编目（CIP）数据

中国建筑电气节能发展报告：2018/中国建筑节能协会建筑电气与智能化节能专业委员会，中国勘察设计协会建筑电气工程设计分会组织编写．—北京：化学工业出版社，2019.9
ISBN 978-7-122-34686-5

Ⅰ．①中…　Ⅱ．①中…②中…　Ⅲ．①房屋建筑设备-电气设备-节能设计-研究报告-中国-2018　Ⅳ．①TU85

中国版本图书馆CIP数据核字（2019）第119226号

责任编辑：耍利娜　李军亮　　　　　　　　　　　　文字编辑：汲永臻
责任校对：宋　玮　　　　　　　　　　　　　　　　装帧设计：刘丽华

出版发行：化学工业出版社（北京市东城区青年湖南街13号　邮政编码100011）
印　　装：北京新华印刷有限公司
787mm×1092mm　1/16　印张24³/₄　字数540千字　2019年9月北京第1版第1次印刷

购书咨询：010-64518888　　　　　　　　　售后服务：010-64518899
网　　址：http://www.cip.com.cn
凡购买本书，如有缺损质量问题，本社销售中心负责调换。

定　　价：139.00元

编 委 会

主　任　欧阳东

中国建筑节能协会　副会长

中国勘察设计协会建筑电气工程设计分会　会长

中国建设科技集团监事会主席　国务院特殊津贴专家　教授级高级工程师

委　员（排名不分先后）

李战赠　中国建筑设计研究院有限公司二院机电二所副所长　教授级高级工程师

张晓利　卓展工程顾问（北京）有限公司技术总监　高级工程师

张月珍　中国建筑设计研究院有限公司智能化所所长　教授级高级工程师

郭利群　中国建筑设计研究院有限公司数据中心设计所所长　教授级高级工程师

王陈栋　中国建筑设计研究院有限公司绿色设计研究中心咨询部主任　高级工程师

钟联华　上海中森建筑与工程设计顾问有限公司副总经理　高级工程师

张建新　北京中创建科信息技术有限公司　副总经理

于　娟　亚太建设科技信息研究院有限公司　编辑部主任

张　莹　北京市消防总队技术处处长　高级工程师

王　磊　北京市消防局建审处副处长　高级工程师

常立强　中国建筑设计研究院有限公司第二工程设计研究院机电二所　高级工程师

陆　璐　亚太建设科技信息研究院有限公司　编辑　工程师

陈玲玲　中国建筑设计研究院有限公司智能工程中心副主任　高级工程师

江　峰　中国建筑设计研究院有限公司数据中心设计所　高级工程师

王芳芳　中国建筑设计研究院有限公司绿色设计研究中心　工程师

高　春　上海中森建筑与工程设计顾问有限公司副总工程师　高级工程师

刘　妍　北京中创建科信息技术有限公司编辑部主任

闫佳璐　中国城市建设研究院有限公司经济师

赵瑷琳　中国建设科技集团股份有限公司经济师

徐泽亮　正泰集团股份有限公司低压配电系统研究院智能系统研发总监　高级工程师

禚　宁　正泰集团股份有限公司市场部产品发展经理　高级工程师

李立群　珠海派诺科技股份有限公司技术总监　电气工程师

刘玉明　珠海派诺科技股份有限公司软件部经理　电气工程师

刘宝全　康明斯（中国）投资有限公司业务发展高级经理　工程师

审查专家（排名不分先后）

李雪佩　中国建筑标准设计研究院有限公司顾问总工程师　高级工程师

徐　华　中国勘察设计协会建筑电气工程设计分会　副会长

　　　　清华大学建筑设计研究院有限公司电气总工程师　教授级高级工程师

陈　琪　中国勘察设计协会建筑电气工程设计分会双高委　副主任

　　　　中国建筑设计研究院有限公司顾问总工程师　教授级高级工程师

吕　丽　中国建筑节能协会建筑电气与智能化节能专业委员会　秘书长

　　　　中国勘察设计协会建筑电气工程设计分会　秘书长

　　　　亚太建设科技信息研究院有限公司主编　研究员级工程师

王苏阳　中国建筑节能协会建筑电气与智能化节能专业委员会　副秘书长

　　　　中国勘察设计协会建筑电气工程设计分会　副秘书长

　　　　中国建筑设计研究院有限公司二院电气总工　教授级高级工程师

马名东　中国建筑设计研究院有限公司智能工程中心主任　教授级高级工程师

张广河　华为技术有限公司中国企业网络能源解决方案销售部CTO

赵　昕　中国建筑设计研究院有限公司绿色设计研究中心主任　教授级高级工程师

钟才敏　上海中森建筑与工程设计顾问有限公司总工程师　教授级高级工程师

乔国刚　北京市政建设集团有限公司技术中心副主任　高级工程师

伍泽涌　中国能源研究会节能减排中心节电产业联盟理事长　教授级高级工程师

根据《中国建筑能耗研究报告（2018）》：2016年，中国建筑能源消费总量为8.99亿吨标准煤，占全国能源消费总量的20.6%；全国建筑总面积为635亿m^2，城镇人均居住建筑面积为34.9m^2；建筑碳排放总量为19.6亿吨CO_2，占全国能源碳排放总量的19.4%。而电力是建筑碳排放的主要来源，占比46%。因此，建筑电气节能技术的发展和应用对节能减排具有极其重要的意义。

为了在中国建筑行业推广电气节能技术，促进行业科技进步，继《中国建筑电气节能发展报告2016》之后，中国建筑节能协会建筑电气与智能化节能专业委员会和中国勘察设计协会建筑电气工程设计分会再次联合，力邀行业内知名专家作为本书编委和审查专家，编写《中国建筑电气节能发展报告2018》。本书总结了建筑电气节能现状和发展趋势，以工程实例为依托，详细介绍了供配电系统、建筑照明系统、建筑智能化系统、数据中心、建筑新能源与绿色建筑、BIM技术与装配式建筑、海绵城市与地下综合管廊等方面的知识。在本书的最后，对影响中国建筑电气行业品牌的评选进行了介绍。

本书内容翔实，重点突出，图文并茂，简单扼要，实操性强，创新性强，力求做到发展报告的前瞻性、准确性、指导性和可操作性，适合建设单位、设计单位和产品单位的电气技术人员以及相关产业的电气从业人员使用。

书中引用了大量国内外的节能资料和数据，希望借他山之石，起抛砖引玉之用，为大家提供一点参考。

由于时间有限，书中难免有不妥之处，敬请广大专家和读者批评指正。

中国建筑节能协会副会长
中国勘察设计协会建筑电气工程设计分会会长

2019年6月12日

目录 | contents

第3章　建筑照明的电气节能技术

第5章 数据中心的节能技术

第6章　建筑新能源与绿色建筑的节能技术

第7章　BIM技术与装配式建筑的节能技术

第9章　影响中国智能建筑电气行业品牌评选

参考文献

第 1 章　建筑电气节能现状和发展趋势

1.1 建筑电气的现状

1.1.1 2016年和2017年美国LEED认证情况

（1）绿色建筑评估体系（LEED）

由美国绿色建筑协会建立并推行的《绿色建筑评估体系》（Leadership in Energy & Environmental Design Building Rating System），国际上简称LEED，是目前在世界各国的各类建筑环保评估、绿色建筑评估以及建筑可持续性评估标准中被认为是最完善、最有影响力的评估标准。

LEED™评估体系由五大方面、若干指标构成其技术框架：①可持续的场地规划；②保护和节约水资源；③高效的能源利用和大气环境；④材料和资源问题；⑤室内环境质量。根据每个方面的指标进行打分，综合得分结果，以反映建筑的绿色水平。总得分是110分，分四个认证等级：认证级40～49分；银级50～59分；金级60～79分；铂金级80分以上。

针对不同的项目类型，LEED有不同的评估体系：LEED-NC——新建建筑；LEED-CS——核心和外壳；LEED-CI——商业内部；LEED-Home——住宅；LEED-School——学校；LEED-EB——既有建筑；LEED-ND——社区；LEED-Retail——零售。

（2）2016年我国LEED绿色建筑省市排名（见表1-1）

表1-1　2016年我国LEED绿色建筑省市排名

排名	省市	2016年获得LEED认证的建筑面积/m²
1	北京	209万
2	上海	175万
3	江苏	136万
4	广东	105万
5	天津	56.3万
6	四川	46.6万
7	浙江	30.7万
8	辽宁	30.4万
9	湖北	25.7万
10	江西	18.9万

1.1.2 2016年和2017年中国绿色建筑三星评价标识情况

为了推动中国绿色建筑的发展，住房和城乡建设部出台了《绿色建筑评价标准》，第一次为"绿色建筑"贴上了标签。按照《绿色建筑评价标准》规定，该认证分为三个等级：18项达标为绿色一星；27项达标为绿色二星；35项达标为绿色三星，是中国绿色建筑评估标准中的最高级别。

2008～2017年全国各地区绿色评价标识项目数量统计见表1-2。

中国各省（市、区）均建有绿色评价标识项目，其中，绿色一星建筑数量为1704个，绿色二星建筑数量为1693个，绿色三星建筑数量为782个，总计4179个。其中，江苏、广东、上海、山东、浙江、陕西的绿标建筑居全国前六名，约占全国绿标建筑总数的53%，如图1-1所示。

表1-2 2008～2017年全国各地区绿色评价标识项目数量统计

序号	省（市、区）	一星	二星	三星	总计
1	江苏	305	378	151	834
2	广东	259	98	83	440
3	陕西	157	45	12	214
4	浙江	83	87	48	218
5	湖北	77	84	18	179
6	河北	71	105	13	189
7	山东	69	181	28	278
8	福建	67	33	10	110
9	湖南	59	30	17	106
10	江西	58	9	7	74
11	吉林	50	35	2	87
12	上海	48	118	119	285
13	天津	42	65	80	187
14	安徽	40	39	13	92
15	河南	38	77	5	120
16	四川	38	12	8	58
17	广西	37	45	11	93
18	山西	32	36	3	71
19	辽宁	29	14	10	53
20	重庆	27	44	9	80
21	贵州	25	26	7	58
22	甘肃	20	13	2	35
23	北京	18	48	83	149
24	黑龙江	18	3	4	25
25	内蒙古	16	13	3	32
26	云南	10	14	16	40
27	宁夏	7	5	2	14
28	新疆	2	11	8	21
29	海南	1	9	10	20
30	青海	1	16	0	17
31	西藏	0	0	0	0
	总计	1704	1693	782	4179

注：以一星标识建筑数量由多至少排序。

数据来源：绿色建筑评价标识网。

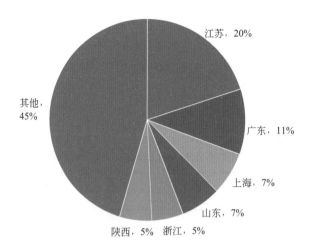

图1-1　2008～2016年全国主要地区绿色评价标识项目数量占比

1.1.3　北京市建筑能耗情况

（1）北京市公共建筑能耗（电）参考值

北京市公共建筑能耗（电）参考值见表1-3，各建筑类型能耗占比见图1-2～图1-5。

表1-3　北京市公共建筑能耗（电）参考值

单位：kW·h/（m²·a）

参考	建筑类型	政府办公楼	商业写字楼	酒店	商场
总电耗		78	124	134	240
分项	空调	26	41	59	120
	照明	15	24	18	70
	电器	22	35	15	10
	电梯	3	3	3	15
	给排水泵	1	1	3	0.2
	其他	11	20	36	24.8

数据来源：《中国建筑节能年度发展研究报告》（2010）。

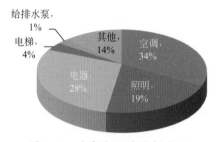

图1-2　政府办公楼能耗占比

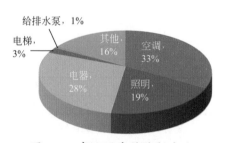

图1-3　商业写字楼能耗占比

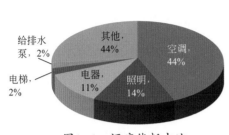

图1-4　酒店能耗占比

图1-5　商场能耗占比

（2）大型公共建筑能耗（电）参考指标值

其值见表1-4。

表1-4　大型公共建筑能耗（电）参考指标值

建筑类型			参考指标值/［kW·h/(m²·a)］
公共建筑/［kW·h/(m²·a)］	办公	党政机关	70
		商业办公	80
	酒店	三星级及以下	100
		四星级	120
		五星级	150
	商场	大型百货店	140
		大型购物中心	175
		大型超市	170

数据来源：《民用建筑能耗标准》（GB/T 51161—2016）。

1.2　建筑电气的节能标准

1.2.1　建筑电气节能的定义

　　绿色建筑在国外已有成熟的发展历程，其设计框架、遵循的原则、侧重方向等对我国绿色建筑发展而言，都具有十分重要的借鉴和参考意义。在结合我国国情的基础上，积极总结经验，挖掘自身的设计潜力，创造出真正符合我国生态环境的绿色建筑。绿色建筑设计五大原则为：

　　① 重视本地化风土人情；

　　② 节能与控制的灵活应用；

　　③ 尊重自然环境因素；

　　④ 经济价值与环境价值的平衡；

　　⑤ 注重技术创新。

1.2.2 节能标准现状和编制规则

目前，国外主流的建筑电气节能标准主要有欧盟、德国、英国、日本的 11 项节能标准，它们在标准管理部门、编写修订情况、采纳及执行情况、建筑类型标准细划、节能目标设定、覆盖范围、节能目标计算方法、节能性能判定方法方面存在着差异；国内常用的建筑电气节能标准有 34 项，不同标准之间存在着内容交叉、要求不同、深度不一等问题，有待完善。

1.2.2.1 国际上建筑电气节能标准现状

（1）当前国外建筑电气节能行业常用的标准

国外主要建筑电气节能标准见表 1-5。

表1-5 国外主要建筑电气节能标准（欧盟、德国、英国、美国、日本）

地区	标准	解释
欧盟	EPBD 2002和EPBD 2010	欧洲议会和理事会指令
	prEN	由欧洲标准化委员会（CEN）开发
德国	《建筑节能条例》（EnEV）	德国政府颁布的关于节能保温和设备技术的规定
	工业标准DIN	
英国	《建筑节能条例》	简称Building Regulation PART L
	《暖通空调条例细则》、SAP（Standard Procedure Assessment）、SBEM（Simplified Building Energy Model）、DSM（Dynamic Simulation Method）	
美国	ASHRAE 90.1	由美国暖通空调制冷工程师学会管理发布，标准应用范围包含新建筑，既有建筑扩建改建，分供暖、通风和空调、生活热水、动力、照明及其他设备五个部分来规范建筑电气及智能化节能
	IECC	由美国国际规范委员会ICC（International Code Council）管理发布，是能源部主推的居住建筑节能标准
日本	《公共建筑节能设计标准》（CCREUB, The Criteria for Clients on the Rationalization of Energy Use for Buildings）	主要基于围护结构性能系数（PLA）和建筑设备综合能耗系数（CEC）两个指标对公共建筑的节能性能进行了规定
	《居住建筑节能设计标准》（CCREUH, Criteria for Clients on the Rationalization of Energy Use for Homes）	CCREUH给出了居住建筑节能设计的各个指标的限值，包括不同气候分区年冷热负荷指标，热损失系数指标及夏季得热系数指标的限值，并详细讲述了以上指标的算法
	《居住建筑节能设计与施工导则》（DCGREUH, Design and Construction Guidelines on the Rationalization of Energy Use for Houses）	DCGREUH是对CCREUH内容上的补充和细化

（2）各国建筑电气节能标准的异同

由于热工性能指标、能耗指标、节能措施等指标的不同，全球建筑节能标准在内容和形式方面都存在很大差异，见表 1-6。

表1-6 不同国家建筑节能标准的差异（美国、英国、德国、日本）

项目	美国	英国	德国	日本
标准管理部门	由科研院所和行业协会组织科研院所、高等院校、设计单位、政府管理人员、建筑建造运行人员、建筑设备生产商和相关组织等所有利益相关方共同参与编写和修订			
编写修订情况	随时颁布"修订补充材料"，到3年一次的大修时间，统一出版最新标准	每4年修订一次	修订周期较短，一般2~3年一次	建筑节能标准周期不定，自1999年修订后至今未做修订
采纳及执行情况	需要地方政府通过立法或办理相关行手续进行采纳，然后再执行，通常这一周期需要2年或更长时间	强制执行且由政府规定强制执行时间	EnEV标准是强制执行的最低标准，要求颁布之后6个月开始实施	对建筑节能标准是自愿执行
建筑类型标准细划	居住建筑和公共建筑各一个标准，气候区划分相同，覆盖全国	将建筑类型分为PART L 1A新建居住建筑、PART L 1B既有居住建筑、PART L 2A新建公共建筑及PART L 2B既有公共建筑四类	将新建建筑细分为居住建筑和公共建筑，将既有建筑按不同室温要求进行细划	将建筑分为居住建筑和公共建筑两部分
节能目标设定	节能目标由DOE进行设定，如要求ASHRAE 90.1—2010比2004版节能30%；ASHRAE 90.1—2013比2004版节能30%；IECC 2012比2006版节能30%；IECC 2015比2006版节能50%	要求2010版建筑条例比2006版节能25%，比2002版节能40%；2013版建筑条例比2006版节能44%，比2002版节能55%；2016年实现新建居住建筑零碳排放，2019年实现新建公共建筑零碳排放	从1977版标准年供暖能耗指标限制200kW·h/m²逐步降为现在的50kW·h/m²	无确切目标，但对各个版本对比分析可知：现行1999公共建筑比1980年以前建筑节能约61%
覆盖范围	ASHARE 90.1包含暖通空调系统、热水供给及水泵、照明，IECC包含暖通空调系统、热水供给及水泵、照明	建筑管理条例包含暖通空调系统、热水供给及水泵、照明、电力、可再生能源	EnEV包含暖通空调系统、热水供给及水泵、电力、可再生能源	CCREUB包含暖通空调系统、热水供给及水泵、照明、电力、可再生能源，DCGREUH（1999版）包含暖通空调系统、热水供给及水泵、电力，CCREUH（1999版）包含暖通空调系统、电力
节能目标计算方法	通过对15个气候区各16个基础建筑模型前后两个版本进行480次计算，再根据不同类型建筑面积进行加权，得出是否满足节能目标	根据碳排放目标限值来计算，如2010版建筑碳排放目标限值是在2006版同类型建筑碳排放目标限值基础上直接乘以1与预期节能率的差值	以供暖能耗限值为节能目标，不同版本EnEV不断更新对供暖能耗限值的要求	基准值的计算以典型的样板住户为对象进行，计算方法由隶属于国土交通省的辖区专家委员会讨论决定，解读和资料在网站上公开
节能性能判定方法	采用规定性方法+权衡判断法+能源账单法	采用规定性方法+整体能效法	采用规定性方法+参考建筑法	采用规定性方法+具体行动措施

1.2.2.2 中国建筑电气节能标准现状

（1）中国建筑电气标准规范

建筑节能标准体系为2009年新增加的"主题"标准体系，服务于"节能"主题工作，涵盖了建筑节能的各方面，其具体内容详见第6章相关部分。

（2）中国建筑电气与智能化节能有待完善和补充的标准规范

中国建筑电气节能发展离不开统一、完善的标准规范。由于建筑电气节能涉及多种学科和专业，各个专业又包含多项具体技术，另外，行业管理涉及部门广泛，因此在标准编制中存在内容交叉、要求不同、深度不一等问题。因此，特别需要统一协调各个管理部门和标准发布部门，统筹规划和分工。

目前，从事建筑电气节能行业人员的执业资格主要分为注册电气工程师和注册建造师两种。然而，现行"注册电气工程师""注册建造师"的执业条件设置与建筑电气节能的实际需求不尽吻合。建筑电气节能的从业人员为了考注册进行培训，但对从业素质的提高未能产生预期成效，因此，需要尽快编制一套符合建筑电气节能行业实际需求的执业资格标准，用以执业资格培训和考核。

建筑电气节能工程中，设备维护是十分关键的一环。目前，一些建筑物中智能化系统功能存在的问题，主要就是系统维护的缺失和不规范，解决这一问题需要制定相关标准。

1.2.3 中国各省市的绿色建筑政策

2016年2月初，国家发展和改革委员会（简称"国家发改委"）、住房和城乡建设部（简称"住建部"）两部委联合印发的《城市适应气候变化行动方案》（简称《方案》）指出："提高城市建筑适应气候变化能力，积极发展被动式超低能耗绿色建筑"。国家发改委就《方案》表示，到2020年，我国将建设30个适应气候变化的试点城市，典型城市适应气候变化治理水平显著提高，绿色建筑推广比例达到50%。这意味着，绿色建筑等环保产业将进入新一轮政策期。

1.2.3.1 绿色建筑发展概况

近年来，我国中央政府及省市地方政府陆续出台了绿色建筑的发展政策，促进了我国建筑行业绿色发展和城市住区环境的改良。特别是在新区、新城和中心城区的建设，已成为重要的建筑形式。"建筑节能-绿色建筑-绿色住区-绿色生态城区"的空间规模化聚落正在逐步形成。

2013年绿色建筑标识前十名为山东、广东、天津、河北、江苏、河南、上海、湖北、陕西、安徽，其中河北、河南、湖北、陕西、安徽增速最快。2014年，上海市依靠建筑节能的政策、标准、技术、管理、目标考核五大体系，以制度和科技不断创新，绿色建筑和建筑节能推进实现了由单体建筑向区域整体的延伸，由建筑节能建设管理向建筑节能服务产业的延伸。

目前，现有建筑95%以上仍是高能耗建筑，若不采取节能措施，2020年我国建筑耗能占比将达到50%。在此背景下，我国提出了到"十二五"末，新建绿色建筑10亿平方米的总体目标，绿色建筑将占到新建建筑的20%（每年需发展4亿平方米）。各省级、地方政府根据（国办发〔2013〕1号）要求，制定了本地区的绿色建筑实施意见、规划或行动方案，明确了到"十二五"末，所在地区的绿色建筑发展在新建建筑中的发展比例或绿色建筑目标总量，如江苏和北京等分别提出建设1亿平方米和600万平方米绿色建筑。

2016年，是"十三五"开局之年，对于推动我国绿色建筑事业的发展具有关键作用。从政策顶层设计、以伞形结构向下展开的角度出发，应当自下而上，对省级地方绿色建筑发展总量和激励政策进行总体把握，研究不同地区在绿色建筑激励政策方面的特征、量化设计，解析政策起作用的路径与可能的成效，对于地区之间绿色建筑激励政策量化借鉴和协调均衡我国绿色建筑总体发展格局具有参考价值。

1.2.3.2　国内绿色建筑激励政策进展

在中央政府建筑节能和绿色建筑总体政策的架构下，科学推进省级、地方政府的绿色建筑政策扶持体系，可有效推动地方绿色建筑事业的发展。中国绿色建筑激励政策研究可以考虑借鉴欧盟建筑节能政策和加拿大多伦多绿色建筑政策。在绿色建筑激励政策方面，应加强积累地方绿色建筑实践层面的政策经验，坚持发展性、公平性、可操作性、超前性和稳定性五大原则，提出进一步完善政策和提升政策效果的建议。

1.2.3.3　省级、地方政府绿色建筑激励政策总体特征

按照国办发〔2013〕1号文件的要求，各省政府基本明确了将绿色建筑指标和标准作为约束性条件纳入总体规划、控制性详细规划、修建性详细规划和专项规划的目标，并落实到具体项目。在国有土地使用权依法出让转让时，要求规划部门提出绿色建筑比例等相关绿色发展指标和明确执行的绿色建筑标准要求。鉴于激励政策分析的经济适用性和地区间的可借鉴性，本章根据不同省份的经济水平，参照国家统计局的标准进行划分，通过分析我国近25个省和直辖市的绿色建筑实施意见、规划和行动方案，归纳了省级、地方在绿色建筑推广方面采取的政策情况。

在绿色建筑激励方面，激励政策主要包括：土地转让、土地规划、财政补贴、税收、信贷、容积率、城市配套费、项目审批、评奖、企业资质、科研、消费引导和其他，约13类。不同省（市、区）颁布的激励政策采用的比例及其可直接执行的比例特征如图1-6所示，其中直接可执行的是如星级绿色建筑补助额度和城市配套费返还的量化值等激励政策。八大地区所包括的省（市、区）均发布了相关的激励政策，吉林、广西、安徽和贵州的激励政策类型最多（8～9项），全国政策激励数平均为6项，地区间激励政策数量由多到少依次是长江中游、东部沿海、西南地区、南部沿海、黄河中游、北部沿海和大西北（其实东北地区仅一个样本，不考虑计入比较）。从政策的可执行数量和在总政策中的占比来看，全国政策数平均为2～3项（占激励政策总量的37.1%），地区之间相对均衡，政策数平均在1～3项，个别省（市、区）如安徽和贵州超过平均水平，部分省（市、区）暂无直接可执行的激励政策。

不同激励政策主要是针对企业、科研、公众和一些其他对象，其应用和可执行情况如图1-6所示。在政策使用比例方面，仅财政补贴政策超过50%，其次为容积率、土地转让、税收和评奖等。采用激励政策的同时，应评价该政策是否具有可操作性，如在财政补贴方面，是否有明确的资助额度；在信贷方面，是否有准确的利率优惠；在项目评审方面，是否有确定的优先渠道等。根据该统计方法，对调研的25个省（市、

区）采纳的激励政策进行分析，计算其中可执行的比例。如图1-6所示，评奖、土地规划、项目审批三项的比例超过了80%，其他可执行的激励政策比例均在50%以下，企业资质和财政补贴介于40%～50%。将以上两方面综合来考虑，即落地政策在调研省份中的应用比例，评奖最高（约44%），其次是财政补贴、土地规划和项目审批等，其他均低于20%。

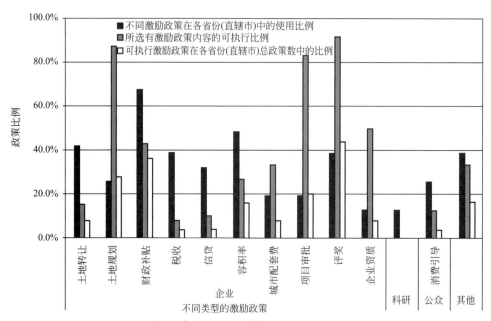

图1-6　不同省（市、区）颁布的激励政策采用的比例及其可直接执行的比例特征

1.2.3.4　省级地方政府绿色建筑激励政策的分类

在土地转让和土地规划方面，调研的25个省和直辖市中，分别约有41.9%和25.8%提出了在土地招拍出让规划阶段将绿色建筑作为前提条件，明确绿色建筑比例。这一前置性的规定，具有法律约束效应，是政府规划部门项目考虑的依据。这种激励有强制性约束的特征，处于不同绿色建筑发展阶段、不同经济条件、不同建筑气候区和资源禀赋的地区，需要因地制宜。

在财政补贴方面，主要基于星级标准、建筑面积、项目类型和项目上限等组合方式予以设计政策，有9个省（市、区）明确了对星级绿色建筑的财政补贴额度，不仅包含沿海地区，也有黄河中游和长江中游的省份，资助范围为10～60元/m²（上海对预制装配率达到25%的，资助提高到100元/m²），北京、上海和广东从二星级开始资助，有利于引导当地绿色建筑的星级结构水平；江苏和福建对一星级绿色建筑的激励提出了明确的奖励标准，但关于二星级和三星级的奖励标准未发布；陕西省作为黄河中游的经济欠发达地区，但是在发展星级绿色建筑方面，提出了阶梯式量化财政补贴政策，奖励为10～20元/m²。

针对单个绿色建筑项目，部分省市规定了资助额或上限，从5万元至600万元不等，其中东部沿海地区的上海，针对保障性住房，将补贴上限提高到1000万元，有利于绿色建筑规模化申报和绿色建筑发展向保障性住房倾斜的公共策略。国家当前正在着力发展保障性住房等民生工程，如果将绿色建筑与保障性住房计划协同推进，那么对绿色建筑政策目标的达成就起到开源的作用。从经济发展的区域水平和地区绿色建筑技术的边际成本考虑，表1-7归纳的不同省（市）将财政补贴政策用于激励绿色建筑的量化标准，可供已经提出财政补贴方向的省市参考。东北、西南和大西北地区应尽快提出针对绿色建筑的补贴量化标准。

表1-7　不同省（市）将财政补贴政策用于激励绿色建筑的量化标准

地区	省（市）	一星级/（元/m²）	二星级/（元/m²）	三星级/（元/m²）	资助上限/万元	政策内容	借鉴省（区）
北部沿海	北京		22.5	40	—	达到国家或本市绿色建筑运行标识，根据技术进步、成本变化等情况适时调整奖励	河北
	天津	—	—	—	5	该资金分两次拨付，签署任务合同书，第一次拨付3万元。待项目验收合格后，第二次拨付2万元。2007年绿色建筑试点项目给予建筑节能专项基金补助100万元	
	山东	15	30	50	—	按建筑面积计算，将根据技术进步、成本变化等因素调整年度奖励标准	
东部沿海	上海	—	60	60	600（保障性住房项目最高可获补贴1000）	获得绿色建筑标识的新建居住建筑和公共建筑，其中，整体装配式住宅示范项目，对预制装配率达到25%及以上的，每平方米补贴100元	浙江
	江苏	15			—	获得绿色建筑一星级设计标识；对获得绿色建筑运行标识的项目，在设计标识基础上增加10元/m²奖励	
南部沿海	福建	10			—	按建筑面积计算	海南
	广东		25	45	150（二星级）200（三星级）		
黄河中游	陕西	10	15	20	—	—	山西、内蒙古
长江中游	安徽					计划每年安排2000万元专项资金	江西、湖北、湖南

在信贷方面，安徽提出尝试，提出改进和完善对绿色建筑的金融服务，金融机构对绿色建筑的消费贷款利率可下浮0.5%、开发贷款利率可下浮1%，消费和开发贷款分别针对消费者和房地产开发企业。关于开发贷款利率，此前，国家曾对经适房的开发贷款利率提出不超过10%的下浮空间，北京规定公租房、廉租房建设贷款，利率最高

可下浮为同期基准利率的0.9倍。开发贷款利率下浮1%，对整体金融业务的平衡影响较小，对房地产企业激励程度则需要数量方面的衡算，如果房地产企业能够将贷款利率下浮带来的节余成本与绿色建筑增量成本平衡，那么建设绿色建筑的增量成本将基本被消纳。在绿色行动方案或规划中提出使用信贷激励政策的还包括北京、河南、安徽、山东、新疆、湖北、广西、山西、吉林和贵州，因此，均可借鉴安徽的做法并制定有利于绿色建筑信贷业务规模化发展的贷款利率优惠，激发企业和消费者建设绿色建筑和购买绿色建筑的意愿。

容积率是规划建设部门有效控制建筑密度的约束性手段，是调节地块居住舒适度的重要指标，适当提高容积率，有利于开发商获取更大的商业价值。表1-8列出了不同地区将奖励容积率用于激励绿色建筑的量化标准。其一是基于星级给予不超过3%的容积率奖励（福建和贵州）；其二是对实施绿色建筑而增加的建筑面积不纳入建筑面积（山西）。长沙于2012年在《全装修住宅、全装修集成住宅容积率奖励办法（试行）》中，为避免二次装修造成的污染浪费，就全装修住宅和全装修集成住宅的容积率奖励幅度，分别为3%～5%和4%～6%。

南京市委市政府发布的《关于进一步加强节能减排工作的意见》指出，"从2013年1月起，单体面积10000m^2以上的建筑，符合国家节能标准的，审批规划时可给予0.1～0.2的容积率的奖励"。以南京江宁水龙湾区域G75地块为例，经本研究测算，1%～3%的容积率奖励能提高开发商销售额（1.1千万～3.3千万元），同时使售房价下降20～60元/m^2。广州正在制订新的绿色建筑容积率核定办法，将参考新加坡等地的做法，对执行情况好的建筑进行1%～2%的建筑面积补偿。

因此，通过该措施，可以适当提高开发商的商业盈利，并微弱地调节消费者的购买价格意向。山西采用的绿色建筑技术造成的建筑面积增加且不纳入建筑容积率计算的激励，符合技术实际，具有良好的推广借鉴意义。对于规划建设部门，容积率奖励是最直接、可操作的方法。在沿海地区，提高容积率能够极大激发开发商的规划建设意愿；在东北、黄河中游和长江中游等地区，实施容积率奖励，有利于适当平衡开发商的收益；而将实施绿色建筑技术而增加的建筑面积不纳入计算范围，则适合在全国范围内推广。

表1-8　不同地区将奖励容积率用于激励绿色建筑的量化标准

地区	代表	一星级	二星级	三星级	激励细则	可考虑借鉴的地区或省（市、区）
南部沿海	福建	1%	2%	3%	对于房地产开发企业开发星级绿色建筑住宅小区项目	北部沿海、广东、海南
西南地区	贵州		<3%		对经营性营利项目要以容积率奖励为主。在获得星级绿色建筑设计标识后，按实施绿色建筑项目计容建筑面积的3%以内给予奖励	广西、重庆、四川、云南
黄河中游	山西		—		对因实施外墙外保温、遮阳、太阳能光伏幕墙等绿色建筑技术而增加的建筑面积，可不纳入建筑容积率计算	

在城市配套费（城市基础设施配套费）方面，按城市总体规划要求，为筹集城市市政公用基础设施建设资金所收取的费用，按建设项目的建筑面积计算，其专项用于城市基础设施和城市公用设施建设。内蒙古地级市在30元/m²以上，如呼和浩特和鄂尔多斯的城市配套费分别在50～80元/m²；青海西宁市的城市配套费规定为60元/m²。根据2010年《海南省关于调整城市基础设施配套费征收标准的通知》，城市配套费基本在150～220元/m²，该费用标准基本与北京、上海、天津和其他沿海省份城市中心区或近郊接近。如表1-9所示，基于绿色建筑等级实施城市配套费减免或返还，内蒙古自治区管辖的城市兴建绿色建筑可以减免15～30元/m²，最高可超过80元/m²；青海则可以返还18～42元/m²；海南二星以上绿色建筑30～88元/m²。

表1-9 不同省（市、区）将城市配套费用于激励绿色建筑的量化标准地区

地区	省（市、区）	一星级	二星级	三星级	激励细则	可考虑借鉴的地区或省（市、区）
黄河中游	内蒙古	50%	70%	100%	针对绿色建筑评价标识，给予城市配套费减免	东北地区、山西、河南、陕西
大西北地区	青海	30%	50%	70%	针对绿色建筑评价标识，给予城市配套费返还	西南地区、西藏、甘肃、宁夏、新疆
南部沿海	海南		20%	40%	针对绿色建筑运行标识，给予城市配套费返还	北部沿海、东部沿海、广东、福建

如果发达地区在市政经济允许的情况下（如北京、天津和西安等城市中心城区或城市近郊的城市配套费分别在160～200元、290～320元和150元左右），设置合理的城市配套费减免或返还政策激励机制，将可以有效消纳绿色建筑的增量成本。针对西南地区，城市配套费总体征缴基准值较低（重庆、广西和贵州分别为45元、2～11元和30～90元），应考虑在保障基本设施正常的同时，设置适当的激励比例，同时考虑其他激励政策联动，并适当加大对一星级绿色建筑的激励力度。与此同时，由于广东等省份实行开发的商品房项目按基本建设投资额的5%计收，零散开发的商品房项目按基建投资额的10.5%计收，尚需研究针对按照基本建设投资额比例征缴的激励比例。

在绿色建筑项目审批方面，约20%的省（市、区，福建、内蒙古、湖北、湖南、青海和宁夏等）明确提出建立审批绿色通道，该激励政策对于鼓励企业参与绿色建筑实施、监督工程管理、有效评估效果和开展财税、信贷等其他激励具有良好的促进作用。该激励政策不会对公共财政造成压力，不受地区经济约束条件的影响，对推进全国范围内不同规模城市中绿色建筑项目评价具有中枢价值，因此，应考虑在全国范围内推广实施。

在工程项目和个人评奖方面，接近一半的省份采用了该政策，黄河中游、长江中游、西南地区和大西北地区普遍运用该政策（如表1-10所示）。评奖主要通过以下方式：①结合国家和省级建筑工程评优，将绿色建筑作为优选乃至必要门槛；②对在推动绿色建筑方面做出突出贡献的企业或个人给予奖励。其他地区如东北地区、东部沿海、南部沿海和城市宜考虑将评奖机制引入，重点发挥行业评价的优势，与此同时，适当考虑将绿色建筑作为建筑工程评优的必备条件，强化绿色建筑在样板新建建筑中的影响力。

表1-10　不同省（市、区）将评奖作为激励绿色建筑的重要凭据

地区	省（市、区）	主要的评奖政策内容	可考虑借鉴的省（市、区）
北部沿海	山东	在国家、省级评优活动及各类示范工程评选中，优先推荐、优先入选或适当加分	北京、天津、河北
黄河中游	内蒙古	在"鲁班奖""广厦奖""华夏奖""草原杯""自治区优质样板工程"等评优活动及各类示范工程评选中，实行优先入选或优先推荐上报；对于在绿色建筑发展方面表现突出的先进集体和先进个人，给予表彰奖励	山西
	河南	优先推荐申报"中州杯""鲁班奖"等评优评奖项目	
	陕西	优先推荐申报"长安杯""鲁班奖"	
长江中游	安徽	在组织"黄山杯""鲁班奖"、勘察设计奖、科技进步奖等评选时，优先入选或优先推荐	
长江中游	江西	在"鲁班奖""广厦奖""华夏奖""杜鹃花奖""全国绿色建筑创新奖"等评优活动及各类示范工程评选中，优先入选或优先推荐上报的制度	
	湖北	在各类工程建设项目评优及相关示范工程评选中，作为入选的必备条件	
	湖南	在"鲁班奖""广厦奖""华夏奖""湖南省优秀勘察设计奖""芙蓉奖"等评优活动及各类示范工程评选中，作为民用房屋建筑项目入选的必备条件	
西南地区	广西	在"鲁班奖""广厦奖""华夏奖"等评优活动及各类示范工程评选中，优先入选或优先推荐上报等	四川、云南
	重庆	设立重庆市"绿色建筑创新奖"，表彰在推进绿色建筑发展方面具有创新性和明显示范作用的工程项目；在绿色建筑技术研究开发和推广应用方面做出显著成绩的单位和个人	
	贵州	推荐参评省优秀工程勘察设计奖。按照绿色建筑标准竣工验收备案的项目，积极推荐参评省优秀施工工程，同时积极推荐绿色建筑参评全国优秀勘察设计奖、国家优质工程质量奖	
大西北地区	宁夏	优先参加国家和自治区"鲁班奖""广厦奖""西夏杯"、优秀设计奖、建筑业新技术应用及可再生能源建筑应用示范工程的评审；对先进集体和先进个人进行表彰奖励	西藏、甘肃、青海和新疆

　　在企业资质方面，北京、湖北、湖南、内蒙古和吉林等提出对实施绿色建筑成效显著的企业，在企业资质年检、资质升级换证、项目招投标中给予免检、优先和加分等奖励。其中关于资质升级和项目招标等方面，将对企业的主动性产生积极作用。绿色建筑本身就是定位于提高建筑工程质量和改善住区环境，并顺应城市发展对资源、能源和环境的新要求，不仅是"四节一环保"，而且是从理念、设计到实施技术的整体建筑优化方法学。因此，引导建筑企业自觉将绿色建筑和绿色地产作为自身业务创新的主攻方向是产业升级和建筑技术革新的内在需要，建筑企业作为实施建筑规划、设计和建造的主体，引导其向主流发展十分必要。资质升级和项目招标等行业等级和工程实施介入，是有效引导建筑企业的政策措施。河北、山东、广东、浙江和江苏等建

筑业大省，应考虑对本地建筑企业在资质升级和项目招标方面，将绿色建筑作为关键性权重予以考虑。我国作为建筑业大国，部分行业领军企业已经处于企业资质的顶端，可考虑设计专门针对绿色建筑的企业细分资质，协调不同发展水平的企业均能够较为合理地参与到绿色建筑的承包项目中来。

在绿色建筑科研方面，仅13.3%的地方考虑在该方面展开部署。湖南指出在科技支撑计划中，加大对绿色建筑及绿色低碳宜居社区领域的支持力度；安徽计划设定绿色建筑科技专项；广东提出对绿色建筑技术研究和评价标识制度建设等工作给予适当补助；其他省份，如宁夏提出加强对绿色建筑科技的支持。

绿色建筑的科技创新应当成为引导我国绿色建筑发展的支撑，"十一五"和"十二五"科技支撑计划中，对建筑节能和绿色建筑领域的资助超过35.2亿元（占城镇化领域研究总经费的54%），主要还是支持沿海地区的绿色建筑技术研究，对欠发达地区和建筑气候条件欠佳的地区（简称"两欠地区"），支持力度有待加强。在国家绿色建筑标准的基础上，各地需要因地制宜，提出地方标准；而"两欠地区"在该方面创新能力和支持力度有限。根据国家统计局的统计，2012年"两欠地区"房屋建筑竣工面积占全国的45.7%，当年绿色建筑仅占全国总量的26.5%；2013年第三季度累计新开工量，"两欠地区"约占全国总新开工量的44.5%。因此，"两欠地区"的绿色建筑发展关系到全国绿色建筑总体目标的实现，对于区域性节能减排和住区质量改善至关重要。要从国家顶层设计加强对"两欠地区"的绿色建筑技术创新；从政府职能角度出发，应加强对绿色建筑政策发展体系的建设，可通过政府购买服务或发布政策研究课题的形式，推进政府住房建设职能部门的职能转移和政府绩效提升，提高地方绿色建筑行政能力。

以上政策激励对象主要是针对企业，在消费引导方面，28.5%的地方考虑通过消费激励促进消费者对绿色建筑的选择意向，但仅安徽政策有量化表征（金融机构对绿色建筑的消费贷款利率可下浮0.5%）。当前市场上针对住房的消费贷款利率基本处于上浮（基本超过10%）甚至停贷的局面，安徽提出针对消费者的贷款利率下浮0.5%，尽管幅度较低，但对于购房者是利好消息。综合当前的全国房价、市民收入水平和市民对良好住区条件的要求，从居住质量考虑，绿色建筑对部分人群具有充分的吸引力，该部分人群不将价格作为首要考虑要素；房价方面，绿色建筑的信贷优惠吸引力度不强；消费引导，可从建筑生命周期的角度，强化公众对绿色建筑运营成本和良好居住环境的政策认知。

在贯彻国办发〔2013〕1号文件激励方向的同时，各省（区）根据自身发展绿色建筑的阶段性特点，提出了各具特色的激励政策。江苏和江西强调政府职责约束和政府绩效，有助于政府职能部门在日常住房建设工作中推进绿色建筑的实施。新疆、广西和吉林等要求鼓励引导房地产开发商，宜明确引导路径，如本章中归纳出的财政、税收、信贷、容积率、城市配套费、评奖、评审等方面。在其他激励政策中，立法、政府目标责任、绿色建筑设计取费规范、屋顶绿化、项目可研阶段绿色建筑费用的计入和与现有财政支持政策协同（如可再生能源建筑应用财政支持）等对处于不同绿色建筑发展阶段的省份均有相应的指导意义，见表1-11。

表1-11　不同省（区）其他激励政策评析

地区	省（区）	其他政策激励	评价
大西北	新疆	鼓励房地产开发商建设绿色建筑	重视对开发商的引导，但缺乏必要的政策工具
	青海	建立配套高星级绿色建筑奖励资金和补助资金的审核、备案及公示制度，规范奖励资金和补助资金的使用。制定绿色建筑产品推广目录	资金激励对于大西北地区绿色建筑发展起关键性作用，加快推进资金资助制度建设，有助于增强企业参与意愿。编制绿色建筑产品推广目录，说明青海绿色建筑推进工作需要加快向沿海地区学习借鉴，并考虑大西北地区的建筑气候特点和经济发展条件，引导该地区绿色建筑的适应性发展
	宁夏	国家和自治区可再生能源建筑应用财政支持示范项目可优先从绿色建筑中评选	将绿色建筑拓宽资助渠道予以优先考虑，可作为大西北地区、西南地区、黄河中游和长江中游参考应用的激励政策
西南	贵州	项目可研阶段，应将执行绿色建筑标准增加的投入纳入项目总投资，对政府投资的公益性项目、保障性安居工程等非营利民生项目，在可研审批和项目资金预算安排时，要保证执行绿色建筑标准增加的投入，支持贵阳市以外的地区开展保障性安居工程绿色建筑示范	有效保障绿色建筑成本进入项目内部，避免成本外部化而导致绿色建筑无法在项目中实施。引导本地区欠发达地方在关系民生的建筑项目中推进绿色建筑，但需要提供支持的政策方式
东北	吉林	同新疆	同新疆
长江中游	江西	将绿色建筑列为省政府节能目标责任考核指标	强调对政府绩效的考量
黄河中游	山西	鼓励项目实施立体绿化，其屋顶绿化面积的20%可入该项目绿化用地面积，也可计入当地绿化面积	有助于提高屋顶绿化水平，改善建筑微环境，是容积率奖励的表现形式
南部沿海	福建	绿色建筑项目的设计费可上浮10%左右	强调对设计单位开展绿色建筑设计的重视
	广东	要求各地制定本地区发展绿色建筑的激励政策	明确对地方城市的激励政策要求，有助于形成支持当地绿色建筑发展的伞形结构
东部沿海	江苏	研究制定《江苏省绿色建筑发展条例》，将年度绿色建筑目标任务完成情况与绿色建筑财政扶持资金挂钩，建立奖惩机制。制定绿色建筑工程计价依据，在建设安全文明施工措施费中明确绿色施工内容及对应的费率标准	通过立法、责任制和绿色建筑工程计价强化对政府、企业和自然人的约束，对绿色建筑行政管理人员权力的约束，对绿色建筑设计费用的重视

"十三五"加快推进我国绿色建筑政策激励的建议如下。

（1）强化顶层设计和关联政策协同激励

从顶层设计强化对落实绿色建筑的政策要求，从任务分解的角度，明确各地发展目标，保障绿色建筑全国总体目标，在各项法定规划的审查中，强化对绿色建筑发展指标的检查，敦促省级、地方政府绿色建筑激励加快推进落地的比例；鼓励并支持省级、地方政府加快立法进度，建议地方将绿色建筑纳入政府目标考核或绩效考评中。在协同激励方面，与绿色生态示范城区政策、国家地方两级可再生能源建筑应用财政支持示范项目和国家地方保障性住房等政策相协同，在地方规模化推进绿色建筑工作，提高新城/新区的发展质量。

（2）加快区域联动和地方评价能力建设

不同经济区域的省份之间，形成相互借鉴落地政策经验的政策机制，强化重点省市的示范工作，提高对周边地区的带动水平，以结对子的方式，整体提高不同地区的绿色建筑发展水平。实施对省、市级绿色建筑评价能力的培训，增强地方评价一星级、二星级的能力。从2012年下半年开始，为了加快推进全国的绿色建筑认证工作，住建部将绿色建筑一星级和二星级的认证工作下放到地方政府。与此同时，北京等城市所有新建建筑在设计阶段需达到绿色建筑标准。昆明等要求在全市城镇保障性住房建设项目中全面执行绿色建筑标准。强化地方住房城乡建设部门的绿色建筑评价能力将有助于加快地方绿色建筑的认证工作。

（3）增量成本量化分解和财税融资创新

优化传统的绿色建筑设计理念。在绿色建筑规划设计层面，考虑从小区级布置绿色建筑，降低绿色建筑增量成本。将增量成本分解到财政补贴、信贷优惠、容积率奖励和城市配套费减免（返还）等，结合本章对省级激励政策的量化分析，完全可以消化不同星级绿色建筑的增量成本。与此同时，优化投资、融资机制，借鉴智慧城市的经济模式；据不完全统计，智慧城市的融资规模超过4400亿元（不包括境外资金）。成规模开发资金的进入，将充分激发市场主体参与的活力，可有效推进绿色建筑产业化政策的实施。

（4）建筑大省绿建督导和重点地区帮扶

加大对近年来建筑绝对量较大省（直辖市）的监督管理，如江苏、浙江、山东、辽宁、湖北、四川、河南、福建、安徽、广东、湖南、河北、北京、重庆和江西（占我国新建建筑总量的83.4%），提高绿色建筑落实比例，鼓励和支持绿色建筑地方标准的编制，特别是经济欠发达和建筑气候欠佳地区。哈尔滨法制办于2013年12月就提出要加快哈尔滨市发展绿色建筑的分析与研究。可通过政府购买服务，以决策咨询的方式，提高重点地区的政策规划能力，扶助制定绿色建筑产品推广目录。

（5）强化企业资质信贷审批和行业评优

针对房地产开发企业，适当下浮贷款利率（超过1%）或争取国家开发银行低息贷款的政策有助于提高企业参与绿色建筑开发的积极性；与此同时，要深化在行业内对绿色建筑开发企业的肯定力度和广度，加速让绿色建筑企业成为行业的新标杆。

2016年是我国"十三五"的开局之年，是绿色建筑全面深化发展的关键年，是持续推进我国建筑业向低碳、绿色、集约和宜居发展的重要阶段。从政策的顶层设计，以伞形结构向下推进激励制度的实施，通过全面把握省级、地方在绿色建筑激励政策方面的规划，提出进一步落实绿色建筑的发展要求，从顶层设计和政策协同激励、区域联动和地方评价能力强化、重点省份督导与帮扶、增量成本量化分级与财税融资创新和企业资质信贷审批与行业评优联动等五方面培育我国绿色建筑的激励政策体系，有助于协调均衡我国绿色建筑总体发展格局和稳步推进绿色建筑总体发展目标的达成。

全国28个省（市、区）具体实施的绿色建筑地方政策与财政机制见表1-12。

表1-12　全国28个省（市、区）具体实施的绿色建筑地方政策与财政机制

序号	省（市、区）	地方政策
1	北京	鼓励政府投资的建筑、单体建筑面积超过20000m²的大型公共建筑按照绿色建筑二星级及以上标准建设。市财政奖励资金是在中央奖励的基础上的奖励标准，二星级标识项目22.5元/m²、三星级标识项目40元/m²。目前，地方财政奖励资金已于2015年4月初正式拨付至项目单位
2	天津	绿色建筑行动方案明确提出，2014年开始，凡本市新建示范小城镇、保障性住房、政府投资建筑和20000m²以上大型公共建筑应当执行本市绿色建筑标准，以中新天津生态城、新梅江居住区、于家堡低碳城区为示范区，重点推动本市区域性绿色建筑发展
3	河北	2014年起，政府投资或以政府投资为主的机关办公建筑、公益性建筑、保障性住房、单体面积20000m²以上的公共建筑，全面执行绿色建筑标准
4	山西	20%城镇新建建筑达到绿色建筑标准要求。 2014年起单体建筑面积超过20000m²的机场、车站、宾馆、饭店、商场、写字楼等大型公众建筑、太原市新建保障性住房全面执行绿色建筑标准
5	内蒙古	全区绿色建筑面积达到新建民用建筑总量的20%。 内蒙古自治区的政策规定，对于取得一级、二星级、三星级的绿色建筑，政府分别减免城市市政配套（150元/m²）的30%、70%、100%
6	黑龙江	2014年起，政府投资建筑，哈尔滨、大庆市本级的保障性住房，以及单体建筑面积超过20000m²的大型公共建筑，全面执行绿色建筑标准
7	上海	2014年下半年其新建民用建筑原则上全部按照绿色建筑一级及以上标准建设，其中单体建筑面积20000m²以上大型公共建筑和国家机关办公建筑，按照绿色建筑二星级及以上标准建设。 2012年8月出台《上海市建筑节能项目专项扶持办法》，将绿色建筑示范项目列入建筑节能扶持资金使用范围，规定：获得二星级或三星级绿色建筑标识的新建居住建筑和公共建筑。建筑规模：二星级居住建筑的建筑面积25000m²以上、三星级居住建筑的建筑面积10000m²以上；二星级公共建筑单体建筑面积10000m²以上、三星级公共建筑单体建筑面积5000m²以上。建筑要求：公共建筑必须实施建筑用能分项计量，与本市国家机关办公建筑和大型公共建筑能耗监测平台数据联网。该办法还明确了扶持标准为：每平方米补贴60元
8	江苏	2015年，城镇新建建筑按一星级及以上绿色建筑标准设计建造；2020年全省50%的城镇新建建筑按二星级以上绿色建筑标准设计建造。 江苏省政府根据《江苏省建筑节能管理办法》设立了"节能减排（建筑节能）专项引导资金"（每个区域补贴1500万元），地方政府补贴为：一星级、二星级、三星级绿色建筑分别为15元/m²、25元/m²、35元/m²。 南京市从2013年1月起，单体10000m²以上的建筑，符合国家节能标准的，审批规划时可给予0.1～0.2元的容积率奖励
9	浙江	全省新建民用建筑全面执行《浙江省民用建筑绿色设计标准》，基本达到一星级绿色建筑标准；鼓励政府投资公益性建筑和单体建筑面积20000m²以上的大型公共建筑实施二星级和三星级绿色建筑标准
10	安徽	全省20%的城镇新建建筑按绿色建筑标准设计建造，其中，合肥市达到30%。 2014年起，合肥市保障性住房全部按照绿色建筑标准设计、建造
11	福建	2014年起，政府投资的公益性项目、大型公共建筑（指建筑面积20000m²以上的公共建筑）、100000m²以上的住宅小区及厦门、福州、泉州等市财政性投资的保障性住房全面执行绿色建筑标准。 2020年末，20%的城镇新建建筑达到绿色建筑标准要求。 《厦门市绿色建筑财政奖励暂行管理办法》奖励标准为：一星级绿色建筑（住宅）30元/m²；二星级绿色建筑（住宅）45元/m²；三星级绿色建筑（住宅）80元/m²；除住宅、财政投融资项目外的星级绿色建筑20元/m²
12	江西	2014年起，政府投资建筑、具备条件的保障性住房以及单体建筑面积超过20000m²的大型公共建筑，全面执行绿色建筑设计标准

续表

序号	省（市、区）	地方政策
13	山东	2014年起，政府投资建造或以政府投资为主的机关办公建筑、公益性建筑、保障性住房、单体面积20000m²以上的公共建筑，全面执行绿色建筑标准。 日前，山东省住建厅会同省财政厅修订《山东省省级建筑节能与绿色建筑发展专项资金管理办法》（以下简称《办法》），对绿色建筑评价标识项目的奖补依据进行变更，由原来的项目设计标识星级变更为项目所获运行标识星级。根据《办法》，对绿色建筑的具体奖励标准为：一星级绿色建筑15元/m²，二星级绿色建筑30元/m²，三星级绿色建筑50元/m²
14	河南	2016年城镇新建建筑中的20%达到绿色建筑标准，国家可再生能源建筑应用示范市县及绿色生态城区的新建项目、各类政府投资的公益性建筑以及单体建筑面积超过20000m²大型公共建筑，全面执行绿色建筑标准。 河南省洛阳市决定自2014年起，全市新建项目、保障性住房项目、各类政府投资的公益性建筑以及单位建筑面积超过20000m²的机场、车站、宾馆等大型公共建筑一律执行绿色建筑标准，并根据国家政策，给予二星级绿色建筑45元/m²补助，三星级绿色建筑80元/m²补助
15	湖北	2014年起，国家机关办公建筑和政府投资的公益性建筑，武汉、襄阳、宜昌市中心城区的大型公共建筑，武汉市中心城区的保障性住房率先执行绿色建筑标准；2015年起，全省国家机关办公建筑和大型公共建筑，武汉市全市，襄阳、宜昌市中心城区的保障性住房开始实施绿色建筑标准。 湖北省住建厅发布《关于促进全省房地产市场平稳健康发展的若干意见》（以下简称《意见》）。《意见》指出，将以奖励容积率的方式，鼓励房地产业转型。首先，全省将支持企业建设"四节一环保"绿色建筑，对开发建设一星级、二星级、三星级绿色建筑，分别按绿色建筑总面积的0.5%、1%、1.5%给予容积率奖励。其次，鼓励发展现代住宅产业，出台装配式建筑技术标准，建立住宅产业化基地，对采用装配式建筑技术开发建设的项目，由各市、县政府根据本地实际出台政策，给予容积率奖励。 需要注意的是，此次新政策还鼓励开发建设、购买全装修普通商品房，免征全装修部分产生的契税
16	湖南	2014年起全省政府投资的公益性公共建筑和长沙市保障性住房全面执行绿色建筑标准
17	广东	2014年1月1日起，新建大型公共建筑、政府投资新建的公共建筑以及广州、深圳新建的保障性住房全面执行绿色建筑标准；2017年1月1日起，全省新建保障性住房全部执行绿色建筑标准。 广东省对绿色建筑、可再生能源建筑应用示范项目等予以专项资金补助，单个项目补助额最高200万元。 在支持推广绿色建筑及建设绿色建筑示范项目上，广东省将对获得国家绿色建筑评价标识并已竣工验收的项目进行第三方测评，对有重大示范意义的项目按建筑面积给予补助。其中，二星级补助25元/m²，单位项目最高不超过150万元；三星级补助45元/m²，单位项目最高不超过200万元。在建立升级可再生能源应用示范项目上，补助原则为公共机构可再生能源建筑应用项目不超过投资额的50%
18	广西	2014年起，政府投资的公益性公共建筑和南宁市保障性住房，以及单体建筑面积超过20000m²以上的大型公共建筑，全面执行绿色建筑标准；2014年后建成的超过20000m²的旅游饭店，必须执行绿色建筑标准，才能受理评定星级旅游饭店资格
19	四川	2014年起政府投资新建的公共建筑以及单体建筑面积超过20000m²的新建公共建筑全面执行绿色建筑标准，2015年起具备条件的公共建筑全面执行绿色建筑标准
20	重庆	到2020年，全市城镇新建建筑全面执行一星级国家绿色建筑评价标准
21	贵州	2014年起，全省由政府投资的建筑，贵阳市由政府投资新建的保障性住房，以及单体建筑面积超过20000m²的机场、车站、宾馆、饭店、商场、写字楼等大型公共建筑要严格执行绿色建筑标准
22	云南	到2020年，全省低能耗建筑占新建建筑的比重提高到80%以上，绿色建筑占新建建筑比例超过40%

序号	省（市、区）	地方政策
23	陕西	2014年起，政府投资建筑、省会城市保障性住房、单体建筑面积超过20000m²的大型公共建筑，全面执行绿色建筑标准
24	甘肃	2014年起，全省范围内，由政府投资的建筑，单体建筑面积超过20000m²的大型公共建筑以及兰州市保障性住房要全面执行绿色建筑标准
25	青海	城镇新建民用建筑按照绿色建筑二星级标准设计比例达到20%，2020年末，绿色建筑占当年城镇新增民用建筑的比例达到30%以上
26	宁夏	20%的城镇新建建筑达到绿色建筑标准要求。 2014年底，政府投资建筑以及单体建筑面积超过20000m²的大型公共建筑，银川市城区规划内的保障性住房，全面执行绿色建筑标准
27	新疆	2014年起，政府投资建设，乌鲁木齐市、克拉玛依市建设的保障性住房，以及单体建筑面积超过20000m²的大型公共建筑，各类示范性项目及评奖项目，率先执行绿色建筑评价标准

1.3 建筑电气的节能措施（设计原则）

1.3.1 建筑设计的原则

在结合我国国情的基础上，积极总结经验，挖掘自身的设计潜力，创造出真正符合我国生态环境的绿色建筑。绿色建筑设计五大原则如下。

（1）重视本地化风土人情

调查分析国外绿色建筑的发展情况，发现我国绿色建筑的设计理念实际上是与国际接轨的，但是我国绿色建筑的起点却不能与发达国家相提并论。主要表现为：中国国内生产总值在世界名列前茅，但是人均生产总值却始终无法和发达国家相比，差距非常大。这种经济差距，会导致人民生活方式、价值取向和生活追求等方面都存在着很大的差距。

我国的高层建筑造价远远比不上发达国家，只有发达国家的25%。现在，各种先进、高价的绿色建筑技术以及各种节能材料、产品被引入我国，我们要提前思考中国建筑是否能承受得住这样的成本投资。如果只是在某一些高端项目中引入绿色技术，我们还需要思考这些高成本的投入对社会资源的利用程度到底如何，能否真正做到高效回收。

（2）节能与控制的灵活应用

绿色建筑实际上就是要在建筑的使用期内尽量减少能源消耗，提高资源的利用效率，并且要充分保证居住者的舒适度。从绿色建筑的定义来分析，首先提到的是"节能"，中国的绿色建筑就应该从节能角度来开展设计，以节能为基础、为核心，以节能带动绿色建筑的可持续发展。除了在设计、建设过程中要贯穿绿色建筑理念，在使用期内也必须坚持绿色理念。每一个绿色建筑，要实现全寿命周期的节能控制，就要在前期设计阶段考虑周全，为建设、运营提供一个基础，确保绿色建筑理念贯穿于建筑的全寿命周期。

（3）尊重自然环境因素

绿色建筑产生的初衷就是要降低社会发展对生态环境的破坏，保护自然生态环境，所以绿色建筑在设计时就必须坚持尊重和保护自然生态环境。从绿色建筑评价标准中关于能源、大气、土地、水、材料、固体废物等评价因子的分析和把握上，能够感受到绿色建筑与生态环境系统，即大气环境、水环境、土壤环境、资源环境等生态环境因子息息相关。绿色建筑正是通过与生态环境的密切关联，实现了自身的解析与诠释。绿色建筑建造过程中难免会对环境产生不同程度上的压力，这种压力可以通过很多方式来缓解，比如提高建筑效率、延长建筑使用寿命以及循环利用等。

（4）经济价值与环境价值的平衡

绿色建筑的增量成本是与普通建筑比较，在建造符合《绿色建筑评价标准》要求的绿色建筑的目标下，因选择了节地与室外环境、节能与能源利用、节水与水资源利用、节材与材料资源利用、室内环境质量和运营管理利用技术方案而增加的成本。虽然绿色建筑在中国已经全面开展，但目前市场普遍还存有这样的观念，"一旦和绿色建筑沾边，建筑的造价一定增加很多，绿色建筑是高成本的代名词"，此观念对于中国绿色建筑的推广极其不利，造成此现象的原因有两个。

首先，早期绿色地产开发项目往往选择一些价格较高的项目来进行试点，并在宣传过程中突出强调豪宅和高科技的关系，这是误区产生的主要原因。其次，绿色建筑开发初期，对于绿色生态技术掌握不足，而且相关的产品因市场小，未形成规模经济，价格也较高，同样造成了绿色建筑成本较高。这两个问题随着工作的深入开展和市场变化，已经得到逐步解决。所以在此情况下，有必要在设计初期就对绿色建筑增加成本以及影响成本增量的主要因素进行研究，掌握项目成本控制的方向。

（5）注重技术创新

绿色建筑离不开技术的不断创新，在营造绿色建筑的过程中，我们依靠科技创新降低了建筑对环境的破坏，同时达到了减少成本、实现有效运营管理的目的。这其中，绿色建筑材料的技术创新是营造绿色建筑的关键。

1.3.2　建筑电气的节能技术

建筑电气节能技术主要包括13项。

（1）新能源电气节能技术

风能、太阳能等新能源的使用，对于建筑电气节能产生非常大的作用。在进行新能源电气节能系统设计时，需要注意风能、太阳能等新能源与建筑功能结构的一体化设计，见表1-13。

表1-13 新能源电气节能技术

序号	技术	做法
1	太阳能电气节能技术	在进行太阳能热水和采暖系统设计时，应考虑采用太阳能建筑一体化设计方案，实现太阳能集热系统与建筑功能结构间的完美结合。根据工程项目的实际情况，太阳能热水和采暖系统的光热采集装置可以考虑安装在建筑物坡屋面上，利用楼宇建筑屋顶面积可以解决整个楼宇一部分热水供应需求
2	风力发电电气节能技术	建筑电气新能源节能技术还可以结合工程实际情况，采取风光互补供电系统、太阳能庭院照明、风光互补庭院照明等节能技术措施

（2）电气控制设备节能技术

见表1-14。

表1-14 电气控制设备节能技术

序号	做法
1	配电变压器应选用D，yn11接线组别的变压器，并应选择低损耗、低噪声的节能产品，配电变压器的空载损耗和负载损耗不应高于现行国家标准《三相配电变压器能效限定值及能效等级》（GB 20052）规定的节能评价值
2	低压交流电动机应选用高效能电动机，其能效应符合现行国家标准《中小型三相异步电动机能效限定值及能效等级》（GB 18613）节能评价值的规定
3	应采用配备高效电机及先进控制技术的电梯。自动扶梯与自动人行道应具有节能拖动及节能控制装置，并宜设置自动控制自动扶梯与自动人行道启停的感应传感器
4	2台及以上的电梯集中布置时，其控制系统应具备按程序集中调控和群控的功能

（3）供配电系统与电气设备节能技术

供配电系统设计应在满足可靠性、经济性及合理性的基础上，提高整个供配电系统的运行效率，并尽量降低建筑物的单位能耗和系统损耗。根据负荷容量、供电距离及分布、用电设备特点等因素合理设计供配电系统，做到系统尽量简单可靠、操作方便。变配电所应尽量靠近负荷中心，以缩短配电半径，减少线路损耗。合理选择变压器的容量和台数，以便在季节变化造成负荷变化时能够灵活投切变压器，实现经济运行，减少由于轻载运行造成的不必要的电能损耗，见表1-15。

表1-15 供配电系统与电气设备节能技术

序号	技术	做法
1	选用节能型变压器	据有关资料统计，我国变压器的总损耗占系统发电量的10%左右，10kV供配电系统中，配电变压器的损耗占80%以上。因此，合理选择节能型变压器对整个供配电系统的节能起着至关重要的作用
2	减少配电线路损耗	① 合理选择线路路径。 ② 合理地确定电气功能用房的位置，变压器尽量接近负荷中心，以减少供电半径。 ③ 增大导线截面，充分利用季节性负荷线路。 ④ 提高系统的功率因数
3	提高供配电系统的功率因数	主要方法包括合理安排和调整工艺流程，改善电气设备的运行状态，对异步电动机、电焊机尽量使其负荷率大于50%，否则安装空载断电器、轻载节电器或采用调速运行方式等；条件允许时，可用同步电动机代替异步机或使其同步化；对变压器，使其负荷率在75%～85%，这些都可以达到提高其自然功率因数的目的
4	选用高效节能型电动机	能效应符合现行国家标准《中小型三相异步电动机能效限定值及能效等级》（GB 18613）的规定；对于负载不稳定并且变动范围较大的电机，可选用变频调速电机
5	采用合理的控制方式	对需要根据负荷变化调节的设备采用调速电机，交流电动机调速分为变级调速、变频调速和变转差率调速三种方式，节电效果以变频调速最为明显

（4）变压器节能技术

建筑物配变电所用变压器，主要是用作降压，以得到安全、合乎用电设备的电压要求。变压器节能的实质就是：降低其有功功率损耗，提高其运行效率。通常情况下，变压器的效率可高达96%～99%，但其自身消耗的电能也很大。变压器损耗主要包括有功损耗和无功损耗两部分，其节能技术如表1-16所示。

表1-16　变压器节能技术

序号	技术	做法
1	采用新型材料和工艺降低配电变压器运行损耗	① 采用新型导线。 ② 优化磁体材料。 ③ 改进制造工艺。 ④ 布置新结构
2	合理选择变压器	① 设置专用变压器。 ② 变压器容量的选择。 ③ 变压器接线组别的选择
3	提高变压器负载率	通常，在保持总供电容量的情况下，变压器的负载率越高，其有功和无功电流消耗就越小
4	平衡变压器的三相负荷	实践表明，当线路内减少30%的负荷不平衡度，线损可降低7%；若减少50%的负荷不平衡度，线损可降低15%
5	优化变压器经济运行方式	合理分配各台变压器的负荷；结合电价制度，降低负荷高峰，填补负荷低谷
6	变压器二次侧无功功率补偿	变压器的效率随着负荷功率因数的变化而变化，对变压器二次侧的无功功率补偿，可以降低变压器本身和高压电网的损耗

（5）供配电线路节能技术

在电能传输的过程中，由于电流和阻抗的作用，在电力线路上及各种电源设施中产生的能量消耗，行业中将其统称为线路损耗。在建筑物内部，线路损耗主要是指供配电线路的损耗，由于它的表现形式多为发热，而且是无法利用的，因此，减少线路损耗可以有效地降低建筑能耗，其节能措施如表1-17所示。

表1-17　供配电线路节能技术

序号	技术	做法
1	合理确定供电中心	将配变电所及变压器设在靠近建筑物用电负荷中心的位置
2	合理选择低压配电线路的路径	对容量较大和较重要的用电负荷宜从低压配电室以放射式配电；由低压配电室至各层配电箱或分配电箱，宜采用树干式或放射式与树干式相结合的混合式配电
3	降低线路阻抗	按经济电流密度选择导线和电缆的截面
4	提高功率因数	通过合理选用电气设备容量来减少设备的无功功率损耗，通过在设备或配变电所装并联电容器来平衡无功功率
5	抑制谐波	《电能质量　公用电网谐波》（GB/T 14549）中对电流的谐波提出了限制要求，规定当用户单位配电系统的谐波发射量超出相关规定的限值时，宜采用有源或无源谐波过滤装置，抑制系统中的谐波，减少对电网的谐波污染

（6）电动机节能技术

电能利用的普及，大多数生产机械依靠电力驱动，电动机的耗电总量占到总用电量的60%左右，电力驱动领域的节电对改善能源利用效率具有非常重要的作用，见表1-18。

表1-18 电动机节能技术

序号	技术	做法
1	合理选型	选用高效率电动机; 合理选用电动机的额定容量
2	选用交流变频调速装置	采用变频调速装置,使电动机在负载下降时,自动调节转速,从而与负载的变化相适应,提高了电动机在轻载时的效率,达到节能的目的
3	采取正确的无功补偿方式	减小配电变压器、低压配电线路的负荷电流;减少配电线路的导线截面和配电变压器容量;减小企业配电变压器以及配电网功率损耗;使补偿点无功当量达到最大,提高降损效果;减小电动机启动电流
4	节能改造	可以采用KYD电动机节能器、变频器、可控硅等

(7)供配电设备节能技术

见表1-19。

表1-19 供配电设备节能技术

序号	做法
1	为提高供电可靠性,应根据负荷分级、用电容量和地区经济条件,合理选择供配电设备电压等级和供电方式,适度配置冗余度
2	供配电设备应安装在接近负荷中心的地方,并尽可能减少变配电级数
3	为提高功率因数,视需要安装集中或分散就地的无功功率补偿装置
4	供配电设备应选择具有操作使用寿命长、高性能、低能耗、材料绿色环保等特性的开关器件,配置相应的测量和计量仪表
5	根据负荷运行情况,合理均衡分配供配电设备的负载,单相负荷也应尽可能均衡地分配到三相网络中,避免产生过大的电压偏差

(8)变压器设备节能技术

见表1-20。

表1-20 变压器设备节能技术

序号	做法
1	应选用高效能、低损耗、低噪声的节能变压器
2	合理地计算、选择变压器容量。力求使变压器的实际负荷接近设计的最佳负荷,提高变压器的技术经济效益,减少变压器能耗
3	季节性负荷容量较大(如空调机组)或专用设备(如体育建筑的场地照明负荷)等,可设专用变压器,以降低变压器损耗
4	供电系统中,配电变压器宜选用D,yn11接线组别的变压器

(9)自备发电机设备节能技术

见表1-21。

表1-21 自备发电机设备节能技术

序号	做法
1	选择额定功率单位燃油消耗量小、效率高的发电机组
2	根据负荷特性和功率需求,合理选择发电机组的容量,视需要配置无功功率补偿装置
3	当供电输送距离远时,选用高压发电机组,以减少线路输送损耗
4	推广使用节能发电机组

（10）UPS及蓄电池设备节能技术

见表1-22。

表1-22　UPS及蓄电池设备节能技术

序号	做法
1	合理选择UPS的容量，提高使用效率；采用具有节能管理功能的UPS供电系统
2	选择额定运行整机效率高、输入功率因数高、输入电流谐波含量少、占用面积小、环境污染噪声小的高频结构UPS
3	采用优质、寿命长的蓄电池组

（11）动力设备节能技术

见表1-23。

表1-23　动力设备节能技术

序号	做法
1	选择高效率、低能耗的电机，能效值应符合国标相关能效节能评价标准
2	轻载电机降压运行、电机荷载自动补偿、采用调速电机等
3	异步电动机采取就地补偿，提高功率因数，降低线路损耗
4	交流电气传动系统中的设备、管网和负载相匹配
5	超大容量设备选用高电压等级供电
6	电梯组采用智能化群控系统，缩短运行等候时间；扶梯及自动步道有人时运行，无人时缓速或停止运行

（12）照明节能技术

照明节能，就是在保证不降低作业视觉要求和照明质量的前提下，力求减少照明系统中的光能损失，最高效地利用电能。要遵循以下3个原则：①满足建筑物照明功能的要求；②考虑实际经济效益，不能单纯追求节能而导致过高的消耗投资，应该使增加的投资费用能够在短期内通过节约运行费用来回收；③最大限度地减少无谓的消耗。照明节能技术见表1-24。

表1-24　照明节能技术

序号	做法
1	合理确定照明设计方案
2	采用高效率节能灯具
3	正确选择照度标准值、照明功率密度，提高系统功率因数
4	合理选择绝缘导线或电缆
5	合理利用自然光源
6	改进灯具控制方式

（13）暖通空调系统节能技术

暖通空调系统是现代建筑设备的重要组成部分，也是建筑智能化系统的主要管理内容之一。暖通空调系统为人们提供了一个舒适的生活和工作环境，但暖通空调系统也是整个建筑最主要的耗能系统之一，它的节能具有十分重要的意义，见表1-25。

表1-25 暖通空调系统节能技术

序号	做法
1	变风量和变水量调节
2	水泵变频技术：①恒压差控制；②温差控制；③热泵技术
3	制冷机组节能技术
4	热回收技术
5	可再生能源及低品位能源利用技术
6	暖通系统分户计量管理技术

1.4 中国建筑电气节能行业的发展

1.4.1 中国建筑电气节能行业的发展趋势

新型城镇化建设将成为我国未来经济发展的重要动力，城镇公共服务体系和基础设施投资的扩大，对建筑电气与智能化节能有巨大的推进作用。

我国智慧城市建设刚刚起步，国家相关部门正制定相关政策、标准规范、资金支持措施和选择工程项目试点，各级政府积极筹划智慧城市建筑，提升城市综合实力。智慧城市建设是建筑电气与智能化节能行业成功难得的发展机遇。

我国工程建设正处于前所未有的历史高峰期，大量的住宅、公共建筑和城市基础设施等被建设和投入使用，而且随着中国经济社会的进一步发展，新的建设工程仍将不断涌现。据住房和城乡建设部预测，到2020年，中国将会新增各类建筑大约300亿平方米，因此建筑业仍将保持快速发展的趋势。

1.4.2 中国建筑电气节能技术发展趋势

电子信息技术新进步带来建筑电气与智能化节能发展新机遇。物联网、云计算等新一代信息技术的发展，带动了建筑电气与智能化节能技术的不断更新与进步。建筑电气与智能化节能领域的信息网络技术、控制技术、可视化技术、家庭智能化技术、数据卫星通信和双向电视传输技术等，都将被更加广泛地发展与应用，全面实现人类社会环境可持续发展的目标。

新一代网络技术广泛应用，将改变智能建筑内各系统的网络架构，所有专业系统的数据采集和远程监控进入统一的信息平台，数据整合、信息集成和联动控制功能大大增强，使同一平台下实现诸多智能建筑的统一管理成为可能。物业管理、能源监控、环境监测、安全保障和信息发布与交流将突破建筑的物理范畴，延伸至多种类型建筑群体乃至整个城市，成为智慧城市中社会化信息平台的组成部分。

1.4.3　智能建筑节能的四大机遇

（1）政府的大力扶持

政府的大力扶持促进城镇绿色建筑发展，中央政府节能补贴大幅增加，地方政府优惠政策日益明确。三星级绿色建筑，每平方米给予75元补助；对新建绿色建筑达到30%以上的小城镇命名为"绿色小城镇"，并一次性给予1000万～2000万元补助。有的地方政府提出：凡是绿色建筑，一星级容积率返还1%，二星级返还2%，三星级返还3%。另外，国家从实行税收优惠、加大资金支持力度、完善会计制度、提供融资服务等方面积极支持合同能源管理节能产业的发展。

（2）新技术不断涌现

例如可再生能源电梯，节能率达到50%以上，利用电梯下降时候发电，成本仅增加5%，运行寿命更长；冷热电三联供对能源进行充分的回收利用；采用新型材料光伏幕墙对透光率进行调节等等。这些新型技术有些已经运用得很成熟，有些还有待推广。

（3）国际合作项目日益增多

国际合作正在蓬勃发展。随着绿色建筑概念的不断推广，国际间的合作也在日益加强。近年来，很多发达国家都向我国提出共建绿色建筑示范区的合作要求。

（4）专业协会的成立

中国智能建筑行业的蓬勃发展，除了得益于国家政策支持和建筑企业的创新，还有赖于一些业内高品质协会的良性引导。

由民政部批准的中国建筑节能协会——建筑电气与智能化节能专业委员会已于2013年5月正式成立了。该协会聚集了一百多位在行业内较有影响力的专家，致力于搭建交流合作的良好平台，积极引导智能建筑行业发展，并将主营业务定位为：广泛收集和共享业内信息，提供业务培训，编辑发行书刊，努力推进国际合作。在成立后的时间里，协会的工作稳步推进，已起到促进我国智能建筑行业快速发展的作用。

第2章 供配电系统电气节能技术

2.1 建筑供配电系统概述

建筑供配电系统通常由供电、变电、配电、用电等环节组成，了解和熟悉建筑供配电系统各环节的构成，是供配电系统电气节能设计的基础。

2.1.1 供电

为满足建筑内各类用电设备的用电需求，保障重要负荷的供电可靠性，并根据项目特点对新型能源加以利用，建筑供配电系统中供电电源可分为市政供电、应急/备用电源、新型能源。

2.1.1.1 市政供电

根据我国各地区供电电网规划不同，民用建筑市政供电电压等级存在35kV、20kV、10kV、6kV等多种电压等级，其中10kV为最普遍的供电电压等级。众所周知，供电电压等级越高，其供电线路输送容量越大，线路损耗越小，但供电设备绝缘等级随之提高，成本增加；随着经济的快速发展，电力负荷大幅增加，负荷密度越来越高，供电范围不断扩大，以10kV为主的中压配电网已经开始显现不足，而20kV供电系统具有占地面积小、输送效率高、相对能耗少等特点，已经在全国多地进行试验、推广（一般为新规划的城区），2007年国家电网下达了《关于推广20kV电压等级的通知》，《标准电压》（GB/T 156—2007）也已经将20kV列入标准电压。《10kV及以下变电所设计规范》（GB 50053）已经改名为《20kV及以下变电所设计规范》，并在2014年7月1日起正式实施。

2.1.1.2 应急/备用电源

应急/备用电源常见形式为应急柴油发电机组、UPS不间断电源、EPS应急电源。

（1）柴油发电机组

柴油发电机组具有热效率高、启动迅速、结构紧凑、燃料存储方便、占地面积小、工程量小、维护操作简单等特点，是民用建筑中作为应急/备用电源的首选设备。民用建筑中柴油发电机组应选用2级以上自动化柴油发电机组，对于快速自启动的发电机组，适用于允许中断供电时间为15s以上的供电系统。

（2）UPS不间断电源

UPS不间断电源适用于一级负荷中特别重要负荷的供电，允许中断供电时间为毫秒级的负荷，如安防系统、火灾自动报警系统、数据中心系统等。

（3）EPS应急电源

EPS应急电源适用于一级负荷中特别重要负荷的供电，允许中断供电时间为0.25s

以上的负荷，如应急照明、风机、水泵等。

工程设计中应合理定义用电负荷等级，尽可能减少特别重要负荷的负荷量（特殊负荷除外），减少应急/备用电源容量，进而节约能源及建筑空间。

2.1.1.3 新能源

新能源是指传统能源（化石能源）之外的各种能源形式，如太阳能、风能、生物质能等，与传统能源相比，具有污染小、储量大、分布广等特点，新能源在民用建筑中利用的技术也日趋成熟，具体内容详见本书第6章。民用建筑设计中应结合建筑特点，在条件允许、技术合理的情况下，尽可能利用新能源技术，向绿色建筑、节能建筑方向不断发展。

2.1.2 变电

变电是指将市政电源电压变换为建筑物内用电设备可使用的电源电压，如35kV/10kV/380V/220V、110kV/20kV/380V/220V等。变换电压和交换电能的场所称为变电所，主要设备为变压器和配电装置等，对只有受电、配电设备而无电力变压器的低压场所称为配电间（所），对中压系统则称为开闭所。

（1）电压等级

我国电网额定电压等级（kV）：0.22、0.38、0.66、1、3、6、10、20、35、66、110、220、330、500、750、1000。习惯上称1kV及下为低压，1kV以上至35kV为中压，35kV以上为高压。民用建筑主要涉及中、低压系统，电压等级在0.22 ~ 35kV。

（2）变配电室主接线形式

民用建筑中变配电室常用的主接线形式为单母线或单母线分段接线形式，工程设计时，应根据市政电源情况、用电负荷等级、用电容量等情况，选择合适的主接线形式，保障变配电系统的安全性、可靠性、灵活性和经济性。

（3）变电设备

变电设备是电力系统中变换电压、接受和分配电能、控制电力流向的电力设施，通过变电设备将各级电压的电网联系起来，其核心器件是变压器，另外还有与之配套的阻波器、绝缘子、高压套管、互感器、避雷器、接地装置、高低压配电柜、断路器、隔离开关、电容器、电抗器、继电保护装置等，这些设备统称为变电设备。

2.1.3 配电

配电就是建筑物内高压和低压回路的分配，其任务是根据系统要求,在配电节点上把一个回路变为两个或两个以上的多个回路。就建筑物配电而言，主要指低压配电，重在组织低压电源的回路分配，一般按照负荷性质组织配电回路，例如：按照消防负荷、非消防负荷、一级负荷、二级负荷、三级负荷、空调设备、风机设备、水泵设备、电梯设备、照明设备、厨房设备及其他特殊用电设备等各种需求，分别组成分类回路。从节能的角度出发，应高度关注按经济电流要求和用电分项计量要求组织配电回路的划分。

2.1.4 用电

民用建筑用电设备主要包括空调设备、照明设备、电梯设备、动力设备等，约占整个建筑总能耗的80%，是建筑节能的重点研究方向。

（1）空调设备

空调能耗占整个建筑总能耗的40%～60%，夏季空调负荷占城市总用电量三成以上，空调能源消耗量巨大，需引起高度重视。

（2）照明设备

建筑照明设备能耗占建筑总能耗的20%以上，是建筑节能设计的重要组成部分，照明节能涉及光源选择、灯具选型、配置种类、控制方式、与自然光的有效结合等多种因素。近些年兴起的LED照明，可大幅降低建筑物照明能耗。照明节能设计具体内容详见本书第3章。

（3）电梯设备

电梯作为建筑中高能耗的特种设备，已成为能耗大户。据统计，电梯能耗占整个建筑能耗的5%～15%，对于写字楼等电梯使用频繁的建筑，其电梯用电量则更高，仅次于空调系统用电量，高于照明系统用电量。因此，电梯能效评价、节能监管、电梯交通分析、设备选型等已成为政府、节能行业、生产企业、电梯用户所关注的焦点。

（4）动力设备

动力设备主要包括风机、水泵等用电设备，通常由暖通专业、给排水专业完成节能选型，但其选型设备的电机应满足《中小型三相异步电动机能效限定值及能效等级》（GB 18613）相关要求，这点应在电气节能设计专篇中明确要求。

2.2 建筑供配电技术节能的现状和发展趋势

2.2.1 建筑供配电技术技能现状

建筑供配电系统的构成如图2-1框图所示，其节能技术涉及供配电系统的每一个环节，现代节能技术已不再单纯地考虑系统节能、设备节能，同时还应关注使用过程中的运维节能。

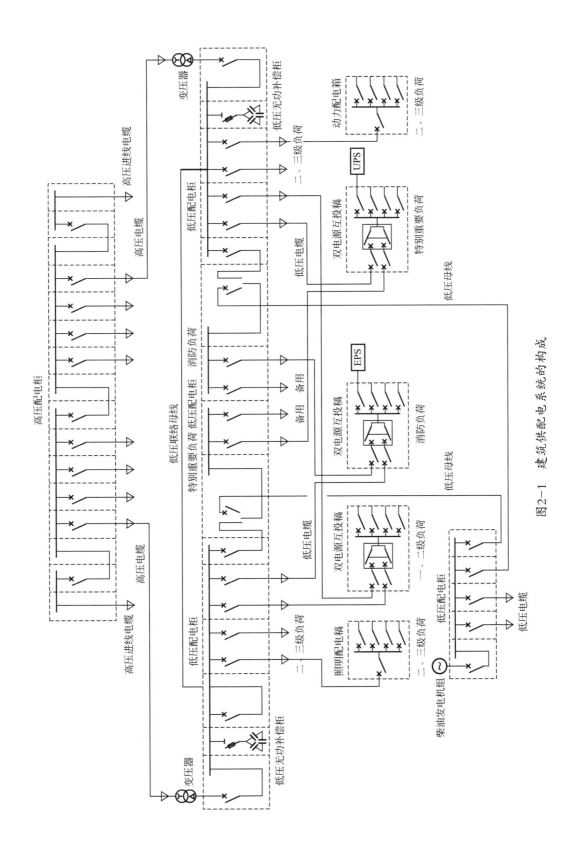

图 2-1　建筑供配电系统的构成

2.2.2 建筑供配电技术节能的发展趋势

从发展进程来看，我国建筑电气行业仍处于成长期，未来的一段时间内，仍将保持稳步上升的趋势。由于市场对建筑电气产品的刚性需求仍然很大，特别是城市化进程给我国经济带来较快的增长速度，这也将为建筑电气行业带来极大的发展空间。

随着现代生活水平的不断提高，人们开始追求更高层次的享受已经成为业界公认的趋势。建筑业已与工业、交通业并列，成为中国能源消耗的"三大耗能大户"之一。建筑行业中必不可少的电气产品也在不断创新和发展，可靠化、节能化、标准化、智能化、集成化和信息化、物联化的智能建筑电气产品也将成为未来发展的一个重要方向。

2.3 建筑供配电系统节能标准

2.3.1 国际电气节能标准发展概况

随着能源紧缺，世界上许多国家，主要是发达国家，意识到建筑节能问题的严峻性，纷纷建立相关政策和标准，将建筑节能列为国家的基本政策，并制定了相应的监督、激励政策，这些举措使其国家在建筑节能领域取得了很大成效。在建筑节能中，建筑电气与智能化是很重要的一部分。

2.3.1.1 发达国家节能标准

（1）欧盟

欧洲系统的建筑节能标准可以分为两个层次：一是由欧洲议会和理事会颁布的指令（欧盟建筑能效指令），其中 EPBD 2002 和 EPBD 2010 是欧洲建筑节能领域最常用的指令；二是由欧洲标准化委员会（CEN）开发的针对 EPBD 2002 和 EPBD 2010 中某些具体内容的系列技术标准 prEN。EPBD 分析了建筑能耗的现状，提出在考虑室外气候、室内环境要求和经济性的基础上，降低建筑的整体能耗。文件要求：制定通用的计算方法，计算建筑的整体能耗；新建建筑和改造项目要满足的最低能效要求为建筑能效标识；对锅炉和空调系统进行定期检查。为实现这些目标，欧盟成立了专门的标准技术委员会，负责相关标准的制定和修编。整个标准框架分为五部分：①计算建筑总体能耗的系列标准；②计算输送能耗的系列标准；③计算建筑冷热负荷的系列标准；④其他相关系列标准；⑤监控和校对的系列标准。根据框架中的标准，按照不同建筑类型（住宅、办公建筑、学校、医院、旅馆和餐厅、体育建筑等）计算整体能效指标 $E_p[\mathrm{kW \cdot h/(m^2 \cdot a)}]$ 值，计算得到的 E_p 值不能超过给定的标准 E_p 值。欧盟各成员国的建筑节能标准建立在欧盟统一建筑节能标准（EPBD 2002/2010）基础上，以欧盟的建筑节能统一框架为基本依据，各国在此基础上制定自己国家的相应标准及法规。以下主要选取德国和英国作为介绍对象。

① 德国。德国最常用的两个建筑节能标准是《建筑节能条例》和DIN标准。《建筑节能条例》(EnEV)是德国政府颁布的关于节能保温和设备技术的规定,具体规定不同类型建筑和设备的设计标准。《建筑节能条例》是设计者和制造者的直接执行依据,而其中的测试和计算方法等依据德国工业标准DIN,所以德国实际的常用节能标准只有《建筑节能条例》一个。《建筑节能条例》于2002年发布,分别于2005年、2007年、2009年、2012年进行了修订,现行标准是2013版。标准将电气及智能化节能分四部分:新建建筑,既有建筑,供暖、空调及热水供应,能效标识及提高能效的建议。供暖、空调及热水供应部分单独列出,凸显出其重要性。

新建建筑在电气节能方面的内容包含:新建建筑的一次能源,包括供暖、热水、通风和制冷的能耗,每年一次能耗的限制依据预期以同形状、同建筑面积和布局的新建居住建筑作为参考加安装依据给定的流程计算得到;规定新建建筑和参考建筑的年一次能源需求的计算方法。

对于既有建筑部分的内容包括:对不同面积改扩建建筑的要求;评估既有建筑的一般规定;对系统和建筑物的改造、关闭点(冰)蓄冷系统、能源质量的维护及空调系统的能源检测的详细规定。

供暖、空调及热水供应部分的内容包括:规定锅炉及其他供热系统的相关规定;分布设备和热水系统、空调的相关规定;空调及其他空气处理系统的相关规定。

② 英国。英国主要的节能标准是《建筑节能条例》,简称Building Regulation PART L。PART L是按年代更新的,2002年以后每4年一次,即PART L 2002、PART L 2006、PART L 2010,每次都有更高的节能标准。2010年以后变成了每3年一次,原因是英国意识到达到承诺的2020年节能减排目标已非常困难。英国确定的总体目标是:对新建公共建筑减排标准,PART L 2006是在PART L 2002的基础上减排20%,PART L 2010是在PART L 2006的基础上平均减排25%。PART L 可分为4个文件:PART L 1A、PART L 1B、PART L 2A、PART L 2B。其中,1代表民用建筑(住宅),2代表公共建筑,A代表新建建筑,B代表既有建筑。

对于新建建筑,《建筑节能条例》规定了相关的电气节能设计标准的限制,这个限制包括了建筑设备效率标准、照明、自控、能源计量等一系列的标准。和条例一起发布的《暖通空调条例细则》就规定了具体数据。

对公用既有建筑,只要是改建后会对建筑的能耗产生增加的改造,就要符合PART L 2B的要求。这个条例对建筑设备的寿命及效率、照明效率、自控系统等都有具体的要求。对于新建建筑,住宅与公共建筑有不同的CO_2排放量的计算方法。住宅对应的是SAP(Standard Procedure Assessment),公共建筑对应的是SBEM(Simplified Building Energy Model),还有DSM(Dynamic Simulation Method)。

英国很重视建筑设备系统的运行调试,在建筑节能条例中以大篇幅规定"设备系统调试"的具体要求,使建筑设备系统与建筑碳排放要求相关。条例中规定:当供暖和热水系统、机械通风系统、机械制冷/空调系统、内外照明系统、可再生能源系统更新或改造时,应符合《民用建筑系统应用导则》;建筑设备系统应进行调试以使其节能高效运行，对于供暖和热水系统，根据《民用建筑系统应用导则》进行调试，对于通风系统，根据《民用通风：安装和调试应用导则》进行调试。从英国现行《建筑节能条例》中可以看出有两个特色：一是对建筑碳排放的要求，包括对设备的要求都与碳排放直接相关；另一个是对于设计灵活度的关注，每则条例都会有较大篇幅的介绍，如若要实现更好的设计灵活度，其相应的建筑设备系统规定如何放宽，以及最高放宽的限制。

（2）美国

美国的建筑节能走在世界的前列。美国最低能效标准一般都以强制性法律、法规的形式颁布。在过去10余年间，美国出台了多个节能标准来推动建筑节能，其中主要的节能标准有ASHRAE 90.1及IECC，其他标准有联邦政府的高层住宅和公共建筑节能标准10CFR、国际住宅法规IRC住宅节能部分、低层住宅节能标准ASHRAE 90.2、ASHRAE高性能建筑设计标准系列（办公室、商场、学校、仓库）等。此外，美国有40个州制定了本州的公共建筑节能标准，其中有6个经济比较发达的州，如纽约州和加州，其标准比国家标准更为严格。ASHRAE 90.1及IECC是DOE（Department of Energy）在政府文件中提示过的两个标准，其中IECC用于住宅，ASHRAE 90.1用于商业建筑。

① ASHRAE 90.1。除低层住宅外的建筑节能设计标准ASHRAE 90.1，由美国暖通空调制冷工程师学会管理发布，同时也是ANSI标准。从2001年的版本开始，更新时间为3年。最新版本为ASHRAE 90.1—2013，2010版比2004版节能23.4%，比2007版节能18.5%，计划2013版比2004版节能50%。此标准作为联邦节能和产品行动计划的组成部分，是国家级建筑能效标准。标准应用范围包含新建筑、既有建筑扩建改建，分供暖、通风和空调、生活热水、动力、照明及其他设备五个部分来规范建筑电气及智能化节能。供暖、通风和空调是电气节能的主要部分，标准用大篇幅来对此部分进行规定。

a. 供暖、通风和空调部分：对暖通空调系统进行规定。在设备方面，对空调机组、冷凝机组、热泵机组、水冷机组、整体式末端、房间空调器、热泵、供暖炉、供暖路管道机、暖风机、锅炉、变制冷剂流量空调系统、变制冷剂流量空气/空气和热泵及计算机房用空调系统的最低能效进行了强制条文规定，对非额定工况下相关系统计算进行了强制条文规定，对设备效率的核实标识都进行了强制条文规定；在系统控制方面，对系统的开关控制、分区控制、温湿度控制、通风系统控制进行了强制条文规定。与此同时，标准中还包含规定性方法，用来说明节能的部分实现方法。在规定性方法中，对省能器的适应范围进行了规定，对空气省能器和水省能器的设计、控制进行了规定；对区域控制中三管制系统、两管切换系统、水环热泵系统的水力控制及系统加湿除湿进行了规定；对风系统中风机功率、变风量系统风机控制、多区变风量通风系统最佳控制及送风温度设定进行了规定；对水系统中变水量系统、热泵隔离、冷冻水和热水温度再设定、封闭式水换热泵进行了规定；对用于舒适性空调系统中的风冷冷凝器、冷却塔、蒸发冷凝器散热设备及其风机风速控制进行了规定；对厨房排风系统和实验室排风系统进行了规定。

b. 生活热水部分：用强制条文对热水系统的负荷计算、系统效率、保温、温度控制进行了规定；对游泳池的加热设备、水面保温进行了规定。

c. 动力部分：对压降补偿器的压降进行了规定。

d. 照明部分：对室内建筑、室外照明照度、控制方法等进行了规定。

e. 其他设备部分：对不属于之前部分规定的发电机、变压器、电梯的能效进了规定。

② 国际节能规范 IECC（International Energy Conservation）由美国国际规范委员会 ICC（International Code Council）管理发布，更新周期为 3 年，是能源部主推的居住建筑节能标准。最新版本为 IECC 2015，与 2006 版相比，2012 版节能 30%，2015 版比 2006 年版节能 50%。虽然此标准包含对公共建筑节能的要求，但其公共建筑部分内容基本参照 ASHRAE 90.1，所以此标准主要应用在低层住宅建筑方面。本标准电气及智能化内容主要包括住宅及类似的商业建筑中暖通空调系统、热水系统、电气系统和设备的设计。低层住宅建筑电气及智能化设计及系统比较少，在标准的 603 部分包含了对供热和制冷系统的要求及设备性能；604 部分包含了热水系统性能的要求；605 部分包含了对电力照明的要求。

（3）日本

日本作为全球气候变暖特征最显著的国家之一，经过在节能方面多年的发展，已为世界上能源利用效率最高的国家之一，其建筑节能政策也值得世界各国研究借鉴。日本政府早在 1979 年就颁布了《关于能源合理化使用的法律》（以下简称《节约能源法》），并于 1992 年和 1999 年进行了两次修订。为了使所制定的法规得以执行，日本政府制定了许多具体可行的监督措施和必须执行的节能标准，体系完备。日本现有三本建筑节能标准，一本针对公共建筑，另外两本针对居住建筑。日本《公共建筑节能设计标》（CCREUB，The Criteria for Clientson the Rationalization of Energy Use for Buildings），既规定了公共建筑节能的性能指标，也包括了规定性指标，涵盖了供热、通风和空调、采光、热水供应以及电梯设备等内容。针对居住建筑有两本节能规范：一本是《居住建筑节能设计标准》（CCREUH，Criteria for Clientson the Rationalization of Energy Use for Homes），标准给出了居住建筑的单位面积能耗指标和热工性能指标，并对暖通空调系统有所规定；另一本是《居住建筑节能设计与施工导则》（DCGREUH，Design and Construction Guidelineson the Rationalization of Energy Use for Houses），详细给出了居住建筑的各种规定性指标。

2.3.1.2　发达国家建筑电气与智能化节能标准的异同

全球建筑节能标准内容上和形式上的差异都很大，有的基于热工性能指标，有的基于能耗指标，还有的基于节能措施，所有的标准各有所长，因地制宜，都推动了当地建筑节能事业的发展。以下分七个方面对几个国家的节能标准进行了比较。

（1）标准管理部门

各国建筑节能标准均为政府主导管理，由科研院所和行业协会组织科研院所、高等院校、设计单位、政府管理人员、建筑建造运行人员、建筑设备生产商和相关组织等所有利益相关方共同参与编写和修订。让各利益方参与，有利于减少节能标准的执行阻力，提高标准实施效率。

（2）编写修订情况

在各个国家中，美国随时颁布"修订补充材料"，到3年一次的大修时间，统一出版最新标准，这样既保证新标准的实时性，又有利于建筑节能的及时实施；德国修订周期较短，一般2～3年一次；英国每4年修订一次；日本的建筑节能标准修订周期不定，自1999年修订后至今未做修订，但由于日本的节能事业发展较早，也比较完善，其现在的能源利用效率还是处于世界领先地位。

（3）采纳及执行情况

美国需要地方政府通过立法或相关行政手续进行采纳，然后再执行，通常这一周期需要2年或更长时间；在英国，由于建筑节能相关要求为英国《建筑条例》的一部分，故强制执行且由政府规定强制执行时间；德国的EnEV标准是强制执行的最低标准，要求颁布之后6个月开始实施；在日本，对建筑节能标准则是自愿执行的。相比而言，德国和英国的节能管理比较严格，而日本相对较宽松。

（4）建筑类型标准细划

美国的居住建筑和公共建筑各有一个标准，气候区划分相同，覆盖全国；英国将建筑类型分为PART L 1A新建居住建筑、PART L 1B既有居住建筑、PART L 2A新建公共建筑及PART L 2B既有公共建筑四类；德国将新建建筑细分为居住建筑和公共建筑，将既有建筑按不同室温要求进行细划；日本将建筑分为居住建筑和公共建筑两部分。这些国家的建筑类型细划基本相同，都分为居住建筑和公共建筑两类，在标准层面或者标准中，又会细分为既有建筑和新建建筑。

（5）覆盖范围

表2-1是几个国家的建筑节能标准中电气及智能化节能部分的对比。由表可见，各国节能标准都包含了暖通空调系统及热水系统；德国和日本对照明系统的节能包含不全；美国对电力节能设计关心程度较低；日本居住建筑节能标准和美国建筑节能标准不包含可再生能源部分。

表2-1　几个国家的建筑节能标准中电气及智能化节能部分的对比

国家	标准		暖通空调系统	热水供给及水泵	照明	电力	可再生能源
美国	ASHRAE 90.1	公共建筑及高层建筑	○	○	○	×	×
	IECC	低层居住建筑	○	○	○	×	×
英国	建筑管理条例	全部	○	○	○	○	○
德国	EnEV	全部	○	○	○	○	○
日本	CCREUB	公共建筑	○	○	○	○	○
	DCGREUH（1999）	居住建筑	○	○	○	○	○
	CCREUH（1999）	居住建筑	○	○	○	○	○

注：○表示包含；×表示不包含。

（6）节能目标计算方法

各国节能计算方式有所不同，美国是通过对 15 个气候区各 16 个基础建筑模型，对前后两个版本进行 480 次计算，再根据不同类型建筑面积进行加权，得出是否满足节能目标。英国根据碳排放目标限值来计算，如 2010 版建筑碳排放限值是在 2006 版同类型建筑碳排放目标限值基础上直接乘以 1 与预期节能率的差值。德国以供暖能耗限值为节能目标，不同版本 EnEV 不断更新对供暖能耗限值的要求。日本基准值的计算以典型的样板住户为对象进行，计算方法由隶属于国土交通省的辖区专家委员会讨论决定，解读和资料在网站上公开。

（7）节能性能判定方法

美国采用规定性方法 + 权衡判断法 + 能源账单法；英国采用规定性方法 + 整体能效法；德国采用规定性方法 + 参考建筑法；日本采用规定性方法 + 具体行动措施。这些国家都包含规定性方法，对某些重要部分进行强制规定，此外还包含比较灵活的执行方法。

2.3.2　国内供配电系统节能规范

（1）民用建筑能耗统计报表制度

国务院于 2007 年发布了《国务院关于印发节能减排综合性工作方案的通知》（国发〔2007〕15 号，以下简称《通知》），《通知》明确了"十一五"期间全国节能减排的目标任务和总体要求；同年，建设部、财政部印发《关于加强国家机关办公建筑和大型公共建筑节能管理工作的实施意见》（建科〔2007〕245 号），全面推进国家机关办公建筑和大型公共建筑的节能管理工作。

为了全面掌握我国建筑能耗实际状况，加强建筑节能的管理，经过在试点城市组织试行民用建筑能耗统计工作，在总结经验的基础之上，住房和城乡建设部印发了关于《民用建筑能耗和节能信息统计报表制度》（建科〔2010〕31 号，以下简称《报表制度》）的通知，要求在全国范围内开展建筑能耗和节能信息统计工作，首次报送时间为 2010 年 10 月 31 日前。自此，我国正式开启了全国民用建筑能耗监测、报送机制工作，全国各主要省市、自治区陆续开始建立公共建筑能耗监测系统。

之后，住房和城乡建设部分别于 2013 年、2015 年、2018 年对《报表制度》进行了局部调整和完善，并更名为《民用建筑能耗报表制度》，根据现行《报表制度》要求，统计全国城镇范围内的大型公共建筑和国家机关办公建筑、全国 106 个城市的居住建筑和中小型公共建筑、北方采暖地区 15 个省份集中供热的城镇民用建筑，以及全国 106 个城市（同城镇居住建筑和中小型公共建筑相关信息统计的城市范围）内乡村区域。

民用建筑能耗统计报表制度的建立与完善，为全面掌握我国建筑能源消耗的实际状况，加强建筑能源领域的宏观管理和科学决策，促进建筑节能的发展提供全面的基础数据。

（2）国家、行业标准

目前，我国现行有关供配电系统节能的标准，基本涵盖了设计、施工、验收等各个环节，其相关规范同供配电系统的相关产品标准也逐渐配套出台或修编。

① 工程建设标准体系中有关供配电系统设计的电气专业规范标准见表2-2。

表2-2　供配电系统设计的电气专业规范标准汇总表

类别	规范、标准名称	备注
工程国标	《供配电系统设计规范》GB 50052—2009	
工程国标	《20kV及以下变电所设计规范》GB 50053—2013	
工程国标	《低压配电设计规范》GB 50054—2011	
工程国标	《通用用电设备配电设计规范》GB 50055—2011	
工程国标	《电热设备电力装置设计规范》GB 50056—1993	
工程国标	《电力工程电缆设计标准》GB 50217—2018	
工程国标	《电力装置的继电保护和自动装置设计规范》GB/T 50062—2008	
工程国标	《电力装置电测量仪表装置设计规范》GB/T 50063—2017	
工程国标	《交流电气装置的接地设计规范》GB/T 50065—2011	
工程国标	《电气装置安装工程　高压电器施工及验收规范》GB 50147—2010	
工程国标	《电气装置安装工程　电力变压器、油浸电抗器、互感器施工及验收规范》GB 50148—2010	
工程国标	《电气装置安装工程　母线装置施工及验收规范》GB 50149—2010	
工程国标	《电气装置安装工程　电气设备交接试验标准》GB 50150—2016	
工程国标	《电气装置安装工程　电缆线路施工及验收规范》GB 50168—2006	
工程国标	《电气装置安装工程　接地装置施工及验收规范》GB 50169—2016	
工程国标	《电气装置安装工程　旋转电机施工及验收规范》GB 50170—2006	
工程国标	《电气装置安装工程　盘、柜及二次回路接线施工及验收规范》GB 50171—2012	
工程国标	《电气装置安装工程　蓄电池施工及验收规范》GB 50172—2012	
工程国标	《电气装置安装工程66kV及以下架空电力线路施工及验收规范》GB 50173—2014	
工程国标	《电气装置安装工程　低压电器施工及验收规范》GB 50254—2014	
工程国标	《电气装置安装工程串联电容器补偿装置施工及验收规范》GB51049—2014	
工程国标	《电气装置安装工程　电力变流设备施工及验收规范》GB 50255—2014	
工程国标	《三相配电变压器能效限定值及能效等级》GB 20052—2013	
行业标准	《电力变压器能源效率计量检测规则》JJF 1261.20—2017	

② 工程建设标准体系中有关节能、绿建规范标准见表2-3。

建筑节能标准体系为2009年新增的"主题"标准体系，服务于形势任务中的"节能"主题工作，其中的标准项目依存于各专业分体系，在主题标准体系中按照新的规则排列，保留其所在体系中的编号。目前已出台的工程建设标准体系中有关节能、绿建规范标准见表2-3。

表2-3　工程建设标准体系中有关节能、绿建规范标准汇总表

类别	标准名称	电气节能章节	备注
工程国标	《公共建筑节能设计标准》GB 50189—2015	6　电气	建筑节能
工程国标	《绿色建筑评价标准》GB/T 50378—2014		
工程国标	《节能建筑评价标准》GB/T 50668—2011		
行业标准	《民用建筑绿色设计规范》JGJ/T 229—2010		
工程国标	《绿色工业建筑评价标准》GB/T 50878—2013		
工程国标	《绿色办公建筑评价标准》GB/T 50908—2013		
工程国标	《建筑工程绿色施工评价标准》GB/T 50640—2010		
工程国标	《建筑工程绿色施工规范》GB/T 50905—2014		
工程国标	《绿色医院建筑评价标准》GB/T 51153—2015		
行业标准	《绿色校园评价标准》CSUS/GBC 04—2013		
工程国标	《绿色商店建筑评价标准》GB/T 51100—2015		
工程国标	《绿色生态城区评价标准》GB/T 51255—2017		
行业标准	《绿色建筑检测技术标准》CSUS/GBC 05—2014		
工程国标	《既有建筑绿色改造评价标准》GB/T 51141—2015		
行业标准	《城市照明节能评价标准》JGJ/T 307—2013		
工程国标	《建筑节能工程施工质量验收规范》GB 50411—2007		
工程国标	《工业建筑节能设计统一标准》GB 51245—2017		工业范畴
工程国标	《建筑采光设计标准》GB 50033—2013		
工程国标	《建筑照明设计标准》GB 50034—2013		
工程国标	《住宅建筑规范》GB 50368—2005	10　节能	
行业标准	《金融建筑电气设计规范》JGJ 284—2012	10　节能与监测	
行业标准	《教育建筑电气设计规范》JGJ 310—2013	14　电气节能	
行业标准	《交通建筑电气设计规范》JGJ 243—2011	17　电气节能	
行业标准	《体育建筑电气设计规范》JGJ 354—2014	19　电气节能	
技术措施	《2007全国民用建筑工程设计技术措施》节能专篇		

③ 主要地方标准。除了现行国家、行业关于节能、绿建措施的相关标准，我国各省、自治区、直辖市、特别行政区通常有相应的节能、绿建地方标准，这些地方标准通常建立在国家标准之上，并略严于国家标准，各地区建筑节能的地方标准、规范、要点、规程汇总表见表2-4。

表2-4　建筑节能地方标准、规范、要点、规程汇总表

序号	省份（自治区、直辖市、特别行政区）	标准名称及编号
1	北京市	《绿色建筑评价标准》DB11/T 825—2015
		《绿色建筑设计标准》DB11/938—2012
		《居住建筑节能设计标准》DB11/891—2012
		《北京市公共建筑节能施工质量验收规程》DB 11/510—2017
		《民用建筑节能现场检验标准》DB11/T 555—2015
		《居住建筑节能评价技术规范》DB11/T 1249—2015
		《公共建筑电气设备节能运行管理技术规程》DB11/T 1247—2015
		《公共建筑节能设计标准》DB 11/687—2015
		《居住建筑节能设计标准》DB 11/891—2012
		《公共建筑节能评价标准》DB11/T 1198—2015
		《居住建筑节能工程施工质量验收规程》DB11/T 1340—2016
		《绿色建筑工程验收规范》DB11/T 1315—2015
2	天津市	《天津市绿色建筑评价标准》DB/T 29-204—2015
		《天津市绿色建筑设计标准》DB 29-205—2015
		《天津市建筑节能设计专篇（2015年版）》（公共建筑、居住建筑）
		《天津市绿色建筑施工图设计专篇（2015年版）》（公共建筑、居住建筑）
		《天津市公共建筑节能设计标准》DB 29-153—2014
		《天津市建筑节能设计专篇（2015年版）》（公共建筑、居住建筑）
3	上海市	《上海市绿色建筑评价标准》DG/TJ 08-2090—2012
		《上海市公共建筑绿色设计标准》DGJ 08-2143—2014
		《上海市住宅建筑绿色设计标准》DGJ 08-2139—2014
		《上海市公共建筑节能设计标准》DGJ 08-107—2012
		《上海市居住建筑节能设计标准》DGJ 08-205—2015
		《公共建筑节能工程智能化技术规程》DG/TJ 08-2040—2008
		《既有公共建筑节能改造技术规程》DG/TJ 08-2137—2014
		《既有居住建筑节能改造技术规程》DG/TJ 08-2136—2014
4	重庆市	《重庆市绿色建筑评价标准》DBJ 50/T 066—2014
		《重庆市绿色建筑设计标准》DBJ 50／T 214—2015
		《重庆市居住建筑节能65%（绿色建筑）设计标准》DBJ 50-071—2016
		《公共建筑节能（绿色建筑）设计标准》DBJ 50-052—2016
		《重庆市公共建筑节能（绿色建筑）设计标准》绿色建筑实施细则
		《重庆市绿色建筑评价标识管理办法（试行）》
		《重庆市绿色建筑评价标识自评估报告（公共居住建筑）》
		《重庆市居住建筑节能工程施工质量验收规程》DBJ 50-069—2007
5	广东省	《广东省绿色建筑评价标准》DBJ/T 15-83—2017
		《广东省绿色建筑设计标准》（新编）
		《广东省建筑工程绿色施工评价标准》DBJ 15-97—2013
		广东省绿色建筑设计施工图审查要点（试行）
		深圳市《建筑节能工程施工验收规范》SZJG 31—2010

续表

序号	省份（自治区、直辖市、特别行政区）	标准名称及编号
6	福建省	《福建省绿色建筑评价标准》DBJ/T 13-118—2014
		《福建省绿色建筑设计标准》BDJ 13-197—2017
7	河北省	《河北省绿色建筑评价标准》DB13（J）/T 113—2015
		河北省一二星级绿色建筑评价标识实施方案
		《公共建筑节能设计标准》DB 13（J）81—2009
8	河南省	《河南省绿色建筑评价标准》DBJ41/T 109—2015
		《河南省绿色建材评价标识实施细则》
9	山西省	《山西省绿色建筑评价标准》DBJ04/T 335—2017
		《山西省绿色建筑设计专篇（居住、公共建筑示范）》（试行）
		山西省绿色保障性住房施工图审查要点（试行）
		山西省绿色建筑施工图审查要点（试行）
		山西省绿色保障性住房施工图审查要点（试行）
		山西省绿色建筑施工图审查要点（试行）
		《居住建筑节能工程评价标准》DBJ 04-244—2006
10	山东省	《山东省绿色建筑评价标准》DB37/T 5097—2017
		《山东省绿色建筑设计规范》DB37/T 5043—2015
11	湖北省	《湖北省绿色建筑评价标准》（试行）
		《低能耗居住建筑节能设计标准》DB42/T 559—2013
12	湖南省	《湖南省绿色建筑评价标准》DBJ43/T 314—2015
		《湖南省绿色建筑设计标准》DBJ43/T 006—2017
13	浙江省	《浙江省绿色建筑评价标准》DB33/T 1039—2007
		《浙江省绿色建筑设计标准》DB 33-1092—2016
		《浙江省居住建筑节能设计标准》DB 33-1015—2015
		《浙江省公建节能标准》DB 33 1036—2007
14	江苏省	《江苏省绿色建筑评价标准》DGJ 32/TJ 76—2009
		《江苏省绿色建筑设计标准》DGJ 32/J 173—2014
		《公共建筑节能设计标准》DGJ32/J 96—2010
		《江苏省居住建筑热环境和节能设计标准》DGJ32/J 71—2008
15	江西省	《江西省绿色建筑评价标准》DBJ/T 36-029—2016
		《江西省绿色建筑设计标准》DBJ/036—2017
		《江西省居住建筑节能设计标准》DB 36/J 007—2012
16	辽宁省	《辽宁省绿色建筑评价标准》（报批稿）DB21/T 2017—2012
17	吉林省	《吉林省绿色建筑评价标准》DB 22/JT 137—2015
18	黑龙江省	《黑龙江省绿色建筑评价标准》DB 23/T 1642—2015
19	陕西省	《陕西省绿色建筑评价标准实施细则》（试行）
		《居住建筑绿色设计标准》《公共建筑绿色设计标准》
		《陕西省居住建筑节能设计标准》DBJ 61-65—2011
		《西安市公共建筑节能设计标准》DBJ/T 61-60—2011

续表

序号	省份（自治区、直辖市、特别行政区）	标准名称及编号
20	甘肃省	《甘肃省绿色建筑评价标准》DB62/T 25-3064—2013
		《甘肃省绿色建筑评价实施细则》
		《甘肃省绿色居住建筑设计标准（附条文说明）》DB62/T 25-3090—2014
21	青海省	《青海省绿色建筑评价标准》DB63/T 1110—2015
		《青海省绿色建筑设计标准》DB63/T 1340—2015
22	四川省	《四川省绿色建筑评价标准》DBJ51/T 009—2012
		《四川省绿色建筑设计标准》DBJ51/T 037—2015
		《四川省绿色建筑设计施工图审查技术要点（试行）》2015
23	云南省	《云南省绿色建筑评价标准》DBJ53/T 49—2013
		《云南省民用建筑节能设计标准》DBJ53/T 39—2011
24	贵州省	《贵州省绿色建筑评价标准》DBJ52/T 065—2017
		《贵州省民用建筑绿色设计规范（试行）》DBJ 52/T 077—2016
		贵州省绿色建筑评价标识管理办法（试行）
25	海南省	《海南省绿色建筑评价标准》DBJ 46-024—2012
		《海南省绿色建筑评价管理办法》《海南省一二星绿色建筑评价申报指南》
		《海南省住宅建筑节能和绿色设计标准》DBJ 46-39—2016
		海南省绿色建筑设计基本规程（试行）
		海南省绿色建筑基本技术审查要点（试行）
		海南省绿色建筑规划设计审查备案登记表（试行）
		海南省绿色建筑设计说明专篇（施工图阶段）
		海南省绿色建筑运营管理基本规程（试行）
		《海南省既有建筑绿色改造技术标准》DBJ 46-046—2017
26	安徽省	《安徽省居住建筑节能设计标准》DB 34/1466—2011
		《安徽省民用建筑节能工程现场检测技术规程》DB34/T 1588—2012
		《安徽省汽车库照明节能设计规范》DB34/T 1116—2009
		《安徽省公路隧道照明节能控制系统应用技术规程》DB33/T 987—2015
27	西藏自治区	《西藏自治区民用建筑节能设计标准》DBJ 540001—2016
28	新疆维吾尔自治区	新疆维吾尔自治区绿色建筑设计要求和审查要点（试行）
		《严寒C区居住建筑节能设计标准》XJJ/T 063—2014
29	宁夏回族自治区	《宁夏回族自治区绿色建筑评价标准》DB64/T 954—2014
30	广西壮族自治区	《广西壮族自治区绿色建筑评价标准》DB45/T 567—2009
		《广西绿色建筑设计规范》DBJ/T 45-049—2017
		《广西建筑节能工程施工质量验收规范》DBJ 45-005—2012
		《广西公共建筑节能设计规范》DBJ 45/003—2012
31	内蒙古自治区	《内蒙古自治区绿色建筑评价标准》DBJ 03-61—2014
		《内蒙古绿色建筑设计标准（附条文说明）》DBJ 03-66—2015
32	香港特别行政区	《绿色建筑评价标准（香港版）》CSUS/GBC 1—2010
33	澳门特别行政区	

续表

序号	省份（自治区、直辖市、特别行政区）	标准名称及编号
34	台湾省	《绿建筑评估手册——基本型》（2010）《绿建筑评估手册——社区类》（2009）
		《绿建筑评估手册——厂房类》（2010）《绿建筑评估手册——旧建筑改善类》（2010）
		《绿建筑评估手册——住宿类》（2011）
		《台湾绿建筑评估手册》EEWH，2012年版

2.3.3　中国建筑电气与智能化节能有待完善和补充的标准规范

目前，从事建筑电气与智能化节能行业人员的执业资格主要有注册电气工程师和注册建造师两种。然而，现行"注册电气工程师""注册建造师"的执业条件设置尚不能满足建筑电气与智能化节能发展的需求。因此，需要尽快编制一套符合建筑电气与智能化节能行业实际需求的执业资格标准，用于执业资格培训和考核。

建议在编制或修编电气标准规范时，尽量单列出"电气节能"的章节，提升从业人员及社会各界对建筑电气节能的重视。

2.4　建筑供配电系统节能措施

建筑供配电系统的节能设计内容较为复杂，需要考虑的影响因素很多，同时可采取的节能措施也很丰富，本节着重从供配电系统设计、设备选型、后期运行维护等方面，对建筑供配电系统节能进行阐述。

2.4.1　电气节能设计原则

（1）电气节能设计应以满足用电需求为原则

建筑供配电节能设计应优先满足用电设备的用电需求，满足建筑功能的实用性和舒适性，为建筑设备良好运行提供必需的电力供应，如照明灯具应达到合理的亮度，空调设备达到合理的运行温度、风量等。

（2）电气节能设计应以节约能源为原则

建筑供配电节能设计中应尽量节约能源，充分利用建筑物的自然采光、可再生能源（太阳能热水、太阳能发电、风力发电等），减少能源消耗（如电能消耗，变压器、电缆、电线等有色金属消耗），提高能源利用率。

（3）电气节能设计应以经济合理为原则

电气节能设计应做到经济性、合理性，不能一味追求节能数据，盲目提高节能指标，导致投资大幅增加，日后节能运行无法回收节能投资。

2.4.2 供配电系统的系统节能

（1）负荷分级

为了确定供电方案，应首先确定建筑用电设备的负荷等级。负荷等级应根据《供配电系统设计规范》（GB 50052）、《建筑设计防火规范》（GB 50016）、《民用建筑电气设计规范》（JGJ 16）、《汽车库、修车库、停车场设计防火规范》（GB 50067）、相应建筑类型行业标准以及《全国民用建筑工程设计技术措施：电气》（2009年版）等规范、措施中针对用户负荷和用电设备负荷等级的分级来确定，特别是建筑物的用电负荷分级的正确性，影响着建筑物的电源进线需求；而各用电设备负荷等级的正确性，又影响着各级配电方式的正确性。各类建筑物主要用电设备的负荷分级可参照《民用建筑电气设计规范》附录A的表A，以及参照《全国民用建筑工程设计技术措施》有关负荷分级表来执行。

根据建筑物的用户负荷分级定性，来确定其供电方案及电源的进线数量。定性为一级负荷用电单位的应由双重电源供电，当一电源发生故障时，另一电源不应同时受到损坏；双重电源可一用一备，亦可同时工作，各供一部分负荷。对于一级负荷用电单位，当双重电源互为100%备用时，平时每回路仅带一半负荷，线损明显降低。

一级负荷中特别重要负荷应设置应急电源。应急电源类型的选择，应根据应急负荷的容量、允许中断供电的时间，以及要求的电源为交流或直流等条件来进行。

（2）负荷计算

通过负荷计算，利用最佳负载系数确定变压器容量，选择技术参数好的高效低耗变压器和系统开关设备，确保系统安全、可靠，在经济运行方式下运行，提高变压器的技术经济效益。合理选定供电中心，将变压器（变电所）设置在负荷中心，可以减少低压侧线路长度，降低线路损耗。

① 方案设计阶段可采用单位指标法，来测算变压器装机容量，各类建筑物的单位建筑面积用电指标见表2-5；初步设计及施工图设计阶段，宜采用需要系数法，需根据各种不同功能建筑的负荷分布及其运行情况，采用相应的需要系数来分别计算各级负荷，各类负荷需要系数及功率因数见表2-6。

表2-5　各类建筑物的单位建筑面积用电指标

建筑类别	用电指标 /（W/m²）	变压器容量指标 /（kV·A/m²）	建筑类别	用电指标 /（W/m²）	变压器容量指标 /（kV·A/m²）
公寓	30~50	40~70	医院	30~70	50~100
宾馆、饭店	40~70	60~100	高等院校	20~40	30~60
办公楼	30~70	50~100	中小学校	12~20	20~30

续表

建筑类别	用电指标 /（W/m²）	变压器容量指标 /（kV·A/m²）	建筑类别	用电指标 /（W/m²）	变压器容量指标 /（kV·A/m²）
商业建筑	一般：40~80	60~120	展览馆、博物馆	50~80	80~120
	大中型： 60~120	90~180			
体育场馆	40~70	60~100	演播室	250~500	500~800
剧场	50~80	80~120	汽车库 （机械停车库）	8~15 （17~23）	12~34 （25~35）

注：1. 当空调冷水机组采用直燃机（或吸收式制冷机）时，用电指标一般比采用电动压缩机制冷时的用电指标降低 25~35V·A/m²。表中所列用电指标的上限值是按空调冷水机组采用电动压缩机组时的数值。

2. 引自《全国民用建筑工程设计技术措施：电气》2009 年版。

表2-6　各类用电负荷的需要系数及功率因数表

负荷名称	规模	需要系数（K_x）	功率因数（cos）	备注
照明	$S<500m^2$	1~0.9	0.9~1	含插座容量，荧光灯就地补偿或采用电子镇流器
	$500m^2<S<3000m^2$	0.9~0.7	0.9	
	$3000m^2≤S≤15000m^2$	0.75~0.55		
	$S>15000m^2$	0.7~0.4		
冷冻机锅炉房	1~3台	0.9~0.7	0.8~0.85	—
	>3台	0.7~0.6		
热力站、水泵房、通风机	1~5台	0.95~0.8		
	>5台	0.8~0.6		
电梯	—	0.5~0.2	—	此系数用于配电变压器总容量选择的计算
洗衣机房厨房	$P_e≤100kW$	0.5~0.4	0.8~0.9	—
	$P_e>100kW$	0.4~0.3		
窗式空调	4~10台	0.8~0.6	0.8	—
	11~50台	0.6~0.4		
	50台以上	0.4~0.3		
舞台照明	<200kW	1~0.6	0.9~1	—
	>200kW	0.6~0.4		

注：1. 一般电力设备为 3 台及以下时，需要系数宜取为 1。

2. 照明负荷需要系数的大小与灯的控制方式和开启率有关。例如：大面积集中控制的灯比相同建筑面积的多个小房间分散控制的灯的需要系数略大。插座容量的比例大时，需要系数可选小些。

3. 表2-6 引自《全国民用建筑工程设计技术措施：电气》2009 年版。

② 确定变压器容量时，当消防设备的计算负荷大于火灾时切除的非消防设备的计算负荷时，应按消防设备的计算负荷加上火灾时未切除的非消防设备的计算负荷进行计算。当消防设备的计算负荷小于火灾时切除的非消防设备的计算负荷时，可不计消防负荷。

③ 计算两台通过母联实现部分互为备用的变压器容量时，对于一级负荷的常用和备用回路应分别引自不同的变压器，且两台变压器各带一半的常用和备用回路，这样只要单台变压器所带的三级负荷容量不小于两台变压器所带全部一级负荷的一半容量，就可以在算两台变压器容量时分别仅计入全部一级负荷的一半容量，从而既降低变压器的额定容量，又能通过母联切换，在其中一台变压器断开时，保证另一台变压器能负载全部的一级负荷用电（不考虑已切除的三级负荷）。

④ 负荷计算时，配电系统三相负荷的不平衡度不宜大于15%。单相用电设备接入低压（AC220/380V）三相系统时，尽量做到三相负荷的平衡；当单相负荷的总计算容量小于计算范围内三相对称负荷总计算容量的15%时，应全部按三相对称负荷计算；当超过15%时，应将单相负荷换算为等效三相负荷，再与三相负荷相加。

⑤ 自备发电机的负荷计算应满足下列要求：

a. 当自备发电机仅为一级负荷中特别重要负荷供电时，应以一级负荷中特别重要负荷的计算容量，作为选用自备发电机容量的依据。

b. 当自备发电机为消防用电设备及非消防一级负荷供电时，应将需同时工作的两者计算负荷之和作为选用应急发电机容量的依据。

c. 当自备发电机作为第二重电源，且尚有应急电源作为一级负荷中特别重要负荷供电时，当自备发电机向消防负荷、非消防一级负荷及一级负荷中特别重要负荷供电时，应以需同时工作的三者的计算负荷之和作为选用自备发电机容量的依据。

d. 机组容量与台数应根据应急负荷大小和投入顺序以及单台电动机最大启动容量等因素综合确定。当应急负荷较大时，可采用多机并列运行，机组台数宜为2～4台。当受并列条件限制时，可实施分区供电。当用电负荷谐波较大时，应采取措施予以抑制。

e. 在方案及初步设计阶段，柴油发电机容量可按配电变压器总容量的10%～20%进行估算。在施工图设计阶段，可根据一级负荷、消防负荷以及某些重要二级负荷的容量，按下列方法计算的最大容量确定：ⓐ按稳定负荷计算发电机容量；ⓑ按最大的单台电动机或成组电动机启动的需要，计算发电机容量；ⓒ按启动电动机时，发电机母线允许电压降计算发电机容量。另外，确定机组容量时，除考虑应急负荷总容量之外，应着重考虑启动电动机容量。

f. 当有电梯负荷时，在全电压启动最大容量笼型电动机情况下，发电机母线电压不应低于额定电压的80%；当无电梯负荷时，其母线电压不应低于额定电压的75%。当条件允许时，电动机可采用降压启动方式。

g. 多台机组时，应选择型号、规格和特性相同的机组和配套设备。

h. 宜选用高速柴油发电机组和无刷励磁交流同步发电机，配自动电压调整装置。选用的机组应装设快速自启动装置和电源自动切换装置。

i. 机组应尽量靠近负荷中心，以节省有色金属和电能消耗，确保电压质量。

（3）变配电室选址

变配电室应设置在靠近电源进线方向、交通运输便利的位置，且应靠近负荷中心，方便线路的进出，并尽量选择在大功率用电设备附近设置，对于大型冷冻机房也可设置专用变配电室。

一般民用建筑的变配电室380/220V低压供电半径不宜大于200m（住宅建筑不宜大于250m），以减少低压侧线路长度，降低线路损耗。住宅小区往往多栋楼共用变配电室，变配电室的设置应尽量靠近用电负荷较密集的位置。高层或超高层建筑物根据负荷分布情况，变配电室可设置在地下室、裙楼、避难层、设备层甚至屋顶层，其变配电室的设置应对多种布置方式进行技术、经济比较，确定合理的设置方案，并充分考虑设备的垂直运输及电缆敷设通道。对于多层公建，在地下层及一层无适宜的布置空间情况下，经技术经济等因素综合分析和比较后，也可以考虑将变电所设于多层的屋面。

（4）变压器配置

① 选用合理的供电方案，尽量使变压器负荷率处于最佳。单台变压器的长期工作负荷率不宜大于85%，一般为80%～85%。

② 对运行时间差异较大类负荷，可采用错峰设计，有效降低供电系统装机容量。

③ 对于季节性负荷，如空调负荷，应单独设置变压器；在非空调季，可以关停供制冷机房主电源的变压器，避免变压器空载损耗。

④ 装有两台及以上变压器的变电所，当任意一台变压器断开时，其余变压器的容量应能满足全部一级负荷及二级负荷的用电。

⑤ 根据用电设备容量及用电负荷，合理选择变压器容量及台数。

⑥ 防护外壳防护等级的要求，应符合现行国家标准《外壳防护等级》（GB 4208）的规定。选择时应根据实际情况合理确定相应的防护等级。

（5）电缆、导线选择

① 电缆、导线应选择合适的截面，以减少线路阻抗，降低线路损耗。

② 根据现行国家标准《电力工程电缆设计标准》（GB 50217，以下简称《缆规》）的有关规定，按经济电流密度选择导体截面。

③ 电力线缆在电缆托盘上敷设时，其总截面积与托盘内横断面积的比值，不应大于40%；选择线缆截面应考虑多股线缆间运行散热的相互影响而导致的降容系数。电缆桥架应选用有孔型桥架或梯型桥架，以提高电缆散热能力，减少电能损耗。

2.4.3　供配电系统的设备节能

（1）高压柜

3.6～40.5kV高压配电装置多选用交流金属封闭式高压开关柜，常用的高压开关设备主要有金属封闭式开关柜、环网负荷开关柜及充气式金属封闭开关柜。

① 金属封闭式开关柜：金属封闭式开关柜以空气绝缘为主，在结构上分为铠装式、间隔式和箱式三种类型；根据高压电器及开关设备安装方式又分为固定式和移出式两种方式。

② 环网负荷开关柜：环网负荷开关柜与金属封闭式开关柜比较，具有体积小、结构相对简单、运行维护工作量少、成本较低等优点，适用于10kV环网供电、双电源供电和终端供电系统，也可用于箱式变电站，在我国城市电网改造和小型变/配电站得到广泛使用。

③ 充气式金属封闭开关柜：充气式金属封闭关柜（C-GIS）整个柜体由充气和不充气两大部分组成。充气部分包括充气壳体、断路器和三位置开关。不充气部分包括柜体、断路器机构和三位置开关机构及机械连锁、固体绝缘母线以及电缆进出线等。充气部分以低压力SF_6气体作为绝缘介质，额定电压在20kV以下时也可充氮气。气体密封在不锈钢壳体内，与外界环境隔绝，可有效地阻止污秽、潮气、外界物质及其他形式的有害影响，提高了绝缘的可靠性，并且有良好的抗老化、防腐蚀性能。

（2）低压柜

在电气成套行业常见的低压开关柜有GGD、GCK、GCS、MNS。

① GGD型交流低压固定式开关柜：该开关柜具有分断能力高、动热稳定性好、电气方案灵活、组合方便、系列性、实用性强、结构合理、防护等级高等优点。

缺点：回路少，单元之间不能任意组合且占地面积大，不能与计算机联络。

② GCK型交流低压抽出式开关柜：具有分断能力高，动热稳定性好，结构先进合理，电气方案灵活，系列性、通用性强，各种方案单元任意组合，一台柜体容纳的回路数较多，节省占地面积，防护等级高，安全可靠，维修方便等优点。

缺点：水平母线设在柜顶，垂直母线没有阻燃型塑料功能板，不能与计算机联络。

③ GCS型交流低压抽出式开关柜：具有分断、接通能力高，动热稳定性好，电气方案灵活，组合方便，系列性实用性强，结构新颖，防护等级高等特点。

④ MNS型交流低压抽出式开关柜：设计紧凑，较小的空间能容纳较多的功能单元，结构通用性强，组装灵活，以25mm为模数的C型型材能满足各种结构形式、防护等级及使用环境的要求。采用标准模块设计，分别可组成保护、操作、转换、控制、调节、指示等标准单元，用户可根据需要任意选用组装。

（3）变压器

配电变压器作为电力系统广泛使用的电气设备，在变电过程中发挥着重要作用。目前，低损耗的配电变压器主要分为2大类，即节能型油浸式配电变压器和节能型干式配电变压器。

节能型油浸式配电变压器可分3种类型：S13（2级能效）、S14（1级能效）三相油浸式配电变压器，SBH15（2级能效）、SBH16（1级能效）三相非晶合金铁芯配电变压器，S13（2级能效）、S14（1级能效）三相立体卷铁芯配电变压器。

节能型干式配电变压器也可分3种类型：SCB12（2级能效）、SCB13（1级能效）三相干式配电变压器，SCBH15（2级能效）、SCBH16（1级能效）三相干式非晶合金铁芯配电变压器，SCB12（2级能效）、SCB13（1级能效）三相干式立体卷铁芯配电变压器。

能效等级确定：表2-7为能效等级与变压器型号的关系。

表2-7　能效等级及与变压器型号的关系

能效3级		能效2级				能效1级			
油浸	干式	油浸		干式		油浸		干式	
		硅钢	非晶	硅钢	非晶	硅钢	非晶	硅钢	非晶
S11	SC10	S13	S15	SC13	SC15	与S13相比，空载损耗相同，负载损耗降低20%	与S15相比，空载损耗相同，负载损耗降低10%	与SC13相比，空载损耗相同，负载损耗降低10%	与SC15相比，空载损耗相同，负载损耗降低5%

通过节能产品认证的变压器，其效率不但应达到表2-7所规定的要求，其性能指标也要达到相关标准所规定的要求。也就是节能变压器不但效率高，其质量也首先应符合相应国家标准的要求。

我国配电变压器空载损耗与欧盟标准对比：欧盟空载损耗分为E0、D0、C0、B0、A0五个等级，其中A0的空载损耗最低。我国的3级能效与欧盟C0水平基本相同，我国硅钢1级、2级空载损耗与欧盟A0水平基本相同，我国非晶1级、2级比欧盟A0水平空载损耗低许多。

我国配电变压器负载损耗与欧盟标准对比：欧盟负载损耗分为DK、CK、BK、AK四个等级，其中AK的负载损耗最低。我国的3级和2级负载损耗与欧盟CK水平基本相同，我国非晶1级负载损耗与欧盟BK水平基本相同，我国硅钢1级与欧盟AK水平负载损耗基本相当。

（4）柴油发电机

柴油发电机组是以柴油为主燃料的一种发电设备，以柴油发动机为原动力带动发电机（即电球）发电，把动能转换成电能和热能的机械设备。整套柴油发电机组主要由柴油发动机、发电机（即电球）、控制器三部分组成。

柴油发电机组具有机动灵活、投资较少、启动方便等优点，广泛作为应急/备用电源应用在民用建筑当中。对柴油发电机组的主要要求是：随时能自动启动发电，运行可靠，保证供电的电压和频率，满足机电设备的要求。

柴油发电机组的性能等级简介如下。

国家标准《往复式内燃机驱动的交流发电机组　第1部分：用途、定额和性能》（GB/T 2820.1—2009）中的第7条对柴油发电机组规定了四级性能：

① G1级性能适用于只需规定其电压和频率的基本参数的连接负载，主要作为一般用途，如照明和其他简单的电气负载。

② G2级性能适用于对电压特性与公用电力系统有相同要求的负载。当其负载变化时，可有暂时的然而是允许的电压和频率偏差，如照明系统、泵和风机等。

③ G3级性能适用于对频率、电压和波形特性有严格要求的连接设备，如无线电通信和晶闸管整流器控制的负载。

④ G4级性能适用于对频率、电压和波形特性有特别严格要求的负载，如数据处理设备或计算机系统。

（5）UPS、EPS电源

UPS与EPS电源技术指标对比见表2-8。

表2-8　UPS与EPS电源技术指标对比

技术指标		EPS	UPS	EPS优势
结构		逆变器冗余量大，要求120%负载下正常运行，机内有进线柜和出线柜；与消防联动，机壳和导线有阻燃；有多路互投功能；有去湿、防霉、防腐特殊措施	逆变器冗余量小，要求120%负载下1min关机；机内无进线柜和出线柜；与消防无关，无须阻燃和特殊措施，无互投功能	功能强大
节电		在电网供电正常时处于低功耗状态，无电网供电时，其效率>90%	在电网供电正常时也工作，其效率仅80%~90%，10%~20%的电能被消耗	省电 10%~20%
噪声		在电网供电正常时处于低功耗状态，静态无噪声，无电网供电声，其噪声<55dB	55~65dB	无噪声
价格		主机价格低	主机价格比较昂贵	价格优势明显
寿命		只有在电网无电时才进行逆变工作，主机使用寿命相对较长，一般为>20年	只要开机就连续不间断工作，因此寿命相对较短，一般为5~8年	寿命长
负载适应性		尤其适应电机等电感性负载和各种混合用电负载	只适应电容性和电阻性负载（计算机负载）	适应性强
其他	目标负载	感性、容性、阻性混合负载	电容性负载	
	服务对象	照明、电机、水泵、风机	计算机类	
	工作目的	确保应急供电万无一失	确保供电不间断和稳压	
	使用地点	建筑竖井或配电室	计算机机房或空调房	

（6）电力及照明配电箱

配电箱分动力配电箱和照明配电箱，是在低压供电系统末端负责完成电能控制、保护、转换和分配的设备，主要由导体（母线、电缆、电线等）、元器件（包括隔离开关、断路器、测量仪表、辅助设备等）及箱体等组成。其主要用途：合理地分配电能，方便对电路的开合操作；有较高的安全防护等级，能直观地显示电路的导通状态。

配电箱具有体积小、安装简便、技术性能特殊、位置固定、配置功能独特、不受场地限制、应用比较普遍、操作稳定可靠、空间利用率高、占地少且具有环保效应的特点。

（7）电缆及导线（含防火类）

电力电缆按电压等级分：

① 低压电缆：适用于固定敷设在交流50Hz、额定电压3kV及以下的输配电线路上作输送电能用。

② 中低压电缆（一般指35kV及以下）：聚氯乙烯绝缘电缆、聚乙烯绝缘电缆、交联聚乙烯绝缘电缆等。

③ 高压电缆（一般为110kV及以上）：聚乙烯电缆和交联聚乙烯绝缘电缆等。

④ 超高压电缆：275～800kV。

⑤ 特高压电缆：1000kV及以上。

电力电缆型号字母与数字的意义见表2-9，矿物绝缘电缆型号见表2-10。

表2-9　电力电缆型号字母与数字的意义

电力电缆型号字母与数字的意义							
特性	用途种类	绝缘种类	导体	内护层	特征	外护层	
						十位	个位
ZR为阻燃；GZR为隔氧阻燃；NH为耐火；DL为低卤；WL为无卤；WD为无卤低烟	K为控制缆；P为信号缆；不标为电力电缆	Z为纸；X为橡皮；V为聚氯乙烯；Y为聚乙烯；YJ为交联聚乙烯	L为铝，铜芯不标注	V为聚氯乙烯内护套；Y为聚乙烯内护套；H为普通橡套；F为氯丁橡套；Q为铅包；L为铝包	D为不滴流；F为分相护套；P为屏蔽；Z为直流；CY为充油	0为无铠；2为双层钢带铠装；3为细钢丝铠装；4为粗钢丝铠装	0为无外护套；1为纤维外护套；2为聚氯乙烯外护套；3为聚乙烯外护套

表2-10　矿物绝缘电缆型号

性质	标识型号	名称	优点	缺点
刚性	BTTZ	铜芯铜护套氧化镁绝缘重载防火电缆	完全防火；过载保护能力强；工作温度高；防腐、防爆性能好；使用寿命长	耐电压等级仅为750V，钢硬，重量约为一般电缆的2倍，敷设时不易达到平行整洁的观感效果，且线路长、接头多，查找故障点困难，施工难度较大，在进出配线箱处和桥架内弯曲成型困难，接头处氧化镁极易与空气中的水分发生化学反应，易吸潮，施工受影响大
柔性	BBTRZ	柔性矿物绝缘电缆	运用了传统的绞线和成缆技术，除了导体不再使用任何金属，使得电缆更柔软，不需要专用终端结头，敷设方便，填充物为矿物化合物，不易吸潮，载流量高	目前只有低压600～1000V
柔性	BTLY（NG-A）	新型铝套连续挤包矿物绝缘电缆（隔离型柔性耐火电缆）	覆盖中低压；相对BTTZ具有小幅度的柔软性	除铜导体外，电缆外护套为无缝金属管，在腐蚀性环境中易漏电，电缆结构相对复杂
柔性	YTTW	柔性防火电缆	具有小幅度的柔软性，弯曲有限	电缆铜管采用纵包连续焊接，易脱落

注：除BBTRZ外，其他电缆都采用了金属管作为护套，YTTW和BTLY均不具备完全柔性，BTTZ则是传统的刚性电缆；除BTLY外，其他三种均没有中高压系列；除BTTZ外，其他三种均没有专用接头。

2014 ~ 2016年电力电缆铜铝用量及当量比重见表2-11，从表中可以看出，近年来电力电缆的铜、铝用量均在增长，因此合理选择电缆截面、减少有色金属用量已成为电气节能设计的主要任务之一。

表2-11　2014~2016年电力电缆铜铝用量及当量比重

年份		2014	2015	2016
低压电缆 （1kV及以下）	用铜量/万吨	128.6	132.1	138.5
	用铝量/万吨	10.4	10.7	11.5
	铝合金量/万吨	6.15	7.75	6.5
	铜当量比重/%	79.5	78.2	79.4
	铝当量比重/%	12.9	12.7	13.2
	铝合金当量比重/%	7.6	9.2	7.4
中压电缆 （10~35kV）	用铜量/万吨	91.1	96.2	102.6
	用铝量/万吨	5.0	5.45	5.76
	铝合金量/万吨	0.35	0.38	1.16
	铜当量比重/%	89.5	89.2	88.1
	铝当量比重/%	9.8	10.1	9.9
	铝合金当量比重/%	0.7	0.7	2.0
高压电缆 （110kV及以上）	用铜量/万吨	8.26	8.27	8.9
	用铝量/万吨	0.05	0.06	0.07
	铜当量比重/%	98.8	98.6	98.5
	铝当量比重/%	1.2	1.4	1.5
架空绝缘电缆	用铜量/万吨	2.8	4.7	7.2
	用铝量/万吨	71.9	118.9	81.2
	铜当量比重/%	1.9	1.9	4.2
	铝当量比重/%	98.1	98.1	95.8

注：本数据来源于国际铜业协会（中国）。

（8）变频器

变频调速技术是一种以改变电机频率和改变电压来达到电机调速目的的技术。在许多情况下，使用变频器的目的是节能，尤其是对于在工业中大量使用的风扇、鼓风机和泵类负载来说，通过变频器进行调速控制可以代替传统上利用挡板和阀门进行的风量、流量和扬程的控制，所以节能效果非常明显。在利用异步电动机进行恒速驱动的传送带以及移动工作台中，电动机通常一直处于工作状态，而采用变频器进行调速控制后，可以使电动机进行高频度的启停运转，可以使传送带或移动工作台只是在有货物或工件时运行，而在没有货物或工件时停止运行，从而达到节能的目的。当前，新型通用变频器的技术发展具有如下特点：

① 低电磁噪声、静音化：新型通用变频器采用高频载波方式的正弦波 SPWM 调制、输入侧加交流电抗器或有源功率因数校正电路 APFC，在逆变电路中采取 Soft-PWM 控制技术等，以改善输入电流波形、降低电网谐波，在抗干扰和抑制高次谐波方面符合 EMC 国际标准，实现清洁电能的变换。

② 专用化：新型通用变频器为更好地发挥独特功能，满足现场控制的需要，派生了许多专用机型，如风机水泵空调专用型、恒压供水专用型、交流电梯专用型、单相变频器等。

③ 系统化：通用变频器除了发展单机的数字化、智能化、多功能化外，还向集成化、系统化方向发展，为用户提供最佳的系统功能。

④ 网络化：新型通用变频器可提供多种兼容的通信接口，支持多种不同的通信协议，内装 RS485 接口可通过选件与现场总线通信。

⑤ 操作"傻瓜"化：新型通用变频器机内固化的"调试指南"，无须记住任何参数，充分体现了易操作性。

⑥ 参数趋势图形：新型通用变频器可实时显示运行状态，用户在调试过程中可随时监控和记录运行参数。

⑦ 内置式应用软件：新型通用变频器可以内置多种应用软件，可以在 Windows95/98 环境下设置变频器的功能及数据通信。

⑧ 参数自调整：用户只要设定数据组编码，而不必逐项设置，通用变频器会将运行参数自动调整到最佳状态，矢量型变频器可对电机参数进行自整定。

（9）CPS 电器

CPS（control and protective switching device）电器即"控制与保护开关电器"，以接触器为主体的模块式组合结构，实现隔离电器、断路器、接触器、过负荷继电器等分离元件的主要组合功能。

CPS 主要用于交流 50Hz（60Hz）、额定电压 220～380V、额定电流 0.2～100A 的电力系统中接通、承载和分断正常条件下包括规定的超载条件下的电流，且能够接通、承载并分断规定的非正常条件下的电流（如短路电流）。

CPS 控制与保护开关具有以下优点：

① 减少电源至电动机之间的系统接点，降低接触电阻，降低系统的故障概率及电能消耗，并节约铜材等材料。

② 其安装占用柜体体积仅为分离元件的 1/3，减少柜体箱体尺寸，节约安装费用。

③ 采用模块化设计，如出现功能元件损坏，只须更换功能元件模块，无须更换整台产品，节约设备维护运行费用。

④ 在电器设备安全可靠的运行使用条件下，大大降低了安装成本、运行费用成本、人工维护成本。

⑤ 与断路器相比，具有分断能力高、飞弧距离短的特性，提高系统的运行可靠性和连续运行性能。

⑥ 与接触器相比，具有寿命长、无须维护、操作方便的特性。

⑦ 与热继电器相比，具有整定电流范围精确、不受环境影响的特性。

⑧ 具有启动延时功能，且延时时间可根据电动机特性调整，避开启动大电流和过流动作时间，避免了过载脱扣误动作。

⑨ 由电子芯片进行监测，精确可靠，有效避免误动作。

⑩ 运行的可靠性和系统的连续运行性好。

模块化CPS的发展趋势主要是模块化结构设计。同样的开关本体，可以配置不同保护功能的模块，具有即插即用的接口，接线线路简单，便于安装及操作，选型方便、安全可靠，整体结构紧凑、占用空间更小。其一般能配置以下模块组合：

① 消防功能模块：消防功能模块具有"运行/调试"可调功能，以实现消防调试保护。

② 漏电功能模块：主要目的是对电弧性接地故障进行保护，防止火灾的发生。

③ 通信功能模块：具有通信接口，通过现场总线、计算机网络或无线网络与监控中心进行信息交换。

④ 电机控制模块：电机控制模块以FPGA控制技术为核心，通过微电子技术、数据传输技术、液晶显示技术等的应用，将电机二次控制线路集成在控制模块中，完全取代了传统二次控制回路的分离元器件，实现了电机二次控制的重大突破。

（10）ATSE电器

ATSE（automatic transfer switching equipment）即自动转换开关电器，是由一个（或几个）转换开关电器和其他必需的电器组成的，用于监测电源电路，并将一个或几个负载电路从一个电源自动转换至另一个电源，又被称为"双电源自动转换开关"或"双电源开关"。电源切换系统类产品发展大体经历了三类：接触器类、塑壳断路器类/负荷隔离开关类、一体式自动转换开关电器类。ATSE可分为PC级和CB级，到目前为止，世界上CB级ATSE都是由两个断路器构成本体，是各种ATSE解决方案中结构最复杂的方案（运动部件比PC级ATSE多一倍以上）。按照"结构越复杂，可靠性越低"的原则，CB级ATSE的可靠性低于PC级ATSE的可靠性（就如同断路器的可靠性低于负荷开关的可靠性一样的道理），且需要设置ATSE的地方，都可以采用PC级ATSE（如果系统需要短路保护功能，只需在PC级ATSE前端设置短路保护电器即可），因此民用建筑主要以PC级ATSE为主。

（11）电动机

电动机广泛应用于民用建筑设备设施和家用电器等各个领域，作为风机、水泵、压缩机等各种设备的动力源，其能效标准应满足《中小型三相异步电动机能效限定值及能效等级》（GB 18613）的节能评价指标，电机应尽量采用高效节能电机，降低电磁能、热能和机械能损耗，提高输出效率，达到节能目的。

（12）接触器

接触器广泛应用于建筑低压电气控制系统当中，利用线圈流过电流产生的磁场，控制触头的闭合/分离，以达到控制负载的目的。接触器的节电是指采用各种节电技术来降低操作电磁系统吸持时所消耗的有功、无功功率，因此在工程设计时应选择节能型接触器，且吸持功率不高于现行国家标准《交流接触器能效限定值及能效等级》（GB 21518）规定的能效限定值。

2.4.4　供配电系统的运维节能

运行节能是对已确定投入的用电设备，在其运行过程中采取的主动控制能耗的节能行为，产生节能效果。

（1）无功补偿

采用并联电力电容器作为无功补偿装置时，低压部分的无功功率由低压电容器补偿；低压侧设集中无功自动补偿，采用成套动态电容器自动补偿装置（带调节谐波设备）、自动投切装置，使得10kV供电进线处的功率因数不低于0.95。

① 负荷容量较大、负荷稳定且长期经常使用的用电设备的无功功率，当功率因数较低且离配变电所较远时，宜采用并联电容器就地补偿无功补偿方式，以尽量减少线损和电压降，提高电压质量，减小导线截面。

② 单相负荷较多的供电系统，宜采用部分分相无功自动补偿装置。

③ 无功自动补偿的调节方式，以节能为主进行补偿时，宜采用无功功率参数调节；当三相负荷平衡时，亦可采用功率因数参数调节。

（2）谐波治理

电力电子设备等的非线性负载产生的高次谐波，增加了电力系统的无功损耗。配电系统的合理设计、用电设备的正确选型（尤其谐波指标的确定）对于提高电能使用效率至关重要。

① 大型用电设备、大型可控硅调光设备、电动机变频调速控制装置等谐波源较大设备，宜就地设置谐波抑制装置。无功功率补偿考虑谐波的影响，采取抑制谐波的措施。

② 设计中，应尽可能将非线性负荷放置于配电系统的上游，谐波较严重且功率较大的设备应从变压器出线侧起采用专线供电。

③ 三相UPS、EPS电源输出端接地形式为TN时，中性线应接地，以钳制由谐波引起的中性线电位升高。

④ 当配电系统中具有相对集中的大容量（如200kV·A或以上）非线性长期稳定运行的负载时，宜选用无源滤波器；当配电系统中具有大容量（如200kV·A或以上）非线性负载，且变化较大（如断续工作的设备等），用无源滤波器不能有效工作时，宜

选用有源滤波器；当配电系统中既具有相对集中且长期稳定运行的大容量（如200kV·A或以上）非线性负载，又具有较大容量的经常变化的非线性负载时，宜选用有源无源组合型滤波器。

（3）电压质量

电压过高，用电设备对电源的无功需求和有功需求增加，尤其是无功需求增加比例更大，使设备及线路电流及其损耗增加；电压偏低，大部分用电设备功能下降，部分需要保持有功功率输出不变的用电设备，则电流增大，同样带来设备与线损增加。

① 正常运行情况下，用电设备端子处电压偏差允许值宜符合下列要求：a.电动机为±5%额定电压。b.照明，在一般工作场所为±5%额定电压；对于远离变电所的小面积一般工作场所，难以满足上述要求时，可为+5%、-10%额定电压；应急照明、道路照明和警卫照明等为+5%、-10%额定电压。c.其他用电设备当无特殊规定时为±5%额定电压。

② 供配电系统的设计为减小电压偏差，应符合下列要求：a.应降低系统阻抗。b.应采取补偿无功功率措施。c.宜使三相负荷平衡。

（4）变频调速

对常年运行的非消防动力设备如客梯、自动扶梯、风机、水泵等，根据工艺需要采用变频控制，并配置相应的谐波抑制措施，以此达到节能的目的。

变频器的容量一般按额定输出电流、电动机的功率或额定容量选择：a.变频器的额定输出电流（A）是其晶体管所能承受的电流值。连续运行的总电流在任何频率条件下均不得超过变频器的额定电流。b.风机、水泵类负载选择变频器的容量时，一般按电动机的额定功率选用。c.恒转矩负载选择变频器的容量，一般将电动机的额定功率放大一级选用。

变频器的类型选择：a.风机、泵类负载，低速下的负载转矩较小，通常选用普通功能型控制通用变频器。b.电梯、自动扶梯等恒转矩负载若采用普通功能型控制通用变频器，需加大电动机和变频器的容量以提高低速转矩，满足负载变化的需要，也可选用恒转矩控制的通用变频器，因恒转矩控制的通用变频器低速转矩大，静态机械特性硬度大，负载适应面宽，耐冲击性能好。c.恒转矩负载若对动态响应性能要求较高，可采用矢量控制的通用变频器。

（5）电梯节能控制

根据中国电梯协会统计，我们电梯保有量已经突破500万台，其能耗占整个建筑能耗的5%以上，因此，采取有效节能措施降低电梯能耗已引起广泛关注。目前比较常用的电梯节能技术归纳起来主要有以下几种方式：

① 改变机械传动方式：将传统的蜗杆蜗轮减速器改为行星齿轮减速器，其机械效率可提高15%～25%。

② 改变驱动技术：采用变频恒压调速拖动系统，电能损失可减少15%～25%。

③ 采用电能回馈技术，将电梯制动发电状态输出的电能回馈至电网，起到节约电能的目的。

④ 更新电梯轿厢照明系统：电梯轿厢采用 LED 照明灯具，既能减少用电量，还能减少灯具发热量，且寿命较常规灯具更长。

⑤ 采用先进的电梯控制技术，如电梯休眠技术、轿厢无人自动关灯技术、自动扶梯变频感应启动技术、电梯群控技术等，均可达到很好的节能效果。

（6）空调系统的运维节能

空调系统的运维节能是指在空调系统运行过程中，在满足合理的环境温度、舒适度的要求之上，通过合理的控制，尽可能减少电能消耗，达到节能效果。其主要节能措施：

① 公共区域空调系统设备的电气节能措施有：监测空调和新风机组等设备的风机状态、空气的温湿度、CO_2 浓度等；控制空调和新风机组等设备的启停、控制变新风比焓值和控制变风量时的变速。

② 间歇运行的空气调节系统，宜设置自动启停控制装置。控制装置应具备按预定时间表、按服务区域是否有人等模式控制设备启停的功能。

③ 风机盘管应采用电动水阀和风速相结合的控制方式，宜设置常闭式电动通断阀。公共区域风机盘管的控制应能对室内温度设定值范围进行限制，应能按使用时间进行定时启停控制，宜对启停时间进行优化调整。

④ 以排除房间余热为主的通风系统，宜根据房间温度控制通风设备运行台数或转速。

⑤ 热交换站安装供热量自动控制装置（气候补偿器），换热机组负荷侧二次泵均采用变频泵。

⑥ 根据冷却水出水温度，控制冷却塔风机转速或开启台数。

⑦ 冷水机组中，根据回水温度，控制制冷机组压缩机。

⑧ 在过渡季节充分利用室外新风作冷源的运行，以最大限度地使用新风。

⑨ 全空气空调系统新风比根据室内外空气焓差进行调节运行，新风比调节范围为 10% ～ 100%，在冬 / 夏季采用最小新风比运行，过渡季节全新风运行，最大总新风比 > 50%。

⑩ 全空气系统在回风管上（新风 + 风机盘管系统中，在室内）设 CO_2 浓度探测器，根据 CO_2 浓度来调节新风阀的开度。

⑪ 地下停车库风机宜采用多台并联方式或设置风机调速装置，并宜根据使用情况对通风机设置定时启停（台数）控制或根据车库内的 CO 浓度进行自动运行控制。

（7）给排水系统的运维节能

给排水系统的运维节能是指在给排水系统运行过程中，在满足合理使用需求之下，通过合理的控制，尽可能减少电能消耗，达到节能效果。其主要节能措施为：

① 对生活给水、中央及排水系统的水泵、水箱（水池）的水位及系统压力进行监

测；根据水位及压力状态，自动控制相应水泵的启停，自动控制系统主、备用泵的启停顺序。对系统故障、超高低水位及超时间运行等进行报警。

② 集中热水供应系统的监测和控制宜符合下列规定：a.对系统热水耗量和系统总供热量值宜进行监测；b.对设备运行状态宜进行检测及故障报警；c.对每日用水量、供水温度宜进行监测；d.装机数量大于等于3台的工程，宜采用机组群控方式。

2.4.5 电源监控和能源管理系统

电源监控和能源管理系统是采用智能化监控终端采集装置，包括微机总线保护器和网络电力仪表等，借助先进的网络通信设备及丰富的电力应用软件，实现遥信、遥测、遥控及遥调等功能，方便集中管理、集中调控，提高供电质量，加强供电管理水平。

（1）系统构成

变配电室电源监控和能源管理系统分为主站层、通信层和现场采集层。

① 主站层包括计算机、显示器、打印机、UPS不间断电源、数据采集服务器、工业网络交换机、声光报警及动态模拟屏等。

② 通信层，位于主站层与现场采集层之间，完成两层间网络连接、转换和数据、命令的传输交换，并监视和管理各保护及监控单元等设备。

③ 现场采集层，包括10kV保护测控装置、多功能电力监控仪表及开关量、模拟量采集模块、继电器输出模块等。这些模块与一次设备对应，分散布置，就地安装在开关柜内，上述设备均设有网络通信出口RS485，通过现场总线将相关设备连接起来，上传至中间层，完成保护、控制、监控和通信功能。同时还具有动态实时显示功能，如开关状态运行参数、故障信息和事故记录、保护定值等。

（2）系统基本功能

① 数据采集与处理：监控系统可实时采集电气设备的模拟量（电流、电压、电度、频率、温度等）和开关量（断路器及隔离开关位置信号、继电保护及自动装置信号、设备运行状态信号等）。监控系统将采集到的数据经实时处理后，送监控主机，为响应管理提供必要信息。

② 操作控制：操作人员可通过总站或子站监控主机对配电系统内受控对象进行操作，还可在现场就地按钮控制。

③ 显示功能：图形显示高、低压变配电系统电气主接线图，可实现动态显示、连续记录、事故记录显示及电力品质分析等功能。

④ 电能成本管理：可实现年、月、日、小时的电能统计，还可进行峰、谷、平时段的电能分时计费、报表。

⑤ 故障分析：配电系统发生故障后，系统自动记录相关数据，弹出故障智能分析报告（如：故障跳闸的原因、性质、地点及发生时间），事故后可从计算机中调出，便

于分析原因。

⑥ 数据库：采集的各分站信息，经过处理后形成标准的数据库，实时更新数据库。

（3）节能应用

变配电室电源监控和能源管理系统通过计算各配电输出回路的电能参数、累加统计总有功电能、总无功电能等，为管理者制订节能计划提供基础数据，并对谐波数据进行频谱分析和时域分析，以便用户有针对性地对负荷和回路进行谐波治理和改造，减少设备损耗和用电损耗。

2.5　建筑物电气能耗现状

2.5.1　概述

根据政府间气候变化专门委员会（IPCC）第五次气候变化评估报告，2010年全球建筑能耗占终端能源消费的32%。对于中国建筑能耗占全国能源消费总量的比重，不同机构或学者的测算数据差异较大，但数据大致分布在15% ～ 30%大区间之内，其中具有代表性的有：住建部2005年的官方提法，全国建筑能耗占全社会终端能耗的27.5%；清华大学建筑节能中心2007年以来的系列研究报告，我国建筑能耗占全国能源消费总量的比重在18% ～ 23%；美国劳伦斯伯克利国家实验室的测算，中国建筑能耗比重为25%；国际能源署（IEA）的数据，中国建筑能耗比重维持在30%左右。

建筑电气能耗作为建筑能耗的重要组成部分，也被称为建筑运行能耗，主要指建筑使用过程中的日常用能，如空调、采暖、照明、电气设备用电等。由于我国幅员辽阔，地形复杂，气候类型多样，不同气候区域的建筑电气能耗有着显著差异，根据《公共建筑节能设计标准》（GB 50189—2015）相关内容，全国有严寒地区、寒冷地区、夏热冬冷地区、夏热冬暖地区、温和地区等气候分区。本章在分析全国及各省份能耗数据的基础之上，重点列举不同气候分区典型城市的建筑能耗数据，分析不同气候分区、不同类型建筑的电力能耗现状及特点。

本章的建筑电气能耗数据主要来源于各省市地区的住房与城乡建设部门官方网站的建筑能耗统计数据的公示。其中，严寒地区城市数据暂缺，寒冷地区城市取自天津，夏热冬冷地区取自上海，夏热冬暖地区取自临近广州的清远市以及临近深圳的珠海市，温和地区取自云南省。各地公示的样本建筑数量、建筑类型覆盖面、能耗数据类型、详细程度等有所差异，但基本反映了当地建筑能耗的实际情况。

本章数据采集的样本建筑，未特意考察其电力节能措施现状，因此，本章的数据可以认为是在目前建筑电气节能水平基础上的能耗数据。随着节能技术的发展及应用，可以预见，建筑电气节能空间很大。

2.5.2　全国建筑能耗统计与分析

（1）全国建筑能耗统计

见表2-12、表2-13。

表2-12　2001~2015年中国建筑能耗、建筑面积、能耗强度数据（1）

年份		2001	2002	2003	2004	2005	2006	2007	2008	2009	2010	2011	2012	2013	2014	2015
全国能源消费总量		15.55	16.96	19.71	23.03	26.14	28.65	31.14	32.06	33.61	36.06	38.70	40.21	41.69	42.58	43.00
建筑能耗总量		3.09	3.43	3.96	4.41	4.84	5.20	5.56	5.82	6.06	6.39	6.92	7.40	7.91	8.14	8.57
建筑能耗比重		19.87%	20.26%	20.07%	19.13%	18.52%	18.14%	17.86%	18.14%	18.02%	17.73%	17.89%	18.41%	18.98%	19.12%	19.93%
能源消费（亿吨标煤，发电煤耗法）	公共建筑（含供暖）	1.17	1.29	1.54	1.69	1.85	1.99	2.08	2.22	2.33	2.51	2.79	3.02	3.19	3.26	3.41
	城镇居住建筑（含供暖）	1.19	1.35	1.51	1.67	1.85	2.01	2.19	2.27	2.36	2.43	2.53	2.68	2.88	3.01	3.20
	农村居住建筑	0.73	0.79	0.90	1.04	1.13	1.20	1.29	1.32	1.37	1.46	1.60	1.70	1.84	1.87	1.97
电力消费/亿千瓦时	合计	2979.63	3242.32	3907.61	4486.16	5322.30	6128.66	7126.67	7783.97	8692.46	9456.09	10554.94	11726.38	13064.41	13634.07	14506.37
	公共建筑	1308.54	1410.30	1768.18	2011.73	2351.43	2683.61	2957.57	3273.50	3696.90	4184.55	4765.19	5324.35	5875.06	6246.12	6716.04
	城镇居住建筑	1058.02	1159.54	1358.76	1553.27	1880.49	2119.06	2498.25	2671.65	2955.40	3134.97	3371.69	3742.41	4060.00	4144.99	4329.06
	农村居住建筑	613.07	672.48	780.67	921.16	1090.38	1325.99	1670.85	1838.82	2040.16	2136.57	2418.06	2659.62	3129.35	3242.96	3461.27

表2-13 2001~2015年中国建筑能耗、建筑面积、能耗强度数据（2）

年份		2001	2002	2003	2004	2005	2006	2007	2008	2009	2010	2011	2012	2013	2014	2015
建筑面积/亿平方米	合计	359.75	377.21	448.98	406.31	471.97	440.74	452.79	510.93	480.33	542.85	519.81	542.72	564.62	586.98	613.43
	公共建筑	48.52	51.32	54.04	56.84	59.94	63.24	66.65	69.98	73.57	77.97	83.29	89.41	95.82	102.64	113.00
	城镇居住建筑	107.69	118.94	123.97	136.67	153.96	159.80	165.24	171.42	177.00	185.57	197.67	210.53	222.44	234.78	248.30
	农村居住建筑	203.54	206.95	210.29	212.80	215.19	217.70	220.90	224.56	229.76	234.03	238.85	242.78	246.36	249.56	252.13
综合能耗强度/(kgce/m²)	公共建筑	24.12	25.13	28.50	29.73	30.86	31.47	31.21	31.73	31.67	32.19	33.50	33.78	33.29	31.76	30.16
	城镇居住建筑	11.05	11.35	12.18	12.22	12.02	12.58	13.25	13.24	13.33	13.09	12.80	12.73	12.95	12.82	12.87
	农村居住建筑	3.59	3.82	4.28	4.89	5.25	5.51	5.84	5.88	5.96	6.24	6.70	7.00	7.47	7.49	7.80
电耗强度/(kW·h/m²)	公共建筑	26.97	27.48	32.72	35.39	39.23	42.43	44.37	46.78	50.25	53.67	57.21	59.55	61.31	60.85	59.43
	城镇居住建筑	9.82	9.75	10.96	11.37	12.21	13.26	15.12	15.59	16.70	16.89	17.06	17.78	18.25	17.66	17.43
	农村居住建筑	3.01	3.25	3.71	4.33	5.07	6.09	7.56	8.19	8.88	9.13	10.12	10.96	12.70	12.99	13.73
北方城镇集中供热①	供热能耗/亿吨标煤	0.47	0.61	0.64	0.66	0.72	0.74	0.77	0.88	0.90	0.99	0.96	1.01	1.09	1.13	1.20
	供热面积/亿平方米	14.63	15.56	18.99	21.63	25.21	26.59	30.06	34.89	37.96	43.57	47.38	51.84	57.17	61.12	67.22
	单位面积能耗/(kgce/m²)	32.13	39.20	33.70	30.51	28.56	27.83	25.62	25.22	23.71	22.72	20.26	19.48	19.07	18.49	17.85

① 本文北方城镇集中供热指纳入"城市（县城）建设统计报表"统计范围之内的集中供热。

（2）各省建筑能耗统计

见表2-14、表2-15。

表2-14　2015年全国各省（区、市）建筑能耗及能耗强度

省（区、市）	城镇民用建筑总能耗/万吨标煤	地区能源消费总量/万吨标煤	城镇民用建筑能耗比重	北方城镇采暖能耗/万吨标煤	公共建筑			城镇居住建筑能耗		
					总能耗/万吨标煤	电耗/亿千瓦时	北方采暖能耗/万吨标煤	总能耗/万吨标煤	电耗/亿千瓦时	北方采暖能耗/万吨标煤
北京	3242.53	6852.55	47.14%	1237.82	1944.53	380.39	538.19	1298.00	123.41	699.64
天津	1721.54	8260.13	20.75%	701.22	914.57	140.41	251.13	806.97	70.73	450.09
河北	3788.70	29395.36	12.82%	2084.53	1628.34	223.09	585.90	2160.36	157.03	1498.63
山西	2092.58	19383.53	10.74%	1163.06	918.53	115.52	292.22	1174.05	78.59	870.84
内蒙古	2358.99	18927.07	12.40%	1382.46	1061.62	111.08	452.85	1297.37	77.02	929.60
辽宁	3711.94	21667.25	17.05%	2005.05	1717.72	244.40	658.02	1994.22	154.65	1347.03
吉林	1938.45	8141.89	23.68%	1223.30	859.37	95.12	412.58	1079.08	70.41	810.72
黑龙江	2805.45	12126.19	23.01%	1849.43	1141.55	115.50	581.05	1663.91	94.34	1268.38
上海	2219.27	11387.44	19.43%		1560.56	369.25		658.71	162.04	
江苏	4317.66	30235.30	14.23%		2547.44	679.86		1770.22	394.83	
浙江	3127.06	19610.47	15.89%		1884.55	464.71		1242.51	267.15	
安徽	1500.33	12331.97	12.12%		878.24	198.72		622.10	150.10	
福建	1521.79	12179.97	12.45%		896.49	228.74		625.30	174.46	
江西	1012.21	8440.34	11.94%		535.66	127.13		476.55	119.43	

续表

省 （区、市）	城镇民用建筑 总能耗 /万吨标煤	地区能源消费 总量 /万吨标煤	城镇民用建 筑能耗比重	北方城镇采暖 能耗 /万吨标煤	公共建筑				城镇居住建筑能耗			
					总能耗 /万吨标煤	电耗/亿千 瓦时	北方采暖能耗 /万吨标煤		总能耗 /万吨标煤	电耗/亿千 瓦时	北方采暖能耗 /万吨标煤	
山东	6182.19	37945.40	16.21%	2893.35	2739.42	486.63	743.97		3442.77	302.75	2149.38	
河南	3553.07	23161.16	15.26%	1473.05	1566.96	305.57	385.33		1986.11	214.37	1087.72	
湖北	1859.16	16403.73	11.29%		1128.39	230.02			730.78	188.38		
湖南	1743.31	15468.61	11.23%		1064.48	206.27			678.83	181.11		
广东	5573.33	30145.49	18.42%		3296.48	827.97			2276.85	515.56		
广西	1131.09	9760.65	11.54%		599.14	135.69			531.95	121.20		
海南	325.95	1937.77	16.77%		211.63	68.81			114.33	24.75		
重庆	1065.22	8933.76	11.87%		589.63	143.56			475.58	93.62		
四川	2138.55	19888.10	10.71%		1189.99	272.48			948.56	204.80		
贵州	708.55	9948.48	7.10%		435.01	78.33			273.54	69.23		
云南	882.48	10356.56	8.49%		585.43	129.08			297.05	93.59		
陕西	2165.01	11715.85	18.37%	1216.36	816.73	132.93	290.50		1348.28	106.94	925.86	
甘肃	1089.47	7522.85	14.40%	627.69	425.48	69.40	144.33		663.98	41.25	483.36	
青海	401.51	4134.11	9.66%	256.38	154.95	22.72	76.58		246.56	14.88	179.80	
宁夏	430.05	5404.70	7.91%	259.98	184.11	27.43	82.81		245.94	16.50	177.17	
新疆	1438.58	15651.20	9.14%	894.28	601.26	85.22	262.62		837.32	45.95	631.65	

表2-15 2015年全国各省（区、市）建筑面积、建筑能耗强度数据

省（区、市）	建筑面积			能耗强度		
	公共建筑/10⁴m²	城镇居住建筑/10⁴m²	村镇公建面积/10⁴m²	北方城镇采暖面积/10⁴m²	公建电力消费强度/(kW·h/m²)	城镇居民建电力消费强度/(kW·h/m²)	北方采暖能耗强度/(kgce/m²)
北京	38564.36	53359.77	2871.98	89052.15	98.64	23.13	13.9
天津	18758.65	35768.3	1404.45	53122.5	74.85	19.78	13.2
河北	46834.86	110881.15	9139.14	148576.87	47.63	14.16	14.03
山西	24175.63	59233.23	6891.84	76517.02	47.79	13.27	15.2
内蒙古	23396.66	46242.52	3807.95	65831.23	47.48	16.66	21
辽宁	42489.69	86019.02	5950.71	122557.99	57.52	17.98	16.36
吉林	21934.92	43421.64	2719.76	62636.8	43.36	16.22	19.53
黑龙江	29679.63	60724.54	5489.85	84914.32	38.92	15.54	21.78
上海	37117.89	55847.5	6082.25		99.48	29.01	
江苏	88891.88	183032.87	20528.65		76.48	21.57	
浙江	67963.87	131918.96	13964.45		68.38	20.25	
安徽	51300.85	102550.38	10958.71		38.74	14.64	
福建	42556.61	85149.66	11234.42		53.75	20.49	
江西	30057.86	82769.19	10448.69		42.3	14.43	
山东	86681.58	193388.72	28474.3	251596	56.14	15.66	11.5

续表

省（区、市）	建筑面积				能耗强度		
	公共建筑/10⁴m²	城镇居住建筑/10⁴m²	村镇公建面积/10⁴m²	北方城镇采暖面积/10⁴m²	公建电力消费强度/(kW·h/m²)	城镇居民建电力消费强度/(kW·h/m²)	北方采暖能耗强度/(kgce/m²)
河南	62798.46	156546.98	14574.76	138967.05	48.66	13.69	10.6
湖北	50052.55	117400.83	15187.73		45.96	16.05	
湖南	44305.73	122443.53	11863.34		46.56	14.79	
广东	96380.99	193406.46	14867.28		85.91	26.66	
广西	28421	78654.5	8954.26		47.74	15.41	
海南	8631.31	15483.58	1591.39		79.72	15.99	
重庆	26018.48	58705.85	5413.56		55.18	15.95	
四川	52422.92	134950.97	9710.82		51.98	15.18	
贵州	14876.03	50464.73	6001.55		52.65	13.72	
云南	29638.78	70271.63	7972.8		43.55	13.32	
陕西	24673.36	67919.6	6142.57	86450.39	53.88	15.74	14.07
甘肃	14231.47	30759.71	6244.87	38746.31	48.77	13.41	16.2
青海	4815.3	10223.54	1029.01	14009.82	47.18	14.55	18.3
宁夏	5610.96	11271.19	1029.91	15852.24	48.89	14.64	16.4
新疆	16781.74	34388.07	4349	46820.81	50.78	13.35	19.1

（3）全国建筑能耗数据分析

2015年，中国建筑能源消费总量为8.57亿吨标准煤，占全国能源消费总量的19.93%，其中公共建筑能耗3.41亿吨标准煤，占建筑能耗总量的39.76%；城镇居住建筑能耗3.20亿吨标准煤，占比37.30%；农村居住建筑能耗1.97亿吨标准煤，占比22.94%（如图2-2所示）。

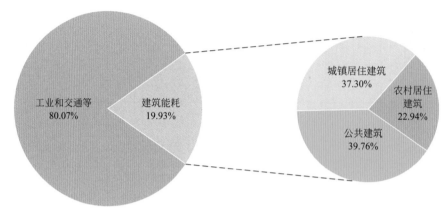

图2-2　2015年中国建筑能耗构成比例

2015年，全国建筑总面积达到613.43亿平方米（如图2-3所示），其中公共建筑面积约113.00亿平方米，占比18%；城镇居住建筑面积248.30亿平方米，占比40%；农村居住建筑252.13亿平方米，占比41%。

图2-3　2015年中国分类型建筑面积

从单位面积能耗强度看，公共建筑能耗强度是四类建筑用能中强度最高的，且近年来一直保持增长的趋势。2015年公共建筑单位面积能耗为30.16kgce/m^2，分别是城镇居住建筑的2.3倍（12.87kgce/m^2）和农村居住建筑的3.9倍（7.80kgce/m^2），这里三种类型建筑的单位面积能耗强度均为发电煤耗法口径。2015年公共建筑单位面积电耗为59.43kW·h/m^2，分别是城镇居住建筑的3.4倍（17.43kW·h/m^2）和农村居住建筑的4.3倍（13.73kW·h/m^2），如图2-4所示。

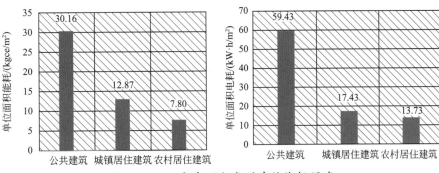

图2-4　2015年中国分类型建筑能耗强度

2.5.3　气候分区典型城市建筑能耗数据

（1）天津市（代表寒冷地区）

2018年3月14日，天津市城乡建设委员会公示了2017年天津市公共建筑重点用能单位能耗数据，共计50栋公共建筑，覆盖建筑面积12.6×10⁴m²。

① 2017年重点用能单位按建筑功能分类统计情况如表2-16所示，其中政府办公建筑占比约20.0%，覆盖面积约6.2×10⁴m²。

表2-16　2017年重点用能单位按建筑功能分类表

序号	建筑类型	数量/栋	数量占比/%	面积/m²
1	政府办公建筑	10	20.0	62571
2	宾馆饭店建筑	6	12.0	190500
3	非政府办公建筑	13	26.0	294680
4	商场建筑	4	8.0	194597
5	科研教育建筑	11	22.0	361133
6	文化场馆建筑	6	12.0	158000
	总计	50	100.0	1261481

② 年度总用电量占比情况。2017年天津市50栋公共建筑重点用能单位的总用电量约830973.06kW·h，其中政府办公建筑占3.4%，非政府办公建筑占30.6%，商场建筑占14.8%，科研教育建筑占22%，文化场馆建筑占18.2%，宾馆饭店建筑占11.0%，如图2-5所示。

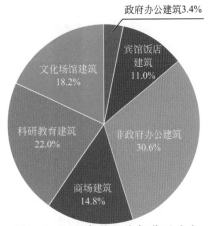

图2-5　2017年接入能耗监测平台建筑年总用电量占比情况

③ 2017年主要类型公共建筑用电强度分布，见图2-6。

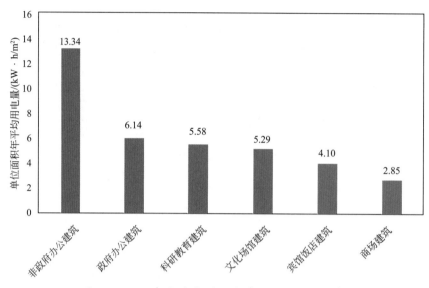

图2-6 2017年主要类型公共建筑用电强度分布

④ 2017年主要类型建筑分项用电量情况，见图2-7。

（2）上海市（代表夏热冬冷地区）

截至2016年12月31日，上海市累计共有1501栋公共建筑完成用能分项计量装置的安装并实现与能耗监测平台的数据联网，覆盖建筑面积6572.2×10⁴m²，其中国家机关办公建筑182栋，占监测总量的12.1%，覆盖建筑面积约368.5×10⁴m²；大型公共建筑1319栋，占监测总量的87.9%，覆盖建筑面积约6203.7×10⁴m²。

① 2016年按建筑功能分类统计情况如表2-17所示。

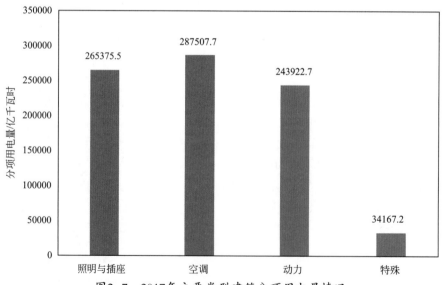

图2-7 2017年主要类型建筑分项用电量情况

表2-17　2016年按建筑功能分类统计情况表

序号	建筑类型	数量/栋	数量占比/%	面积/m²
1	国家机关办公建筑	182	12.1	3684983
2	办公建筑	497	33.1	21891554
3	旅游饭店建筑	197	13.1	8412169
4	商场建筑	226	15.1	12803583
5	综合建筑	172	11.5	11080422
6	医疗卫生建筑	105	7.0	3368932
7	教育建筑	50	3.3	1855715
8	文化建筑	24	1.6	848840
9	体育建筑	20	1.3	710058
10	其他建筑	28	1.9	1066100
	总计	1501	100.0	65722356

注：其他建筑包含交通运输类建筑、酒店式公寓等无法归于1～9类的建筑。

② 年度总用电量占比情况。2016年，接入能耗监测平台的公共建筑年总用电量约为69.3亿千瓦时，其中办公建筑、商场建筑、综合建筑与旅游饭店建筑用电总量较大，四类建筑用电量占总量的85%。2016年接入能耗监测平台各类型建筑年总用电量占比情况如图2-8所示。

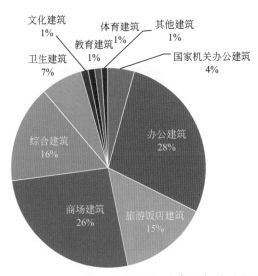

图2-8　2016年接入能耗监测平台各类型建筑年总用电量占比情况

2016年，接入能耗监测平台的公共建筑逐月用电量如图2-9所示。从图中可以看出，建筑逐月用电变化情况与气温变化趋势相符，夏季随着气温不断升高，空调制冷需求逐渐增大，导致用电量也逐渐增加，在温度最高的七、八月建筑用电量也达到了夏季的最高；冬季随着气温不断降低，空调采暖需求逐渐增大，导致用电量也逐渐增加，在温度最低的一月建筑用电量也达到冬季的最高。

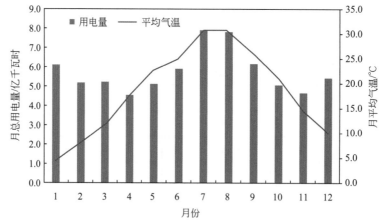

图2-9　2016年接入能耗监测平台的公共建筑逐月用电量

③ 主要类型建筑用电强度分布。2016年，上海市能耗监测平台中接入量较大的6类公共建筑中，每类建筑按照7个档位的单位面积用电强度划分，比例分布情况如图2-10所示。其中国家机关办公建筑、办公建筑和综合建筑用电强度小于$100kW \cdot h/m^2$的建筑超过60%，因此这三类建筑的平均能耗明显小于其余三类建筑。商场建筑用电强度大于$200kW \cdot h/m^2$的较多，接近30%，一定程度上由建筑功能需求导致，但同时也说明具有较大的节能潜力。

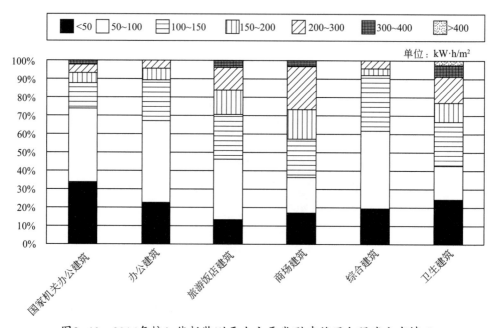

图2-10　2016年接入能耗监测平台主要类型建筑用电强度分布情况

④ 主要类型建筑分项用电占比情况。从主要类型建筑2016年分项用电占比来看，照明与插座用电、空调用电为主要用电分项，各类型建筑中这两项之和均超过总用电量的65%，如图2-11所示。其中，空调用电占比最高的为卫生建筑，这是由于其人员流动性和密度、室内空气质量要求所导致的全年制冷采暖需求高于其他类型建筑。照明与插座用电占比最高的为商场建筑，这是由于商场营业环境需求，照明功率密度一般高于其他类型建筑。

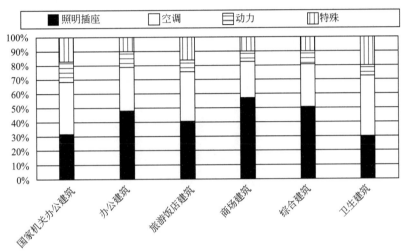

图2-11　2016年能耗监测平台主要类型建筑分项用电量占比情况

本节数据取自上海市住房和城乡建设管理委员会、上海市发展和改革委员会编制的《2016年度上海市国家机关办公建筑和大型公共建筑能耗监测及分析报告》。

（3）珠海（代表夏热冬暖地区）

2016年度珠海市共计公示了110栋公共建筑能耗数据，覆盖建筑面积$297.9 \times 10^4 m^2$，总建筑能耗$25268.3 \times 10^4 kW$。

① 2016年按建筑功能分类统计情况如表2-18所示。

表2-18　2016年按建筑功能分类统计情况表

序号	建筑类型	数量/栋	数量占比/%	面积/m²
1	政府办公建筑	15	13.6	177067
2	宾馆饭店建筑	13	11.8	406461
3	非政府办公建筑	13	11.8	290373
4	商场建筑	9	8.2	368799
5	科研教育建筑	27	24.5	706577
6	医疗卫生建筑	17	15.5	467892
7	综合商务建筑	6	5.5	390237
8	文化场馆建筑	2	1.8	14600

续表

序号	建筑类型	数量/栋	数量占比/%	面积/m²
9	交通建筑	1	0.9	9038
10	居住建筑	7	6.4	147967
	总计	110	100.0	2979011

② 2016年重点监测民用建筑年总用电量占比情况，见图2-12。

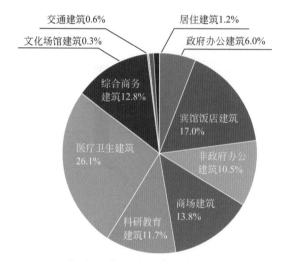

图2-12　2016年重点监测民用建筑年总用电量占比情况

③ 主要类型建筑用电强度。根据建筑功能分类，主要类型建筑用电强度如图2-13所示。其中交通建筑、医疗卫生建筑、宾馆饭店建筑、政府办公建筑用电强度大于100kW·h/m²，其他类型建筑用电强度均小于100kW·h/m²，而商场建筑用电强度仅77.92kW·h/m²，与其他地区商场建筑用电强度差异较大，不具有代表性。

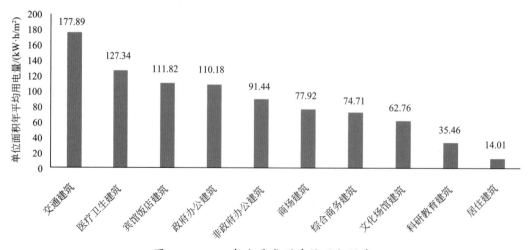

图2-13　2016年主要类型建筑用电强度

（4）清远（代表夏热冬暖地区）

2016年度清远市及下辖县、镇地区共计公示了236栋公共建筑能耗数据，覆盖建筑面积$471.6 \times 10^4 m^2$，总建筑能耗$20805.1 \times 10^4 kW$。

① 2016年按建筑功能分类的统计情况如表2-19所示。

表2-19 2016按建筑功能分类的统计情况表

序号	建筑类型	数量/栋	数量占比/%	面积/m²
1	国家机关办公建筑	110	46.6	1365877
2	宾馆饭店建筑	7	3.0	373969
3	文化教育建筑	55	23.3	940351
4	医疗卫生建筑	31	13.1	451260
5	商场建筑	6	2.5	486856
6	交通建筑	2	0.8	10812
7	写字楼建筑	5	2.1	44043
8	居住建筑	20	8.5	1042819
	总计	236	100.0	4715987

② 2016年重点监测民用建筑年总用电量占比情况，见图2-14。

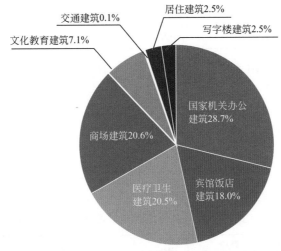

图2-14 2016年重点监测民用建筑年总用电量占比情况

③ 主要类型建筑用电强度。根据建筑功能分类，主要类型建筑用电强度如图2-15所示。其中商场建筑、写字楼建筑、宾馆饭店建筑用电强度大于$100kW \cdot h/m^2$，其他类型建筑用电强度均小于$100kW \cdot h/m^2$，因数据中包含县、镇等区域建筑能耗数据，因此整体用电强度略低于其他地区。

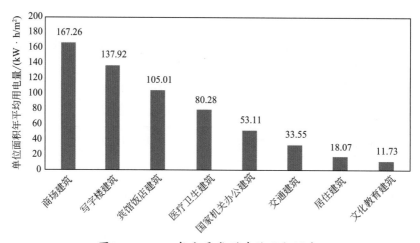

图2-15　2016年主要类型建筑用电强度

（5）云南（代表温和地区）

云南省部分建筑耗电量统计数据见表2-20。

表2-20　云南省（代表温和地区）部分建筑耗电量统计数据

建筑类型	统计总面积/m²	总能耗（标准煤）/（kgce/a）	单位面积能耗（标准煤）/（kgce/m²·a）	折算单位面积耗电量/［kW·h/（m²·a）］
国家机关办公建筑	7887053	79488726	10.08	30.27
大型公共建筑	13652593	201507883	14.76	44.28
中小型公共建筑	3813864	33191730	8.70	26.1
居住建筑	11646793	58213490	5.0	15
平均值	37000303	372401829	10.06	30.18

表2-20数据取自云南省住房和城乡建设厅公布的《2015年度云南省民用建筑能耗统计工作总结报告》（以下简称《报告》），其能耗单位折算为公斤标准煤（kgce），能耗数据包括所有的能源种类。《报告》指出，云南省的建筑能源消耗构成主要有电力、煤、天然气、液化石油气、人工煤气、其他等，其中电力消耗占比高达95.3%（见表2-21）。由此，可用表2-21数据近似作为电力消耗的数据，其中"折合一次能源系数"是根据每千瓦时电力消耗等价于0.333kgce进行折算所得，为编者所增，非《报告》原始数据。

表2-21　2015年度云南省民用建筑各类型能源消耗状况

建筑类型	统计量/栋	耗电量/kW·h	煤/kg	天然气/m³	液化石油气/kg	人工煤气/m³	其他能源（柴油）/kg
国家机关办公建筑	1387	230930762	73360	670032	504220	1193571	67838
大型公共建筑	241	595758769	237000	588597	188501	3182852	18023
中小型公共建筑	825	92630129	13800	61015	214874	3215445	33784
居住建筑	1010	146472657	0	562914	494978	13722224	0

建筑类型	统计量/栋	耗电量/kW·h	煤/kg	天然气/m³	液化石油气/kg	人工煤气/m³	其他能源（柴油）/kg
合计	3463	1065792317	324160	1882558	1402573	21314092	119645
折合一次能源系数	—	0.333	0.7143	1.33	1.7143	0.5714	1.4571
一次能源（折合标煤）/kg	—	354908842	231547	2503802	2404431	12178872	174335
占比/%	—	95.30	0.06	0.67	0.65	3.27	0.05

2.5.4　电力能耗分析结论

① 我国城镇居住建筑、农村住宅建筑、公共建筑呈逐年增长的趋势，建筑能耗总量也逐年增大，2015年建筑总面积约613.43亿平方米，建筑用电总量也不断增加，截至2015年底，中国建筑能源消费总量已达到8.57亿吨标准煤（约6.973万亿千瓦时），占全国能源消耗总量的19.93%，其中电力消费约1.36万亿千瓦时。因此，建筑电气节能技术的发展和应用对节能减排具有重要的意义。

② 公共建筑能耗强度是四类建筑用能中强度最高的，且近年来一直保持增长的趋势。2015年公共建筑单位面积能耗为30.16kgce/m²，分别是城镇居住建筑的2.3倍（12.87kgce/m²）和农村居住建筑的3.9倍（7.80kgce/m²），这里三种类型建筑的单位面积能耗强度均为发电煤耗法口径。2015年公共建筑单位面积电耗为59.43kW·h/m²，分别是城镇居住建筑的3.4倍（17.43kW·h/m²）和农村居住建筑的4.3倍（13.73kW·h/m²）。

③ 根据不同气候分区，建筑能耗差异很大（见表2-15），其值在38.74～99.48kW·h/m²，因此，应根据不同气候分区的特点，采取差异化的节能措施。

④ 空调耗电量占建筑电力耗能比例较大，因此空调系统设备的效能提升及其系统运行节能措施，以及建筑围护结构的热工性能改进对建筑节能有较大的作用。

⑤ 照明用电也是电能消耗大户，提高灯具的效能及其系统运行节能措施，以及提高建筑的自然采光率也是节能措施的重点。

2.6　供配电系统的节能应用案例

2.6.1　大型厂房电气火灾智能监控系统设计应用

项目名称	大型厂房电气火灾智能监控系统设计应用
项目概况	正泰电气股份有限公司低压成套柜组装车间，建筑面积超过5000m²，共设有20个照明控制柜、5个动力配电柜和10个空调控制柜，其中每个照明控制柜安装有12路照明控制回路。所有均需要通过改造加装电气火灾智能监控系统，实现对电气线路的安全监控，同时对用电设备进行电能计量，并实现综合能效管理

续表

项目名称	大型厂房电气火灾智能监控系统设计应用
实施方案	

（1）现场总线组网方案

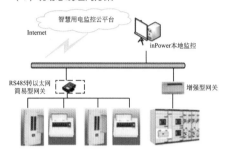

应用场景	新建项目
智能柜体数量	较大，分布较集中
通信方式	有线/现场总线协议
成本	低

（2）局域网WiFi组网方案

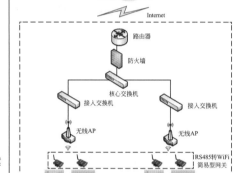

应用场景	改造项目
智能柜体数量	较大，分布较集中
通信方式	WiFi
成本	中

（3）GPRS/3G/4G组网方案

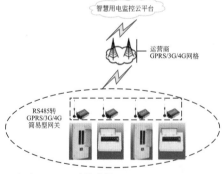

应用场景	改造项目、新建项目
智能柜体数量	少，分布广
通信方式	GPRS/3G/4G
成本	高

（4）inPower本地监控

inPower是一款通过只需简单配置，就可完成组态功能的一款轻量级本地监控软件。部署在现场，用户可以通过此软件实现本地运行状态监视、控制、报警管理、曲线显示、报表管理、权限管理、设备运维管理等功能。用户可以通过柜面图的方式对整个系统进行监控，设备位置信息一目了然，运行状态尽在掌握。

（5）inCloud云监控

云平台支持主流物联网设备通信协议TCP/IP（含Modbus TCP）、HTTP以及轻量级通信协议MQTT、LWM2M，支持JSON数据格式协议，数据上报使用了间断式连接，大大降低了设备上的代码足迹及数据带宽和流量，数据传输对应的后台服务器支持负载均衡、高可用、支持第三方协议接入、设备GIS信息管理

续表

项目名称	大型厂房电气火灾智能监控系统设计应用
技术应用	该项目的电气火灾智能监控系统主要由电气火灾监控仪表、Chint-Edge智能网关、inPower本地智能监控系统和远程智慧用电云平台组成。电气火灾智能监控系统总体架构图如下图所示。 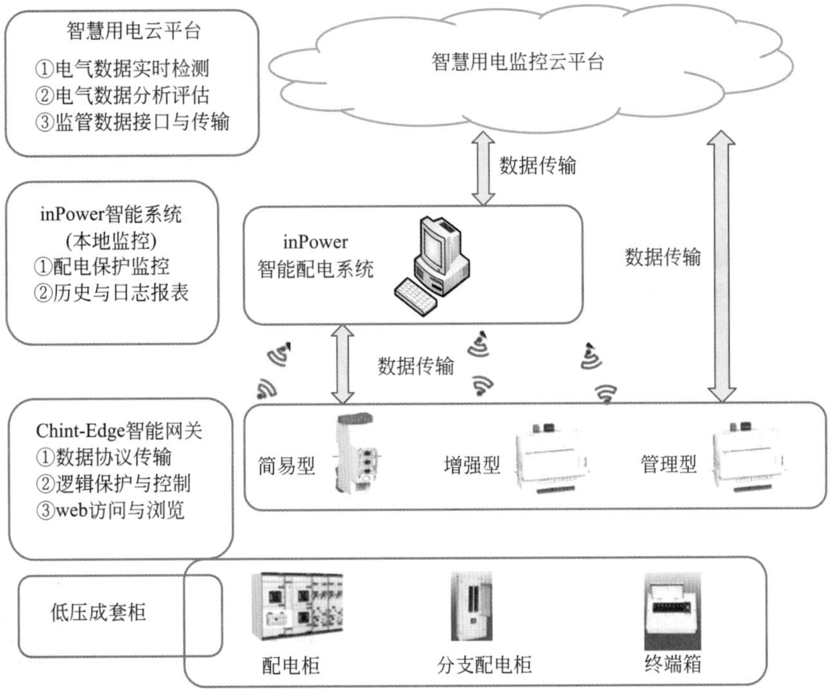 　　电气火灾智能监控系统能不间断地对线路进行数据跟踪与统计分析，通过物联网技术实时发现电气线路和用电设备存在的安全隐患，建立有效预警机制。当被保护电气线路剩余电流超限、线缆超温等异常情况发生时，发出报警信号，通知运维人员及时处理，并可实时监测电气设备参数与运行情况，通过分析评估向监管部门提供监控与分析信息数据等
效益	电气火灾智能监控系统从智慧硬件（智慧网关）、网络架构、本地监控、云平台服务、Web与移动终端界面展示，系统化地提出智慧用电解决方案，让用电更安全、更安心、更智能。 　　系统可实时显示被监控回路的剩余电流值以及被监控回路的名称、位置备注等，可实时报警；当监控回路越限时，系统通过声光的形式进行报警，并显示相关回路信息，可实现对设备断路、短路、欠压等进行报警；可设置操作权限，实现分级管理。 　　整个系统具有功能全面、安全可靠、反应迅速、性价比高等优势
技术依托单位	浙江正泰电器股份有限公司

2.6.2 工业园区配电系统智能化改造项目

项目名称	工业园区配电系统智能化改造项目
项目概况	本项目为泰永长征公司贵州生产厂区配电系统改造项目，位于贵州省遵义市汇川区外高桥武汉中路8号，占地100万平方米，厂房层高三层，含加工中心、装配车间、系统集成、办公区等区域
实施方案	本项目是对工业园区配电设备进行智能化改造，主要是TYT·FUTURE智能配电云端监控系统。 本项目硬件方面采用的智能配电设备主要包括：MA60框架断路器+6A13智能云控制器、TBBQ6-W抽出带旁路型ATSE+C820智能云控制器、MB60塑壳断路器+6B13智能控制器、TYT·FUTURE智能云·通信集线器、贵州工业云大数据服务器等；软件方面主要采用TYT·FUTURE智能配电云端监控APP、PC平台的应用。具体应用系统方案如下图所示。 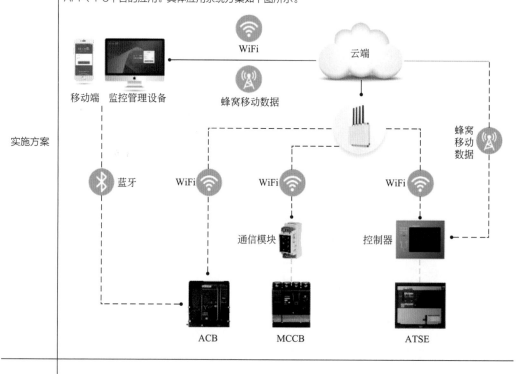
技术应用	（1）TYT·FUTURE智能云配电管理平台 该系统是泰永长征基于物联网、云数据存储分析，开发的具有交互性系统化配电架构与平台，同时具有能效分析管理和配电设备监控的功能。 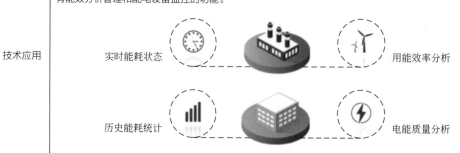

续表

项目名称	工业园区配电系统智能化改造项目
技术应用	（2）智能云配电元器件 　　泰永长征基于配电物联通信技术，让每台设备具备智能"芯"，实现云端能耗数据反馈，远程管理控制等多项功能，为客户搭建智能云配电系统。  （3）多平台智能管理软件 　　PC、平板、手机端web网页登录管理，无须下载安装软件，所有数据分析程序在云端进行，不占用本地设备。Android、IOS两大系统另可采用专业软件使用，真正做到多种平台、多种设备、多种方式便捷使用。  PC端　　　　　　　　　移动端 （4）能效云计算分析 具有能耗统计、能效分析、电能分析等功能 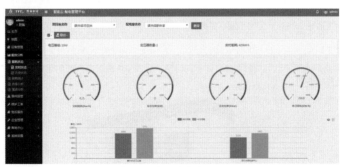
设计施工要点	（1）项目需求 ①定制推送数据子站建设，利用互联网+技术实现系统设备信息统一管理，无人值守； ②制定能效分析版块数据模型，系统需针对企业客户需求，将获取到的数据转换成更直观的图表曲线； ③实现通信在线及离线时的正常管理，采用蓝牙无线传输发送智能器件离线数据信息；

项目名称	工业园区配电系统智能化改造项目
设计施工要点	④ 产品的智能采集，在传统配电产品上升级智能配电产品，具备实时通信及能耗采集功能。 （2）解决方式 ① 开发出能与云端互联的智能型电力设备，同时达到大规模量产要求； ② 开发出能从云端实时采集智能型电力设备信息状态的多类型服务平台； ③ 通过通信协议同意及通信设备的开发，使智能型电力设备、智能配电管理平台、云端服务器间实现互联互通； ④ 通过云端数据运算及分析，为用户提供节能增效的能效大数据分析
效益分析	（1）经济效益 　智能配电系统能效分析改变了以往依靠人力采集电量信息、纸质记录，信息传输不及时、准确的状况，极大地提高了配电网能效信息采集与管理的效率。本项目经过电能消耗的区域能耗统计分析，做到合理分配电能，并在峰平谷适时使用，使得电能消耗降低10%。另通过能效分析，分析用能消耗和各厂区生产产值的比例，优化企业排产，使得生产效率提高12%。未来配电网信息的不间断积累将为配电大数据时代的到来提供坚实的数据基础，配电网的绿色节能化建设将具备更科学、更稳妥的分析决策依据。 （2）社会效益 　本项目的落地，作为国内领先的智能云配电管理项目，能使国内电力行业从传统的机械化往智能化方向发展，同时也带动了智能化节能能耗分析软件开发的推广及应用，还带动了电力硬件设备的智能化升级，对电力行业乃至绿色智慧城市的升级起到了强有力的促进作用
技术依托单位	贵州泰永长征技术股份有限公司

2.6.3　四川大学望江校区1000kV·A变压器低压配电系统节能与安全改造项目

项目名称	四川大学望江校区1000kV·A变压器低压配电系统节能与安全改造项目
项目概况	四川大学是教育部直属全国重点大学，是国家"211工程"和"985工程"重点建设的大学。该项目分为多个阶段实施，第一阶段在四川大学望江校区华西村配电房1000kV·A变压器低压配电系统中进行，通过安装一台中央节能保护装置1000kV·A节能装置，完成该配电系统内所有电机、空调、照明、办公用电、家用电器等负载的安全与节能，提高能效技改
实施方案	该项目主要采用在配电房安装中央节能保护设备，实现整体供配电系统的用电安全和节能增效。祥和节能保护装置如下图。

续表

项目名称	四川大学望江校区1000kV·A变压器低压配电系统节能与安全改造项目
技术应用	祥和中央节能保护装置应用及功能示意图如下： 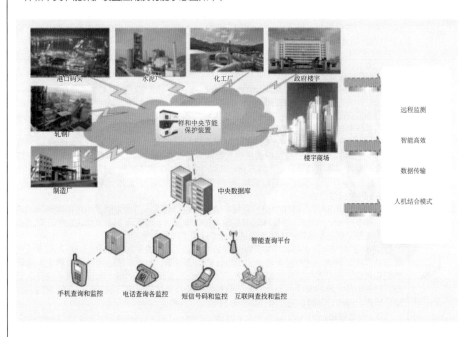 　　祥和中央节能保护装置的核心部件，是机芯与能耗信息采集系统组成的电信级管理平台。其中，机芯部件是微磁场、电磁平衡、电感与电抗相互交"三大原理"相结合，运用独创的虚拟电容技术、量子反常霍尔效应技术及电信级管理节能系统技术等相融合，利用目前最先进的非电子元器件的纯物理缠绕系统，所组成的安装在用户电能入口端的系统节能节电装置。  　　量子反常霍尔效应的原理是在零磁场的条件下，实现像霍尔效应那样的"让电子运动在各自的跑道上"，且高速地"一往无前"，让电子相互碰撞的现象减少与减弱，从而降低计算机等用电设备的发热发烫，减少能耗，缓解速度变慢现象 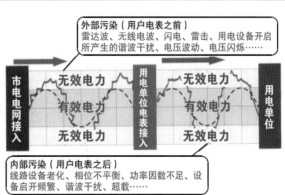

续表

项目名称	四川大学望江校区1000kV·A变压器低压配电系统节能与安全改造项目
设计施工要点	安装总周期1～3d，期间主要是祥和中央节能保护装置安装、调试及节能验收。其中安装祥和中央节能保护装置时需停电20～30min；验收时只需要对祥和中央节能保护装置内部开关进行切换，停电时间很短，仅需几分钟
效益分析	（1）直接经济效益 　　四川大学1000kV·A变压器低压配电系统，在平均正常生产负荷率为70%～80%条件下可实现节电率8.5%～13.5%。依照该低压配电系统在69%负荷率的条件下，该台变压器低压配电系统全年支出电费380.46万元。安装祥和中央节能保护装置后，通过祥和中央节能保护装置对该低压配电系统的整体节能，按最低节电率8.5%计算，每年可实现设备节省电费32.35万元。 　　计算公式为：年节约电费=系统总有功率×每年运行天数×每天运行时数×电费单价×节电率。 　　此外，安装祥和中央节能保护装置后，每年降低设备维护率以2%计算，可降低维护费用7.7万元，以上每年节电收益两项合计：40.46万元。祥和中央节能保护装置使用寿命为20年以上，20年实现的节电收益可达662.9万元，实现减排碳每年至少229680kgCO_2，折算为标准煤每年可达到至少107.2t。 　　（2）间接经济效益 　　① 保护设备和环境。祥和中央节能保护装置安装以后，一方面阻隔了当地市电电网的谐波进入，另一方面治理1000kV·A变压器低压配电系统内的谐波量，也使低压配电系统内的电压电流动态稳定性大大提高，使整个低压配电系统内设备设施免受电压电流波动的损害。 　　② 净化了内部电网。祥和中央节能保护装置安装后，整个用电需求侧的低压配电系统内原有的谐波、突波被抑制，瞬流、脉冲被吸收，三相电压被动态平衡，配电系统的电力污染被大大减轻，形成了清洁的配电系统，有效克服了用电设备启停、负荷变化对配电系统的瞬间电压、浪涌电流以及用电高峰期和低谷期的电压电流的波动污染，消除了节能保护和降损增效升级技改前所存在的发热、线损、铁损、铜损、噪声、振动、摩擦、变压器损耗等形式的电力浪费。 　　（3）综合效益 　　大大降低电费支出；保护设备，降低维护维修费用；保护师生眼睛，降低辐射危害；实现能耗的量化管理；完成节能减排任务
技术依托单位	成都祥和云端节能设备集团有限公司 成都祥和节能服务有限公司 成都双赢产业生态园有限公司 北京泰网软件有限公司

2.6.4　重庆来福士广场火灾监控系统的应用

项目名称	重庆来福士广场火灾监控系统的应用
项目概况	重庆来福士广场坐落于重庆朝天门广场与解放碑之间，直面长江与嘉陵江交汇口，是重庆这座中国第四个直辖市的心脏部位。项目由八栋高层建筑和五层裙楼组成，该城市综合体项目包括高端住宅、国际甲级写字楼、购物中心、五星级酒店以及高端服务公寓。项目底部的裙楼还涵盖了城市立体水陆交通枢纽，集地铁站、公交换乘站、客运码头和游轮中心等公共交通于一体
实施方案	该项目采用琴台式电气火灾监控设备、区域监控分机和电气火灾监控探测器三层结构，方案设计1套琴台式电气火灾监控系统总站及6套壁挂式区域监控子站。分别在地库裙房消防总控室设计一套电气火灾监控系统总站，用于对地库及裙房、住宅、办公、酒店及公寓式酒店的全部数据监控；在T1/T2住宅、T5/T6住宅、T3N住宅、T3S/T4S办公、T4N酒店及T4S酒店式公寓分别单独设置一套电气火灾监控系统子站，作为区域管理，进行区域显示、报警；通过分层、分机的网络方式进行监控，方便了管理，也提高了整个系统的安全稳定性

续表

项目名称	重庆来福士广场火灾监控系统的应用
实施方案	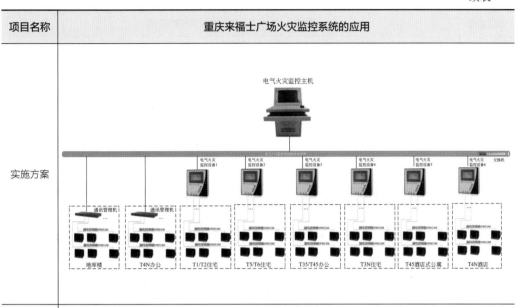
技术应用	该项目火灾监控系统主要采用的设备包括：PMAC503S-Q、PMAC503S-B、PMAC3216通信管理机、SPM53M电气火灾监控探测器等。  PMAC503S-Q　　　PMAC3216通信管理机　　　SPM53M电气火灾监控探测器 该系统采用全中文图形化界面显示，界面直观显示各测控点的分布及点位描述信息。 

项目名称	重庆来福士广场火灾监控系统的应用
技术应用	系统实时在线监测各个回路剩余电流、过电流及温度变化情况，实时显示系统中开关状态、设备故障、报警状态、通信质量等信息。 系统显示整个网络的网络架构，并可以确认网络中各种通信设备的通信状态是否正常。 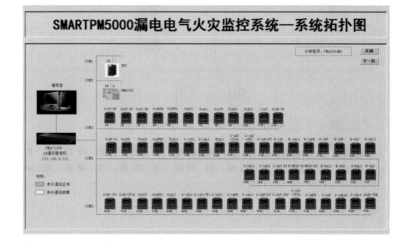 针对现场的各种参量越限、开关变位、电源状态、设备运行异常及各种操作信息，均有相应的声光报警及提示信息，显示事故点及故障详细说明，事件顺序记录。 系统实时监测备用电源状态，显示主备电源的使用情况。当主备电源发生异常时及时报警，显示故障原因，提醒用户及时处理故障，保证系统的正常运行。 系统具有自检功能。自检时，针对监控设备进行循环检测，检测显示、测量声光信号、备用电源、接线等部位，反馈设备工作状态，及时维护，保证系统的正常运行，防止产生错误报警信息
设计施工要点/疑难点	（1）剩余电流互感器的安装 必须严格区分中性线（N）和保护线（PE），三相四线或单相两线，在穿过剩余电流互感器时，应当注意地线（PE）绝对不能进入，否则会造成测量偏差。 （2）通信线缆端接线 剩余电流探测器的工作电源为85～265V（交流电），在施工过程中容易将RS485通信端口接到强电中，损坏设备。可通过在选型上选用具有防呆功能的探测器，即使将通信端口接入强电中，设备也不会在短时间内损坏
效益分析	（1）经济效益 来福士广场作为重庆第一高楼、中国西南的新地标，投资总额超过240亿元，总建筑面积超过110万平方米，集住宅、办公楼、商场、服务公寓、酒店、餐饮会所为一体的城市综合体，其消防安全非常重要，电气火灾监控系统，可以提供早期火灾预警系统，可靠预防电气火灾发生，减少生命财产损失。 （2）社会效益 电气火灾监控为消防规范的必要监控系统，可稳定降低电气火灾发生的风险，为人民生命财产安全提供保障，并展示企业良好形象
技术依托单位	珠海派诺科技股份有限公司

第 3 章

建筑照明的电气节能技术

3.1 建筑照明的现状和发展趋势

3.1.1 照明发展的历程

（1）三次照明革命的对照比较

时代	名称	发明者	技术特点	优点	缺点
第一次照明革命（1879年）	白炽灯	1879年，美国科学家爱迪生（1847—1931）32岁发明了白炽灯	用钨丝加热发光，属于热辐射光源。发光效率10~15lm/W	价格便宜，安装方便，技术成熟	光效低，发热量大，寿命短
第二次照明革命（1938年）	荧光灯	1938年4月1日，美国通用电子公司伊曼（1895—1972）43岁发明了荧光灯（日光灯）	用汞蒸气和荧光粉发光，属于气体放电光源。发光效率60~90lm/W	价格合理，节能较大，发光效率适中	寿命一般
第三次照明革命（1962年）	LED	1962年，美国通用电气公司（GE）的Nick Holonyak Jr博士（1928至今）34岁发明了可见光的LED。2014年诺贝尔物理学奖联合授予日本科学家赤崎勇（IsamuAkasaki）、天野浩（HiroshiAmano）以及美籍日裔科学家中村修二（ShujiNakamura），表彰他们发明一种新型高效节能光源[蓝色发光二极管（LED）]	用半导体发光，属于固态光源。当前主流产品发光效率80~120lm/W，理论发光效率可达350lm/W	体积小、耗电低、寿命长、无毒环保，易于智能控制	散热技术差，发光驱动电路

（2）照明设计理念
① 功能需求：根据建筑功能，按照设计标准及规范，实现照明功能的要求。
② 节能需求：在满足同等舒适度的条件下，实现照明节能。
③ 舒适需求：满足人的生理、心理要求，提高环境的光品质。
④ 文化需求：营造光环境，提升建筑空间的艺术效果。

3.1.2 建筑照明的现状

（1）建筑照明的基本要求
① 适当的照度水平；
② 舒适的亮度分布；
③ 优良的灯光颜色品质；
④ 没有炫光干扰；
⑤ 正确的投光方向与完美的造型立体感。

（2）照明的节能效果

在照度相同的条件下，用紧凑型荧光灯取代白炽灯的效益见表3-1（含镇流器功耗），其他见表3-2、表3-3。

表3-1　用紧凑型荧光灯取代白炽灯的效益

普通照明白炽灯/W	紧凑型荧光灯/W	节电效果/W	节电率/%
100	21	79	79
60	13	47	78.3
40	10	30	75

表3-2　直管形荧光灯升级换代的效益（未计镇流器功耗）

灯种	镇流器形式	功率/W	光通量/lm	光效/（lm/W）	替换方式	节电率/%
T12（38mm）	电感式	40	2850	71	—	—
T8（26mm）	电感式	36	3350	93	T12→T8	23.6
T8（26mm）	电子式	32	3200	100	T12→T8	29
T5（16mm）	电子式	28	2800	100	T12→T5	29

表3-3　高强度气体放电灯的相互替换的效益（未计算镇流器功耗）

灯种	功率/W	光通量/lm	光效/（lm/W）	寿命/h	显色指数Ra	替换方式	节电率/%
荧光高压汞灯	400	22000	55	15000	40	—	—
高压钠灯	250	28000	112	24000	25	1→2	50.9
金属卤化物灯	250	19000	76	20000	69	1→3	27.6
金属卤化物灯	400	25000	87.5	20000	69	1→4	37.1
陶瓷金卤灯	250	21000	84	20000	85	1→5	34.5

LED灯相当于紧凑型荧光灯，按筒灯计，平均节能达40%～50%。

3.1.3　建筑照明的发展趋势

（1）LED照明未来四大发展趋势

发展趋势之一	政策扶持	① 2013年，六部委联合发布《半导体照明节能产业规划》，提出LED三大发展目标：节能减排效果及市场份额；产业规模及重点企业实力；技术创新能力及标准检测认证体系。在上述三方面稳步增长。 ② 2011年，科技部颁布《关于印发国家"十二五"科学和技术发展规划的通知》，节能环保位居七大战略性新兴产业之首，其中，LED照明又位居四大节能环保技术之首。 ③ 2010年，国务院常务会议审议并原则通过《国务院关于加快培育和发展战略性新兴产业的决定》，确定选择节能环保、新一代信息技术、生物、高端装备制造等七个战略新兴产业，LED产业作为节能环保的重要产业成为扶持对象

发展趋势之二	技术发展	新型衬底外延芯片技术； 倒装芯片新技术； 晶元级封装新技术； 宽色域、高显色指数的荧光粉新技术； 高效LED驱动电源新技术； LED智能驱动芯片
发展趋势之三	产品发展	替代传统照明： ① 美国：加州从2012年1月1日起，发布的禁令适用范围将扩大至超过9寸长的高强度放电灯及节能灯，从2014年1月1日起，将禁用范围进一步涵盖美国国家监管的普通照明白炽灯及增强光谱灯。 ② 澳大利亚早在2007年2月就决定于2010年停止使用普通白炽灯，取而代之的是LED照明用品；澳大利亚成为世界上第一个计划禁止使用传统白炽灯的国家。 ③ 加拿大在2007年4月25日，由自然资源部部长加里·伦恩宣布，加拿大定于2012年开始禁止销售白炽灯，成为继澳大利亚后第二个宣布禁用白炽灯的国家
发展趋势之四	市场发展LED照明产业展望	产业联盟的白皮书的结论：目前选定LED照明色温的光源质量不差于传统的节能照明光源。 LED照明在建筑室内和室外的应用： 中国室内照明产品目前以改造工程视觉效果替换光源为主，目的是节能，但有些场所不注意LED照明的光色应用，如：色温、显色指数的选择不当，舒适度受影响。 中国户外景观亮化工程已全面采用LED照明，能够实现艺术设计效果，有安全、可塑性强、视觉感受逼真、节能环保、价格比较低等好处

（2）未来LED照明创新技术

LED创新技术之一：解决飞机时差的LED照明创新技术；

LED创新技术之二：解决集中精力的LED照明创新技术；

LED创新技术之三：解决睡觉失眠的LED照明创新技术；

LED创新技术之四：解决水果保鲜的LED照明创新技术；

LED创新技术之五：促进蔬菜生长的LED照明创新技术；

LED创新技术之六：解决交通站牌的LED照明创新技术；

LED创新技术之七：解决产品形态的LED照明创新技术；

LED创新技术之八：解决健康照明（舒适）的LED创新技术；

LED创新技术之九：解决智能控制（系统）的LED创新技术；

LED创新技术之十：解决可见光通信LED创新技术。

（3）绿色照明节能技术发展主要对策

序号	对策	描述	备注
1	政策的扶持	① 完善现有补贴政策； ② 加大LED宣传力度； ③ 扶持企业技术创新	
2	技术的提升	① 提升上游装备的国产化水平，提高关键原材料的工艺水平； ② 明确知识产权：规避专利风险，提高专利保护意识，开发具有自有知识产权的核心技术； ③ 加强LED产品模组化、标准化，提高产品兼容性、互换性，降低系统成本； ④ 加强人才培养	

续表

序号	对策	描述	备注
3	商业模式创新	① LED关键技术、互联网技术和物联网技术相结合进行跨界创新模式； ② 项目融资模式； ③ 主流大型产业联盟或者产业协同的模式	
4	金融扶持	① 商业支付模式； ② 金融支付模式	
5	LED标准的制定	① 加快标准制定，提升行业门槛； ② 加强标准体系建设和宣贯； ③ 严格市场监管	

3.2　建筑照明的节能标准

3.2.1　建筑照明的节能定义

节约能源，保护环境，有益于提高人们生产、工作、学习的效率和生活质量，是保护身心健康的照明。

3.2.2　国际的建筑照明标准

类别	标准	名称
综合型	GB 50034—2013	建筑照明设计标准
	GB/T 13379—2008 （NEQ ISO 8995：2002）	视觉工效学原则室内工作场所照明
	GB/T 26189—2010 （IDT ISO 8995：2002/CIE S008/E：2001）	室内工作场所的照明
	ISO 8995-1：2002（E）/ CIE S 008/E：2001	Lighting of work places—Part 1：Indoor 室内工作场所照明
	ANSI/IESNA RP-1-2004	Recommended Practice on Office Lighting 办公室照明的推荐规程
	EN 12464-1：2011	Light and lighting-Lighting of work places-Part 1：Indoor work places 光源与照明——工作场所的照明——第1部分：室内工作场所
	CIE 205：2013	Review of Lighting Quality Measures for Interior Lighting with LED Lighting Systems 室内LED照明系统光照质量测量方法
	CIE 218-2016	Research Roadmap for Healthful Interior Lighting Applications 健康室内照明研发路线图

续表

类别	标准	名称
色温	CIE 015-2004	Colorimetry 比色法
	ANSI C78.377-2017	Electric Lamps Specifications for the Chromaticity of Solid-state Lighting Products 固态照明产品的色度指标
显色指数	CIE 013.3-1995	Method of Measuring and Specifying Colour Rendering Properties of Light Sources
	GB/T 5702—2003	光源显色性评价方法
	GB/T 26180—2010 （IDT CIE 13.3-1995）	光源显色性的表示和测量方法
	CIE 177：2007	Colour Rendering of White LED Light Sources 白色LED照明光源显色性指数
	IES TM-30-15	IES Method for Evaluating Light-Source Color Rendition 光源显色能力评价方法
	CIE TN224-2017	Colour Fidelity Index for accurate scientific use 色保真度的准确使用方法
眩光	CIE 117-1995 GB/Z 26212—2010	Discomfortable glare in interior lighting 室内照明的不适眩光
	CIE 190：2010	Calculation and Presentation of Unified Glare Rating Tables for Indoor Lighting Luminaries 室内照明灯具用统一眩光值表的计算和引用
频闪	IEC TR 61547 -1-2015	Equipment for general lighting purposes-EMC immunity requirements - Part 1: An objective voltage fluctuation immunity test method 通用照明设备——EMC免疫性要求——第一部分：电压抗干扰测试方法
	IEEE Std 1789：2015	Recommended Practices for Modulating Current in High-Brightness LEDs for Mitigating Health Risks to Viewers Description 高亮LED照明闪烁的潜在健康影响
	CIE TN 006：2016	Visual Aspects of Time -Modulated Lighting Systems-Definitions and Measurement Models 时间调制的照明系统的视觉方面——定义及测量模型
VICO 指标	CSA 035.1—2016	LED照明产品视觉健康舒适度测试第1部分：概述
	CSA 035.2—2017	LED照明产品视觉健康舒适度测试第2部分：测试方法——基于人眼生理功能的测试方法及技术要求
	CSA 035.3—2017	LED照明产品视觉健康舒适度测试第3部分：测试方法——基于眼底功能的测试方法及技术要求
其他	CIE 095—1992	Contrast and Visibility 对比度和可视度

3.2.3　中国的建筑照明标准

（1）建筑照明节能设计标准

	标准名称	标准编号	发布单位	有效期
公共建筑照明节能标准（包括办公、教育、医院、体育、交通等公共建筑）	建筑照明设计标准	GB 50034—2013	中华人民共和国住房和城乡建设部、中华人民共和国国家质量监督检验检疫总局	2014-06-01实施
	节能建筑评价标准	GB/T 50668—2011	中华人民共和国住房和城乡建设部、中华人民共和国国家质量监督检验检疫总局	2012-05-01实施
	民用建筑电气设计规范	JGJ 16—2008	中华人民共和国住房和城乡建设部	2008-08-01实施
	教育建筑电气设计规范	JGJ 310—2013	中华人民共和国住房和城乡建设部	2014-04-01实施
	医疗建筑电气设计规范	JGJ 312—2013	中华人民共和国住房和城乡建设部	2014-04-01实施
	体育建筑电气设计规范	JGJ 354—2014	中华人民共和国住房和城乡建设部	2015-05-01实施
	交通建筑电气设计规范	JGJ 243—2011	中华人民共和国住房和城乡建设部	2012-06-01实施
居住建筑照明节能标准	住宅建筑电气设计规范	JGJ 242—2011	中华人民共和国住房和城乡建设部	2012-04-01实施

（2）室外照明节能设计标准

室外照明节能标准	室外作业场地照明设计标准	GB 50582—2010	中华人民共和国住房和城乡建设部	2010-12-01实施
	城市道路照明设计标准	CJJ 45—2015	中华人民共和国住房和城乡建设部	2016-06-01实施
	城市夜景照明设计规范	JGJ/T 163—2008	中华人民共和国住房和城乡建设部	2009-05-01实施
	城市照明节能评价标准	JGJ/T 307—2013	中华人民共和国住房和城乡建设部	2014-02-01实施

（3）与照明标准相关的技术规范

序号	国家标准	对应的IEC标准	现行IEC标准编号	差异情况
1	GB 7000.1—2015 灯具　第1部分：一般要求与试验	IEC 60598-1：2014 灯具　第1部分：一般要求与试验	IEC 60598-1：2014	无差异
2	GB 7000.201—2008 灯具　第2-1部分：特殊要求 固定式通用灯具	IEC 60598-2-1：1979+A1：1987 灯具　第2-1部分：特殊要求 固定式通用灯具	IEC 60598-2-1：1979+A1：1987	无差异

序号	国家标准	对应的IEC标准	现行IEC标准编号	差异情况
3	GB 7000.202—2008 灯具 第2-2部分：特殊要求 嵌入式灯具	IEC 60598-2-2：1997 灯具 第2-2部分：特殊要求 嵌入式灯具	IEC 60598-2-2：2011	版本差异
4	GB 7000.203—2013 灯具 第2-3部分：特殊要求 道路与街路照明灯具	IEC 60598-2-3：2002+A1：2011 灯具 第2-3部分：特殊要求 道路与街路照明灯具	IEC 60598-2-3：2002+A1：2011	无差异
5	GB 7000.204—2008 灯具 第2-4部分：特殊要求 可移式通用灯具	IEC 60598-2-4：1997 灯具 第2-4部分：特殊要求 可移式通用灯具	IEC 60598-2-4：1997	无差异
6	GB 7000.7—2005 投光灯具安全要求	IEC 60598-2-5：1998 灯具 第2-5部分：特殊要求 投光灯具	IEC 60598-2-5：2015	版本差异
7	GB 7000.6—2008 灯具 第2-6部分：特殊要求 带内装式钨丝灯变压器或转换器的灯具	IEC 60598-2-6：1996 灯具 第2-6部分：特殊要求 带内装式钨丝灯变压器或转换器的灯具	已取消	—
8	GB 7000.207—2008 灯具 第2-7部分：特殊要求 庭园用可移式灯具	IEC 60598-2-7：1982+A1：1987+A2：1994 灯具 第2-7部分：特殊要求 庭园用可移式灯具	IEC 60598-2-7：1982+A1：1987+A2：1994	无差异
9	GB 7000.208—2008 灯具 第2-8部分：特殊要求 手提灯	IEC 60598-2-8：2007 灯具 第2-8部分：特殊要求 手提灯	IEC 60598-2-8：2013	版本差异
10	GB 7000.19—2005 照相和电影用灯具（非专业用）安全要求	IEC 60598-2-9：1987+A1：1993 灯具 第2-8部分：特殊要求 照相和电影用灯具（非专业用）	IEC 60598-2-9：1987+A1：1993	无差异
11	GB 7000.4—2007 灯具 第2-10部分：特殊要求 儿童用可移式灯具	IEC 60598-2-10：2003 灯具 第2-10部分：特殊要求 儿童用可移式灯具	IEC 60598-2-10：2003	无差异
12	GB 7000.211—2008 灯具 第2-11部分：特殊要求 水族箱灯具	IEC 60598-2-11：2005 灯具 第2-11部分：特殊要求 水族箱灯具	IEC 60598-2-11：2013	版本差异
13	GB 7000.212—2008 灯具 第2-12部分：特殊要求 电源插座安装的夜灯	IEC 60598-2-12：2006 灯具 第2-12部分：特殊要求 电源插座安装的夜灯	IEC 60598-2-12：2013	版本差异
14	GB 7000.213—2008 灯具 第2-13部分：特殊要求 地面嵌入式灯具	IEC 60598-2-13：2006 灯具 第2-13部分：特殊要求 地面嵌入式灯具	IEC 60598-2-13：2006+A2：2016	版本差异
15	GB 7000.214—2015 灯具 第2-14部分：冷阴极管形放电灯（霓虹管）灯具和类似设备	IEC 60598-2-14：2009 灯具 第2-14部分：特殊要求 冷阴极管形放电灯（霓虹管）灯具和类似设备	IEC 60598-2-14：2009	无差异

续表

序号	国家标准	对应的IEC标准	现行IEC标准编号	差异情况
16	GB 7000.217—2008 灯具 第2-17部分：特殊要求 舞台灯光、电视、电影及摄影场所（室内外）用灯具	IEC 60598-2-17：1984+A2：1990 灯具 第2-17部分：特殊要求 舞台灯光、电视、电影及摄影场所（室内外）用灯具	IEC 60598-2-17：1984+A2：1990	无差异
17	GB 7000.218—2008 灯具 第2-18部分：特殊要求 游泳池和类似场所用灯具	IEC 60598-2-18：1993 灯具 第2-18部分：特殊要求 游泳池和类似场所用灯具	IEC 60598-2-18：1993+A1：2011	版本差异
18	GB 7000.219—2008 灯具 第2-19部分：特殊要求 通风式灯具	IEC 60598-2-19：1981+A1：1987+A2：1997 灯具 第2-19部分：特殊要求 通风式灯具	IEC 60598-2-19：1981+A1：1987+A2：1997	无差异
19	GB 7000.9—2008 灯具 第2-20部分：特殊要求 灯串	IEC 60598-2-20：2002 灯具 第2-20部分：特殊要求 灯串	IEC 60598-2-20：2014	版本差异
20	GB 7000.2—2008 灯具 第2-22部分：特殊要求 应急照明灯具	IEC 60598-2-22：2002 灯具 第2-22部分：特殊要求 应急照明灯具	IEC 60598-2-22：2014	版本差异
21	GB 7000.18—2003 钨丝灯用特低电压照明系统安全要求	IEC 60598-2-23：1996+A1：2000 灯具 第2-23部分：特殊要求 钨丝灯用特低电压照明系统	IEC 60598-2-23：1997+A1：2000	无差异
22	GB 7000.17—2003 限制表面温度灯具安全要求	IEC 60598-2-24：2002 灯具 第2-24部分：特殊要求 限制表面温度灯具	IEC 60598-2-24：2013	版本差异
23	GB 7000.225—2008 灯具 第2-25部分：特殊要求 医院和康复大楼诊所用灯具	IEC 60598-2-25：1994+A1：2004 灯具 第2-25部分：特殊要求 医院和康复大楼诊所用灯具	IEC 60598-2-25：1994+A1：2004	无差异

3.3　LED建筑照明技术

3.3.1　LED照明节能特性

序号	特性	内容
1	光效高	电光转换效率约30%，发光效率约100lm/W
2	能耗低	耗电量低，单只9W LED灯（相当于60W白炽灯，15W节能灯）每天8h年耗电约26kW·h
3	寿命长	使用寿命约50000h，是白炽灯使用寿命的50倍，荧光灯使用寿命的10倍
4	易控制	通过BIM技术和智能控制技术，实现智慧照明，从而达到二次节能和按需照明的目的

序号	特性	内容
5	低运维	易实现自动巡检，更换频率低，节约人工成本
6	安全环保	直流驱动无频闪，光源不含紫外线，发热低，不易产生安全隐患
7	光谱丰富	易实现色彩变化，适用于城市亮化工程，更适用于特定光谱场合，如农业照明、紫外固化等
8	绿色环保	不含汞，易回收

3.3.2 传统照明与LED照明的对比

（1）光源性质

	白炽灯	荧光灯	LED
特点比较	① 光源特点：热辐射； ② 光电转换率：低，发热量大； ③ 光生物安全：无，有紫外线； ④ 环境污染：无	① 光源特点：气体放电； ② 光电转换率：中； ③ 光生物安全：有紫外线，频闪严重； ④ 环境污染：汞污染（节能灯）	① 光源特点：半导体固态； ② 光电转换效率：高； ③ 光生物安全：根据需求设置紫外线； ④ 环境污染：无
对比结果	LED安全，无污染，光电转换效率高，采用LED是必然的		

（2）节能降耗比较

	白炽灯	荧光灯	LED
特点比较	① 光效：低（2%～3%）； ② 平均寿命：1000h； ③ 运维费：高； ④ 单位成本光通量[①]：2.5dollar/klm	① 光效：中（10%～15%）； ② 平均寿命：5000小时； ③ 运维费：中； ④ 单位成本光通量[①]：10dollar/klm	① 光效：高（＞25%）； ② 平均寿命：50000h； ③ 运维费：低； ④ 单位成本光通量[①]：16dollar/klm
对比结果	LED发光效率高，寿命长，运维费低，是未来发展趋势		

[①] 数据来源于美国能源部DOE（2014年）。

（3）光品质比较

	白炽灯	荧光灯	LED
特点比较	① 显色指数Ra：＞90； ② 色温：不可变； ③ 光稳定性：较好	① 显色指数Ra：75～85； ② 色温：不可变； ③ 光稳定性：差	① 显色指数Ra：70～90； ② 色温：可变（2700～6500K）； ③ 光稳定性：很好
对比结果	LED光源的色温可变，光稳定性好，应用广泛		

（4）驱动控制比较

	白炽灯	荧光灯	LED
特点 比较	① 启动时间：瞬间； ② 达到稳态照明时间（70%）：瞬间； ③ 驱动方式：无； ④ 驱动成本：无	① 启动时间：0.4~2s； ② 达到稳态照明的时间（70%）：5~15min； ③ 驱动方式：高压交流； ④ 驱动成本：低	① 启动时间：0.1~0.5s，但去电源化为发展方向； ② 达到稳态照明时间（70%）：0.1~0.5s； ③ 驱动方式：低压直流； ④ 驱动成本：高
对比 结果	LED光源稳态照明时间短，待解决驱动成本问题后，更具有竞争力		

（5）设计及应用比较

	白炽灯	荧光灯	LED
特点 比较	① 光源与灯具：分体设计； ② 光源组合：不可变； ③ 光色变化：不可变	① 光源与灯具：分体设计； ② 光源组合：不可变； ③ 光色变化：不可变	① 光源与灯具：一体化设计； ② 光源组合：灵活多变，可与建材一体化； ③ 光色变化：全光谱RGB可变
对比 结果	LED可一体化设计，光源灵活多变，光色可变，应用为必然趋势		

（6）光源形状比较

	白炽灯	荧光灯	LED
特点 比较	① 光源形状：点光源； ② 光源设计：不可二次设计； ③ 光源外壳材料：玻璃	① 光源形状：线光源； ② 光源设计：不可二次设计； ③ 光源外壳材料：玻璃	① 光源形状：点、线、面光源； ② 光源设计：可二次设计； ③ 光源外壳材料：非易碎，任选透光材料
对比 结果	因LED光源的形状可变，透光材料可任选，并可二次设计，所以LED应用广泛		

（7）可见光通信比较

	白炽灯	荧光灯	LED
特点 比较	① 可见光通信：无； ② 信息承载力：低	① 可见光通信：无； ② 信息承载力：无	① 可见光通信：有； ② 信息承载力：高，特定场所可替代WiFi
对比 结果	由于LED有可见光通信，信息承载能力高，使实现可见光通信成为可能		

（8）光源的综合成本比较

	白炽灯	荧光灯	LED
特点 比较	① 购置成本：低（800lm，60W，约3元）； ② 运维成本：高（每年换3次）； ③ 能耗成本：高（60W年耗电约175kW·h）	① 购置成本：中（800lm，15W，约12元）； ② 运维成本：中（每年换1次）； ③ 能耗成本：中（15W年耗电约44kW·h）	① 购置成本：高（800lm，9W，约25元）； ② 运维成本：低（每年换0.2次）； ③ 能耗成本：低（9W年耗电约26kW·h）
对比 结果	因为LED综合成本相对较低，所以LED应用是发展方向		

（9）非可视照明应用比较

	白炽灯	荧光灯	LED
特点比较	① 健康医疗：无； ② 种植养殖：少； ③ 工艺用光：无	① 健康医疗：少； ② 种植养殖：少； ③ 工艺用光：少	① 健康医疗：多（心理、时差、睡眠、美容等）； ② 种植养殖：多（育种、补光、保鲜等）； ③ 工艺用光：多（固化、光刻等）
对比结果	从健康医疗、种植养殖、工艺用光等三个方面的扩展应用上看，LED是未来的发展方向		

3.3.3 LED照明的主要问题与对策

（1）LED照明技术的主要问题

序号	问题	主要描述
1	可靠性	① 驱动可靠性； ② 光衰和色温漂移； ③ 灯具设计合理性； ④ 大功率照明散热问题
2	光生物安全	① 蓝光可能造成伤害； ② 高亮度
3	舒适性	① 眩光； ② 光斑； ③ 光品质
4	成本	初次购置成本偏高
5	光效	① 光源光效有很大提升空间； ② 整灯效率仍有提升空间
6	标准及规范	LED产品技术发展较快，相关设计、产品、检测标准有待完善和提高
7	照明形态	受传统照明产品影响，照明形态有待创新
8	智能化	LED可控性特征没有完全得到发挥，智能化技术有很大应用空间

（2）LED照明技术的主要对策

序号	对策	描述	备注
1	政策的扶持	① 完善现有补贴政策； ② 加大LED宣传力度； ③ 扶持企业技术创新	
2	技术的提升	① 提升上游装备的国产化水平，提高关键原材料的工艺水平； ② 明确知识产权：规避专利风险，提高专利保护意识，开发具有自有知识产权的核心技术； ③ 加强LED产品模组化、标准化，提高产品兼容性、互换性，降低系统成本； ④ 加强人才培养	
3	商业模式创新	① LED关键技术、互联网技术和物联网技术结合进行跨界创新模式； ② 项目融资模式； ③ 主流大型产业联盟或者产业协同的模式	
4	金融扶持	① 商业支付模式； ② 金融支付模式	
5	LED标准的制定	① 加快标准制定，提升行业门槛； ② 加强标准体系建设和宣贯； ③ 严格市场监管	

2015～2018年部分中照明奖一等获奖名单如下。

序号	获奖项目	获奖单位	年份
1	宁夏人大会议中心夜景照明工程	北京维特佳照明工程有限公司	2015
2	内蒙古自治区科技馆和演艺中心夜景照明工程	天津大学建筑设计研究院	2015
3	南京中国科举博物馆及周边配套项目（一期一区）夜景照明工程	清华大学建筑学院 南京路灯工程建设有限责任公司	2015
4	成都大慈寺文化商业综合体夜景照明工程	四川普瑞照明工程有限公司	2015
5	"青岛世界园艺博览会"夜景照明工程	惠州雷士光电科技有限公司 北京清华同衡规划设计研究院有限公司	2015
6	国家会展中心（上海）室内照明工程	清华大学建筑学院 清华大学建筑设计研究院有限公司 华东建筑设计研究院有限公司 上海亚明照明有限公司	2015
7	潍坊市宝通街西环路道路照明工程	潍坊市路灯管理处（潍坊市夜景照明管理办公室）	2016
8	杭州滨江区G20项目夜景照明工程	杭州银龙实业有限公司 杭州中恒派威电源有限公司 浙江网新合同能源管理有限公司 浙江城建园林设计院有限公司	2016
9	武汉市"两江四岸"夜景照明工程	北京清华同衡规划设计研究院有限公司 深圳市金达照明有限公司 武汉市旅游发展投资集团有限公司 武汉市城市管理委员会	2016
10	绵阳培江夜景照明工程	中辰远瞻（北京）照明设计有限公司 绵阳市城市照明管理处 四川九洲光电科技股份有限公司	2016
11	北京保利国际广场夜景照明工程	豪尔赛照明技术集团有限公司	2016
12	舟山普陀大剧院夜景照明工程	浙江永麒照明工程有限公司	2016
13	南京金陵大报恩寺夜景照明工程	南京朗辉光电科技有限公司 乐雷光电技术（上海）有限公司 佩光灯光设计（上海）有限公司	2016
14	故宫博物院雕塑馆	清华大学（建筑学院）	2016
15	太极禅室内空间照明设计	中辰远瞻（北京）照明设计有限公司	2016
16	河北天洋城太空之窗夜景照明工程	天津大学建筑设计研究院	2016
17	上海市北外滩白玉兰广场夜景照明工程	豪尔赛科技集团股份有限公司 大公照明设计顾问有限公司 上海金港北外滩置业有限公司	2017

续表

序号	获奖项目	获奖单位	年份
18	南昌市万达城万达茂夜景照明工程	深圳市千百辉照明工程有限公司	2017
19	中国宋庆龄少年科技培训中心夜景照明工程	北京中辰筑合照明工程有限公司	2017
20	深圳市平安金融中心夜景照明工程	北京富润成照明系统工程有限公司	2017
21	重庆市照母山森林公园夜景照明工程	重庆大学建筑城规学院 山地城镇建设与新技术教育部重点实验室 重庆市得森建筑规划设计研究院有限公司 重庆筑博照明工程设计有限公司	2017
22	重庆市彭水蚩尤九黎城夜景照明工程	豪尔赛科技集团股份有限公司 重庆九黎旅游控股集团有限公司	2017
23	贵州省仁怀茅台镇夜景照明工程	深圳市金达照明有限公司	2017
24	杭州市钱江新城CBD核心区夜景照明工程	杭州市钱江新城建设指挥部 北京清华同衡规划设计研究院 北京良业环境技术有限公司 深圳市金达照明有限公司 同方股份有限公司 北京新时空科技股份有限公司	2017
25	成都市西岭雪山夜景照明工程	深圳市凯铭电气照明有限公司 成都西岭雪山旅游开发有限责任公司	2017
26	晋江五店市传统街区夜景照明工程	福建福大建筑设计有限公司	2017
27	延安市延河综合治理城区段两岸夜景照明工程	北京清华同衡规划设计研究院有限公司 北京良业环境技术有限公司	2017
28	杭州市钱江世纪城沿江景观带夜景照明工程	浙江南方建筑设计有限公司 惠州雷士光电科技有限公司 浙江艺勋环境科技有限公司	2017
29	南京市牛首山佛顶宫室内照明工程	上海艾特照明设计有限公司 飞利浦照明（中国）投资有限公司	2017
30	人民日报全媒体办公中心室内照明工程	北京光湖普瑞照明设计有限公司	2017
31	赤峰市环城高速夜景照明工程（PPP项目）	龙腾照明集团有限公司	2018
32	重庆市黔江区濯水景区夜景照明工程	豪尔赛科技集团股份有限公司	2018
33	福建华安二宜楼灯光实景演绎工程	中国市政工程华北设计研究总院有限公司 横店集团浙江得邦公共照明有限公司 华安县人民政府	2018
34	福州市闽江两岸、西湖公园夜景照明提升改造工程	浙江城建规划设计院有限公司 福州市户外广告和灯光夜景建设管理办公室 北京新时空科技股份有限公司 宝德照明集团有限公司 佛山市银河兰晶照明电器有限公司	2018

序号	获奖项目	获奖单位	年份
35	北京市颐和园夜景照明工程	北京市颐和园管理处	2018
		天津大学建筑设计研究院	
		深圳市高力特实业有限公司	
		北京平年照明技术有限公司	
36	汉中市"汉山传奇"原创山体音乐灯光数字展演	利亚德（西安）智能系统有限责任公司	2018
		南郑区城市建设投资开发管理委员会办公室	
		杭州罗莱迪思照明系统有限公司	
37	北京市雁栖湖环湖夜景照明工程	北京清华同衡规划设计研究院有限公司	2018
		北京良业环境技术有限公司	
38	厦门市重点片区夜景照明设计	栋梁国际照明设计（北京）中心有限公司	2018
39	咸阳市渭城北平街夜景照明工程	重庆大学	2018
40	烟台市滨海夜景照明工程	烟台太明灯饰有限公司	2018
41	上海市杨浦区南段滨江核心区夜景照明工程	上海罗曼照明科技股份有限公司	2018
42	潮州一江两岸夜景照明工程	中国美术学院风景建筑设计研究总院有限公司	2018
		福建通联照明有限公司	
		广州达森灯光股份有限公司	
		上海光联照明有限公司	
43	厦门国际会展中心夜景照明工程	深圳市千百辉照明工程有限公司	2018
		栋梁国际照明设计（北京）中心有限公司	
44	中国国际贸易中心三期B座夜景照明工程	北京富润成照明系统工程有限公司	2018
45	郑州市绿地中央广场夜景照明工程	河南新中飞照明电子有限公司	2018
		栋梁国际照明设计（北京）中心有限公司	
46	上海市吴中路爱琴海购物公园夜景照明工程	上海艺嘉照明科技有限公司	2018
		上海光联照明有限公司	
47	长沙市梅溪湖国际文化艺术中心夜景照明工程	深圳市凯铭电气照明有限公司	2018
		上海碧甫照明工程设计有限公司	
48	上海市外滩国际金融中心夜景照明工程	上海新炬机电设备有限公司	2018
		上海碧甫照明工程设计有限公司	
49	昕诺飞大中华区总部办公大楼室内照明工程	飞利浦照明（中国）投资有限公司	2018
50	国家奥林匹克体育中心体育场场地照明工程	玛斯柯照明设备（上海）有限公司	2018
		豪尔赛科技集团股份有限公司	
51	厦门国际会议中心室内照明工程	北京市建筑设计研究院有限公司（第一建筑设计院）	2018
		北京太傅光达照明设计有限公司	

3.4 建筑照明的节能措施（含室内和室外）

3.4.1 建筑照明节能措施

（1）合理选择光源

① 节能光源的选用原则

a. 照明光源的选择应符合国家现行相关标准的规定；选用的照明光源、镇流器的能效应符合相关能效标注的节能评价值。

b. 应根据不同的使用场合，选用合适的照明光源，所选用的照明光源应具有尽可能高的光效，以达到照明节能的效果；在满足照度均匀度条件下，宜选择单灯功率较大、光效较高的光源。

c. 照明设计时，除特殊场所外，禁止使用白炽灯。

d. 一般工作场所宜采用细管径直管荧光灯和紧凑型荧光灯。选择荧光灯光源时，应优先使用更节能的 T5 荧光灯。

e. 一般照明场所不宜采用荧光高压汞灯，不应采用自镇流荧光高压汞灯。当公共建筑或工业建筑选用单灯功率小于或等于 25W 的气体放电灯时，除自镇流荧光灯外，其镇流器宜选用谐波含量低的产品。

f. 推广使用高光效、长寿命的 LED 灯。

② 节能光源的选用方法

a. LED 灯如下。

优势	节能：发光效率可高达 90lm/W，并多种色温可选，显色指数高，显色性好。 体积小：LED 基本上是一块很小的晶片被封装在环氧树脂里面，所以非常小，非常轻。 耗电量低：LED 耗电相当低，直流驱动，超低功耗，电光功率转换接近 30%。 使用寿命长，坚固耐用。 LED 光源为固体冷光源，环氧树脂封装，灯体内没有松动的部分，不存在灯丝易烧、热沉积、光衰等缺点，在恰当的电流和电压下，使用寿命可达 60000～100000h，比传统光源寿命长 10 倍以上。 高亮度、低热量：LED 使用冷发光技术，发热量比普通照明灯具低很多。 无频闪，纯直流工作，消除了传统光源频闪引起的视觉疲劳。 环保：LED 是由无毒的材料制成的，不像荧光灯含水银会造成污染，同时 LED 也可以回收再利用
在建筑照明中的应用	民用建筑的装饰性照明，需要彩色光、彩色变幻光、色温变化的园林景观照明、建筑立面照明、广告照明，博展馆、美术馆、壁画、工艺卫生间、酒店客房、地下车库等需要长时间工作，或者需要调光或频繁开关灯的场所
选用方法	在不宜检修和更换灯具的场所，可选用 LED，利用 LED 光源寿命长的特点，减少维护次数。 博物馆、美术馆、壁画等文物照明设计时需滤除紫外线的场所，可用 LED 灯。 装饰性照明，需要彩色光、彩色变幻光、色温变化的园林景观照明，建筑立面照明，广告照明等可采用 LED 灯。 体育建筑中，传统采用金属卤化物灯进行照明。由于金属卤化物灯启动时间较长，因此可采用 LED 灯达到快速启动的目的。 LED 灯的相关参数需满足《建筑照明设计标准》（GB 50034）的相关要求。 灯的使用寿命和光通维持率应符合 GB/T 24908 的规定。 灯具宜有漫射罩时，灯的谐波应符合国标 GB 17625.1 的规定

b. 传统节能灯如下。

荧光灯的选用	荧光灯主要适用于层高4.5m以下的房间，如办公室、商店、教室、图书馆、公共场所等。 荧光灯应以直管荧光灯为主，并应选用细管径型（$d \leqslant 26mm$），有条件时应优先选用直管稀土三基色细管径荧光灯（T8、T5），以达到光效长、寿命长、显示性好的品质要求。 在要求照度相同条件下宜采用紧凑型荧光灯，除非特殊场所，禁止使用白炽灯。 双端荧光灯能效限定值及能效等级要求符合《普通照明用双端荧光灯能效限定值及能效等级》（GB 19043）的规定；单端荧光灯能效限定值及节能评价值要求应符合《单端荧光灯能效限定值及节能评价值》（GB 19415）的规定
金属卤化物灯的选用	室内空间高度大于4.5m且对显色性有一定要求时，宜采用金属卤化物灯。 体育场馆的比赛场地因对照明质量、照度水平及光效有较高的要求，宜采用金属卤化物灯。 一般照明场所不宜采用荧光高压汞灯，不应采用自镇流荧光高压汞灯，可用金属卤化物灯替代荧光高压汞灯，以取得较好的节能效果。 商业场所的一般照明或重点照明可采用陶瓷金属卤化物灯，该灯比石英金属卤化物灯具有更好的显色性、更长的寿命、更高的光效。 金属卤化物灯的光效和寿命与其安装方式、工作位置有关，应根据工作时照明的水平或垂直位置，选择合适的类型。 光源对电源电压的波动敏感，电源电压变化不宜大于额定值的10%。 金属卤化物灯宜按三级能效等级选用。 除1500W以外，产品2000h光通维持率不应低于75%
高压钠灯的选用	高压钠灯的发光特性与灯内的钠蒸气压有关，标准高压钠灯光效高、显色性较差，适用于显色性无要求的场所；对显色性要求较高的场所，宜选用显色性改进型高压钠灯。 高压钠灯可进行调光，光输出可以调到正常值的一半，功耗减少至正常值的65%。 高压钠灯宜按三级能效等级选用，选用要求应符合《高压钠灯能效限定值及能效等级》（GB 19573）的规定。 50W、70W、100W、1000W的2000h光通维持率不应低于85%，150W、250W、400W的产品2000h光通维持率不应低于90%

（2）合理选择灯具

序号	选用原则
1	选择灯具光强空间分布曲线宜采用空间等照度曲线、平面相对等照度曲线
2	灯具分类宜按光通量分布、光束角、防护等级划分
3	灯具的能效应采用灯具的光束出比作为评价标准
4	灯具配光种类的选择：宜根据不同场所选用不同种类灯具的配光形式，如表3-4所示；直接配光灯具射出的光通量应最大限度地落到工作面上，即有较高的利用系数，宜根据室空比RCR选择配光曲线，如表3-5所示
5	灯具效率及保护角选择：灯具反射器的反射效率受材料影响较大，常用反射材料的反射特性，如表3-6所示；灯具格栅的保护角对灯具的效率和光分布影响很大，保护角20°～30°时，灯具格栅效率60%～70%；保护角40°～50°时，灯具格栅效率40%～50%；灯具的光输出比应满足规范要求
6	高保持率灯具的采用。高保持率灯具指运行期间光源光通下降较少、灯具老化污染现象较少的灯具
7	推广使用高光效、长寿命的LED灯具
8	除有装饰需要外，应选用直射光通比例高、控光性能合理的高效灯具。室内用灯具效率不宜低于70%，装有遮光格栅时不应低于60%，室外用灯具效率不宜低于50%

表3-4 不同种类灯具的配光性能

类别名称	上半球光通/% 下半球光通/%	配光曲线形状	灯具特点	适用场所
直接型	0 100	窄中宽	照明效率高，顶棚暗，垂直照度低	要求经济、高效率的场所，使用高顶棚
半直接型	10 90	苹果形配光	照明效率中等	
扩散型	40 60 60 40	梨形配光	增加天棚亮度	适用于要求创造环境氛围的场所，经济性较好
半间接型	90 10	元宝形配光	要求室内各表面有较高的反射	
间接型	100 0	凹字形 心字形	效率低，环境光线柔和，室内反射影响大	适用于创造气氛、具有反射型装饰效果的吊灯、壁灯

表3-5 根据室空比RCR选择配光曲线

室空比RCR	选择灯具的最大允许距离比 L/H	配光种类
1~3	1.5~2.5	宽配光
3~6	0.8~1.5	中配光
6~10	0.5~1.0	窄配光

表3-6 灯具常用反射材料的反射特性

反射材料		反射率/%	吸收率/%	特性
镜面反射	银	90~92	8~10	亮面或镜面材料，光线入射角等于反射角
	铬	63~66	34~37	
	铝	60~70	30~40	
	不锈钢	50~60	40~50	
定向扩散反射	铝（磨砂面、毛丝面）	55~58	42~45	磨砂或毛丝面材料，光线朝反射方向扩散
	铝漆	60~70	30~40	
	铬（毛丝面）	45~55	45~55	
	两面白漆	60~85	15~40	
漫反射	白色塑料	90~92	8~10	亮度均匀的雾面，光线朝各个方向反射
	雾面白漆	70~90	10~30	

高效灯具的选用方法如下。

① LED灯具。发光二极管筒灯灯具的效能不应低于表3-7的规定。

表3-7 发光二极管筒灯灯具的效能

单位：lm/W

色温	2700K		3000K		4000K	
灯具出光口形式	格栅	保护罩	格栅	保护罩	格栅	保护罩
灯具效能	55	60	60	65	65	70

发光二极管平面灯灯具的效能不应低于表3-8的规定。

表3-8 发光二极管平面灯灯具的效能

单位：lm/W

色温	2700K		3000K		4000K	
灯盘出光口形式	反射式	直射式	反射式	直射式	反射式	直射式
灯具效能	60	65	65	70	70	75

② 传统灯具

a. 荧光灯的选用：采用直管形荧光灯的灯具的效率不应低于表3-9的规定。

表3-9 直管形荧光灯的灯具的效率

单位：%

灯具出光口形式	开敞式	保护罩玻璃或塑料		格栅
		透明	棱镜	
灯具效率	75	70	65	65

紧凑型荧光灯筒灯灯具的效率不应低于表3-10的规定。

表3-10 紧凑型荧光灯筒灯灯具的效率

单位：%

灯具出光口形式	开敞式	保护罩	格栅
灯具效率	55	50	45

灯具格栅的保护角对灯具的效率和光分布影响很大，保护角2°～30°时，灯具格栅效率60%～70%；保护角40°～50°时，灯具格栅效率40%～50%。

b. 高强度气体放电灯灯具的选用：小功率金属卤化物灯筒灯灯具的效率不应低于表3-11的规定。

表3-11 小功率金属卤化物灯筒灯灯具的效率

单位：%

灯具出光口形式	开敞式	保护罩	格栅
灯具效率	60	55	50

高强度气体放电灯灯具的效率不应低于表3-12的规定。

表3-12　高强度气体放电灯灯具的效率

单位：%

灯具出光口形式	开敞式	格栅或透光罩
灯具效率	75	60

c. 节能镇流器的选用如下。

选用原则	选用方式
直管形荧光灯应配用电子镇流器或节能型电感镇流器。 金属卤化物灯、高压钠灯应配节能型电感镇流器；在电压偏差较大的场所宜配用恒功率镇流器；功率较小者可配用电子镇流器。 荧光灯和高强度气体放电灯的镇流器分为电感镇流器和电子镇流器，选用时宜考虑能效因数BEF。 各类镇流器谐波含量应符合《电磁兼容　限值　谐波电流发射限值（设备每相输入电流≤16A）》（GB 17625.1）的规定，无线电骚扰特性应符合《电气照明和类似设备的无线电骚扰特性的限值和测量方法》（GB/T 17743）的规定	宜按能效限定值和节能评价值选用管型荧光灯镇流器的，选用要求参见《管形荧光灯镇流器能效限定值及能效等级》（GB 17896）。 宜按能效限定值和节能评价值选用高压钠灯镇流器的，选用要求参见《高压钠灯镇流器能效限定值及节能评价值》（GB 19574）。 宜按能效等级选用金属卤化物灯镇流器

（3）智能照明控制

① 智能照明控制方式如下。

序号	智能照明控制方式	注释
1	中央控制	通过中央站以及系统软件对整个系统的开关、调光、时针、灯光状态进行监控及管理
2	开关控制	由中央站、就地控制面板对灯光进行开启、关闭控制
3	调光控制	由中央站、就地控制面板对灯光照度进行从零到最大的控制
4	定时时钟控制	系统根据预先设定的时间对灯光进行开启、关闭控制
5	天文时钟控制	输入当地的经纬度，系统自动推算出当天的日落时间，根据这个时间来控制照明场景的开关
6	场景控制	通过中央站、就地控制面板进行编程，预设场景，对灯光进行开启、关闭、调光控制
7	遥控控制	通过手持遥控器对设有红外线控制面板所控制的灯光进行开启、关闭、调光控制
8	日照补偿控制	根据照度探测传感器的探测数据（照度值），按照预先设定的参数自动对灯光进行开启、关闭、调光控制
9	存在、移动控制	根据存在探测、移动探测等传感器的探测数据，按照预先设定的参数自动对灯光进行开启、关闭、调光控制
10	群组组合控制	一个按钮，可定义为打开/关闭多个箱柜（跨区）之中的照明回路，可一键控制整个建筑照明的开关
11	联动控制	通过输入模块接受视频安防监控系统、入侵报警系统、火灾自动报警系统、出入口控制系统的联动控制信号，对光源进行开关控制或调光控制
12	远程控制	通过网络对照明控制系统进行远程监控，能实现：对系统中各个照明控制箱的照明参数进行设定、修改，对系统的场景照明状态进行监视，对系统的场景照明状态进行控制
13	图示化监控	用户可以使用电子地图功能，对整个控制区域的照明进行直观的控制。可将整个建筑的平面图输入系统中，并用各种不同的颜色来表示该区域当前的状态
14	日程计划安排	可设定每天不同时间段的照明场景状态。可将每天的场景调用情况记录到日志中，并将其打印输出，方便管理

实际操作中，可根据建筑物的建筑特点、建筑功能、建筑标准、使用要求等具体情况，对照明系统进行多种控制方式的组合。

② 建筑物功能照明的控制系统如下。

序号	建筑物名称	控制系统
1	体育场馆比赛场地	应按比赛要求分级控制，大型场馆宜做到单灯控制
2	候机厅、候车厅、港口等大空间场所	应采用集中控制，并按天然采光状况及具体需要采取调光或降低照度的控制措施
3	影剧院、多功能厅、报告厅、会议室及展示厅	宜采用调光控制
4	博物馆、美术馆等功能性要求较高的场所	应采用智能照明集中控制，使照明与环境要求相协调
5	宾馆、酒店的每间（套）客房	应设置节能控制型总开关
6	大开间办公室、图书馆、厂房	宜采用智能照明控制系统，在有自然采光区域宜采用恒照度控制，靠近外窗的灯具随着自然光线的变化，自动打开或关闭该区域内的灯具，保证室内照明的均匀和稳定
7	生产场所按车间、工段或工序分组	宜装设两列或多列灯具分组
8	电化教室、会议厅、多功能厅、报告厅	宜按靠近或远离讲台分组
9	高级公寓、别墅	宜采用智能照明控制系统

③ 走廊、门厅等公共场所的照明控制如下。

序号	不同建筑类别的走廊、门厅	控制要求
1	公共建筑如学校、办公楼、宾馆、商场、体育场馆、影剧院、候机厅、候车厅和工业建筑	采用集中控制，并按建筑使用条件和天然采光状况采取分区、分组控制措施
2	公共场所	采用集中控制，并按需要采取调光或降低照度的控制措施
3	住宅	采用节能自熄开关，节能自熄开关宜采用红外移动探测加光控开关，应急照明应有应急时强制点亮的措施
4	旅馆	采用夜间定时降低照度的自动调光装置
5	医院	走道夜间应采取能关掉部分灯具或降低照度的控制措施

④ 道路和景观的照明控制如下。

序号	控制要求
1	应根据所在地区的地理位置和季节变化合理确定开关灯时间，并应根据天空亮度变化进行必要修正。宜采用光控和时控相结合的智能控制方式
2	道路照明采用集中遥控系统时，远动终端宜具有在通信中断的情况下自动开关路灯的控制功能，采用光控、时控、程控等智能控制方式，并具备手动控制功能。同一照明系统内的照明设施应分区或分组集中控制
3	道路照明采用双光源时，在"半夜"应能关闭一个光源；采用单光源时，宜采用恒功率及功率转换控制，在"半夜"能转换至低功率运行
4	景观照明应具备平日、一般节日、重大节日开灯控制模式
5	应根据照明部位的灯光布置形式和环境条件选择合适的照明控制方式

3.4.2 建筑照明节能设计原则（含室内和室外）

充分满足建筑物功能的原则，与经济效益相结合的原则，降低能量消耗的原则。

（1）相关国际标准要求

① 欧盟能效标准：欧盟ErP指令规定了耗能产品的一般生态要求和特殊生态要求，并据此制定了一系列具体产品的生态设计要求和实施措施。

a. LED灯的能效等级。欧盟（EU）No 874/2012能效标签法规对白炽灯、荧光灯、高强度气体放电灯、LED灯和模块以及使用上述灯并且销售给最终用户的灯具的能效等级划分和能效标签等进行了明确的规定。该法规将灯统一划分成定向灯和非定向灯两大类，并对其能效指数EEI（energy efficiency index）进行了规定，具体见表3-13。

表3-13　定向灯和非定向灯的能效指数

能效等级	非定向灯能效指数（EEI）	定向灯能效指数（EEI）
A++	EEI≤0.11	EEI≤0.13
A+	0.11<EEI≤0.17	0.13<EEI≤0.18
A	0.17<EEI≤0.24	0.18<EEI≤0.40
B	0.24<EEI≤0.60	0.40<EEI≤0.95
C	0.60<EEI≤0.80	0.95<EEI≤1.20
D	0.80<EEI≤0.95	1.20<EEI≤1.75
E	EEI≥0.95	EEI≥1.75

能效指数（EEI）的计算，具体见式（3-1）。

$$EEI = P_{cor}/P_{ref} \tag{3-1}$$

P_{cor}是灯在额定输入电压下测得的额定功率（P_{rated}）的修正值。对于LED灯，若使用外置控制装置，则P_{rated}需要乘上一个1.1的系数；其他情况，P_{cor}即等于P_{rated}的值。

P_{ref}是灯的参考功率，由灯的有效光通量（Φ_{use}）通过式（3-2）或式（3-3）计算得到。

$$有效光通量\,\Phi_{use} < 1300lm时：Pref = 0.88\sqrt{\Phi_{use}} + 0.049\Phi_{use} \tag{3-2}$$

$$有效光通量\,\Phi_{use} \geq 1300lm时：Pref = 0.07341\Phi_{use} \tag{3-3}$$

b. 非定向家用LED灯的要求。（EC）No 244/2009法规中将LED灯分为透明LED灯和不透明LED灯两种，LED灯的能效由最大额定功率P_{max}表示，最大额定功率P_{max}与灯的光通量（Φ）有关，具体要求如表3-14所示。

表3-14　透明LED灯和不透明LED灯最大额定功率P_{max}与光通量Φ的关系

实施日期	最大额定功率（P_{max}）/W	
	透明的LED灯	不透明的LED灯
2016年9月1日以前	0.8×（0.88$\sqrt{\Phi}$+0.049Φ）	0.24$\sqrt{\Phi}$+0.0103Φ
2016年9月1日起	0.6×（0.88$\sqrt{\Phi}$+0.049Φ）	

c. 定向 LED 灯的能效要求。（EU）No 1194/2012 法规中则将 LED 灯分成了定向 LED 灯和非定向 LED 灯两大类，但该法规只对定向 LED 灯的能效进行了规定。定向 LED 灯的最大能效指数（EEI）从 2013 年 9 月 1 日起不能超过 0.50，从 2016 年 9 月 1 日起不能超过 0.20。同时，该法规从灯点燃 6000h 的残存率和光通维持率、开关次数、启动时间、达到 95% 光通量的预热时间、过早失效率、显色指数、颜色一致性以及功率因素九大指标对 LED 灯的生态性能进行了要求。

从欧盟能效标准体系来看，欧盟 ErP 指令目前仅有针对非定向 LED 灯的能效要求。定向 LED 灯的生态设计要求应符合（EU）No 194/2012 的规定，非定向 LED 灯的最大额定功率应符合（EC）No 244/2009 的规定，而 LED 灯的能效等级划分和标识则应符合（EU）No 874/2012 的规定。

② 美国能效标准：能源之星是美国能源部和环保署联合推出的一项产品能效认证计划，该计划对住宅照明灯具中的 LED 光引擎、整体式 LED 灯的能效及相关性能进行了详细规定，符合其标准要求的产品才能加贴能源之星标识。

a. LED 光引擎能效要求。《能源之星住宅照明设备认证计划（4.2 版）》中对使用 LED 光引擎（LED light engine）的住宅用室内或室外灯具进行了能效要求。不带罩的 LED 光引擎的光效应大于 50lm/W，带罩的 LED 光引擎的光效应大于 40lm/W。

b. 整体式 LED 灯能效要求。《能源之星整体式 LED 灯认证计划（1.4 版）》对整体式 LED 灯的光效、光通量、光强、色温、工作电压、工作频率、显色指数、噪声、包装等进行了规定。功率小于 10W 的非标准 LED 灯和非定向 LED 灯的光效应大于 50lm/ W；功率大于等于 10W 的非标准 LED 灯和非定向 LED 灯的光效应大于 55lm/W。装饰用 LED 灯的光效应大于 40lm/W。而对定向 LED 灯，根据其尺寸的不同，能效要求也有所区别，灯直径 ≤20/8 英寸的定向 LED 灯的光效应大于 40lm/W；其他定向 LED 灯的光效应大于 45lm/W。

（2）相关国内标准要求

①《建筑照明设计标准》（GB 50034—2013）中的相关要求见表 3-15 ～表 3-29。

表3-15　住宅建筑每户照明功率密度限值

房间或场所	照度标准值/lx	照明功率密度限值/（W/m²）	
		现行值	目标值
起居室	100	≤6.0	≤5.0
卧室	75		
餐厅	150		
厨房	100		
卫生间	100		
职工宿舍	100	≤4.0	≤3.5
车库	30	≤2.0	≤1.8

表3-16 图书馆建筑照明功率密度限值

房间或场所	照度标准值/lx	照明功率密度限值/（W/m²）	
		现行值	目标值
一般阅览室、开放式阅览室	300	≤9.0	≤8.0
目录厅（室）、出纳室	300	≤11.0	≤10.0
多媒体阅览室	300	≤9.0	≤8.0
老年阅览室	500	≤15.0	≤13.5

表3-17 办公建筑和其他建筑类型中具有办公用途场所照明功率密度限值

房间或场所	照度标准值/lx	照明功率密度限值/（W/m²）	
		现行值	目标值
普通办公室	300	≤9.0	≤8.0
高档办公室、设计室	500	≤15.0	≤13.5
会议室	300	≤9.0	≤8.0
服务大厅	300	≤11.0	≤10.0

表3-18 商店建筑照明功率密度限值

房间或场所	照度标准值/lx	照明功率密度限值/（W/m²）	
		现行值	目标值
一般商店营业厅	300	≤10.0	≤9.0
高档商店营业厅	500	≤16.0	≤14.5
一般超市营业厅	300	≤11.0	≤10.0
高档超市营业厅	500	≤17.0	≤15.5
专卖店营业厅	300	≤11.0	≤10.0
仓储超市	300	≤11.0	≤10.0

注：当商店营业厅、高档商店营业厅、专卖店营业厅需装设重点照明时，该营业厅的照明功率密度限值应增加5W/m²。

表3-19 旅馆建筑照明功率密度限值

房间或场所	照度标准值/lx	照明功率密度限值/（W/m²）	
		现行值	目标值
客房	—	≤7.0	≤6.0
中餐厅	200	≤9.0	≤8.0
西餐厅	150	≤6.5	≤5.5
多功能厅	300	≤13.5	≤12.0
客房层走廊	50	≤4.0	≤3.5
大堂	200	≤9.0	≤8.0
会议室	300	≤9.0	≤8.0

表3-20 医疗建筑照明功率密度限值

房间或场所	照度标准值/lx	照明功率密度限值/（W/m²）	
		现行值	目标值
治疗室、诊室	300	≤9.0	≤8.0
化验室	500	≤15.0	≤13.5
候诊室、挂号厅	200	≤6.5	≤5.5
病房	100	≤5.0	≤4.5
护士站	300	≤9.0	≤8.0
药房	500	≤15.0	≤13.5
走廊	100	≤4.5	≤4.0

表3-21 教育建筑照明功率密度限值

房间或场所	照度标准值/lx	照明功率密度限值/（W/m²）	
		现行值	目标值
教室、阅览室	300	≤9.0	≤8.0
实验室	300	≤9.0	≤8.0
美术教室	500	≤15.0	≤13.5
多媒体教室	300	≤9.0	≤8.0
计算机教室、电子阅览室	500	≤15.0	≤13.5
学生宿舍	150	≤5.0	≤4.5

表3-22 美术馆建筑照明功率密度限值

房间或场所	照度标准值/lx	照明功率密度限值/（W/m²）	
		现行值	目标值
会议报告厅	300	≤9.0	≤8.0
美术品售卖区	300	≤9.0	≤8.0
公共大厅	200	≤9.0	≤8.0
绘画展厅	100	≤5.0	≤4.5
雕塑展厅	150	≤6.5	≤5.5

表3-23 科技馆建筑照明功率密度限值

房间或场所	照度标准值/lx	照明功率密度限值/（W/m²）	
		现行值	目标值
科普教室	300	≤9.0	≤8.0
会议报告厅	300	≤9.0	≤8.0
纪念品售卖区	300	≤9.0	≤8.0
儿童乐园	300	≤10.0	≤8.0
公共大厅	200	≤9.0	≤8.0
常设展厅	200	≤9.0	≤8.0

表3-24　博物馆建筑其他场所照明功率密度限值

房间或场所	照度标准值/lx	照明功率密度限值/（W/m²）	
		现行值	目标值
会议报告厅	300	≤9.0	≤8.0
美术制作室	500	≤15.0	≤13.5
编目室	300	≤9.0	≤8.0
藏品库房	75	≤4.0	≤3.5
藏品提看室	150	≤5.0	≤4.5

表3-25　会展建筑照明功率密度限值

房间或场所	照度标准值/lx	照明功率密度限值/（W/m²）	
		现行值	目标值
会议室、洽谈室	300	≤9.0	≤8.0
宴会厅、多功能厅	300	≤13.5	≤12.0
一般展厅	200	≤9.0	≤8.0
高档展厅	300	≤13.5	≤12.0

表3-26　交通建筑照明功率密度限值

房间或场所		照度标准值/lx	照明功率密度限值/（W/m²）	
			现行值	目标值
候车（机、船）室	普通	150	≤7.0	≤6.0
	高档	200	≤9.0	≤8.0
中央大厅、售票大厅		200	≤9.0	≤8.0
行李认领、到达大厅、出发大厅		200	≤9.0	≤8.0
地铁站厅	普通	100	≤5.0	≤4.5
	高档	200	≤9.0	≤8.0
地铁进出站门厅	普通	150	≤6.5	≤5.5
	高档	200	≤9.0	≤8.0

表3-27　金融建筑照明功率密度限值

房间或场所	照度标准值/lx	照明功率密度限值/（W/m²）	
		现行值	目标值
营业大厅	200	≤9.0	≤8.0
交易大厅	300	≤13.5	≤12.0

表3-28　工业建筑非爆炸危险场所照明功率密度限值

房间或场所		照度标准值/lx	照明功率密度限值/（W/m²）	
			现行值	目标值
机、电工业				
机械加工	粗加工	200	≤7.5	≤6.5
	一般加工公差≥0.1mm	300	≤11.0	≤10.0
	精密加工公差＜0.1mm	500	≤17.0	≤15.0
机电、仪表装配	大件	200	≤7.5	≤6.5
	一般件	300	≤11.0	≤10.0
	精密	500	≤17.0	≤15.0
	特精密	750	≤24.0	≤22.0
电线、电缆制造		300	≤11.0	≤10.0
线圈绕制	大线圈	300	≤11.0	≤10.0
	中等线圈	500	≤17.0	≤15.0
	精细线圈	750	≤24.0	≤22.0
线圈浇注		300	≤11.0	≤10.0
焊接	一般	200	≤7.5	≤6.5
	精密	300	≤11.0	≤10.0
钣金		200	≤7.5	≤6.5
冲压、剪切		300	≤11.0	≤10.0
热处理		200	≤7.5	≤6.5
铸造	熔化、浇铸	200	≤9.0	≤8.0
	造型	300	≤13.0	≤12.0
精密铸造的制模、脱壳		500	≤17.0	≤15.0
锻工		200	≤8.0	≤7.0
电镀		300	≤13.0	≤12.0
酸洗、腐蚀、清洗		300	≤15.0	≤14.0
抛光	一般装饰性	300	≤12.0	≤11.0
	精细	500	≤18.0	≤16.0
复合材料加工、铺叠、装饰		500	≤17.0	≤15.0
机电修理	一般	200	≤7.5	≤6.5
	精密	300	≤11.0	≤10.0
电子工业				
整机类	整机厂	300	≤11.0	≤10.0
	装配厂房	300	≤11.0	≤10.0
元器件类	微电子产品及集成电路	500	≤18.0	≤16.0
	显示器件	500	≤18.0	≤16.0
	印制线路板	500	≤18.0	≤16.0
	光伏组件	300	≤11.0	≤10.0
	电真空器件、机电组件等	500	≤18.0	≤16.0
电子材料表	半导体材料	300	≤11.0	≤10.0
	光纤、光缆	300	≤11.0	≤10.0
酸、碱、药液及粉配制		300	≤13.0	≤12.0

表3-29 公共和工业建筑非爆炸危险场所通用房间或场所照明功率密度限值

房间或场所		照度标准值/lx	照明功率密度限值/（W/m²）	
			现行值	目标值
走廊	一般	50	≤2.5	≤2.0
	高档	100	≤4.0	≤3.5
厕所	一般	75	≤3.5	≤3.0
	高档	150	≤6.0	≤5.0
实验室	一般	300	≤9.0	≤8.0
	高档	500	≤15.0	≤13.5
检验	一般	300	≤9.0	≤8.0
	精细，有颜色要求	750	≤23.0	≤21.0
计量室、测量室		500	≤15.0	≤13.5
控制室	一般控制室	300	≤9.0	≤8.0
	主控制室	500	≤15.0	≤13.5
电话站、网络中心、计算机站		500	≤15.0	≤13.5
动力站	风机房、空调机房	100	≤4.0	≤3.5
	泵房	100	≤4.0	≤3.5
	冷冻站	150	≤6.0	≤5.0
	压缩空气站	150	≤6.0	≤5.0
	锅炉房、煤气站的操作层	100	≤5.0	≤4.5
仓库	大件库	50	≤2.5	≤2.0
	一般件库	100	≤4.0	≤3.5
	半成品库	150	≤6.0	≤5.0
	精细件库	200	≤7.0	≤6.0
公共车库		50	≤2.5	≤2.0
车辆加油站		100	≤5.0	≤4.5

　　当房间或场所的室形指数值等于或小于1时，其照明功率密度限值应增加，但增加值不应超过限值的20%。当房间或场所的照度标准值提高或降低一级时，其照明功率密度限值应按比例提高或折减。设装饰性灯具的场所，可将实际采用的装饰性灯具总功率的50%计入照明功率密度值的计算。

②《节能建筑评价标准》(GB/T 50668—2011)相关要求如下。

序号	建筑类型	选项	内容
1	居住建筑	控制项	单端荧光灯的能效值不应低于现行国家标准《单端荧光灯能效限定值及节能评价值》(GB 19415)规定的节能评价值; 普通照明用双端荧光灯的能效值不应低于现行国家标准《普通照明用双端荧光灯能效限定值及能效等级》(GB 19043)规定的节能评价值; 普通照明用自镇流荧光灯的能效值不应低于现行国家标准《普通照明用自镇流荧光灯能效限定值及能效等级》(GB 19044)规定的节能评价值; 管形荧光灯镇流器的能效因数(BEF)不应低于现行国家标准《管形荧光灯镇流器能效限定值及能效等级》(GB 17896)规定的节能评价值。 选用荧光灯灯具的效率不应低于下表规定: _见下表_ 照明系统功率因数不应低于0.9。楼梯间、走道的照明,应采用节能自熄开关
		一般项	各房间或场所的照明功率密度值(LPD)不高于现行国家标准《建筑照明设计标准》(GB 50034)规定的现行值。楼梯间、走道采用半导体发光二极管照明
		优选项	各房间或场所的照明功率密度值(LPD)不高于现行国家标准《建筑照明设计标准》(GB 50034)规定的目标值。未使用普通白炽灯
2	公共建筑	控制项	各房间或场所的照明功率密度值(LPD)不应高于现行国家标准《建筑照明设计标准》(GB 50034)规定的现行值。选用光源的能效值及与其配套的镇流器的能效因数(BEF)应满足下列规定: 单端荧光灯的能效值不应低于现行国家标准《单端荧光灯能效限定值及节能评价值》(GB 19415)规定的节能评价值; 普通照明用双端荧光灯的能效值不应低于现行国家标准《普通照明用双端荧光灯能效限定值及能效等级》(GB 19043)规定的节能评价值; 普通照明用自镇流荧光灯的能效值不应低于现行国家标准《普通照明用自镇流荧光灯能效限定值及能效等级》(GB 19044)规定的节能评价值; 金属卤化物灯的能效值不应低于现行国家标准《金属卤化物灯能效限定值及能效等级》(GB 20054)规定的节能评价值; 高压钠灯的能效值不应低于现行国家标准《高压钠灯能效限定值及能效等级》(GB 19573)规定的节能评价值; 管形荧光灯镇流器的能效因数(BEF)不应低于现行国家标准《管形荧光灯镇流器能效限定值及能效等级》(GB 17896)规定的节能评价值; 金属卤化物灯镇流器的能效因数(BEF)不应低于现行国家标准《金属卤化物灯用镇流器能效限定值及能效等级》(GB 20053)规定的节能评价值; 高压钠灯镇流器的能效因数(BEF)不应低于现行国家标准《高压钠灯用镇流器能效限定值及节能评价值》(GB 19574)规定的节能评价值。 选用荧光灯灯具的效率不应低于下表规定: _见下表_ 照明系统功率因数不应低于0.9

居住建筑表格:

灯具出光口形式	开敞式	保护罩(玻璃或塑料)		格栅
		透明	磨砂、棱镜	
灯具效率	75%	65%	55%	60%

公共建筑表格:

灯具出光口形式	开敞式	保护罩(玻璃或塑料)		格栅
		透明	磨砂、棱镜	
灯具效率	75%	65%	55%	60%

续表

序号	建筑类型	选项	内容
2	公共建筑	一般项	各房间或场所的照明功率密度值（LPD）不高于现行国家标准《建筑照明设计标准》（GB 50034）规定的目标值。未使用普通照明白炽灯。走廊、楼梯间、门厅等公共场所的照明，采用集中控制。楼梯间、走道采用半导体发光二极管（LED）照明。体育馆、影剧院、候机厅、候车厅等公共场所照明采用集中控制，并按建筑使用条件和天然采光状况采取分区、分组控制措施
		优选项	天然采光良好的场所，按该场所照度自动开关灯或调光。旅馆的门厅、电梯大堂和客房层走廊等场所，采用夜间降低照度的自动控制装置。大中型建筑，按具体条件采用合适的照明自动控制系统

③《城市道路照明设计标准》（CJJ 45—2015）中的机动车道的照明功率密度限值如表3-30所示。

表3-30　机动车道的照明功率密度限值

道路级别	车道数/条	照明功率密度（LPD）限值/（W/m²）	对应的照度值/lx
快速路主干路	≥6	≤1.00	30
	<6	≤1.20	
	≥6	≤0.70	20
	<6	≤0.85	
次干路	≥4	≤0.80	20
	<4	≤0.90	
	≥4	≤0.60	15
	<4	≤0.70	
支路	≥2	≤0.50	10
	<2	≤0.60	
	≥2	≤0.40	8
	<2	≤0.45	

当不能确定灯具的电器附件功耗时，高强度气体放电灯灯具的电器附件功耗可按光源功率的15%计算，发光二极管灯具的电器附件功耗可按光源功率的10%计算。

本规范采取的节能措施有：

进行照明设计时，应提出多种符合照明标准要求的设计方案，进行技术经济综合分析比较，从中选择技术先进、经济合理又节约能源的最佳方案。

路灯专用配电变压器应选用符合现行国家标准《三相配电变压器能效限定值及能效等级》（GB 20052）规定的节能产品。

照明器材的选择应符合下列规定：光源及镇流器的能效指标应符合国家现行有关能效标准的要求；选择灯具时，在满足国家现行相关标准以及光强分布和眩光限制要求的前提下，采用传统光源的常规道路照明灯具效率不得低于70%；泛光灯效率不得低于 65%。

气体放电灯应在灯具内设置补偿电容器，或在配电箱内采取集中补偿，补偿后系统的功率因数不应小于 0.850。

宜根据所在道路的照明等级、夜间路面实时照明水平以及不同时间段的交通流量、车速、环境亮度的变化等因素，确定相应时段需要达到的照明水平，通过智能控制方式，调节路面照度或亮度。但经过调节后的快速路、主干路、次干路的平均照度不得低于 10lx，支路的平均照度不得低于 8lx。

采用双光源灯具照明的道路，可通过在深夜关闭一只光源的方法降低路面照明水平。中小城市中的道路可采用关闭不超过半数灯具的方法来降低路面照明水平，且不应同时关闭沿道路纵向相邻的两盏灯具。

应制订维护计划，定期进行灯具清扫、光源更换及其他设施的维护。

④《城市照明节能评价标准》（JGJ/T 307—2013）的相关要求如下。

序号	项目类型	选项	内容
1	单项项目	控制项	项目照明功率密度值应符合现行行业标准《城市道路照明设计标准》（CJJ 45）、《城市夜景照明设计规范》（JGJ/T 163）的有关规定。未使用国家或地方有关部门明令禁止和淘汰的高耗低效材料和设备
		一般项	项目的照明产品能效应达到能效等级 2 级以上水平，分值为 5 分。项目功能照明灯具效率不应低于 75%，分值为 5 分。项目泛光灯灯具效率不应低于 70%，分值为 5 分。项目线路的功率因数不应小于 0.85，分值为 5 分。 项目所选用的照明节能产品，应符合国家现行标准，并通过有资质的检测机构检测鉴定，优先选用通过认证的光源、灯具和光源电器等高效节能产品，分值为 5 分。项目应纳入城市照明信息管理系统，具有统计设施的基本信息和能耗情况的功能，分值为 2 分
		优选项	节电率每提高 2%，加 1 分，最高得分为 20 分。 项目功率密度值在符合现行行业标准《城市道路照明设计标准》（CJJ 45）、《城市夜景照明设计规范》（JGJ/T 163）有关规定的基础上，每降低 2%，加 1 分，最高得分为 20 分。 在节能改造项目中应合理利用太阳能、风能等可再生能源的新产品新技术，经济性和节电率达到设计要求，分值为 10 分。项目应选用具有节能功能的控制系统产品，分值为 10 分
2	区域项目	控制项	项目照明功率密度达标率不应低于 80%。未使用国家或地方有关部门明令禁止和淘汰的高耗低效材料和设备
		一般项	项目照明设施应全部纳入监管，责任单位明确，设施监管计划翔实，分值为 4 分。定期应对照明灯具进行清洁，维护系数不应低于 0.7，分值为 4 分。通过控制系统应实现照明设施的开关灯或分时、分区智能化控制，分值为 8 分。控制系统的控制终端在通信中断时应具有自动或手动开关灯的功能，分值为 4 分
		优选项	项目节能投资回收期不应超过五年，每少半年，加 1 分，最高得分为 10 分

⑤ LED 中国能效标准

a. 非定向自镇流 LED 灯能效要求。根据 GB 30255—2013 规定，该标准将非定向自镇流 LED 灯分成全配光和半配光/准全配光两类，能效等级依据初始光效值（lm/W）的不同分成三个等级，具体如表 3-31 所示。

表3-31 普通照明用非定向自镇流LED灯初始光效

单位：lm/W

能效等级	色调代码：65/50/40		色调代码：35/30/27/P27	
	全配光	半配光/准全配光	全配光	半配光/准全配光
1	110	115	100	105
2	90	95	80	85
3	63	70	59	65

b. 非定向自镇流LED灯性能要求。非定向自镇流LED灯的性能应符合GB/T 24908的要求。GB/T 24908—2014从灯功率、功率因数、初始光效/光通量、颜色特征、寿命、电磁兼容特性等方面对非定向自镇流LED灯的性能进行了规定。该标准也将灯的初始光效分成了三个等级，具体如表3-32所示。

表3-32 普通照明用非定向自镇流LED灯初始光效

单位：lm/W

能效等级	色调代码：65/50/40		色调代码：35/30/27/P27	
	全配光	半配光/准全配光	全配光	半配光/准全配光
1	90	100	85.5	95
2	76.5	85	72	80
3	63	70	58.5	65

从表3-32不难看出，GB 30255—2013对非定向自镇流LED灯的能效等级的限定值要比GB/T 24908—2014规定得高。生产商在对产品进行能效标识时，应同时参照上述两个标准，能效等级应符合GB 30255—2013中的限值。

（3）照明节能设计措施

序号	选项		节能措施
1	照明装置	光源	灯具方面的节能措施：使用高效率光源及灯具；使用低能耗、低谐波含量、高功率因数的灯具电器；重新分析照明效果，不断改进或更换淘汰旧产品；正确使用照明控制开关；选用寿命长的光源和灯具；安装考虑运行和维护方便；定期维修
		照明设备	在使用方面的节能措施：照明设备的选择应功能合理，性能完善，杜绝浪费；投入使用后须加强检查和维护
		照明配电线路	在设计方面的节能措施：依据照明灯具对端电压的要求，考虑配电线路电压降取值，规划线路最大距离长度限值，从而减少线路损耗，节省线材；防止电压过高导致光源使用寿命降低和能耗过分增加的不利影响；三相配电干线的各相负荷宜分配平衡；配线方式与回路所接灯具应与照明控制和管理相协调；宜采取集中控制与分散控制相结合；电能计量满足管理需求
		照明控制方式	选择具有光控、时控、人体感应等功能的智能照明控制装置，做到需要照明时，将灯打开，不需要照明时，将灯关闭
		利用自然光	充分合理地利用自然光、太阳能源等

续表

序号	选项	节能措施
2	照度标准	主要的照明设计标准有《建筑照明设计标准》（GB 50034—2013）、《城市道路照明设计标准》（CJJ 45—2006）、《城市夜景照明设计规范》（JGJ/T 163—2008）、《体育场馆照明设计及检测标准》（JGJ 153—2016）等，照明设计节能首要的是要选取合理的照度标准值，照度值过高会造成浪费、不节能，过低会牺牲照明质量，即使节能，也违背了照明节能的原则，所以应按国际或行业标准选取合理的标准值
3	照明功率密度值	按照《建筑照明设计标准》（GB 50034—2013）选取相应的照明功率密度值
4	照明方式	① 可以通过对红外动静探测器检测控制系统来实现智能照明。这一系统主要适用于对照明设备使用较少的区域，例如休息室以及图书馆借书区域等，在这部分区域，通过对红外动静探测器的应用，可以充分检测人员的出入，使得在有人员经过时，灯具能够自动打开实现照明，而在人员离开时，则自动关闭电源，这极大程度地节约了照明成本，同时也充分达到了良好的节能效果。 ② 对照度检测控制系统的应用对于实现智能照明也具有良好的效果
5	推广使用高光效照明光源	发光二极管（LED）被称为"绿色光源"，是一种极有竞争力的新型节能光源，有逐渐取代传统照明光源的趋势，具有光效高、耗电少、寿命长、易控制、免维护、安全、绿色环保等特点，是新一代固体冷光源，较同等亮度的白炽灯耗电量减少约80%，节电潜力巨大
6	积极推广节能型镇流器	镇流器的合理使用对照明节能降耗具有明显的影响。以T8荧光灯为例，高品质、低损耗的电子镇流器和普通镇流器相比，照明安装功率可降低20%，实际LDP（单位面积内的照明功率平均值）可下降20%；超低损耗电感镇流器和普通电感镇流器相比，照明安装功率可下降9%，即：实际LDP可采用高保持率灯具。高保持率灯具是指运行期间光源光通下降较少，灯具老化污染现象较少的灯具
7	照明配电节能	① 选择合理的线路以及铺设路径的方式。要尽可能地减小导线长度，则需要选择直线进行运行。铺设线路时也要尽可能地在通风、散热情况较好的地方进行铺设。 ② 确保选择的导线的截面积足够地合理，确定导线截面积时，要按照经济条件以及电流的实际指标来确定，而线路较长的电路，则可以按照当地的经济条件以及电流的相关指标进行确定，电路的线路较长时，则需要在同时满足电压降与电流要求的前提下，将导线的截面积适当地增加1～2级。 ③ 合理地选择电气用房的位置。电气用房位置的选定应当遵守尽可能减小供电路径的基本原则。过高的电压将使照度过分提高，会导致光源使用寿命降低和能耗过分增加，不利节能；而过低的电压将使照度降低，影响照明质量。照明灯具的端电压不宜大于其额定电压的105%；一般工作场所不宜低于其额定电压的95%。 气体放电灯配电感镇流器时，应设置电容补偿，以提高功率因数到0.9。有条件时，宜在灯具内装设补偿电容，以降低线路能耗和电压损失。 三相配电干线的各相负荷宜分配平衡，最大相线负荷不宜超过三相负荷平均值的115%，最小相线负荷不应小于平均值的85%。 配电线路宜采用铜芯，其截面应考虑电压降和机械强度的要求
8	充分利用自然光	<table><tr><td>手段</td><td>作用</td></tr><tr><td>积极采用自动调光设备</td><td>自动调光设备能随自然光强弱的变化自动调节人工光源的照明，以保证工作面有恒定的照度。这样，不仅能改善照明效果，而且比开关控制方法更节能</td></tr><tr><td>合理利用热反射贴膜</td><td>热反射贴膜通常可以透过80%以上的可见光，同时将太阳光内的红外热辐射反射回去，这样建筑可以通过恰当地增加窗墙比来充分利用自然光，同时又能避免房间过热，增加空调负荷</td></tr><tr><td>适当应用自然光光导照明系统</td><td>该系统通常由采光装置、光导管、漫射装置三部分组成，通过室外采光装置收集室外的自然光线并将其导入系统内部，再经由特殊制作的光导管传输后，由安装于系统另一端的漫射装置把自然光线均匀发散到室内需要照明的地方</td></tr></table>

序号	选项	节能措施
8	充分利用自然光	充分利用自然光在设计中主要需注意如下问题： ① 自然光是人们生产和生活中最习惯且最经济的光源，在自然光下人的视觉反应最好，比人工光具有更高的灵敏度。因此，要正确选择采光的形式，确定必需的采光面积及适宜的位置，以便形成良好的采光环境，充分利用自然光。 ② 房间的采光系数或采光窗地面积比应符合《建筑采光设计标准》（GB 50033—2013）的规定。 ③ 设计建筑物采光时，应采用效率高、性能好的新型采光方式，如平天窗等，充分利用自然光，缩短电气照明时间。有条件时宜利用各种导光和反光装置将天然光引入室内进行照明。 ④ 自然采光的缺点是照射进深有限，亮度不够稳定，室内照度随受自然光的变动而变。因此，有条件时宜随室外自然光的变化自动调节人工照明照度，在距侧窗较远、自然光不足的地方辅助人工照明
	照明设施的维护	定期打扫灯具及安装环境的卫生；定期更换光源，光源的发光效率不是恒定的，使用到一定期限后，发光效率明显降低；保证电光源在额定电压下工作

3.5　建筑照明系统的节能应用案例

3.5.1　哈尔滨万达茂智能照明系统的应用

项目名称	哈尔滨万达茂智能照明系统
项目概况	哈尔滨万达茂，世界级冰雪主题购物中心。她的"红钢琴"造型是全球最大的钢结构建筑，总面积36.96万平方米，拥有全球最大的暖库停车楼，共计4000个车位。全客层多品类地为顾客服务，体验、餐饮、儿童乐园、精品、服装及哈尔滨印象文化街区的组合，区别于传统购物中心。万达茂是集文化、聚会、旅游、休闲、家庭娱乐中心于一体的世界级商业购物综合体
实施方案	为该项目提供整套智能照明解决方案，控制区域包括大商业、电影乐园、滑雪场、停车楼、娱乐楼等；整个照明系统网络按照各个照明控制区域分成5个控制子网，每个子网通过TCP/IP信号连接到总控制中心 哈尔滨万达茂智能照明系统图 电影乐园　商业街　停车楼　滑雪馆　娱乐楼 监控中心智能照明控制服务器

续表

项目名称	哈尔滨万达茂智能照明系统
技术应用	该项目主要采用HDL BUSPRO智能照明控制系统，主要产品有8路16A负载反馈型智能开关控制器、12路16A负载反馈型智能开关控制器、4路16A负载反馈型开关控制器、逻辑定时控制器、网桥模块、消防信号输入模块、OPC服务器软件、中央监控软件 监控中心智能照明控制服务器
设计施工要点	① 与万达慧云平台的对接，涉及灯光状态实时反馈、故障报警等功能的实现； ② 与BA系统的对接。通过升级中央管理软件和OPC服务器软件解决了回路多、控制区域广的问题
效益分析	① 实现照明控制智能化； ② 美化服务环境、营造良好的办公环境； ③ 可观的节能效果； ④ 延长灯具寿命； ⑤ 可与其他系统联动控制； ⑥ 提高管理水平，减少维护费用
技术依托单位	广州河东智能科技有限公司

3.5.2 合肥天鹅湖景观亮化项目照明系统的应用

项目名称	合肥天鹅湖景观亮化项目照明系统
项目概况	天鹅湖原名荷叶地，位于安徽省合肥市，因湖面呈天鹅形状得名。总占地面积136公顷，湖面面积70公顷，水深3.5m，有各种雕塑、园林树木、人工沙滩、喷泉等景观。 "光融天鹅湖，耀动庐州城"，雷士商业照明景观亮化项目"合肥天鹅湖"，利用光的梦幻和艺术表现力，将一个城市的传统融入到当代生活中，从庐州自然环境汲取灵感，创造出更具有现代性也更接近真实生活的"庐州月色" 
实施方案	（1）"光融天鹅湖，耀动庐州城"理念 雷士商业照明天鹅湖景观照明项目包含天鹅湖沿湖区、市民广场区、绿轴公园三大部分，既是独立的空间，承载着不一样的城市功能和空间性格，也是城市的整体，在发挥各自亮点的同时，不能忽略彼此之间的整体统一性。天鹅湖沿湖景观区域分为东岸、西岸、南岸、北岸，根据区域的特色打造了多元化景观主题；在市民广场区增加了功能性照明灯具，结合广场现状活动予以夜景提升；绿轴公园的景观侧重于营造丰富的层次感和重点照明点缀  （2）局部布置特点 北岸景观照明以建筑为背景，将沿岸、园路及绿化缺失的照明完善，以沿岸线为主体，绿化为点缀，湖面倒影为衬托，营造错落有致、层次丰富的湖潭月影，梦幻夜景。 改造亮化前，东岸雕塑投光眩光严重，沿岸植物无照明；因鱼水情雕塑小广场汇聚游人较多，灯光设计首先需要保证安全性，在四周设计安全色点光源，除了划分界限外还起到警示作用，同时采用埋地灯投亮雕塑，解决眩光问题。 小广场的灌木丛用球泡灯营造繁花似锦的意境，与远处微微投亮的柳树形成对比，表现柳暗花明的主题。 

续表

项目名称	合肥天鹅湖景观亮化项目照明系统
实施方案	亮化前的南岸是没有任何照明的，但南岸沙滩夜间活动人数多，人流量大，可以通过立杆投光方式保证亮度需求。立杆造型取自扬起的船帆，扬帆起航，在树丛中间隔分布。  西岸以自然景观为主，灯光营造以贴近自然为主题，周围的树木以鸟巢灯作为光源载体，低亮度，更生态，寓意"日薄西山，倦鸟归巢"。  　　市民广场以温馨的光环境给广场上的人创造休闲游憩的绝佳场所。雷士在木质坐凳内部做灯光，提供功能性照明的同时，不仅隐藏了灯具，而且带给人一种质感与形的艺术气息，凸显休憩区的雅致闲适。 　　绿轴公园周边的高层光色丰富，灯光强度较高，对绿轴的影响较大。应该营造一处安静的灯光氛围，局部强调其灯光效果即可，以功能性照明为主。 　　最美的设计源于自然，照明设计必须忠实于它的环境。雷士商业照明通过将灯光艺术融入自然，实现自然与人造光环境的和谐统一，带你遇见最美天鹅湖 
设计要点	① 使用高性能庭院灯、投光灯、泛光灯、点光源、地埋灯、鸟巢灯、中杆灯、洗墙灯； ② 高防护等级，攻克户外灯具防水的难题； ③ 搭配水晶钢琴，营造若隐若现、富有情趣的静谧夜景； ④ 设计出双向光投光灯，营造有序列感的通过空间； ⑤ 用低亮度、弱对比的灯光手法，表现水系的和谐统一、宁静淡雅
效益分析	提升合肥幸福指数，美化、亮化城市夜景；彰显合肥现代化建设水平，提升城市美誉度。 节约能源，践行低碳建设
技术依托单位	惠州雷士光电科技有限公司

第4章 建筑智能化技术的节能措施

4.1 建筑智能化技术的现状和发展趋势

4.1.1 建筑智能化技术的现状

4.1.1.1 建筑智能化技术发展历程

自从世界上公认的第一幢智能大厦——美国康涅狄格州哈特福德市的"城市广场"1984年1月建成，智能建筑的理念和技术在世界范围里得到了迅速的传播和应用。欧美是智能建筑发展的领先地区，在亚洲，日本、新加坡和我国台湾地区在智能建筑方面也有大量的研究和应用，取得了长足的进步。

北京发展大厦于1990年4月建成，是智能化大厦。中国智能化建筑的出现也立即引起了关注，发展迅速。在智能建筑发展历程上，经过起步阶段（1990～1995年）、推进阶段（1996～2003年）和规范发展阶段（2003～2013年），目前我国智能建筑已进入第四个阶段，即持续发展阶段。

（1）起步阶段（1990～1995年）

该阶段建筑智能化的对象主要是宾馆酒店和商务楼，各子系统独立，实现智能化的水平不高。为适应智能建筑发展，主管部门开始制定一系列标准规范。

（2）推进阶段（1996～2003年）

智能建筑技术在全国范围内得以推广和应用，各种指导性文件、行业管理性文件、行业规范标准性文件、企业和人员执业证书文件得到充实与完善；建筑智能化的对象扩展到机关、企业单位办公楼、图书馆、医院、校园、博物馆、会展中心、体育场馆以至智能化居民小区。智能化系统实现了系统集成并形成了网络化控制。

（3）规范发展阶段（2003～2013年）

进入21世纪后，建筑智能化工程技术日趋成熟，国内部分建筑智能化技术研发成果已接近国际水平，智能化系统在我国建筑行业的应用范围也不断扩大。智能化小区的建设标志着智能化已经突破通常意义的建筑范畴，逐渐延伸至整个城市、整个社会。

（4）持续发展阶段（2013年至今）

随着信息技术的全面发展，国家宣布"互联网+"发展战略，同时国家也在全面推广"智慧社会"建设，以及在"十三五"规划中提出了广泛需求的建筑节能等规划，建筑智能化进一步与"绿色建筑""节能减排"结合，产业推向了一个持续发展的新高度。

4.1.1.2 建筑智能化技术发展状况

建筑智能化行业的发展，巨大的市场需求，也不断推动着智能化技术的发展。我国智能建筑技术的研发成果已经接近国际水平，尤其在北京、上海、广州等大城市的办公楼宇，智能化技术水平已经达到国际发达国家标准。

有专家指出，智能建筑是智慧城市的重要元素和基础工作。在住房和城乡建设部智慧城市建设的57项三级指标体系中，有半数以上与智能建筑有关。正是有了智能建筑的快速发展，才使得智慧城市建设具有了良好的基础。很多智能建筑专家和企业从智能建筑走向智慧城市、融入智慧城市。对智慧交通、智慧能源、智慧物流、智慧医疗等新领域，云计算、物联网、大数据等新的信息化技术应用也提出了新的课题。

感知、互联、数据——从智能建筑到智慧建筑已成为必然趋势，同时，也因以下技术的发展改变了智能化应用系统。

（1）网络技术的发展（IP化管理）

目前建设以建筑物为平台，兼备信息设施系统、信息化应用系统、建筑设备管理系统、公共安全系统等，集结构、系统、服务、管理及其优化组合为一体，向人们提供安全、高效、便捷、节能、环保、健康的建筑环境。"基于这一要求"，信息共享"对于所有的系统而言，就显得非常重要"，即信息资源的有效利用和网络资源的共享。因此网络技术的发展，为技术层面上提供了数字化的端口以及网络化传输的必要条件，已成为现在智能建筑发展最主要的趋势。

（2）电气元器件广泛应用

随着电气技术的不断发展，电气元器件体积小、性能良好的特点使得电气控制箱的体积得到进一步压缩，这让电气设备在智能化建筑中的广泛应用成为可能。其主要应用目的在于使得受控设备处于较好的被控制状态，从而实现节能目的。加之建筑智能化技术得到不断的推广，现代智能建筑逐步开始从单一的智能控制监控系统向基于开放通信协议的建筑电气设备综合应用的方向发展，形成了一个完善的系统间共享及管理平台，这给智能建筑的开发及持续发展带来了极大的便利。随着电气元器件的种类越来越多并广泛应用，包括楼控系统中的所有传感器、变送器、摄像头、红外辐射传感器、各类门禁传感器、智能水电气表、消防探头等全部以网络化结构形式组成建筑"智慧化"大控制系统的传感网络。

（3）视频技术的管理应用

视频技术的发展，使得视频不仅仅作为一种存储和事后查证或者人工防患的手段，同时通过视频分析实现面部识别、入侵报警、停车库无卡管理、反向寻车等功能，更加方便建筑物的日常运营管理。

（4）生物识别、无线通信、无线定位、电子支付的应用

生物识别、无线通信、无线定位以及电子支付等技术的发展，改变了早期的人员识别（例如门禁系统）、人员定位和实时通信（例如电子巡查系统），以及收费管理（例如停车库收费）等智能化系统。

表4-1汇编了智能化系统的先进设施和控制系统，这些新技术已经在众多智能化建筑中得到广泛和成熟的应用。

表4-1　智能化系统的先进设施和控制系统

系统	新技术	使用情况
综合布线系统	① 带十字骨架的六类非屏蔽双绞线； ② 零水峰光缆	逐步推广，渐成主流技术
智能卡应用系统	NFC移动终端近程识别与通信技术	逐步推广，渐成主流技术
信息发布系统	① 交互迎宾屏； ② 商场导购； ③ 数字医疗多媒体； ④ 会议预约管理	在商场、医院、办公楼等区域得到了较多的应用
公共广播系统	数字IP广播	在学校、医院等地理范围较大而又需要统一规划的广播系统中，数字IP广播系统得到了较多的应用
建筑设备监控系统	强弱电一体化控制	各类建筑都得到了基本的应用
入侵报警系统	智能视频报警系统	用于机场、物流、数据中心等重要场所
视频安防监控系统	① 高清H265视频压缩技术； ② 人脸识别技术	目前在商业客流分析、火车站等区域得到越来越广泛的应用
出入口控制系统	① 生物识别技术； ② CPU卡技术	逐步推广，渐成主流技术
停车场管理系统	① 便捷移动付费系统； ② 停车引导及反向寻车系统	在商业、办公楼等临时停车用户较多的区域应用较为广泛

4.1.1.3　建筑智能化市场存在的问题

（1）智能化系统寿命堪忧

建筑的寿命一般为70年，而现实中，建筑智能化系统的使用寿命却远远达不到这个年限。有些系统倒在了运行初期，有些则在两年后就彻底"瘫痪"，因此智能化系统的使用经常得不到业主的认可。

（2）无统一标准的各企业产品兼容性差

目前做智能化系统的企业很多，而且国家也没有统一的标准来规范，造成了各企业之间的技术相对封闭，而一栋建筑里涉及的系统有几个甚至几十个，牵涉的产品供应商数量非常多，当这么多的产品都集中在一个建筑里的时候，兼容性不好，不可避免出现各种问题。

（3）建筑智能化系统投资高、利用率低

我国的智能建筑发展快速，智能化设备在建筑中的投资比例逐年上升。但智能化设备的投资比例与利用率不成正比，很多智能化大楼的整套智能化系统动辄几百万元，在使用这些智能设备时，只是用到其中的一部分，智能设备的利用率很低；而且有些设备在使用一段时间后出现问题，没有及时地维修而搁置在一边，成为昂贵的摆设，造成极大的浪费。

（4）建管脱节、重建设轻维护

目前我们很多管理者或者建设者都只重视建设不重视维护。智能化系统的寿命长短主要取决于定期检修和维护保养。智能化系统的运行与维护占据整个智能化系统生命周期的大部分时间，缺少维护必然影响楼宇环境。

（5）运营维护角色杂乱无章

运维服务提供商有产品商、集成商，也有做信息化软件运维的，还有专门做机房的，也有一些归在物业管理中，属于无序状态。

4.1.2　建筑智能化技术发展趋势

（1）云计算和大数据技术的引入，使建筑智能化系统智慧更专深，能力更强大

云计算是基于互联网相关服务的增加、使用和交付模式，通常涉及通过互联网来提供动态易扩展且经常是虚拟化的资源。云计算提供了一种集中专业计算能力的途径，即为现场的智能化系统提供更强大的运算支持和更广泛的专业服务资源，使得建筑智能化系统的能力更强大。

典型的例子包括对设备节能控制策略、空间能耗预估模型的更复杂运算；对建筑用能监测评估的更广泛和更专业的云服务；对三维设备运维模型更快速的生成、渲染和巡航等。一个简单的例子就是对建筑能耗的监测，当积累了建筑本身各种数据，以及积累了同类建筑的大量数据之后，系统将提供更有价值的评估报告和节能优化策略。

（2）深度融合移动互联网、物联网技术应用，建筑智能化系统的服务将更个性化、更体贴、更全面

移动互联网是移动和互联网融合的产物，继承了移动随时、随地、随身和互联网分享、开放、互动的优势，是整合二者优势的"升级版本"。国内移动数据服务商QuestMobile 发布了一份详尽的《2015年中国移动互联网研究报告》。报告显示：截止到2015年12月，国内在网活跃移动智能设备数量达到8.99亿。工信部公布的相关数据也证明了这一点，截至2015年7月，中国的移动互联网用户数已经达到8.72亿，这一数字远超之前预测的7.1亿。物联网中国早期称为传感网，其定义是通过射频识别（RFID）、红外感应器、全球定位系统、激光扫描器等信息传感设备，按约定的协议，把任何物品与互联网相连接，进行信息交换和通信，以实现智能化识别、定位、跟踪、监控和管理的一种网络概念。

物联网不仅强调了物品感知和物物互联的概念，推而广之，利用局部网络或互联网等通信技术把传感器、控制器、机器、人员和物品等通过新的方式联在一起，形成人与物、物与物相联，实现信息化、远程管理控制和智能化的网络。在未来，物联网技术将在智能建筑、智能小区、智慧家居、智能导航、智能交通、智慧城管、智慧市政、智慧医疗、智能电网、电子商务、智能物流等领域得到广泛的应用。

（3）基于各种技术发展和需求的综合因素为新的智能化平台提供技术基础

目前，大型的商业综合体、产业经济园区以及大型的旅游园区和主题休闲园区等不断出现，在这些项目中，由于地域面积较大、建筑种类多、管理要素多，无论是系统的综合构成还是综合管理模式，以及对商业的支持服务等，都会变得十分复杂。在这种情况下，如果只是着重于各个建筑单体设计智能化系统，而缺乏顶层规划以及相应的智能化综合管理平台，往往无法满足项目的全面需求。

不仅如此，在"十三五"规划中，我国确定了智慧城市作为未来一段时间内发展的主要方向之一。智慧城市由无数栋智能建筑组成，是在城市级别上的信息化、智能化系统的集成。在各种大区域空间、多管理要素、多异构系统互联互通的项目需求驱动之下，各种网络技术的发展融合，包括5G通信网、移动互联、物联网、WiFi、现场控制的智能总线（有线与无线Zigbee、ZWave）网、近场通信NFC、蓝牙、各种信息和系统互通互联协议和中间件技术的发展推广（如OPC、Web Service、ONVIF、SIP、Niagara等）、音视频数字化技术的发展升级（H.265）、建筑信息模型（BIM）的建模与共享技术，以及云计算、大数据技术等，都为新的智能化集成平台技术发展提供了广泛的技术基础。

（4）节能型社会的需求和节能技术的发展带动更专业的节能技术措施

传统建筑智能化系统在节能控制方面，主要是通过几个系统独立体现的，如建筑设备监控系统、智能照明系统、建筑能源管理系统等。但这些系统所取得的节能效果并不令人满意，其中最主要的原因是节能控制策略与能源考核之间缺乏直接关联（非闭环），工程设计与实施中各系统独立进行，导致设计的节能控制策略缺乏分系统、分设备数据验证，即使整体能效表现不佳，也很难发现具体原因，最终大量设计过程中的策略都流于形式甚至无法启用；同时，节能技术是一个跨行业、跨专业的领域，在研发、设计、实施各个环节都需要很强的组织和整合能力。建筑运行能耗涉及建筑设计、建筑的围护结构、建筑电气、自动控制、IT技术，甚至还涉及物业管理。

当前，在整个社会的广泛节能减排需求下，国家也在逐步制定各种规范、导则，为技术研发指明方向。节能控制策略方面：比如对空调设备用能规律进行更仔细的研究。能效考核方面：对能源不仅控制能耗，同时也进行能效考核。技术应用方面：对物联网和传感器大量利用，进行节能感知和智能控制，降低节能系统本身的能耗，为大量应用后的低成本运营打下基础。

（5）物业运营管理平台为管理者提供便捷的运营管理模式

随着移动互联网、云计算等科学技术的发展，原有的物业服务运营的条件已经发生改变。

在人口方面，实现了居民实有人口的动态采集更新。智能物业平台提供了多种人口数据采集方式，管理人员可以随时通过APP或者PC录入人口信息；和智能门禁系统、区域实有人口库、运营商活动人口等系统进行了对接，实时接入这些数据，形成了智能物业人口基础信息库；在小区里，通过平台可以精准地掌握每一户房屋住了多少人，住的是什么人，是出租还是自住等，还能够对群租房现象进行分析和预警，做到"底数清、动态明"。

对于写字楼而言，也实现了企业信息的动态采集，能够清楚地了解到一栋写字楼里面有多少纳税大户、租赁大户、异地纳税企业，这个楼的经济结构特点是什么，后面政府会根据这些数据有针对性地向不同的楼宇推荐优质企业。通过金融行业风险指标库，可以对金融企业的风险进行有效分析，一旦风险值过高，平台就会发送预警信息到物业公司和街道，从而加强对高风险企业的监督和管理。

在安全方面，整合了安监数据、网格数据、政民互动数据，还通过 APP、微信公众号为居民、企业提供了便捷的事件上报渠道，并通过智能物业平台形成了物业、街道、上级监管部门联动处理机制，实现了各类安全隐患的统筹处理。

以上内容就是智能物业运营管理系统的功能，物业管理信息化让每一项工作有迹可循，让客户需求响应更及时，服务品质持续提升，物业的工作流程也得到了优化，降低了物业的运营成本。

4.2 建筑智能化技术的标准

4.2.1 建筑智能化定义

建筑智能化是以建筑物为平台，对各类智能化信息的综合应用，集架构、系统、应用、管理及优化组合为一体，使建筑具有感知、传输、记忆、推理、判断和决策的综合智慧能力，形成以人、建筑、环境互为协调的整合体，为人们提供安全、高效、便利的服务，为建筑环境提供可持续发展功能。

4.2.2 国际建筑智能化技术的标准

当前最主要的国际建筑智能化标准和规范有8项，见表4-2。

表4-2　国际建筑智能化标准和规范

标准名称	标准编号
用户建筑通用布线标准	ISO/IEC 11801
商业大楼路径和空间结构标准	TIA/EIA 568A（CSAT529-95）
商业建筑电信布线标准	TIA/EIA 568B.1
4对100Ω6类布线传输特性规范	TIA/EIA 568B.2
光缆布线标准	TIA/EIA 568B.3
住宅电信电缆布线标准	TIA/EIA 570-A
商业大楼通信布线结构管理标准	TIA/EIA 606（CSAT-528）
数据中心电信基础设施标准	TIA/EIA-942

4.2.3 中国建筑智能化技术标准

当前国内最主要的建筑智能化标准和规范共计37项（含国家标准31项、具有代表性和先进性的各省市地方标准6项），见表4-3。

表4-3 国内建筑智能化标准和规范

标准名称	标准编号	发布单位	发布年份	主要内容
（1）国内建筑智能化技术标准				
智能建筑设计标准	GB 50314	中华人民共和国住房和城乡建设部	2015	标准展示了各类建筑应具有的智能化功能、设计标准等级和所需配置的智能化系统。本标准还规定了智能建筑建设应围绕节约资源、保护环境的主题，通过智能化技术和建筑技术的融合，有效提升建筑综合性能
综合布线系统工程设计规范	GB 50311	中华人民共和国住房和城乡建设部	2016	本规范对新建、扩建、改建建筑与建筑群综合布线系统工程设计制定了标准，对综合布线系统的系统构成、系统分级、系统指标进行了定义，对各部分的配置设计和安装工艺要求、管线、电气防护及接地、防火等方面进行了规定
数据中心设计规范	GB 50174	中华人民共和国住房和城乡建设部、中华人民共和国国家质量监督检验检疫总局	2017	本规范对数据中心的工程设计进行了规定，以确保电子信息设备稳定可靠运行，保证设计和工程质量，涉及机房工艺、建筑结构、空气调节、电气技术、电磁屏蔽、网络布线、机房监控与安全防范、给水排水、消防等多种专业
有线电视网络工程设计标准	GB/T 50200	中华人民共和国住房和城乡建设部	2018	本规范对射频同轴电缆、射频同轴电缆与光缆组合、射频同轴电缆与微波组合传输方式的有线电视系统的新建、扩建和改建工程的设计、施工及验收，进行了规定
安全防范工程技术标准	GB 50348	中华人民共和国住房和城乡建设部	2018	本规范是安全防范工程建设的通用规范，其将设计要求粗分为两个层次，一是一般社会公众所了解的通用型建筑（公共建筑和居民建筑）的设计要求；二是直接涉及国家利益安全（金融、文博、重要物资等）的高风险类建筑的设计要求
入侵报警系统工程设计规范	GB 50394	中华人民共和国建设部（现中华人民共和国住房和城乡建设部）	2007	本规范是《安全防范工程技术标准》（GB 50348）的配套标准，是对GB 50348中关于入侵报警系统工程通用性设计的补充和细化
视频安防监控系统工程设计规范	GB 50395	中华人民共和国建设部（现中华人民共和国住房和城乡建设部）	2007	本规范是《安全防范工程技术标准》（GB 50348）的配套标准，是对GB 50348中关于视频安防监控系统工程通用性设计的补充和细化
出入口控制系统工程设计规范	GB 50396	中华人民共和国建设部（现中华人民共和国住房和城乡建设部）	2007	本规范是《安全防范工程技术标准》（GB 50348）的配套标准，是对GB 50348中关于出入口控制系统工程通用性设计的补充和细化
民用闭路监视电视系统工程技术规范	GB 50198	中华人民共和国住房和城乡建设部	2011	本规范对民用闭路监视电视系统的工程设计、施工与验收进行了规定。民用闭路监视电视系统指民用设施中用于防盗、防灾、查询、访客、监控、科研、生产、商业及日常管理等的闭路电视系统。其特点是以电缆或光缆方式在特定范围内传输图像信号，达到监视的目的

续表

标准名称	标准编号	发布单位	发布年份	主要内容
厅堂扩声系统设计规范	GB 50371	中华人民共和国建设部（现中华人民共和国住房和城乡建设部）	2006	本规范对厅堂（剧场和多用途礼堂等）扩声系统的设计，制定了设计的计算要求和观众厅的扩声系统特性指标，保证厅堂的观众厅及舞台（主席台）等有关场所听音良好，使用方便
视频显示系统工程技术规范	GB 50464	中华人民共和国住房和城乡建设部，中华人民共和国国家质量监督检验检疫总局	2008	本规范对视频显示系统工程的分类和分级，视频显示系统的工程设计、工程施工、试运行、工程验收进行了规定
公共广播系统工程技术规范	GB 50526	中华人民共和国住房和城乡建设部，中华人民共和国国家质量监督检验检疫总局	2010	本规范对公共广播进行定义和种类划分（业务广播、背景广播、紧急广播），以及对不同广播种类进行等级定义，规定各等级应备功能。规范对公共广播系统各设备的配置设计、系统工程施工、电声性能测量、工程验收制定了规定
会议电视会场系统工程设计规范	GB 50635	中华人民共和国住房和城乡建设部，中华人民共和国国家质量监督检验检疫总局	2010	本规范对会议电视会场的音频、视频、灯光等系统及设施提出了专业技术要求，对音频、视频性能指标和建造、装饰、电源、接地等提出了要求
电子会议系统工程设计规范	GB 50799	中华人民共和国住房和城乡建设部	2012	本规范对电子会议系统的各子系统的设计制定了标准，子系统类别包括会议讨论系统、会议同声传译系统、会议表决系统、会议扩声系统、会议显示系统、会议摄像系统、会议录制和播放系统、集中控制系统、会场出入口签到管理系统，对各系统的系统分类与组成、功能设计要求、性能设计要求、主要设备设计要求制定了规范，并对会议室、控制室的物理位置、环境、建筑声学、供电、接地以及线缆敷设等提出了要求
会议电视系统工程设计规范	YD/T 5032	中华人民共和国工业和信息化部	2018	本规范内容包括会议电视系统的组成、组网方式和技术、系统功能和设备选型要求、会议电视系统的质量要求、设备安装设计要求等
城镇建设智能卡系统工程技术规范	GB 50918	中华人民共和国住房和城乡建设部，中华人民共和国国家质量监督检验检疫总局	2013	本规范主要技术内容包括城镇建设智能卡系统的一般要求、设计要求、施工要求、安全防护、设备安装、系统调试与验收。城镇建设智能卡系统工程的IC卡，除《建设事业集成电路（IC）卡应用技术条件》（CJ/T 166）所规定的卡片外，还包括且不限于移动支付、电子钱包、网络支付等技术和产品，在城镇建设行业应用的IC卡片
城市轨道交通综合监控系统工程技术标准	GB 50636	中华人民共和国住房和城乡建设部，中华人民共和国国家质量监督检验检疫总局	2018	本规范对城市轨道交通综合监控系统的设计进行了规定，内容包括城市轨道交通综合监控的系统功能、系统性能、系统组成、软件要求、接口要求和工程设施与设备要求等，目的是提高我国城市轨道交通自动化的技术水平
住宅区和住宅建筑内光纤到户通信设施工程设计规范	GB 50846	中华人民共和国住房和城乡建设部，中华人民共和国国家质量监督检验检疫总局	2012	本规范对光纤到户工程中不同小区的建筑类型及规模，定义了用户接入点的位置，在此基础上，对红线内外和用户交接点两侧的通信管道、设备间、电信间建设、线缆设备的工程界面进行了明确划分，对具体系统的设计、设备选择、传输指标和设备间、电信间选址和工艺设计提出了要求

续表

标准名称	标准编号	发布单位	发布年份	主要内容
住宅小区安全防范系统通用技术要求	GB/T 21741	中华人民共和国国家质量监督检验检疫总局，中国国家标准化管理委员会	2008	本标准规定了住宅小区安全防范系统的通用技术要求，是住宅小区安全防范系统设计、施工的基本依据
智能家用电器通用技术要求	GB/T 28219	中华人民共和国国家市场监督管理总局，中国国家标准化管理委员会	2011	本标准规定了智能家用电器的智能化技术及智能特性检测与评价的条件、方法和要求
防盗报警控制器通用技术条件	GB 12663	中华人民共和国国家质量监督检验检疫总局，中国国家标准化管理委员会	2001	本标准规定了用于建筑物内及其周围的防盗报警控制器的功能、性能和试验要求
视频安防监控数字录像设备	GB 20815	中华人民共和国国家质量监督检验检疫总局，中国国家标准化管理委员会	2006	本标准规定了视频安防监控系统中数字录像设备的通用技术要求、试验方法、检验规则，对文件要求及标志、包装、运输和存储
楼寓对讲电控安全门通用技术条件	GA/T 72	中华人民共和国公安部	2013	本标准规定了楼寓对讲系统及电控防盗门的系统组成、技术方法、试验方法和检验规则，是设计、制造、验收楼寓对讲系统及电控防盗门的基本依据
安全防范工程程序与要求	GA/T 75	中华人民共和国公安部	1994	本标准规定了安全防范工程立项、招标、委托、设计、审批、安装、调试、验收的通用程序和管理要求
视频安防监控系统技术要求	GA/T 367	中华人民共和国公安部	2001	本标准规定了建筑物内部及周边地区安全技术防范用视频监控系统的技术要求，是设计、验收安全技术防范用电及监控系统的基本依据。本标准的计算内容仅适用于模拟系统或部分采用数字技术的模拟系统
入侵和紧急报警系统技术要求	GB/T 32581	中华人民共和国国家质量监督检验检疫总局，中国国家标准化管理委员会	2016	本标准规定了用户保护人、财产和环境的入侵报警系统（手动式和被动式）的通用技术要求，是设计、安装、验收入侵报警系统的基本依据
出入口控制系统技术要求	GA/T 394	中华人民共和国公安部	2002	本标准规定了出入口控制系统的技术要求，是设计、验收出入口控制系统的基本依据
防尾随联动互锁安全门通用技术条件	GA 576	中华人民共和国公安部	2006	本标准规定了防尾随联动互锁安全门的技术要求、试验方法、检验规则、标志、包装、运输和贮存

标准名称	标准编号	发布单位	发布年份	主要内容
电子巡查系统技术要求	GA/T 644	中华人民共和国公安部	2006	本标准规定了电子巡查系统的构成、技术要求、检验方法，是设计、安装、验收电子巡查系统及其设备的基本依据
城市监控报警联网系统技术标准第1部分：通用技术要求	GA/T 669.1	中华人民共和国公安部	2008	GA/T 669 的第1部分规定了城市监控报警联网系统的设计原则、系统结构、系统功能及性能要求、系统设备要求、信息传输要求、安全性要求、电磁兼容性要求、电源要求、环境与环境适应性要求、可靠性要求、允许和维护要求等通用性技术要求，是进行城市监控报警联网系统建设规划、方案设计、工程实施、系统检测、竣工验收以及与之相关的系统设备研发、生产的依据
联网型可视对讲系统技术要求	GA/T 678	中华人民共和国公安部	2007	本标准规定了联网型可视对讲系统的技术要求和检验方法，是设计、制造、检验联网型可视对讲系统的基本依据
（2）各省市地方性建筑智能化技术标准				
公共建筑用能监测系统工程技术规范	DGJ 08-2068	上海市城乡建设和交通委员会	2012	本规程对建筑用能的分类、分项、监测范围以及建筑用能监测系统建设工程从设计、施工、检测、验收和维护运行的全过程提出了统一要求，以规范建筑用能监测系统工程建设、保证工程质量并确保系统采集的能耗数据满足管理部门监管的要求
公共建筑通信配套设施设计规范	DG/TJ 08-2047	上海市城乡建设和交通委员会	2013	本规范对本市公共建筑通信基础设施建设，合理使用公共建筑资源，实现信息综合、资源集约化式共享，结合上海城市信息基础设施建设实际做出了设计规定，主要内容包括基础设施、机电设计、通信设施布线设计、有线通信与有线电视设施设计、无线通信设施设计、卫星通信系统设计、无线广播系统设计等
住宅建筑通信配套工程技术规范第1部分：设计规范	DG/TJ 08-606	上海市城乡建设和交通委员会	2011	本规范的第1部分设计规范对本市新建住宅及住宅小区的光纤入户通信工程的配套设施设计做出技术规定，包括通信管网、暗配线系统及中心机房、电信间等。规范所指的通信配套设施是不含有线电视、建筑设备监控、火灾报警及安全防范等系统的通信配套设施
住宅小区安全技术防范系统要求	DB31/294	上海市质量技术监督局	2010	本标准规定了住宅小区（以下简称小区）安全技术防范系统的要求，是小区安全技术防范系统设计、施工和验收的基本依据
重点单位重要部位安全技术防范系统要求	DB 31/329	上海市质量技术监督局		本标准分行业和场所，对重要部分的技术防范系统提出了要求： ① 展览会场馆； ② 剧毒化学品、放射性同位素集中存放场所； ③ 金融营业场所； ④ 公共供水； ⑤ 电力系统； ⑥ 学校、幼儿园； ⑦ 城市轨道交通； ⑧ 旅馆、商务办公楼； ⑨ 零售商业； ⑩ 党政机关； ⑪ 医院； ⑫ 通信单位； ⑬ 枪支弹药； ⑭ 燃气系统； ⑮ 公交车站及公交专用停车场（库）

标准名称	标准编号	发布单位	发布年份	主要内容
安全技术防范系统建设技术规范	DB33/768	浙江省质量技术监督局		本标准分行业和场所,对安全技术防范建设提出了技术要求: ① 一般单位重点部位; ② 危险物品存放场所; ③ 汽车站与客运码头; ④ 商业批发与零售场所; ⑤ 公共供水场所; ⑥ 供配电场所; ⑦ 燃油供储场所; ⑧ 城镇燃气供储场所; ⑨ 旅馆业; ⑩ 学校; ⑪ 医院; ⑫ 住宅小区; ⑬ 娱乐场所

4.3 建筑智能化技术的节能措施

4.3.1 建筑智能化系统架构

建筑智能化系统架构见图4-1。

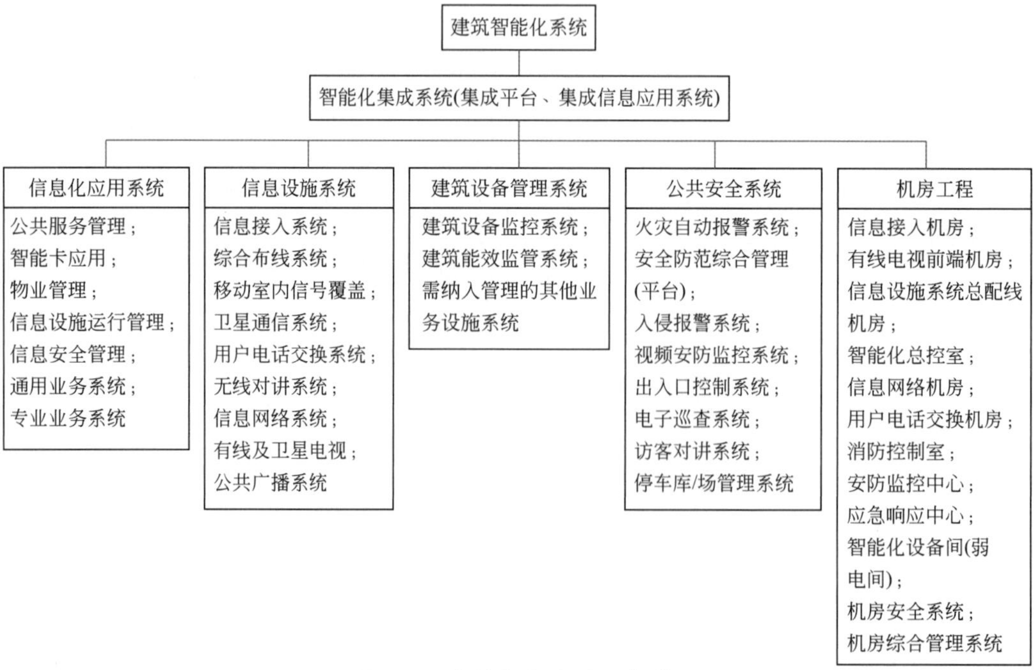

图4-1 建筑智能化系统架构

建筑智能化系统分类及定义是以《智能建筑设计标准》（GB 50314—2015）为依据，对各智能化子系统的功能和定义进行归纳概括，见表4-4。

表4-4　建筑智能化系统分类及定义

建筑智能化系统		系统定义
信息化应用系统	公共服务系统	具有访客接待管理和公共服务信息发布，并将各类公共服务事务纳入规范运行程序功能的电子管理系统
	智能卡应用系统	对建筑物内各智能化系统的应用和不同安全等级的应用模式进行人员身份识别的信息化应用系统
	物业管理系统	以信息技术结合现代管理思想，对建筑的物业经营运行进行维护的管理系统
	信息设施运行管理系统	对建筑物信息设施的运行状态、资源配置、技术性能等进行检测、分析、处理和维护的信息化应用系统
	信息安全管理系统	按照信息安全管理体系相关标准的要求，制定信息安全管理方针和策略，采用风险管理的方法进行信息安全管理计划、实施、评审检查、改进的信息安全管理执行的管理系统
	通用业务系统	满足建筑基本业务运行的信息化应用系统
	专业业务系统	以建筑通用业务系统为基础，满足专业业务运行的信息化应用系统
智能化集成系统	智能化信息集成（平台）系统	将不同功能的建筑智能化系统，通过统一的信息平台实现集成，以形成具体信息汇集、资源共享及优化管理等综合功能的系统
	集成信息应用系统	以智能化信息集成平台和基础应用构建为基础，向最终用户提供通用业务处理的基础应用系统或满足及符合规范化运营及管理的应用功能
信息设施系统	信息接入系统	由外部信息引入建筑物并与建筑物内的信息设施系统进行信息关联和对接的电子信息系统
	布线系统	能够支持智能化系统的信息电子设备相连的各种线缆、跳线、接插、软线和连接器组成的系统，并对建筑物内信息传输系统以集约化方式整合为统一及融合的共享信息传输的物理层
	移动通信室内信号覆盖系统	由移动通信信号的接收、发射及传输等设施组成的移动通信基站在室内设置形式的电子系统
	用户电话交换系统	供用户自建专用通信网和建筑内通信业务使用，并与公网连接的用户电话交换系统
	无线对讲系统	独立的以放射式的双频双向自动交互方式通信的系统，克服因使用通信范围或建筑结构等因素引起的通信信号无法覆盖的盲区问题，确保畅通的对讲通信功能
	信息网络系统	通过通信介质，有操作者、计算机及其他外围设备等组成且实现信息收集、传递、存储、加工、维护和使用的系统
	有线电视及卫星电视接收系统	由外部有线电视信息引入建筑物，用射频电缆、光缆、多路微波或其组合实现建筑物内传输、分配和交换声音、图像及数据信号的电视系统，前端信号按需要可包括卫星电视信息前端接收装置
	公共广播系统	为公共广播覆盖区服务的集公共广播设备、设施及公共广播覆盖区的声学环境所形成的电子系统
	会议系统	集音频、通信、控制、多媒体等技术的整合实现会议应用功能的电子系统
	信息导引及发布系统	应用网络实现远程多点分布式信息播放和集中管理控制的系统
	时钟系统	应用网络实现一设定基准值的时钟，为纳入同一范围内的智能化系统统一基准时间的电子系统

建筑智能化系统		系统定义
建筑设备管理系统	建筑设备监控系统	应用传感技术和信息网络技术将与建筑物有关的暖通空调、给排水、电力、照明、运输等设备集中监视、控制和管理的综合性系统
	建筑能效监管系统	以建筑自动化系统集成技术为基础，在满足使用者健康、舒适的前提下，节约能源、提高能效，并且能够降低建筑物全生命周期成本的一套监控管理系统
公共安全系统	火灾自动报警系统	不含
	安全技术防范系统 — 入侵报警系统	应用传感技术和电子信息技术探测并指示非法进入或试图非法进入设防区域的行为、处理报警信息、发出报警信息的电子系统
	安全技术防范系统 — 视频安防监控系统	应用视频探测技术监视设防区域并适时显示、记录现场图像的电子系统
	安全技术防范系统 — 出入口控制系统	应用自定义符识别或/和模式识别技术对出入口目标进行识别并控制出入口执行机构启闭的电子系统
	安全技术防范系统 — 电子巡查系统	对保安巡查人员的巡查路线、方式及过程进行管理和控制的电子系统
	安全技术防范系统 — 访客对讲系统	应用网络实现建筑内用户与外部来访者间互为通话和互为可视功能的电子系统
	安全技术防范系统 — 停车库（场）管理系统	对车库（场）的车辆通行道口实施出入控制、监视、行车信号指示、停车计费及汽车防盗报警等综合管理的电子系统
	安全防范综合管理（平台）系统	将各种类技术防范设施及不同形式的安全基础信息设为主动关联共享，挖掘分析并提供相应的安防策略，以安防信息集约化监管为集成平台的电子系统
	应急响应系统	应用信息网络技术，对消防、安防等建筑智能化系统基础信息关联、资源整合共享、功能互动合成，以统一的指挥方式和采用专业化预案，为公共建筑、综合体建筑、具有承担地域性安全管理职能的各类管理机构有效地应对各种安全突发事件的综合防范保障系统
	机房工程	对在建筑物内各智能化系统的监控、管理室或设备装置机房提供安全、可靠和高效的运行及便于维护的基础条件设施及管理系统

4.3.2 建筑能效水平定义

能效水平不同于能耗水平，能耗水平更多地强调能源的绝对消耗，而建筑能效水平强调人们对于能源的需求层次，见图4-2。

（1）能源效用

随着当代建筑规模的增大以及对能源需求（以电力需求尤为突出）的增大，能源安全以及可靠性直接关系到建筑物的安全及正常运行。尤其对于一些重要关键能源用

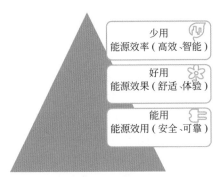

图4-2　能源需求层次及关注核心

户（如数据中心、医院等），更需要对一些关键区域（如数据机房、手术室等）、关键设备（如数据服务器、医学影像设备等）进行多重保护和管理。因此评判能效水平的首要指标是能源系统供应的安全性和可靠性。同时，由于大量节能设备（如节能灯、变频器等）的使用会导致如电力谐波等能源质量问题，从而影响建筑设备以及一些敏感关键设备（如数据通信、高精密仪器）的稳定运行。

（2）能源效果

能源使用效果包括环境舒适度（热舒适度、光舒适度等）、动力供给（供水、电梯等）、工艺区域保障（机房温度、洁净度控制、换气次数等）以及运维体验及效率提升（设备）等。节能不能以牺牲使用效果为代价，但同时也要避免浪费。在不同的时段、根据不同的环境条件（如人流密度、室外温度等）调整控制策略，实现精确控制，兼顾控制效果和节能降耗是能源使用效果的优化重点。

（3）能源效率

能源效率的衡量不是单纯的能耗多少，而是满足同样需求情况下，设备、系统消耗能源的多少（即效率）。例如满足同样空调负荷情况下的耗电量、满足同样人流量舒适度需求前提下的特定区域的能源消耗等。以能源效率为考核指标可以有效解决目前建筑节能管理中主要依靠关闭设备或者降低舒适度为代价的节能减排误区。

由此可见，运用建筑智能化技术提高建筑综合能效水平需要搭建一个一体化平台，将能源供给、能源计量、主要设备监控、关键区域控制以及行业信息流程打通，从而使得能源、设备真正高效地服务于建筑使用者以及业务流程。

4.3.3　建筑智能化系统节能

本节内容主要讨论设计阶段如何配置合理的智能化系统，以达到节能的目的。建筑智能化技术对于绿色建筑以及主动节能增效的贡献巨大，本节将分别对各种建筑智能化技术［参照《智能建筑设计标准》（GB 50314—2015）］如何贡献绿色建筑［参照《绿色建筑评价标准》（GB/T 50378—2014）］以及节能增效进行分析，同时也增加了一些目前标准中尚未覆盖的新技术及发展趋势。

4.3.3.1 建筑智能化与绿色建筑

随着全球气候变暖以及资源的日益匮乏，绿色建筑应运而生并得到快速发展。近十多年来，各个国家相继推出了各自的绿色建筑评价体系，比较常见的绿色建筑评价体系主要有：中国《绿色建筑评价标准》（GB 50378—2014）、美国绿色建筑评估体系（LEED）、英国绿色建筑评估体系（BREEAM）、德国生态建筑导则（DGNB）以及新加坡绿色建筑标志认证（Green Mark）。各个绿色建筑体系的编制标准，均是以减少环境破坏，降低能源消耗，安全、健康且舒适为目的的。

住建部2017年3月印发的《建筑节能与绿色建筑发展"十三五"规划》指出，"十三五"时期，建筑节能与绿色建筑发展的总体目标是：建筑节能标准加快提升，城镇新建建筑中绿色建筑推广比例大幅提高，既有建筑节能改造有序推进，可再生能源建筑应用规模逐步扩大，农村建筑节能实现新突破，使我国建筑总体能耗强度持续下降，建筑能源消费结构逐步改善，建筑领域绿色发展水平明显提高。

具体目标是：到2020年，城镇新建建筑能效水平比2015年提升20%，部分地区及建筑门窗等关键部位建筑节能标准达到或接近国际现阶段先进水平。城镇新建建筑中绿色建筑面积比重超过50%，绿色建材应用比重超过40%。完成既有居住建筑节能改造面积5亿平方米以上，公共建筑节能改造1亿平方米，全国城镇既有居住建筑中，节能建筑所占比例超过60%。城镇可再生能源替代民用建筑常规能源消耗比例超过6%。经济发达地区及重点发展区域农村建筑节能取得突破，采用节能措施比例超过10%。

本小节将重点针对中国绿色建筑体系，从智能化的角度进行分析。中国住房和城乡建设部于2006年开始推广绿色建筑评价标识，这是一种由政府组织和社会自愿参与的标识行为，其对于智能化系统的设计要求，以及建筑智能化技术对于绿色建筑的贡献巨大。据统计，建筑智能化技术对于中国国标GBL的直接或间接贡献得分近25%。

对于各章节中的评估分（加权前）而言，针对《智能建筑设计标准》（GB 50314—2015）的分类，信息化应用系统相关2项，共计12分（未加权）；建筑设备管理系统相关18项，共计119分（未加权，且另加一项相关项为强制项，即必须满足）；公共安全系统1项，共计3分（未加权）；创新项1项，共计2分（未加权）。具体贡献项内容及未加权贡献得分详见表4-5。

表4-5　建筑智能化技术贡献内容及未加权贡献得分

建筑智能化技术		绿色建筑条款	得分	具体条文细则
信息化应用系统	智能卡应用	6.2.5公用浴室采取节水措施，第2条文	2	设置使用者付费的设施，得2分
	物业管理	10.2.9应用信息化手段进行物业管理，建筑工程、设施、设备、部品、能耗等档案及记录齐全	10	设置物业信息管理系统，得5分；物业管理信息系统功能完备，得2分；记录数据完整，得3分

续表

建筑智能化技术		绿色建筑条款	得分	具体条文细则
建筑设备管理系统	建筑设备监控系统	5.2.7采取措施降低过渡季节供暖、通风与空调系统能耗	6	
	建筑设备监控系统	5.2.8采取措施降低部分负荷、部分空间使用下的供暖、通风与空调系统能耗	9	区分房间的朝向，细分供暖、空调区域，对系统进行分区控制，得3分； 合理选配空调冷、热源机组台数与容量，制定实施根据负荷变化调节制冷（热）量的控制策略，且空调冷源的部分负荷性能符合现行国家标准《公共建筑节能设计标准》（GB 50189）的规定，得3分； 水系统、风系统采用变频技术，且采取相应的水力平衡措施，得3分
	建筑设备监控系统	5.2.9走廊、楼梯间、门厅、大堂、大空间、地下停车场等场所的照明系统采取分区、定时、感应等节能控制措施	5	
	建筑设备监控系统	5.2.11合理选用电梯和自动扶梯，并采取电梯群控、扶梯自动启停等节能控制措施	3	
	建筑设备监控系统； 建筑能效监管系统	5.2.13排风能量回收系统设计合理并运行可靠	3	
	建筑设备监控系统； 建筑能效监管系统	5.2.14合理采用蓄冷蓄热系统	3	
	建筑设备监控系统； 建筑能效监管系统	5.2.15合理利用余热废热解决建筑的蒸汽、供暖或生活热水需求	4	
	建筑设备监控系统； 建筑能效监管系统	5.2.16根据当地气候和自然资源条件，合理利用可再生能源	10	
	建筑能效监管系统	6.2.2采取有效措施避免管网漏损，第3条文	5	设计阶段根据水平衡测试的要求安装分级计量水表；运行阶段提供用水量计量情况和管网漏损检测、整改的报告，得5分
	建筑能效监管系统	6.2.4设置用水计量装置	6	按使用用途，对厨房、卫生间、绿化、空调系统、游泳池、景观等用水分别设置用水计量装置，统计用水量，得2分； 按付费或管理单元，分别设置用水计量装置，统计用水量，得4分
	建筑设备监控系统	6.2.7绿化灌溉采用节水灌溉方式	10	采用节水灌溉系统，得7分；在此基础上设置土壤湿度感应器、雨天关闭装置等节水控制措施，再得3分
	建筑设备监控系统； 建筑能效监管系统	8.2.8采取可调节遮阳措施，降低夏季太阳辐射热	12	

续表

建筑智能化技术		绿色建筑条款	得分	具体条文细则
建筑设备管理系统	建筑设备监控系统	8.2.9供暖空调系统末端现场可独立调节	8	供暖、空调末端装置可独立启停的主要功能房间数量比例达到70%，得4分；达到90%，得8分
	建筑设备监控系统；建筑能效监管系统	8.2.12主要功能房间中人员密度较高且随时间变化大的区域设置室内空气质量监控系统	8	对室内的二氧化碳浓度进行数据采集、分析，并与通风系统联动，得5分；实现室内污染物浓度超标实时报警，并与通风系统联动，得3分
	建筑设备监控系统	8.2.13地下车库设置与排风设备联动的一氧化碳浓度监测装置	5	
	建筑设备监控系统；建筑能效监管系统	10.1.5供暖、通风、空调、照明等设备的自动监控系统应工作正常，且运行记录完整	控制项	
	建筑设备监控系统；建筑能效监管系统	10.2.5定期检查、调试公共设施设备，并根据运行检测数据进行设备系统的运行优化	10	具有设施设备的检查、调试、运行、标定记录，且记录完整，得7分；制定并实施设备能效改进等方案，得3分
	建筑设备监控系统；建筑能效监管系统	10.2.8智能化系统的运行效果满足建筑运行与管理的需要	12	居住建筑的智能化系统满足现行行业标准《居住区智能化系统配置与技术要求》（CJ/T 174）的基本配置要求，公共建筑的智能化系统满足现行国家标准《智能建筑设计标准》（GB 50314）的基础配置要求，得6分；智能化系统工作正常，符合设计要求，得6分
公共安全系统	停车库（场）管理系统	4.2.10合理设置停车场所，第2条文	3	合理设置机动车停车设施，并采取下列措施中至少2项，得3分：① 采用机械式停车库、地下停车库或停车楼等方式节约集约用地；② 采用错时停车方式向社会开放，提高停车场（库）使用效率；③ 合理设计地面停车位，不挤占步行空间及活动场所
创新项	BIM	11.2.10应用建筑信息模型（BIM）技术	2	在建筑的规划设计、施工建造和运行维护阶段中的一个阶段应用，得1分；在两个或两个以上阶段应用，得2分

4.3.3.2　建筑智能化技术与能效水平关联度分析

由以上统计可以看出，建筑智能化技术对于绿色建筑评价体系的最主要贡献体现在建筑设备管理系统上，这主要是由于建筑设备管理系统承担了运营阶段建筑物的主要能耗设备管理工作，对节能、低碳的直接贡献最大。然而如果从更加广义的能效（即能源效用、能源效果和能源效率三个层次）考虑，智能化技术对于建筑综合能效水平的贡献更大。参照《智能建筑设计标准》（GB 50314—2015）中的系统进行分析，可以发现在34项智能化系统中（所有机房工程合为一项），其中20项与能源效用相关；15项与能源效果相关；23项与能源效率相关。具体各智能化技术分类对于能效三个层级的贡献程度如图4-3所示。

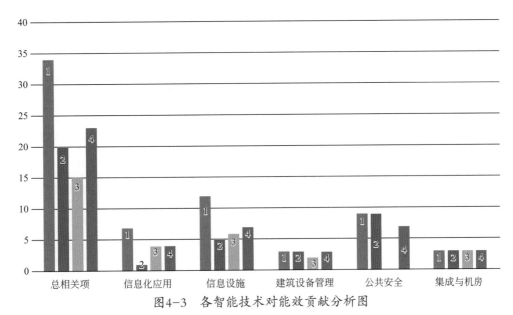

图4-3　各智能技术对能效贡献分析图

1—总智能系统；2—能源效用；3—能源效果；4—能源效率

表4-6列举了《智能建筑设计标准》（GB 50314—2015）中各建筑智能化技术对能源效用、能源效果和能源效率三个层次的具体关联内容和贡献。

表4-6　各建筑智能技术对能源效用、能源效果和能源效率三个层次的具体关联内容和贡献

	建筑智能化技术	能源效用	能源效果	能源效率
信息化应用系统	公共服务管理；访客接待管理；服务信息发布	不适用	访客管理：人员密度统计；信息发布：区域环境参数信息发布（如PM$_{2.5}$等）	访客管理：访客碳足迹；访客管理：人均碳排放；信息发布：能效宣传
	智能卡应用	不适用	人员密度统计及控制策略调整；联动环境控制	人员轨迹追踪及碳足迹；人员数量及能耗相关性分析
	物业管理	电力等资产运行维修管理	物业经营状态与环境参数动态调整	物业经营状况及能耗对比
	专业业务信息管理	不适用	根据状态调整控制策略调整，如酒店根据前台系统中客房出租状态调整房间设定温度；医院根据HIS系统中手术室排班及状态调整设定温度及换气率等	根据业务量对能源效率进行管理，如机场根据航班信息系统中航班流量管理能源使用效率；商业综合体根据人流系统中人流量管理能源效率等
智能化集成系统	智能化信息集成（平台）系统	根据《智能建筑设计标准》（GB 50314—2015），智能化集成系统应以实现绿色建筑为目标，应满足建筑的业务功能、物业运营级管理模式的应用需求。智能化集成系统对能效的贡献在于将能源供给侧管理（以电力供应管理为主）和能源需求侧控制（如照明控制、建筑设备监控系统等）集成在一起，实现能源供需双向管理。同时集成化的能源供、需管理平台与行业业务运行信息系统（最终服务需求）和物业管理信息系统（管理方）打通，使得能源真正服务于业务，方便管理，全面提高能源的效用、效果和效率		
	集成信息应用系统（针对各行业信息化应用的配置，应满足相关行业建筑业务运行和物业管理的信息化应用需求）			

续表

建筑智能化技术		能源效用	能源效果	能源效率
信息设施系统	信息接入系统	SaaS（software as a service）是未来物业资产管理及能效管理的发展方向，基于"云"的专业应用和服务将越来越普及，信息接入系统将成为大量智能化设备接入不同"云"资产运维或能效平台的主要出入口		
	布线系统	根据思科预测，至2020年，全球将有超过500亿个设备通过网络连接，物联网（IoT，internet of things）是未来智能化和互联网相结合的主流发展方向。建筑智能化节能技术也将从单一的技术应用（如变频器、调光节能灯）向基于区域功能的物联系统节能发展（如酒店客房节能解决方案、开放办公区域节能解决方案、手术室节能解决方案等）。有线为主结合无线补充的网络连接技术仍然是当今的主流网络基础。同时随着大量节能技术（变频器等）以及高端精密设备（如医疗影像设备等）的使用，也会对数据传输产生干扰，此时布线系统的抗干扰能力也需要得到充分考虑		
	移动通信室内信号覆盖系统	在互联网和物联网发展的今天，移动通信室内信号覆盖系统早已不仅仅用于满足移动通信业务，除大量的移动终端网络通信需求外，通过移动通信网络的互联网连接也成为大量智能化物联设备（当通过建筑布线系统和信息接入系统难以解决互联网连接时）连接互联网、对接各类"云"平台的重要手段		
	信息网络系统	信息网络系统是建筑物内各类用户、应用的公用或专用信息通信链路基础，支撑了建筑物内多种类信息化及智能化信息端到端传输。信息网络拓扑架构设计的整体一致性、功能分区、信息承载负载量、分区间以及对外安全保障等均对建筑智能化节能技术/系统直接互联互通以及与相关信息系统的数据交换产生影响		
	会议系统	不适用	通过会议室智能化系统与会议系统（预订信息）以及门禁系统的集成，按照会议室状态动态调整各种温度、照明、遮阳、投影灯设备运行策略，同时联动会议室清扫等服务，提高会议室体验与服务，同时降低能耗	会议室移动端APP寻找、预订及超时取消、到时提醒。提高会议室利用效率及会议效率。 通过会议室使用时间以及参会人数统计，分析会议室利用率及能源效率。必要时重新安排会议室分割空间及控制分区和策略，提高空间使用和设备使用效率
	信息引导及发布系统	不适用	不适用	合理的信息引导系统可以减少建筑物公共区域内访客的无效走动（如医院、交通枢纽、会展等）或引导人员流向（如商业综合体、大型游乐场所等），增加空间利用率；同时通过发布系统，可以对绿色及能效水平等进行宣传，增强民众意识
	时钟系统	随着建筑智能化节能技术从单一的技术应用向基于区域功能的物联系统节能，乃至系统与系统直接互动的复杂系统节能发展，时钟同步在不同设备、系统之间进行准确、精准联动和配合中起着不可忽略的作用		
建筑设备管理系统	建筑设备监控系统	对主要能源供应系统直接或通过数据接口进行集成管理	有效地监控包括冷热源、供暖通风和空气调节、给水排水、照明、电梯等系统，监视并保证温度、湿度、流量、压力、压差、液位、照度、气体浓度等环境以及建筑设备运行基础状态信息	集成能耗监控及计量系统数据，对建筑设备的能源效率进行KPI管理； 集成空间使用信息、人流信息以及其他业务信息系统，对空间能效、单位人数能效以及单位业务产出能效等进行KPI（关键绩效指标）管理

建筑智能化技术		能源效用	能源效果	能源效率
建筑设备管理系统	建筑能效监管系统	对供配电系统、关键电源系统以及其他能源供应系统进行监视、能源质量管理和能源网络资产管理，保障能源的安全性、可靠性和高品质	不适用	能耗监控范围包括冷热源、供暖通风和空气调节、给水排水、照明、电梯等建筑设备； 能耗计量的分享及类别宜包括电量、水量、燃气量、集中供耗热量、集中供冷耗冷量等； 能耗管理功能包括账单验证、成本分摊、意识推广、能耗分析、使用优化、成本优化以及标准合规等
	其他业务设施系统	对特殊能源系统（如纯水、特殊气体等）的安全性、可靠性及能源质量进行管理。具体视行业而定	对特殊区域的能源使用效果（如气压、洁净度等）进行合理控制和优化。具体视行业而定	根据行业特点对能源效率进行管理和优化（如数据中心PUE值等）。具体能源效率衡量参数视行业而定
安全技术防范系统	火灾自动报警系统	电气防火及对电力系统的影响	不适用	不适用
	安全防范综合管理（平台）	对于重要能源站的出入控制及安全防范，保证能源站及传输线路安全运行	不适用	利用安防监控视频分析出入口控制人数统计的功能识别区域人数，并有针对性地调整环境控制参数，兼顾舒适度与节能； 根据出入口控制或停车库（场）管理系统等识别人员位置，并根据人员位置动态调整工位或其他区域的控制状态和参数（如供电状态、环境温度、工位照明等）
	入侵报警			
	视频安防监控			
	出入口控制			
	电子巡查			
	访客对讲			
	停车库（场）管理			
机房工程	信息接入机房	机房对于供电系统的可靠性、电能质量等要求较高，因此对供配电设计时： 应满足具体机房设计等级及设备用电负荷等级的要求； 电源质量应符合国家现行有关标准的规定和所配置设备的要求； 设备的电源输入端应设防雷击电磁脉冲（LEMP）的保护装置； 机房重要系统、设备应配备不间断电源（UPS），在主电源故障情况下的连续供电时间应达到相应标准	机房内的温度、湿度等应满足设备的使用要求。 部分机房（如智能化总控室、消防控制室、安防监控中心、应急响应中心、数据机房等）应采用恒温恒湿空调进行环境控制； 对于数据机房，行级制冷、免费制冷等方式既可以有效地控制机房温度，又可以起到节能增效的目的	机房重要能耗设备（如恒温恒湿空调机组、主要服务器等）的能源效率KPI管理； 对于数据机房，可以使用PUE值对机房综合能效进行评估和管理
	有线电视前端机房			
	信息设施系统总配线机房			
	智能化总控室			
	信息网络机房			
	用户电话交换机房			
	消防控制室			
	安防监控中心			
	应急响应中心			
	智能化设备间（弱电间、电信间）			
	数据机房			

4.3.3.3 建筑智能化新技术及建筑智能化节能技术发展趋势

从以上分析可以看出，现行《智能建筑设计标准》（GB 50314—2015）中涉及的建筑智能化技术仍然以传统信息化、智能化系统为主，并未涉及近年快速成长或逐渐成为关注焦点的BIM（建筑信息模型）、VR/AR（虚拟现实/增强现实）、RTLS（实时定位系统）以及模式识别、人工智能诊断等智能技术，以下对这些新的智能化技术进行简单介绍。

（1）建筑信息模型

建筑信息模型（BIM，building information modeling）是以建筑工程项目的各项相关信息数据作为模型的基础，通过数字信息仿真模拟建筑物所具有的真实信息。目前BIM技术仍然主要应用于建筑物建设阶段，用以进行建筑物可视化管理、协调冲突管理、建设模拟管理以及优化、出图等，以达到提高效率、节约成本和缩短工期的作用。随着技术的发展，BIM技术将进一步应用于运营阶段。BIM与各种自动化、信息化智能系统以及VR/AR技术相结合，实现物业管理的可视化、信息化和自动化，将大大提高建筑物的管理效率和能源效率。

（2）RTLS及其相关应用

RTLS（real time location system）即实时定位系统，是一种基于信号的无线电定位手段，可以采用主动式或者被动感应式。目前国内RTLS行业主要用于人员、货物、资产设备等定位。将来物联网在国内普及之时，基于提供位置服务的应用必将得到更快的发展。

（3）人工智能分析诊断及自动优化技术

《智能建筑设计标准》（GB 50314—2015）中已将"建筑设备管理系统"区分为"建筑设备监控系统"和"建筑能效监管系统"，由建筑设备监控系统完成建筑设备的监视和优化控制功能，并通过建筑能效监管系统实现能效数据（包括能源可靠性、能源消耗量以及能源质量等）的可视化（通过KPI看板、趋势、图表、报告等方式）。这是本版标准相对于前版标准（GB 50314—2006）在能效管理方面的一大提升。

随着计算机、网络技术以及人工智能算法的发展，建筑物能效管理智能化水平进一步得到提高。能效优化水平从可视化及辅助分析发展到智能化分析（故障自动诊断、节能空间智能识别、基于投资回报优先级排序及改造建议、任务自动分派及追踪等），未来将进一步提升为自动能效优化管理，通过动态自适应、自学习系统和网格计算等实现问题自动识别、策略动态调整甚至自动进化控制策略，见图4-4。

4.3.4 建筑智能化设备节能

4.3.4.1 暖通空调系统

随着互联网技术的应用深入各个行业，暖通空调开始智能化和绿色化设计，以提高建筑的社会效益和经济效益。

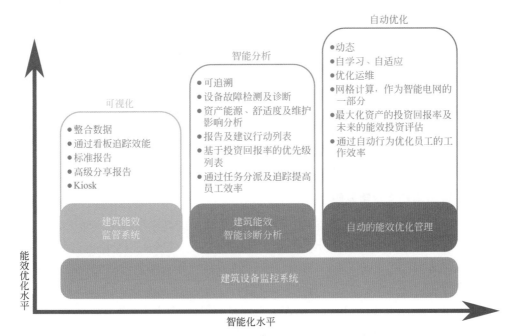

图4-4　建筑能效管理智能化水平

（1）绿色节能暖通空调系统坚持的原则

① 节能：节能不仅仅是指节约能源，还要节约材料。在整个空调系统内部涉及的水泵、制冷机、控制系统、风机等的各个结构的投资过程中，控制其原材料和能源涉及的材料投资和费用。对于现代新型绿色建筑来说，暖通空调系统的设计、应用还要与绿色建筑内的围护结构、室内照明等系统互相结合、互相协调。

② 回用：绿色建筑中整个系统的回用都与暖通空调系统有关，其中暖通空调系统中各部分都是相对独立的，大多数零件可以进行拆卸，经过一定时间的运行后如果某个局部结构报废，其中的运行设备、管材等非运转件或材料经过一定的保养和维修，仍可回收再利用。

③ 回收：暖通空调系统的各个材料和零部件都可以进行回收，可对材料和零部件进行分类回收。

④ 循环利用：系统中的材料经过回用和回收，废料经过再生产可以再生，实现原料的闭环良性循环，对于成本较高却不能回收的原料，限制用量。

⑤ 坚持绿色节能的设计原则：对于人员流动大、范围较广的地方，例如超市、商场等建筑物，可以选择通风性的暖通空调系统，如果是需要在十层或以上的建筑上安装暖通空调系统，则选择分层安装，便于管理且节约能源。

⑥ 充分利用建筑的格局：太阳热能是重要的暖通能源，针对建筑内的布局和朝向，充分利用太阳能的光照和辐射热能。

⑦ 充分利用再生能源：因地制宜地利用可再生资源，发展暖通空调新技术。

⑧ 地源热泵的应用：地源热泵有较高的经济和节能效益，特别是在解决供热和制冷两方面，与空气热源泵相比有几个突出优势，地下土壤温度变化的关键在于埋于地

下的30～100m的竖直埋管换热器，而埋管换热器的性能又在一定程度上受到温度高低的影响，如果能够平衡冬季吸收和夏季排出的热量，那么换热器的性能不会受到很大影响，更不会对地源热泵的运行造成影响，地源热泵较为适合的应用区域是冬季、夏季热量相当的区域。

⑨ 水源热泵的应用：水源热泵作为空调制冷组成使用。水源热泵可应用于空调制冷方面，在热泵制冷的过程中，水源热泵机组在高温时可使用18～35℃的水作为水源，通过地下水对水源进行冷却，以做到空调制冷效果。

⑩ 自然通风：通过风压和热压两种方式，实现自然通风。

（2）变风量和变水量系统

大型建筑中用于风机、泵类的电动机耗能在系统能耗中所占比例较大，其中多数是适合采用调速运行的。但其传统的调节方法是风机、泵类采用交流电动机恒速传动，靠调节风闸和阀门的开度来调节流量，这种调节方法是以增加管网的损耗、耗用大量能源为代价的，并且无法实现完善的自动控制。

变风量（variable air volume，VAV）空调系统可以根据空调负荷的变化自动减小风机的转速，调整系统的送风量，利用变风量末端装置调整房间送风量，从而达到控制房间温度的目的。系统风机采用变频器进行控制，当空调负荷发生变化时，变频器可通过控制系统风机的转速进行相应变化，在满足人员舒适性的同时大大地减小了风机的动力，具有显著的节能效果。变风量和定风量空调系统相比，全年空气输送能耗可节约1/3，设备容量减少20.0%～30.0%，据多种资料介绍，变风量系统在一般情况下，节能可达50.0%左右。

对于采用风机盘管的空调系统，采用变水量系统，水泵可进行台数控制、转速控制或二者同时控制。变水量空调系统以提高冷、热源机器的效率为目的，通过一定的温差供应空调机，从而避免了小温差、大流量现象的出现。当系统负荷减少时，减小水量，冷水温度不变；和定水量系统相比，可避免冷热抵消的能量损失，还可以减少水路输送的能耗。

（3）水泵变频技术

在空调系统的水泵运行中，因为工况的变化，需要对水泵进行随时的调节，最通常的方法有三种，分别为改变叶轮、电磁耦合器和变频器。改变叶轮是通过切割叶轮的直径来降低水泵的输入功率从而达到节能的。电磁耦合器则是通过开启阀门来减少水泵流量，达到节能效果。变频器是通过变频的控制，调节水泵转速，最终达到节能效果。在实际应用中，经过专家的实验和证明，三种方式中变频控制可以使水泵达到最优节能效果，是最好的节能控制措施。水泵变频控制一般可节省40%～60%的水泵能耗，节省的泵耗主要包括设备选型过大引起的泵耗和变频后减少的流量所消耗的泵耗。目前，生活供水系统大部分都采用了成套的恒压变频供水控制方式，已经普遍考虑了节能。

目前，最常见的冷冻水泵变频控制方式主要采用恒压差控制和恒温差控制两种。

在恒压差控制中，根据压差传感器安装的位置不同分为供、回水干管压差控制（近端压差控制）和末端恒压差控制。

① 恒压差控制法。恒压差控制法的工作原理为，在变水量系统中，由于末端负荷的需求减少，末端盘管回水管上使用的电动二通调节阀或双位电动二通阀开关引起水系统流量的变化，并引起系统流量的重新分配，使得供、回水管上的压差发生变化。通过安装在系统管路上的压差传感器检测其供、回水压差并将检测值传输到控制器中，将所测压差值与程序设定压差值进行比较，并根据 PID 算法控制变频器的输出频率，实现流量调节，以满足末端需求。

② 恒温差控制。恒温差变频控制是在冷冻水供、回水干管上分别安装温度传感器，将检测到的供、回水温度传送到控制器，将实测到的供、回水温差值与先前设定的温差值相比较，并根据偏差大小，采用 PID 算法控制变频器的输出频率对水泵进行变频控制，达到节能的目的。

③ 热泵技术。热泵是指依靠高位能的驱动，使热量从低位热源流向高位热源的装置。它可以把不能直接利用的低品位热能转化为可以利用的高位能，从而达到节约部分高位能，如煤、石油、天然气和电能等的目的。热泵取热的低温热源可以是室外空气、室内排气、地面或地下水以及废弃不用的其他余热。利用热泵可以有效利用低温热能是暖通空调节能的重要途径，现已用于家庭、公共建筑、厂房和一些工艺过程。目前热泵技术在暖通空调工程中的应用，主要有以下几个方面：a. 热泵式房间空调器；b. 集中式热泵空调系统；c. 热泵用于建筑中的热回收。

目前地源热泵技术是国内外研究和应用的一个重点，地源热泵系统是随着全球性的能源危机和环境问题的出现而逐渐兴起的一门热泵技术，它是一种通过输入少量的高位能（如电能），实现从浅层地能（土壤热能、地下水中的低位热能或地表水中的低位热能）向高位能转移的热泵空调系统。

④ 制冷机组节能技术。制冷机组是中央空调系统的心脏，它由压缩机、冷凝器等组成，它往往也是公共建筑空调系统中用能比例较高的一部分，一般可占到空调系统总能耗的 45% ～ 73%。

制冷机组的节能，分下面几个方面：a. 调整设备合理的运行负荷，运用此方式开机要结合水泵、冷却塔的运行情况综合考虑；b. 采用变频装置，调节离心制冷机组压缩机的转速，在不同的负荷下，合理使用定频机组和变频机组，可以取得很好的节能效果；c. 提高冷冻水温度，冷冻水温度越高，制冷机组的制冷效率就越高。冷冻水供水温度提高 1℃，制冷机组的制冷系数可提高 3%，所以在日常运行中不要盲目降低冷冻水温度。首先，不要设置过低的制冷机组冷冻水设定温度；其次一定要关闭停止运行的制冷机组的水阀，防止部分冷冻水走旁通管路，否则，经过运行中的制冷机组的水量就会减少，导致冷冻水的温度被制冷机组降到过低的水平。在满足设备安全和生产要求的前提下，尽量提高蒸发温度。

⑤ 热回收技术。为了保证室内的空气品质，一般的空调系统都要设计新风系统来稀释室内的有害物，以达到卫生标准。为了保证室内的风量平衡，使新风顺利进

入室内，还要设计排风系统。对于人员集中的建筑物如商场、办公楼等，新风量较大，使得空调系统中的新风负荷也随之增大；同时排风将空调房间内的空气排出室外，也是一种能量的浪费。如何充分利用排风的能量，对新风进行预冷或预热，从而减小新风负荷，是暖通空调节能的重要途径。此外有的建筑物在需要供冷的同时有热水需求，而制冷机的冷凝热通过冷却塔排放到大气中，如何利用冷凝热以提高能源的利用效率也是需要注意的问题，暖通空调中的热回收技术就是在这样的背景下产生和发展的。

在暖通空调系统中用于排风冷热量回收的装置主要有：转轮全热交换器、板式显热交换器、板翅式全热交换器、中间热媒式热交换器和热管式交换器。相对于热管、中间热媒式等显热交换器，全热交换器设备费用较高，占用空间较大，但全热交换器的余热回收效率比显热交换器要高，在设计合理的条件下可在运行费用中得到补偿。然而对于医院等空气质量要求较高的场合，由于采用全热回收存在交叉污染的可能，所以全热回收系统的使用受到限制。制冷机组冷凝热回收的换热设备目前也逐渐引起人们的重视。这一类的热回收设备可以与不同的系统结合起来使用。如果与生活用热水系统相结合，使压缩之后的制冷剂首先进入板式热交换器，生活用热水通过热交换器的另一侧，由于被压缩后的制冷剂温度较高，只要设计合理，它能够提供的热量完全可以将热水加热到洗澡用的温度，可以储存在保温水箱中，满足人们的需要。这样的系统既可以避免冷凝热排放到大气中造成热污染，又可以节省为提供热水而设的锅炉及其附属设备，避免了由于燃料的燃烧向大气排放的有害物，应该说是一种效果明显又有环保作用的节能技术。

⑥ 可再生能源及低品位能源利用技术。目前，如何利用可再生能源及低品位能源已经成了该领域重要的研究课题，太阳能、地热能、河水、湖水、海水、地下水、空气（风）能及地下能源等可再生能源和低品位能源在建筑中的利用，是实现节约能源、保护环境的基本国策。目前国内针对可再生能源及低品位能源利用在建筑中的应用主要表现在：a.太阳能主动应用，包括太阳能热利用及太阳能制冷；b.光伏建筑一体化技术；c.地热资源利用；d.地源热泵技术；e.自然通风；f.蒸发冷却技术等。

4.3.4.2 电梯系统

随着人们工作和生活节奏的不断加快，电梯越来越多地出现在办公楼、酒店、住宅和娱乐场所。电梯是一种高功率机械，电梯的耗电量不可小视，在酒店、办公楼等场所，电梯的耗电量超过25%，仅次于空调用电，比照明、供水的用电量消耗量都高。电梯是一种垂直运输工具，运行中具有动能、势能的变化，也具有正转、反转、启动、制动和停止过程。所以对载重量过大、速度快的电梯，提高运行效率对节约电能具有重要意义。电梯属于建筑中重要的能耗设施，属于节能降耗的重要对象。相对发达国家，我国能耗较大，能源利用率较低，应用电梯节能控制系统，可以提高能源利用率，降低电梯能耗，实现节能降耗目标，其经济意义及社会意义重大。

电梯耗能环节分析如下。

电机拖动负载消耗的电能占电梯总耗能的70%；电梯门机开关轿门消耗电能占总能耗的20%；电梯照明、控制系统等其他环节消耗电能占电梯总能耗的10%。

运行中的电梯能耗取决于三方面：电梯设备自身的能耗特性、电梯调度策略和客流情况。

目前，高速电梯的曳引拖动多选用交流异步电动机，采用变频调速、微电脑和可编程控制器控制，从而实现启动、制动平稳，乘坐舒适，运行迅速，效率高等。现代交流变频调速系统具有宽的调速范围、高的稳定精度、快的动态响应及可逆运行，在各类建筑中的电梯系统中得到广泛应用。近年来永磁同步驱动技术与能量回馈技术的重大突破，对电梯的节能带来了巨大空间。电梯节能技术的主要理论途径如下。

（1）能量回馈节电技术

电梯作为垂直交通运输设备，其向上与向下运送的工作量大致相等。当电梯轻载上行、重载下行以及电梯平层前逐步减速时，驱动电动机工作在发电制动状态下，此时是将运动中负载上的机械能（位能、动能）转化为电能，传统的控制方法是将这部分电能要么消耗在电动机的绕组中，要么消耗在外加的能耗电阻上。前者会引起驱动电动机严重发热，后者需要外接大功率制动电阻，不仅浪费了大量的电能，还会产生大量的热量，导致机房升温，有时候还需要增加空调降温，从而进一步增加能耗。近年来，随着交流调速技术在电梯拖动系统中的应用，采用交-直-交变频器，可以将机械能产生的交流电（再生电能）转化为直流电回馈交流电网，供附近其他用电设备使用，使电力拖动系统在单位时间内消耗电网电能下降，从而达到节约电能的目的。据统计，用于普通电梯的电能回馈装置市场价在4000～10000元，可实现节电20%以上，其经济效益十分显著。

（2）变频调速电梯

电梯节能采用VVVF（变频变压）控制方式及先进的群控调度技术，电梯采用VVVF驱动供电比可控硅供电方式减少能耗5%～10%，功率因数可提高20%左右。有条件的情况下，将原有的交流调速的老电梯进行VVVF电梯改造，可减少能量损失，根据实践，节能达30%～40%，提高了电梯的舒适性和降低了电梯的故障率。

（3）用永磁同步无齿电机

广泛使用永磁同步无齿电机，达到节能的目的。由于传统主机的机械减速齿轮的机械效率不高，特别是蜗杆和蜗轮传动效率的广泛使用是非常低的，大约一半的能量损失变为热能，同时由于相位差在传统的异步电动机中的存在，做功功率大概有85%。采用永磁同步无齿主机可以克服上述缺点，但我们在永磁稀土合成技术上还有待进一步改进，应努力避免由于非正常停车、热、振动造成的永久磁特性损失。

（4）控制方式节能

电梯控制系统基本采用微机控制，根据不同使用条件，分为PLC控制、单片机控制、微机控制等不同规模的控制系统。

目前，各电梯公司采用的通信协议没有统一，大多数电梯公司采用的是专有通信协议。因此，亟须实现电梯与其他系统或设备之间的通信，使电梯与建筑的BA系统、消防联动系统、安全防范系统集成联通，实现进一步优化建筑能源管理、降低建筑能耗的目的。

为提高建筑垂直运输的输送效率和充分满足客流量的需要，电梯群控技术非常重要，充分发挥计算机所具有的复杂数值计算、逻辑推理和数据记录的能力，通过多种调度算法实现电梯群控的优化控制。

在进行电梯节能系统控制时，需要合理调配电梯运行方式，以降低不必要的能源消耗。在电梯操纵方式上，主要包括并联控制方式、梯群程序控制方式与梯群智能控制方式三种。

① 并联控制方式。在电梯运行中采取并联控制方式，多适用于电梯数量为两台或三台的情况，共用层部分站外设置召唤按钮，这种控制方式下的电梯本身具备集选功能。选择应用并联控制方式，其优势表现在以下方面：在没有电梯运行任务时，其所控制的电梯，其中有一台停在基站，一台停靠于预设楼层，为自由梯；在出现电梯运行任务时，位于基站的电梯会向上运行，另一台电梯则自动下降到基站；基站外楼层发出电梯召唤指令后，自由梯前往指定楼层，如楼层信号与自由梯运行方向相反，则由基站电梯前往。通过这种控制方式，提高电梯运行效率。

② 梯群程序控制方式。梯群程序控制电梯方式依靠微机进行多台并列电梯控制与统一调度，集中排列多台电梯，共用召唤按钮，依据所设定的程序进行电梯控制及调度。

③ 梯群智能控制方式。梯群智能控制方式智能化水平较高，可以进行数据采集、交换及存储，并在数据获取的基础上进行数据分析。其控制方式下，可以对电梯运行状态进行显示，能够及时发现电梯运行中存在问题并解决。智能控制方式应用计算机技术，编制出最佳运行方式，能够有效节约电梯运行时间，降低电梯能耗。

（5）配套指导

在电梯配置方面，尽快出台相应的指导文件，引导电梯业主合理配置。业主不专业、电梯配置的盲目性会造成不合理的分配，应选择合适的、额定负载的电梯，因为"小马拉大车"会造成大楼功能上的缺损，"大马拉小车"会造成社会资源和能源的浪费。

（6）配套设备优化

电梯轿厢采用LED照明代替传统荧光灯照明，可降低能耗，延长使用寿命，且易于实现各种外形设计；采用轿厢无人自动关闭照明和通风技术、驱动器休眠技术，也可达到很好的节能效果。

4.3.4.3 智能照明控制系统

"节能、智能科技与美学，21世纪建筑业的主题"。现代建筑中，照明系统对于能源的消耗已经高达35%，建筑界已经引入"绿色照明"的概念，其中心思想是最大限度地采用自然光源、设置时钟自动控制、采用照度感应和动静传感器等新技术。随着照明系统应用场合的不断变化，应用情况也逐步复杂和丰富多彩，仅靠简单的开关已不能完成所需要的控制，所以要求照明控制也应随之发展和变化，以满足实际应用的需要。尤其是计算机技术、计算机网络技术、各种新型总线技术和自动化技术的发展，使得照明控制技术有了很大的改观。

利用照明智能化控制可以根据环境变化、客观要求、用户预定需求等条件而自动采集照明系统中的各种信息，并对所采集的信息进行相应的逻辑分析、推理、判断，并对分析结果按要求的形式存储、显示、传输，进行相应的工作状态信息反馈控制，以达到预期的控制效果。

（1）实现照明控制智能化

① 按设定的程序控制。采用智能照明控制系统后，可使照明系统工作在全自动状态，系统将按预先设置切换若干基本工作状态，根据预先设定的时间自动地在各种工作状态之间转换。例如，上午来临时，系统自动将灯调暗，而且光照度会自动调节到人们视觉最舒适的水平；在靠窗的区域，系统智能地利用室外自然光；当天气晴朗时，室内灯会自动调暗；天气阴暗时，室内灯会自动调亮，以始终保持室内设定的亮度（按预设定要求的亮度）。

当夜幕降临时，系统将自动进入"傍晚"工作状态，自动地极其缓慢地调亮各区域的灯光。此外，还可用手动控制面板，根据一天中的不同时间、不同用途精心地进行灯光的场景预设置，使用时只需调用预先设置好的最佳灯光场景，使客人产生新颖的视觉效果，且可随意改变各区域的光照度。

② 采取分区域控制。除了给人员提供舒适的环境外，节约能源和降低运行费用是业主们关心的又一个重要问题。智能照明控制系统能够通过合理的管理，根据不同日期、不同时间，按照各个功能区域的运行情况预先进行光照度的设置，不需要照明的时候，保证将灯关掉。在大多数情况下很多区域其实不需要把灯全部打开或开到最亮，智能照明控制系统能用最经济的能耗提供最舒适的照明；系统能保证只有当必需的时候才把灯点亮，或达到所要求的亮度，从而大大降低了办公楼的能耗。

③ 控制灯具工作电压。灯具损坏的致命原因是电压过高。灯具的工作电压越高，其寿命越成倍降低。反之，灯具工作电压降低则寿命成倍增长。因此，适当降低灯具工作电压是延长灯具寿命的有效途径。智能照明控制系统能成功地抑制电网的冲击电压和浪涌电压，使灯具不会因上述原因而过早损坏，还可通过系统人为地确定电压限制，提高灯具寿命。智能照明控制系统采用了软启动和软关断技术，避免了灯丝的热冲击，使灯具寿命进一步得到延长。

智能照明控制系统能成功地延长灯具寿命2～4倍。不仅节省大量灯具，而且大大减少更换灯具的工作量，有效地降低了照明系统的运行费用，对于难安装区域的灯具及昂贵灯具更具有特殊意义。

④ 与其他系统联动控制。智能照明可与其他系统联动控制，例如BA系统、监控

报警系统。当发生紧急情况时可由报警系统强制打开所有回路。

⑤ 提高管理水平,减少维护费用。智能照明控制系统将普通照明人为的开与关转换成了智能化管理,不仅使办公楼的管理者能将其高素质的管理意识运用于照明控制系统中去,而且同时将大大减少办公楼的运行维护费用,并带来极大的投资回报。

(2)照明控制系统的基本类型

按照控制系统的控制功能和作用范围,照明控制系统可以分为以下几类。

① 点(灯)控制型。点(灯)控制是指可以直接对某盏灯进行控制的系统或设备,早期的照明控制系统和家庭照明控制系统及普通的室内照明控制系统基本上都采用点(灯)控制方式,这种控制方式简单,仅使用一些电器开关、导线及组合就可以完成灯的控制功能,是目前使用最为广泛和最基本的照明控制系统,是照明控制系统的基本单元。

② 区域控制型。区域控制型照明控制系统是指能在某个区域范围内完成照明控制的照明控制系统,特点是可以对整个控制区域范围内的所有灯具按不同的功能要求进行直接或间接的控制。由于照明控制系统在设计时基本上是按回路容量进行的,即按照每回路进行分别控制,所以又叫作路(线)控型照明控制系统。

一般而言,路(线)控型照明控制系统由控制主机、控制信号输入单元、控制信号输出单元和通信控制单元等组成,主要用于道路照明控制,广场及公共场所照明,大型建筑物、城市标志性建筑物、公共活动场所和桥梁照明控制等场合。

③ 网络控制型。网络控制型照明控制系统通过计算机网络技术将许多局部小区域内的照明设备进行联网,从而实现由一个控制中心进行统一控制的照明控制系统,在照明控制中心内,由计算机控制系统对控制区域内的照明设备进行统一的控制管理,网络控制型照明系统一般由以下几部分组成。

a. 控制系统中心。一般由服务器、计算机工作站、网络控制交换设备等组成的计算机硬件控制系统和由数据库、控制应用软件等组成的照明控制软件等两大部分组成,采用网络型照明控制系统主要有以下优点:

ⓐ便于系统管理,提高系统管理效率;

ⓑ提高系统控制水平;

ⓒ提高系统维护效率;

ⓓ减少系统运营、维护成本;

ⓔ可以进行照明设备的编程控制,产生各种所需要的照明效果;

ⓕ便于采用各种节能措施,实现照明系统的节能控制。

b. 控制信号传输系统。通过控制信号传输系统完成照明网络控制系统中有关控制信号和反馈信号的传输,从而完成对控制区域内的照明设备进行控制。

c. 区域照明控制系统。网络照明控制系统实际上是对一定控制区域的若干小区域的照明控制系统(设备)进行联网控制,区域照明控制系统(设备)是整个联网控制系统的一个子系统,它既可以作为一个独立的控制系统使用,也可以作为联网控制系统的终端设备使用。

d. 灯控设备。通过整个照明控制系统完成对每盏灯的控制，灯控设备安装在每盏灯上，通过远程控制信号传输单元与照明控制中心通信，从而完成对每盏灯的有关控制（如开 / 关、调光控制），并可以通过照明控制中心对每盏灯的工作状态进行监控。

④ 节能控制型。照明系统的节能是全球普遍关注的问题，照明节能一般可以通过两条途径实现：一是使用高效的照明装置（例如光源、灯具和镇流器等）；二是在需要照明时使用，不需要照明时关断，尽量减少不必要的开灯时间、开灯数量和过高的照明亮度，这点需要通过照明控制来实现，它主要包含以下四方面的内容。

a. 照明灯具的节能。提高电光源的发光效率，实现低能耗、高效率照明是电光源发展的一个重要方向。

b. 照明控制设备的节能。例如采用红外线运动检测技术、恒亮（照）度照明技术，在照明环境有人出现需要照明时，就通过照明控制系统接通照明光源，反之就关断照明光源。再如，如果室外自然光较强时，适当降低室内照明电光源的发光强度，而当室外自然光源较弱时，适当提高室内照明电光源的发光强度，从而实现照明环境的恒亮（照）度照明，达到照明节能的效果。

c. 营造良好的照明环境

ⓐ可以通过控制照明环境来划分照明空间，当照明房间和隔断发生变化时，可以通过相应的控制使之灵活变化。

ⓑ通过采用控制方法可以在同一房间中营造不同的气氛，通过不同的视觉感受，从生理上、心理上给人积极的影响。

d. 节约能源。随着社会生产力的发展，人们对生活质量的要求不断提高，照明在整个建筑能耗中所占的比例日益增加，据统计，在楼宇能量消耗中，照明占 33%（空调占 50%，其他占 17%），照明节能日显重要，发达国家在 20 世纪 60 年代末 70 年代初已开始重视这方面的工作，特别是从保护环境的角度出发，世界各国都非常重视推行"绿色照明"计划。

4.3.5　建筑智能化运维节能

4.3.5.1　概述

我国建筑节能方面素来有重建设轻运维的特点。据统计，在绿色公共建筑和住宅建筑中，运营管理中的智能化系统使用率均达到 80% 以上（来自《绿色建筑电气与智能化应用技术及实例》，2016 年出版）。但截至 2016 年 3 月，全国约有 4195 个项目获得绿色建筑标识认证，累计建筑面积 48728 万平方米，其中仅有 6% 的项目获得了运营阶段绿色建筑认证。

随着 BIM（building information modeling）技术的发展和推广，建筑设备管理可视化逐渐成为主流，这在给运维带来方便的同时，也将系统功能维护、数据统计分析等功能提升至一个新的水平。然而，目前利用 BIM 技术提升运维管理节能性的研究和工作却非常少。

4.3.5.2 设备运行状态监管

（1）建筑机电设备监管

建筑设备管理系统建设的目的就是对建筑内机电设备通过监视、操作、控制等进行综合管理，最终实现节能的效果。

建筑设备管理系统设计时，会根据项目所在地的气候情况及建筑规模，设置最适合的风机运行、供冷供暖、给排水策略，在满足建筑符合需求的前提下，尽最大可能节能。然而在建筑运维阶段，建筑设备管理系统却未必按照设计阶段的功能与流程运行，究其原因多是建设与管理沟通不够造成的。

（2）建筑机电设备能耗管理

"节能降耗，数据先行"，建筑物内大量的能耗与设备数据是建筑节能的基础。只有收集了详尽的楼宇相关能耗数据，才能有效地对建筑物的能效进行全面综合的分析。通过建立能耗模型，监控能耗设备运行状态，优化设备配置，达到节能降耗的目的。因此，如何有效地收集建筑物、建筑群的能耗数据并有效地组织分析数据使之为建筑节能服务，成为首要问题。

建设能耗管理体系，首先要抓好既有建筑的能耗分项计量，全面掌握大型公建中各个系统的实际用能状况。根据计量得到的分项用能数据，设定大型公建节能降耗的具体目标，抓好大型公建用能过程的主要矛盾，做到有的放矢，并且根据计量得到的用能数据衡量和检查各项节能措施、管理方法、技术手段的实际效果，保障大型公建节能的健康发展，实实在在地降低大型公建运行能耗。

4.3.5.3 能耗统计分析及设备维护

（1）能耗统计分析

利用楼控平台软件进行数据汇总和趋势分析，作为运营团队针对不同阶段操作改进策略的有力依据。将系统处于可持续性运行的优化状态，把楼控系统的节能优势不断展现出来，为业主创造节能经济效益。

在能耗计量的基础上，建立以能耗数据为核心，应用于规划、设计、建设、验收、运行管理等全过程的新建大型公建节能管理体系，在规划阶段预估建筑物的能源消耗限值；在设计阶段进行以满足能耗承诺为基本要求的建筑和系统设计，并通过模拟分析得到能耗数据，评估是否满足承诺；在验收阶段通过短期的现场实测，检验建筑物是否能满足之前的能耗承诺；在运行管理阶段，通过能耗分项计量系统，实时监测是否超出当初预估的能耗限值。这样就形成以能耗数据为贯穿始终的对象、在不同阶段有不同能耗数据获取方法的新建建筑全过程节能管理体系。

（2）设备维护

由于环境因素，建筑机电设备在运行一段时间后，都或多或少会出现不同的问题，如设备"跑、冒、滴、漏"现象，水泵、风机污垢增加，管道污垢沉积，电气设备绝缘层老化等。这些问题都需要通过物业对设备进行维护解决。

设备的维护保养分为三个阶段：首先是日常检查，其次是定期保养，最后是维修。

在日常检查阶段要求相关工作人员能够在每天工作的开始以及结束时对设备进行检查，在节假日时更应该对设备的每个部位详细检查，而在检查的过程中应当有操作工人进行；对设备的各个部位详细检查后，要根据相关的规定进行润滑油的添加，并且能够做好相关记录。在实际的生产过程中，更是要严格按照规定进行设备的使用，同时也要做好设备的维修与保养工作，日常检查阶段是最基本的设备保养管理阶段。

定期保养是指相关设备管理部门能够对生产过程中的每台设备制订相关的定期保养计划，并且联系相关部门实施，维修人员在定期保养阶段起到指导与配合的作用，在设备保养计划的制订中应当重点体现内容以及要求，要严格按照规定进行保养计划的制订。

维修的主要内容一般包括设备的定期检查、设备的年度整修、较小故障的修理、项口的修理以及设备的中修与大修。定期检查主要是指在日常设备中发现问题并且展开维修措施，众多生产企业为了自身利益都会连续生产，因此设备长期处于连续运行的状态，一旦发生故障停机将会造成严重的经济损失，这就要求相关工作人员能够对设备进行及时的维修，杜绝停机的现象发生，以此保证生产的同时还能够保证企业的经济效益。

机电设备维修保养的主要方式有：清洁、紧固、润滑、调正、防腐、防冻及外观表面检查；对长期运行的设备要巡视检查、定期切换、轮流使用，进行强制保养。

① 清洁。大气中的灰尘进入设备内，会加快设备的磨损和局部的堵塞，还会造成润滑剂的老化和设备的锈蚀，导致设备的技术性能下降，噪声增加，所以机电设备的清洁工作看似简单，实际上是维护保养的一种主要方式。

② 紧固。机电设备运转达到相当一段时间后，因多次启停和运行时的振动，地脚螺栓和其他连接部分的紧固件可能会发生松动，导致振动增大，从而使螺帽脱落、连接尺寸错位、设备的位移以及密封接触不严，造成泄漏等故障，因此必须经常检查设备的紧固程度，热胀冷缩也会使紧固件发生松动。

③ 润滑。润滑是正确使用和维护机电设备的重要环节。润滑油的型号、品种、质量、润滑方法、油压、油温及加油量等都有严格的规定，要求做到"五定"，即定人、定质、定时、定点、定量，并制定相应的管理制度。

④ 调正。设备零部件之间的相对位置及间隙是有其科学规定的，因设备的振动、松动等因素，零部件之间的相对尺寸会发生变化，容易产生不正常的错位和碰撞，造成设备的磨损、发热、噪声、振动甚至损坏，因此必须对有关的间隙、位置进行调正，再加以紧固。

这些维护保养的措施都是为了让设备保持在最佳状态运行，由此所产生的能耗也是最低的，以此达到节能的目的。运营阶段的能耗很大程度决定于维修保养做的是否到位。然而，由于维护保养的费用成本与人力成本，具体采用多长的维护周期还需要根据项目具体情况而定。

4.4 建筑智能化系统的节能应用案例

4.4.1 北京雁栖湖国际会展中心能源管理系统的应用

项目名称	北京雁栖湖国际会展中心能源管理系统的应用
项目概况	北京雁栖湖国际会展中心位于雁栖湖西南侧，坐落于范崎路上，是雁栖湖国际会都两大主体部分之一。会展中心项目总建筑面积为7.9万平方米，其中地上5层，建筑面积为4.4万平方米；地下2层，建筑面积3.5万平方米，建筑的主要功能包括会展、宴会、媒体中心及附属配套设施等
实施方案	本项目能源管理系统部署于现场中控室，接入会展中心楼层和配电箱中的智能电表、水表以及能量表，同时通过OPC接口获取光伏发电、太阳能热水、地源热泵、地道风、冷水机组、燃气锅炉以及气象站等第三方系统数据，实现多种能源数据互联互通及能源使用平衡。系统建立分类分项、楼层区域、可再生系统等多个维度的模型，通过能源平衡原理调度太阳能发电、地源热泵机组、空调地道风和雨水回收等可再生系统，通过三维建模技术将各个可再生系统运行状态、节能成果在大屏幕上进行展示 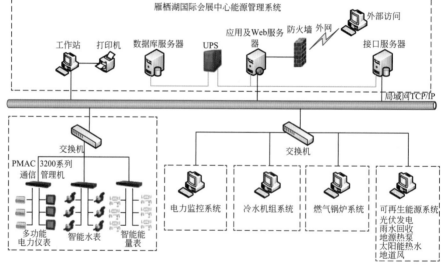
技术应用	SmartPiEMS能源管理系统作为专业的节能管理系统软件平台，具有平台功能强大、操作简便、界面美观等特点。系统对用能设备的监控，实现能耗的精细化管理和数据深入挖掘分析。系统基于以太网络结构建立集中管理平台，并支持向上集成。系统遵循分散采集、集中监视、资源和信息共享的原则，是一个工业标准化的集散型管理系统。系统功能如下。 （1）区域能耗统计 系统以地图的形式直观显示会展中心内不同区域能源消耗情况及各项能耗相关数据，便于用户掌握整栋建筑、各个楼层、各个区域的能耗量。 （2）分类分项能耗统计 系统可对能源数据进行分类管理，并通过能耗分项如照明插座用电、空调用电、动力用电、特殊用电等，一级子项如室内照明、设备插座、冷热站、空调末端、电梯、水泵等，二级子项如冷水机组、冷却塔、热水循环泵、新风机组、风机盘管、分体式空调器等进行精细化统计管理。

续表

项目名称	北京雁栖湖国际会展中心能源管理系统的应用
技术应用	（3）分时能耗统计 根据用户用能特点，对不同时段的用能分别进行统计和分析。 （4）能耗统计报表 支持各类型报表、账单、报告、图形的生成与制作，可以直接打印或定时发送指定邮箱。 （5）损耗分析 系统对电、水、能量等能源在存储、传输和使用过程中的损耗进行分析和计算，量化由于"跑、冒、滴、漏"等情况带来的能源损耗，帮助用户减少浪费和损失。 （6）指标考核 建立能够反映用户用能水平的关键指标，从多个角度对用户的能耗进行统计、分析，以KPI的形式反映用户的能源利用状况，评估用户能源绩效等级。 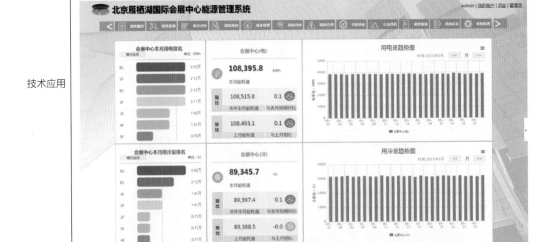 （7）能耗评估 针对会展中心行业用能特点建立能耗分析模型，对用户整体及各环节的能耗情况进行诊断评估，查找能耗漏洞，挖掘节能潜力
设计施工要点	（1）能量计量 现场多个区域的冷/热量消耗不具备单独计量条件，通过软件对不同区域按照面积、使用人数等进行能量分摊。 （2）子系统集成 现场有光伏发电、太阳能热水、地源热泵、气象站、燃气锅炉等8个子系统，数据集成困难。通过在系统软件中开发数据集成及中转工具，开发子系统数据集成协议，经过归一化后发送至上层能源管理系统
效益分析	（1）经济效益 通过能源管理系统对现场电、水、能量等能源消耗的集中管控，以及各子系统的智能调度，实现了总体7%的节能率以及20%的运营维护人力。 （2）社会效益 会展中心按照绿色建筑三星标准进行设计和实施，能源管理系统作为其重要组成部分在标准申报中发挥了重要作用。系统在宴会厅、媒体中心、新闻发布中心等重点区域展示能源管理及节能减排成果，不仅提升了会展中心形象，而且彰显了绿色建筑理念，对社会起到了良好的节能减排示范作用
技术依托单位	珠海派诺科技股份有限公司

4.4.2 即墨古城智慧小镇顶层设计项目

项目名称	即墨古城智慧小镇顶层设计项目
项目概况	项目位于青岛即墨区，占地面积43.33公顷，建筑面积37.7万平方米，包括城楼、公建（古县衙、学宫、万字会、孔庙等）、商业、酒店、住宅等业态。古城重建以明清风格为主格调，青砖古瓦、大红漆柱，一座座明清仿古建筑释放出浓厚的历史文化气息，6m高的城墙把即墨古城与外界的喧嚣隔离开来，引导人们在古城梦回明清时代，感受到古代的历史文化气息。整个古城建筑均不高于两层，设有地下车库一层。古城项目组成复杂、涉及面广、范围大，其智能化系统设计与普通建筑具有很大的区别。 　　本项目将建成以"即墨古城"为主题的集旅游、商业、居住、酒店为一体的大型文化旅游街区
实施方案	本项目方案先进且落地性强，在建设过程中又不断地改进，臻于完美。项目很好地展现了文旅项目智能化系统的运用，为文旅项目、智慧小镇、旅游景区等的智能化建设及落地实施提供了很好的借鉴经验。 　　智能化工程项目建设了"一个中心，三个平台"，即： 　　① 一个中心：项目的大数据中心，也是项目管理和控制中心，面积240m^2。 　　② 三个平台主要包含：智慧旅游平台，通过微信公众号和官网实现的古城虚拟游；智慧商业平台，建设电子商务平台，满足在线订票、酒店预订及吃、喝、玩、乐、购；智慧管理平台，主要是智慧小镇运行的基础智能化系统。 　　系统架构如下图： 即墨智慧古城智能化系统整体架构 一、古城运营管理平台　二、网络通信系统　三、楼宇自动化系统　四、综合安防系统　五、智慧政务管理系统　六、配套工程 运营指挥平台／O2O电商平台的搭建／智慧导览系统及App平台／背景广播系统／信息发布平台／智慧停车管理系统／一卡通管理系统／媒体互动系统／通信接入系统／计算机网络系统／综合布线系统／程控交换机系统／无线WiFi覆盖系统／楼宇自控系统／智能照明系统／能源管理系统／视频监控系统／入侵报警系统／智能巡检系统／门禁管理系统／访客对讲系统／紧急求助对讲系统／智慧政务—接口／智慧城管—接口／智慧交通—接口／智慧工商—接口／智慧税务—接口／机房工程／IDC数据机房／UPS配电系统／配电桥架系统／防雷接地系统／室外集约型仿古立杆
技术应用	景区运营管理系统：含智慧旅游平台、景区票务管理、景区信息发布、景区广播系统、智慧运营平台。 　　安全自动化集成：含视频安防监控系统、入侵报警系统、出入口控制系统、一卡通系统、巡更系统等。 　　楼宇自动化集成：含建筑设备监控系统、智能照明控制系统、电梯系统、变配电系统等。 　　消防自动化集成：含火灾自动报警系统、应急广播系统等。 　　通信自动化集成：含计算机网络系统等
设计 施工要点	① 项目为复古式建筑，智能化建设不能破坏环境，因此所有管线都采用预埋式，外露设备全部涂成与环境相同的颜色。 　　② 智慧导览系统要解决室外和室内的精准定位问题。室外采用GPS，室内采用iBeacon技术。 　　③ 智慧旅游的游客体验部分也是项目重点，因此在微信公众号的建设中引入虚拟游的概念，并与现场联动，实现虚实结合。 　　④ 项目体量大，停车难，找车难，因此建立一套智能停车及反向寻车系统，游客游完后可以通过手机导航到停车位。 　　⑤ 安防系统的功能扩展，包括客流分析、热度分析等。 　　⑥ 智能集成：将智能化所有系统集成，数据打通技术难度大，将数据汇总后的分析处理工作量大。

续表

项目名称	即墨古城智慧小镇顶层设计项目
效益	（1）企业商务运营的智慧优化——增加效益 智慧化工具的运用在各个行业已很大规模，不论是服务行业，还是工业企业，都在使用ERP系统内部办公系统。 对于企业来讲，除了自身的信息化之外，还可以通过智慧旅游的方式向游客个人提供服务。 （2）游客自我感知的智能体验——一站直达 游客的智慧旅游，也可以称之为智能旅游，通过技术设备和网络基础，随时、自由地获取旅游相关信息，实现更加优质的感知体验和更加日常的行为活动。 （3）景区管理智能化——可视化管理 通过管理系统，景区基本可对客流、车流、商业销售、酒店入住、能源消耗、设备运行等情况进行实时掌握和报表分析。 （4）服务优质化、标准化 推动旅游服务向优质服务转变，实现标准化和个性化服务的有机统一。优质服务除了保障基本的安全、健康、卫生、方便外，还应继续提升一个阶层，保障舒适、创意、有内涵等，将重心从硬件要求转向软件要求，推进数据开放共享。 标准化并不是要求千篇一律，它和个性化是相互补充、相互协调的
技术 依托单位	厦门万安智能有限公司

4.4.3 某省公安厅人车出入私有云管理平台的应用

项目名称	某省公安厅人车出入私有云管理平台的应用
项目概况	某省公安厅项目，含省厅所有下属单位，包括仓库、训练基地、行政大楼、机关学校等，总共包括22个分区，均配置人车出入管理系统，实现人脸识别、人证一体识别、车牌识别、虹膜识别等功能。上线人车出入私有云管理平台，所有分区离散配置、统一接入，并与警讯通、安防控制大平台对接，多方位集成，统一管理
实施方案	人车出入私有云管理平台包括门禁管理、车辆出入管理及访客管理。人车管理系统包括信息采集、身份验证、权限管理及授权、区域安全、使用监督及人车追踪等功能。为确保系统的可管理性及可维护性，省厅本设计拟将15个办公区和9个住宅区人车出入规划为使用一个平台管理，并采用私有云的方式，实现数据的集中存储、统一调用 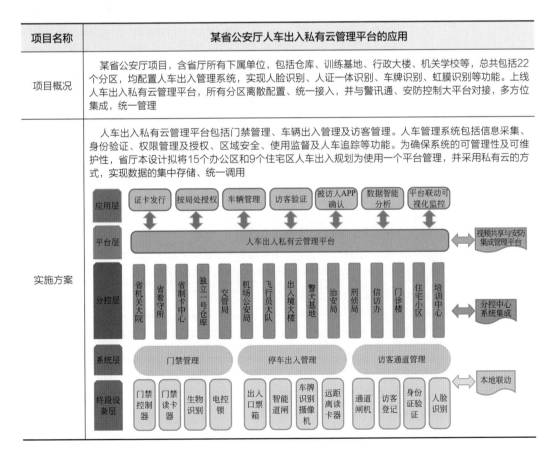

续表

项目名称	某省公安厅人车出入私有云管理平台的应用
技术应用	人车管理系统包括门禁管理、车辆出入管理及访客管理。人车管理系统包括信息采集、身份验证、权限管理及授权、区域安全、使用监督及人车追踪等功能。 （1）人车出入私有云管理平台 人车出入管理平台通过C/S及B/S结合方式提供人车信息采集、按局处授权、车辆管理、访客验证、被访人APP确认、数据智能分析等应用。人车出入管理平台接入视频共享与集成管理平台中，可与视频、周界报警、电子巡更、人脸识别等联动，实现视频联动后的可视化管理。 （2）车辆出入管理系统 车辆出入管理系统采用车牌识别免取卡进出停车场，在进入停车场前，支持通过APP或微信申请，对目标车辆进行提前信息确认。车位引导系统以TCP/IP网络为基本架构。视频引导管理器均采用TCP/IP通信联网，直接接入网络交换机，并联动后台管理服务器。系统主要由入口总显示屏、视频车位探测器、视频引导管理器、以太网交换机、LED车位引导屏组成。系统图如下： （3）访客管理系统 访客管理系统主要由访客管理工作站、证件扫描仪（可选）、二代身份证读卡器、人脸识别摄像机、二维码扫描器（可选）、通道闸、通道闸控制设备组成。人证识别功能是指通过识别证件上的人脸图像（如身份证人脸图像）和现场持证人的图像对比，判别证件与持证人是否匹配。 （4）门禁管理系统 与原M1卡门禁系统比较，国密门禁系统是基于自主国家知识产权的CPU卡、CPU卡读写设备及密钥管理系统。支持128位密钥，实现双向认证及数据加密传输，支持一卡多用，实现梯级管理、分区域独立应用。密钥采用虹膜生物识别技术和指纹识别技术
设计 施工要点	此项目施工涉及多个不同场所的应用，且集成的系统包括车辆出入管理系统、门禁管理系统、访客管理系统、红外入侵报警系统、防恐墙系统、车底扫描系统和车牌识别系统等多个子系统。数据的互联互通、各系统的搭建配置成了项目施工上的要点
效益分析	该方案整合各个子系统的数据资源，集成应用，提高管理效率，以达到节能目的。所有设备采用兼容的通信协议和网络架构；各子系统可以实现数据共享，通过技术手段保证系统内数据的一致性和实时性；充分考虑人车出入系统需求上的特殊性、管理上的交叉性，安全、便捷、高效、节能的整体解决方案；各子系统全部为RALID自主知识产权，不需要再进行任何集成工作，即可做到真正一卡通
技术 依托单位	广州市瑞立德信息系统有限公司

4.4.4　南京禄口国际机场T2航站楼能源管理系统的应用

项目名称	南京禄口国际机场T2航站楼能源管理系统的应用
项目概况	南京禄口机场位于江苏省南京市禄口街道，是南京市乃至整个江苏省的门户建筑。南京禄口国际机场二期工程为江苏省重点工程，项目新建T2航站楼，建筑面积26万平方米，满足1800万客流量需求
实施方案	① 在变电站安装多功能表计及微机综合保护装置，对机场供配电状态进行实时监测，并将数据上传至电力监控系统进行展示，同时系统具备谐波监测、故障录波、电能质量分析、事故追忆、实时告警等功能，全方位保障机场用电安全。 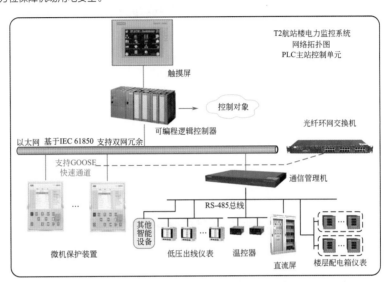 ② 根据民航局相关文件及住建部能耗分类分项计量导则，在末端相应位置设置计量设备，通过RS485等通信方式，将数据上传至能源管理系统。通过能耗数据采集、能耗分析、对比、排名、关联分析、节能量核算、KPI考核等功能，实现机场能源精细化、系统化管理。同时，能源管理系统与多个系统对接，实现多系统的统一监控、统一调度及多系统之间的联动。考虑到机场转供计费需求，系统还具备远程抄表计费功能，并能够实现预付费及后付费两种不同的收费方式。通过建设能源管理系统，在帮助机场进行节能减排的同时，提高机场运行管理效率，节约人力 机场能源与设备综合管理系统网络拓扑图 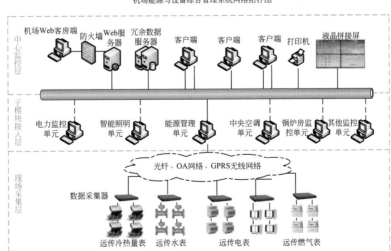

续表

项目名称	南京禄口国际机场T2航站楼能源管理系统的应用
技术应用	该项目能源管理系统硬件主要采用了多功能远传计量电表、微机综合保护、通信管理机，软件采用了电力监控系统和能源管理系统。 　电力监控系统可实现对整个高低压配电系统智能设备的监控管理，在事故发生时能更快速、准确地掌控配电室现场的情况并做出及时的反应，保证供配电系统的可靠运行，提高供配电系统运行管理水平，降低运行维护成本。 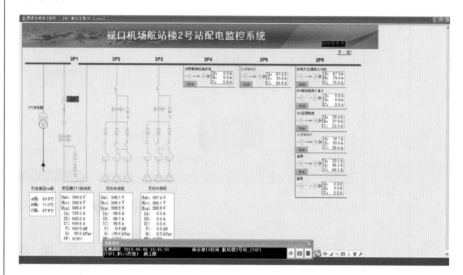 　机场能源管理系统是在保证机场用能安全的基础上，通过能源的分析、对比、关联数据分析、负荷预测等实现机场能源的精细化、系统化管理，并能够对重大设备能效进行分析，对机场KPI进行管理，异常实时告警。同时满足机场能源管理、重要用能设备管理、机场转供电费、能源强相关的多系统联动等需求，是一个大型综合管理平台。在帮助机场节能减排的同时，提高机场运行管理效率，打造真正的安全、绿色、高效机场。 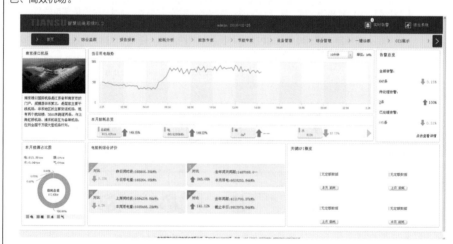
设计施工要点	① 因机场运行要求，需要不停航施工。因此，我公司选择在夜间施工，并在指定期限内完成项目的施工工作。 ② 建设能源管理系统时，T2建筑已施工完成，后期不允许破坏建筑。对于有些难以布线的点位，采用无线通信方式采集数据。 ③ 能源管理系统要与多个系统对接，调试工作繁重，我公司经过研发团队的开发支持，最终实现多系统的统一管理

续表

项目名称	南京禄口国际机场T2航站楼能源管理系统的应用
效益分析	经济效益：通过建设能源管理系统，南京禄口机场T2航站楼通过管理节能和技术节能两种方式，平均日均节电1.8万千瓦时，全年节电量658万千瓦时，折合人民币500万元。同时，帮助机场提高运行管理效率，节约人力，降低运行维护成本。 社会效益：保障机场用能安全，减少机场能源消耗，节能减排，提高旅客满意度。帮助禄口机场通过三星绿色建筑标准认证
技术依托单位	南京天溯自动化控制系统有限公司

4.4.5　上海中心大厦智能遮阳系统的应用

项目名称	上海中心大厦智能遮阳系统的应用
项目概况	上海中心大厦楼高632m、共127层，于2017年全面投入试运营，总投资达180亿元人民币，为中国最高、世界第二高的建筑。大楼历时8年设计及施工，在中国建筑界首次推行建筑全生命周期实施建筑信息模型（BIM）管理，在加工、制作、现场施工和安装阶段提供精确数据，减少返工，节省材料。上海中心大厦应用了数十项绿色建筑技术，成为世界上第一栋同时获得中国"绿色三星"设计标识认证与美国LEED铂金级认证的超高层建筑
实施方案	大楼采用双层表皮设计，外幕墙总面积达14万平方米，类似于热水瓶原理，利用双层玻璃幕墙中间中庭空间作为温度缓冲区，避免室内外直接进行冷热交换，起到冬暖夏凉的作用，从而节省冷暖空调的能耗。 上海中心大厦螺旋式上升造型由Gensler设计，能承受高达每小时114英里的强风，它摆脱了高层建筑传统方正对称的外形，其旋转的外部立面能降低多达24%的风载，大幅降低强风对这种超高层大楼结构所造成的压力，从而减少因强化结构所需的建材
技术应用	（1）路创LutronSivoia® QS电动卷帘 路创LutronSivoia® QS电动卷帘，卷帘之间采用角度拖动的方式进行耦合连接，路创独特设计的小角度拖动支架保证了帘布之间较小的漏光间隙，无论是角度拖动支架位置还是左右两侧安装支架位置，单边间隙仅为20mm。安装支架均具备三维调节功能，在卷帘安装后依然可以微调其前后、左右及水平位置，保证多幅拖动卷帘的安装精度能完全贴合大厦的圆形外立面。 （2）24V直流电机 路创自行研发生产的24V直流电机，美国原装进口，静音操作。每个电机上都有一个唯一的地址编码，内置微处理器及霍尔感应器，可寻址及实时跟踪卷帘的工作状态，电机采用精确的电子限位，电机之间可协调工作，确保并排的卷帘停在一样的高度，误差不多于3mm，构成整齐美观的立面，保持室内室外的美感。 （3）环保帘布 帘布方面，业主选用了环保面料，开孔率为5%，能有效阻隔眩光及日照热力，在节能及营造舒适工作环境的同时，又可同时保持窗外的景致。 （4）Pico®无线控制器 路创名为Pico®的无线控制器，采用路创专利的Clear Connect™射频技术，确保遥控器与窗帘之间的通信无误，免受其他射频设备的干扰。每个控制器有自己的地址码，编程后可控制单个或多个电机，杜绝控制器之间的互相干扰。控制器采用低耗电设计，只需一颗钮型电池，便可提供特长的电池寿命。可以手持、墙装或插入基座安放在桌面上，用户可随时随地增加控制点。 （5）Hyperion®太阳追踪系统 Hyperion®太阳追踪系统可以根据经纬度、座向、窗户的大小高度等等，自动分区域制定窗帘排程，并可细分每个区域，全年每天自动调整路创Sivoia QS窗帘。Hyperion®可两全其美地自动调节卷帘，遮挡眩光和反射太阳热，可省10%~20%的制冷用电
设计施工要点	① 632m的超高大楼，再加上不对称的螺旋式外形，造成对遮阳多变的需求。遮阳系统必须具有高度灵活性，能够适应办公室布局的未来变化。 ② 由于大厦立面外观呈圆形，相邻幕墙单元之间存在约2°的角度偏差，所以必须保证卷帘的整体外观结构设计完全贴合上海中心大厦的圆形外立面。

续表

项目名称	上海中心大厦智能遮阳系统的应用
设计施工要点	③ 智能电动窗帘系统可保证系统后期扩展的可行性及方便性。 ④ 每层配置一个Quantum®处理器，即每层的窗帘设备最大容量为198个。如要增加卷帘或电机，只需从邻近的电机引一段通信线和电源线过来接入系统。 ⑤ 阳光反射及阴影的不断变化要求智能窗帘系统必须能够持续评估每个窗户处的光照情况，而不是仅仅考虑大楼对应太阳位置及季节天气。 ⑥ 无线阳光感应器，持续监控进入窗户的阳光，然后Hyperion®系统根据监测信息以及换算法来移动相应区域的卷帘
效益分析	① 路创自动遮阳及Hyperion®系统可两全其美地自动调节卷帘，遮挡眩光和反射太阳热，可节省10%～20%的制冷用电。 ② 路创遮阳系统可将眩光降至最低，开阔视野，可提高记忆力和生产效率。 ③ 窗帘可无缝调节，办公免受干扰。超静音、电子驱动设计可确保运作畅顺。
技术依托单位	路川金域电子（上海）有限公司

4.4.6 清华大学苏世民书院建筑能效管理系统的应用

项目名称	清华大学苏世民书院建筑能效管理系统的应用
项目概况	清华大学苏世民书院位于清华大学校园内，由美国黑石集团主席、首席执行官及联合创始人苏世民先生个人慷慨捐赠，并在此基础上与清华大学共同筹款兴建。清华大学苏世民书院项目地上5层、地下3层，总建筑面积2.4万平方米，整栋建筑形式让人想起传统的牛津、剑桥学院和中国的四合院。它是一座集开放式教学、师生互动交流、跨学科素质培养、生活服务配套于一体的书院式教学模式的建筑。设计秉承中西交融的特色，兼具东方神韵与西方风格，通过建筑结构、细节和材料表达文化协作和融合的精神 
实施方案	清华大学苏世民书院秉承中西合璧的建设理念，对室内空气质量、饮用水质量、室内舒适度、绿色节能及可持续发展方面提出了较高要求。清华大学苏世民书院的建设目标是：能耗比美国的典型建筑节省40%。同时对设备能效提升提出了明确要求。来自国外的设计和建设理念给书院的建设带来了新的思路，同时也对机电系统包括楼控系统、灯光控制系统、能源管理系统等从设计到施工以及调试都提出了更高的要求。苏世民书院已获得LEED金级认证，同时借助BIM系统，打造出3D呈现的系统集成平台

续表

项目名称	清华大学苏世民书院建筑能效管理系统的应用
实施方案	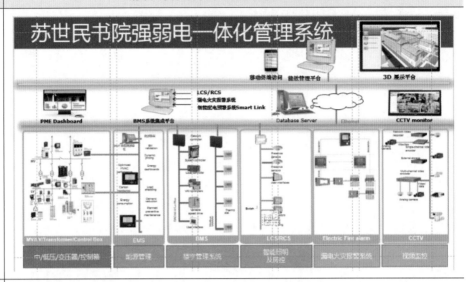
技术应用	本项目中采用了施耐德电气公司的全套强弱电系统，从楼宇管理系统（BMS）、能源管理系统（EMS）、智能照明系统（LCS）、房间控制系统（RCS）、视频监控系统（CCTV）、漏电火灾报警系统、综合布线系统（PDS）、面板开关到中压设备及变压器、施耐德低压原厂柜等，在三层架构实现IOT的理念下，智能化设备的互联互通、边缘控制层的精准监控以及依托于云端的强大后台服务的专家系统，对建筑设备、建筑能效、楼宇表现等进行监测、衡量并优化，达到保障能源效用、优化能源效果、提升能源效率的作用
设计要点	（1）更加关注设备能效管理 能源管理系统中不但关注了一级能耗节点52个，同时采集了包括空调机组、风机盘管、照明等在内的二级能耗节点共计225个。实现精准化的能源分项、分区域、分回路等管理，同时对电能质量进行监测。 （2）注重空气质量的治理、PM$_{2.5}$监测、饮用水的安全 采用具备初、中效过滤器的空调机组，监测室外及室内的PM$_{2.5}$浓度；同时全楼采用软化水系统，并对生活水软化水系统、锅炉软化水系统、饮用水软化水系统进行系统级监测和管理。 （3）注重学生在建筑内的生活体验 从灯光控制、温度控制、安全防范等方面提供更人性化、更智能化的学习生活环境。如学生宿舍内风机盘管温控器与存在感应器联通，白天当系统探测到房间内一段时间无人时，会自动关闭照明，同时将温度调整到节能模式
效益分析	项目中大量的机电设备，通过采用施耐德楼宇管理系统及能源管理系统平台，提高了运维管理的智能化和自动化水平，在降低能耗、提高能效的同时，节省了运行维护人员。 项目通过精细化设计及调试，完成了建设目标的能耗目标，在绿色、节能方面得到了国内管理公司华润集团的高度评价。 黑石集团对绿色及可持续发展的高度重视，充分体现在项目的设计及运营方面，不但在一层大厅设置能源数码仪表板，使学生对项目能源使用情况有所了解，能够从行为上认识到节能的重要性，同时项目在美国通过了LEED金级认证，成为国内第一个获此殊荣的校园建筑
技术依托单位	施耐德电气（中国）有限公司

第 5 章 数据中心的节能技术

5.1 数据中心节能技术的现状和发展趋势

5.1.1 数据中心的现状

5.1.1.1 建设规模

《全国数据中心应用发展指引（2017）》根据全国数据中心建设使用情况的调研结果统计，截至2016年底，我国在用数据中心共计1641个，总体装机规模达到995.2万台服务器，平均上架率为50.69%；规划在建数据中心共计437个，规划装机规模约1000万台服务器，产业整体增速较快。

利用率方面，国内数据中心总体平均上架率为50.69%。其中，超大型数据中心的上架率为29.01%，大型数据中心上架率为50.16%，中小型数据中心上架率为54.67%。北上广深数据中心上架率达到60%～70%，表现出相对饱和的局面，部分西部省份上架率低于30%。

网络质量方面，全国在用数据中心有47%直连骨干网，数据中心出口带宽平均为332Gbit/s，折合平均每个机架带宽500Mbit/s。能效方面，全国超大型数据中心平均PUE为1.50，大型数据中心平均PUE为1.69，最优水平达到1.2左右。

随着大数据、云计算的高速发展，数据中心已经迎来建设高峰期，无论是千万柜级的大型互联网数据中心、大企业级EDC及运营商总部级数据中心，还是企业分布式数据中心、网点类数据中心、运营商PSTN退网改造及中小企业自用数据中心，均迎来海量新建及替换浪潮。无论是中大型数据中心还是小微型数据中心，各自具备各自的必要性，难以互相替代，因此未来数据中心将同时在大型化和边缘化两个方向发展演进。

5.1.1.2 数据资源及应用

目前在传统行业中，金融、电信、制造、交通、医疗类企业已经成为大数据分析使用的主力。以制造企业为例，传统制造企业可以通过大数据交易获得市场终端销售情况，了解自身以及竞争对手的市场表现以及消费者的喜好类型；通过用户购买习惯及购买评价的数据获得，可以针对不同类型、不同区域消费群体实现定制化生产的精准营销；通过交易获得的产业链数据，可以降低生产成本，提升企业整体竞争力。

而以新兴的互联网金融为例，通过用户信息的获得，可以从财富、安全、守约、消费、社交等几个纬度来综合评判，为用户建立信用报告，形成以大数据为基础的海量数据库，以此帮助企业降低信贷风险。

此外，还有更多的企业正在使用着大数据分析帮助企业决策，提升用户体验，并以客户为中心造就着越来越多的新型商业模式。

5.1.1.3　政策需求

目前已建成的超大型和大型数据中心中，70%以上获得了大工业用电或直供电的支持政策，用电的平均价格为0.87元/（kW·h），超大型和大型数据中心用电的平均价格为0.66元/（kW·h）和0.78元/（kW·h），超大型数据中心最低的电价达到0.3元/（kW·h）。完善行业标准、健全法律法规对推动大数据发展至关重要。在企业对大数据的政策需求调查中，完善行业标准、健全法律法规大数据行业标准亟须进一步完善；其次为加强个人信息保护和开放更多政府公开信息资源；其他需求还包括资助更多大数据领域的科研项目，促进数据流通交易一级扩大大数据相关采购。

5.1.2　数据中心的发展趋势

5.1.2.1　向绿色数据中心转变

数据中心的能耗问题越来越成为困扰用户的关键问题，根据目前行业平均水平估算，数据中心的运营成本占TCO的60%～70%，在发达区域，电费支出大于运营成本的70%，绿色节能是健康经营数据中心的核心问题。

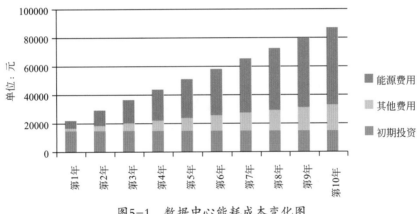

图5-1　数据中心能耗成本变化图

如图5-1所示，不断上涨的能源成本和不断增长的计算需求，使得数据中心的能耗问题引发越来越高的关注度。数据中心建设过程中落实节地、节水、节电、节材和环境保护的基本建设方针，"节能环保，绿色低碳"必将成为下一代数据中心建设的主题词。各种政策法规都在指导数据中心朝着更节能的方向前进，中国、美国、欧洲都在制定数据中心建设指导文献，推动数据中心的节能标准化。

5.1.2.2　向云端迁移

传统的数据中心之间，服务器、网络设备、存储设备、数据库资源等都是相互独立的，彼此之间毫无关联。虚拟化技术改变了不同数据中心间资源互不相关的状态，随着虚拟化技术的深入应用，服务器虚拟化已由理念走向实践，逐渐向应用程序领域拓展延伸，未来将有更多的应用程序向云端迁移，见图5-2。

图5-2 云计算拓展领域

5.1.2.3 向国际化发展

近年来，我国数据中心的建设规模不断扩大，许多地域的超大型数据中心规划建设规模甚至达到数十万平方米。从市场接受度来看，数据中心行业正在进行洗牌，用户更愿意选择技术力量雄厚、服务体系上乘的数据中心厂商。未来的数据中心将朝着全球化、国际化规模方向发展。

5.2 数据中心节能技术的标准

5.2.1 数据中心的定义

数据中心通常是指在一个物理空间内实现信息的集中处理、存储、传输、交换、管理的建筑场所，可以是一栋或几栋建筑物，也可以是一栋建筑物的一部分，包括主机房、辅助区、支持区和行政管理区等。

计算机设备、服务器设备、网络设备、存储设备等通常认为是网络核心机房的关键设备。关键设备运行所需要的环境因素，如供电系统、制冷系统、机柜系统、消防系统、监控系统等通常被认为是关键物理基础设施。

5.2.2 国际数据中心节能标准

国际数据中心节能标准有Data Center Site Infrastructure / Tier Standard，Telecommunications Infrastructure Standard for Data Centers。

当下国际比较知名的、对数据中心节能指标有明确要求的包括LEED、Green Drid等，基本的要求是PUE不得高于1.5或1.6。

5.2.3　中国数据中心节能标准（含地方政策）

见表5-1～表5-3。

表5-1　国家标准

序号	专业	规范/标准名称	规范/标准编号
1	设计、竣工验收及交接	数据中心设计规范	GB 50174—2017
		数据中心基础设施施工及验收规范	GB 50462—2015
		公共建筑节能设计标准	GB 50189—2015
		电子计算机场地通用规范	GB/T 2887—2011
		信息技术服务运行维护	GB/T 28827—2012
		建筑工程施工质量验收统一标准	GB 50300—2013
2	供配电	智能建筑工程施工规范	GB 50606—2010
		电气装置安装工程　盘、柜及二次回路接线施工及验收规范	GB 50171—2012
		电气装置安装工程　蓄电池施工及验收规范	GB 50172—2012
		建筑物电子信息系统防雷技术规范	GB 50343—2012
		建筑物防雷工程施工与质量验收规范	GB 50601—2010
		电气装置安装工程　接地装置施工及验收规范	GB 50169—2016
3	空调暖通	建筑节能工程施工质量验收规范	GB 50411—2007
		通风与空调工程施工质量验收规范	GB 50243—2016
		建筑电气工程施工质量及验收规范	GB 50303—2015
		制冷设备、空气分离设备安装工程施工及验收规范	GB 50274—2010
		建筑给水排水及采暖工程施工质量验收规范	GB 50242—2002
		给水排水管道工程施工及验收规范	GB 50268—2008
		给水排水构筑物工程施工及验收规范	GB 50141—2008
		工业设备及管道绝热工程施工规范	GB 50126—2008
		工业金属管道工程施工规范	GB 50235—2010
		室内火灾自动报警系统施工及验收规范	GB 50166—2007
4	消防	气体灭火系统施工及验收规范	GB 50263—2007

序号	专业	规范/标准名称	规范/标准编号
4	消防	自动喷水灭火系统施工及验收规范	GB 50261—2005
		建筑内部装修防火施工及验收规范	GB 50354—2005
		安全防范工程技术规范	GB 50348—2004
5	弱电及智能化	民用闭路监视电视系统工程技术规范	GB 50198—2011
		综合布线工程验收规范	GB 50312—2007
		民用建筑工程室内环境污染控制规范	GB 50325—2010
6	装饰装修	建筑装饰工程质量验收规范	GB 50210—2011
		数据中心 资源利用 第3部分：电能能效要求和测量方法	GB/T 32910.3—2016

表5-2 行业协会标准

序号	行业或协会	规范/标准名称	规范/标准编号
1	通信行业	电信互联网数据中心（IDC）总体技术要求	YD/T 2542—2013
		电信互联网数据中心（IDC）的能耗测评方法	YD/T 2543—2013
		互联网数据中心技术及分级分类标准	YD/T 2441—2013
		互联网数据中心资源占用、能效及排放技术要求和评测方法	YD/T 2442—2013
		电信建筑抗震设防分类标准	YD/5054—2010
2	公安部	安全防范系统验收规则	GA 308—2001
		建设工程消防验收评定规范	GA 836—2009
3	工程建设标准化协会	冷却塔验收测试规程	CECS 118—2000
4	中国计算机用户协会机房设备应用分会	数据中心基础设施（机房）等级评定标准	AB/T 1101—2014
5	中国数据中心能耗检测工作组	数据中心能耗检测规范及实施细则	
6	中国数据中心产业发展联盟	数据中心场地基础设施运维管理标准	
7	工信部	数据中心及高性能计算机节能标准	

表5-3 地方标准政策

序号	地区	规范/标准名称	规范/标准编号
1	北京	数据中心节能设计规范	DB11/T 1282—2015
2	上海	数据中心机房单位能源消耗限额	DB31/651—2012
3	山东	数据中心能源管理效果评价导则	DB37/T 2480—2014

5.3　数据中心节能的技术与措施

5.3.1　数据中心系统框图

数据中心电气系统框图见图5-3。

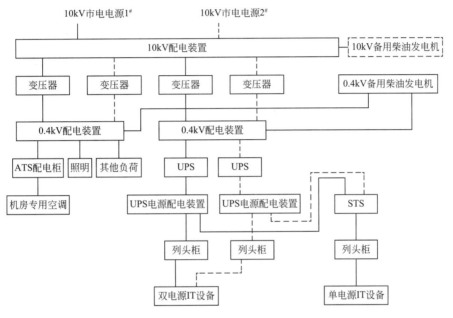

(a) A 级机房供电系统框图

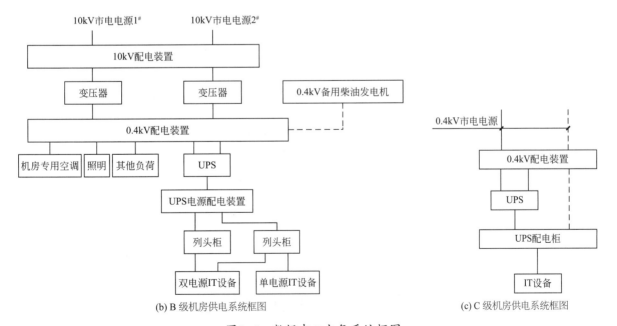

(b) B 级机房供电系统框图　　　　　　(c) C 级机房供电系统框图

图5-3　数据中心电气系统框图

数据中心空调系统框图见图5-4。

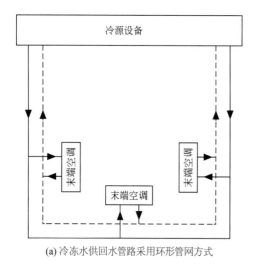
(a) 冷冻水供回水管路采用环形管网方式

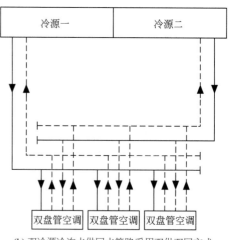
(b) 双冷源冷冻水供回水管路采用双供双回方式

图5-4　数据中心空调系统框图

数据中心智能化系统框图见图5-5。

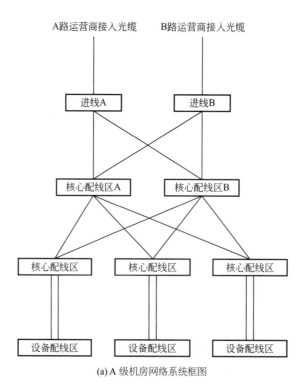
(a) A级机房网络系统框图

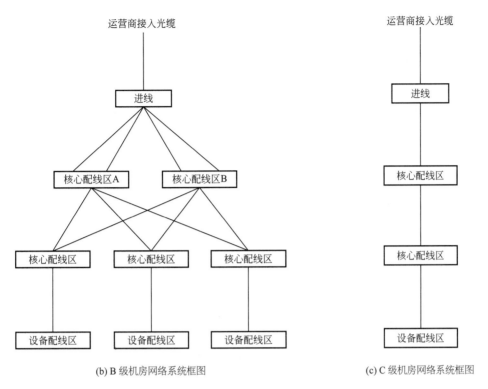

(b) B 级机房网络系统框图　　　　　　　　(c) C 级机房网络系统框图

图5-5　数据中心智能化系统框图

5.3.2 数据中心子系统

数据中心子系统包括：供配电系统、UPS配电系统、防雷及接地系统、空调及通风系统、安防系统、火灾自动报警系统、布线系统、机房环境及设备监控集中系统、数据中心基础设施管理（DCIM）系统。其中节能技术主要集中在供配电系统和空调系统上，其他系统主要作为基础配置存在。

5.3.2.1 供配电系统

由于数据中心必须连续运行，作为数据中心的主要能源，交流输入系统的稳定性非常重要。

数据中心通常采用当地供电部门提供的两路独立10kV进线电源，分别经干式变压器接至低压配电柜，其间设置母联开关，然后经母线以树状供电方式送到各用电区域。两路独立的市电互为备用，形成冗余的不停电供电系统。对于不具备两路独立市电的地域，则自备柴油发电机与市电组成冗余输入系统。

柴油发电机是真正独立的与市电输入完全隔离的交流输入电源。如果发电机是专为数据中心配置的，市电正常时，柴油发电机处于待机状态。当市电故障失压时，柴油发电机自动启动并通过市电柴油发电机转换开关继续向负载供电。柴油发电机的容量视系统特性决定。

低压配电系统是低压配电部分的最初分配环节，低压配电柜的输出端根据需求可分为UPS不停电供电系统、空调、照明等多个输出回路，此外还要预留一到两个回路备用。考虑到谐波和扩容等因素，各回路的铜排和开关都要留有一定的余量。低压配电柜作为低压配电的源头，其可靠性非常重要，尤其是单路供电的空调回路。对于数据中心来说，尽管供给IT设备的UPS不停电供电系统能够正常工作，空调停机也会导致服务器在数分钟内因出口温度过高而停机保护。所以整个低压配电的设计要具有可维护性和可管理性。

5.3.2.2　UPS配电系统

UPS供电方案也是多样化的，主要是根据用户对供电系统可用性要求的不同，主要有 N（单台）、$N+1$（串联冗余、并联冗余）、$2N$（双总线）等基本形式。

UPS输入配电柜的基本功能和要求如下：

① 为各UPS主机提供交流配电；

② 由于在上游的低压配电柜内已经有UPS系统总开关，UPS输入柜内可以不再设置总开关，直接将输入电缆接入总线铜排即可；

③ 对于追求高可用性的UPS冗余并机系统或双总线供电系统，UPS输入配电柜要根据UPS主机数量设置多路输出；

④ 为了防止UPS因内部故障将该机的输入电源整体跳掉，每台UPS的整流器输入和旁路输入要分别设置各自的开关；

⑤ UPS输入柜内输出也要配置备用回路，以备扩容和维修之用。

UPS主机是UPS供电系统的核心，作为一台完整的供电设备，它集改善供电质量、不停电供电、系统智能管理于一身。UPS设备产生于20世纪60年代，经过50多年的应用实践，UPS的电路结构形式、基本性能指标、系统应用配置方法等方面都发生了巨大的变化和进步。UPS的输出能力、可靠性、工作效率、冗余并机功能、谐波抑制能力等成为衡量UPS设备是否先进的重要性能指标。在UPS的电路结构和体系结构形式方面，无输出变压器UPS和模块化UPS成为UPS的主要发展方向。

5.3.2.3　防雷及接地系统

（1）机房的直击雷防护

主要针对机房所在建筑物所做的防止直击雷击中建筑物而引起直接损坏和间接引起雷电电磁脉冲造成损坏。通常的做法是，在建筑物上安装完善的避雷网、带，加装避雷针。由于通信机房有时所处位置较为空旷，所以不建议在建筑物自身上安装超过建筑物高度的避雷针，其原因在于：传统意义上的避雷针是将雷电通过避雷针进行放电入地，而没有考虑强大的雷电流在通过避雷针时所产生的具有较高能量的雷电电磁脉冲，这种由避雷针引雷直接衍生的雷电电磁脉冲是对现代计算机网络系统的最大威胁。

（2）电源系统的感应雷防雷保护

电源采用三级防雷保护，有利于雷电流的逐渐释放，把雷电过电压逐级衰减，使之降到设备能承受的范围之内。电源第一级电涌保护器主要安装在大楼总配电柜（箱）内，第二级电涌保护器主要安装在计算机中心机房的分配电柜（箱）内，第三级电涌保护器主要安装在设备电源输入的前端，使感应雷电过电压下降到设备承受的范围之内，以保护设备的安全。

（3）通信系统的感应雷防雷保护

机房设备的系统综合防雷，单有电源的防雷保护是不够的，因为雷电流除了会从电源端入侵外还会通过通信通道入侵。计算机网络信号的防雷主要针对的是传输设备及终端设备的保护，根据接口的不同类型，安装相应的防雷设备，可以对馈线、串1、并口、网络接口、各种协议接口、话路配线、光纤等进行全面可靠的保护，从而实现保障机房内设备信号系统的安全。

（4）机房内等电位连接

机房的等电位措施主要是减少各设备之间由于点位不均导致的设备间放电而造成的设备损坏。主要做法是，在机房静电地板下铺设铜箔或铜编织带。

（5）合理布线及优化设计

机房的布线是否合理往往直接影响设备的运行安全，在机房设备间进行布线时，应注意布线的合理性以及屏蔽电磁干扰，如尽量避免强、弱电在同一个线槽内，使强、弱电系统保持独立且分开。同时在机房的设备摆放上应注意，设备与建筑立柱及靠墙之间的距离，最小应大于1.5m，如靠墙太近则容易造成墙内的钢筋在泄流时对设备进行网络放电。

5.3.2.4　空调系统

（1）风冷型数据中心机房专用空调系统

风冷型数据中心机房的空调是使用空气作为传热介质的，是最常见的数据中心机房专用空调的方案，属于直接膨胀式系统。风冷型空调可以实现每台空调独立循环和控制，是分散式空调系统；机房无须引入冷冻水或者冷却水，易于实现模块化配置，冗余运行可靠性高，是数据中心广泛采用的空调方案。

（2）冷冻水型数据中心机房专用空调系统

冷冻水型机房专用空调系统采用冷冻机组+机房空调单元方式制冷，具有制冷量大并且节能、室内机简单、价格低、管道集中布置且能源利用率高等特点，被广泛运用于大型数据中心的工程中。由于数据中心引入了水循环系统，则需要相应的漏水检测和防护措施，日常维护工作较复杂。

（3）水冷型数据中心机房专用空调系统

水冷型数据中心机房专用空调的内部结构与风冷型数据中心机房专用空调类似，不同的是增加了一套板式换热器，实现冷却水与制冷剂的热交换，冷却水由冷却水塔制冷。

（4）双冷源型数据中心机房专用空调系统

双冷源型数据中心机房专用空调结合了风冷型与冷冻水型空调的特点，其空调内有两套制冷循环系统。

5.3.2.5 通风系统

数据中心机房内部设备密集，运转起来所有设备都产生热量，发热量还大，必须进行通风降温，并且随着业务量大小的变化，散热量也在变化，这就需要有合理的气流组织分配和分布，有效移除这些设备产生的热量，确保机房内保持恒温恒湿的环境。保持机房内环境的恒温恒湿离不开空调，让机房内的冷热空气有序循环起来，也使得机房内的热交换效果最高，节约数据中心能耗，数据中心的能耗中，空调部分一般就占了1/3。按照送、回风口布置位置和形式的不同，可以有各种各样的通风形式，大致可以归纳为以下几种：上送下回、侧送侧回及下送上回。

① 上送下回指的是冷气从机房上面注入，热气从下面地板带走。在数据中心机房内，地板都是由很多块孔板组成的，方便将热量从地板带走。这种方式送风经过顶棚上的空调风口往下送冷空气，至室内先与机房内的空气混合，通过设备自带的风机，再进入需送风冷却的设备。热空气不容易从下部出去，影响散热效果。要想达到散热效果，必须要加大上面送入冷空气的力度，从而使得能源消耗较大。因此上送下回方式适宜在机房面积不大于100m²、散热量较小的中小型数据中心使用，在大型的数据中心机房，效果并不理想。

② 侧送侧回的冷气是通过机房的侧墙上横向送入，气流吹对面墙上转折下落到机柜区以较低速度流过机柜，再由布置在同侧的回风口送出。根据机房内部两侧墙面跨度大小，可以布置成单侧回和双侧送双侧回。由于送风射流在到达机柜之前，已与房间空气进行了比较充分的混合，速度场与温度场都趋于均匀和稳定，能保证机柜气流速度和温度的均匀性。侧送侧回方式距离送风墙越远，风力越小，甚至如果两侧墙距离很远，距离送风墙远的地方甚至没有冷风，局部降温效果会很差，但距离送风墙近的地方效果很好。为了维持降温效果，就要加大送风风力，所以这种方式能耗也不低，如果机房两侧距离过远，不宜采用这种方式。

③ 下送上回的冷气通过在活动地板上装设的送风口进入机房或机柜内，回风通过机房顶棚上装设的风口回至空调装置。下送风机房活动地板的空调送风风口一般布置在机柜近侧或机柜底部，冷却空气从设在机柜近侧或机柜底部的活动地板风口送出，送出的低温空气只在瞬间与机房内的热空气混合，即刻从机柜的进风口进入机柜，有效地提高了送入机柜冷却空气的质量，用较少的风量，提高了机柜的冷却效果。下送上回方式，活动地板下用作送风静压箱，当机房内的设备进行增减或更新时，可方便地调动或新增地板送风口及机柜接线口的位置及数量，机房顶部留有的空间既可用作回风静压箱，又可敷设各种管线。从制冷效果和效率来看，下送风方式优于其他送风方式，所以在机房条件允许的前提下，可以确定以下送风为主，上送风为辅的设计方式。实际上，在如今的数据中心机房，下送上回已经成为了实践中的默认标准。下送上回方式的优点很多：地板下送风与走线架上走线方式，兼顾了地板高效制冷与送风、

安静整洁、走线架易于电缆扩容与维护等几方面优点，下送上回制冷效率较高、安装简单、安装整洁等。下送上回方式在金融信息中心、企业数据中心、运营商 IDC 等各行各业的数据中心中都广泛使用，成为新一代数据中心通风方式的标准使用方式。不过有一点要注意，有的数据中心采用地板下方作为电缆走线空间，使用中容易出现的问题是，地板下走线拥堵、送风不畅，导致空调耗能增加。

5.3.2.6　安防系统

安全防范系统包括视频安防监控系统、出入口控制系统、入侵报警系统。安全防范系统的集成平台集成出入口控制系统、视频安防监控系统、入侵报警系统各个子系统的管理功能，并实现各个子系统之间的有机联动，采用数字系统架构、数字信号输入、数字传输、数字记录及存储。视频传输接入层为千兆交换，主干与核心均为万兆交换的视频专网。设计采用数据中心各弱电设备间数据记录与监控中心的实时数据通信来保证系统的可靠性，并采用互为备份的存储设备冗余设计，可同时保证系统存储的不间断性。

① 数据中心的人员流通管理首先从区域的安全考虑开始。系统依据不同的区域分别定义相应的安全级别。人员流通与其安全级别相对应。

a. 机房模块区设计为一级安全保障等级区（关键安全保障级）；

b. 机电维护区域设计为二级安全保障等级区（重要安全保障级）；

c. 建筑物内部公共走道设计为三级安全保障等级区（受控安全保障级）；

d. 园区周界范围内设计为四级安全保障等级区（一般安全保障级）。

② 视频监控系统前端设备采用全数字化高清摄像机，摄像机采用 POE 供电。前端摄像机分为墙装枪式摄像机、一体化半球摄像机、电梯专用摄像机、室内一体化球形摄像机。

③ 出入口控制系统由门禁管理主机、打印机、门禁控制读卡器、出门按钮、电控锁、门磁等组成；系统采用分布式体系结构，各区域控制器采用 TCP/IP 与门禁服务器之间建立相互通信，不同安全等级门禁不可共用控制器。出入口控制系统采用 IC 卡、生物识别及密码等复合技术。出入口控制系统监控数据中心内各主要出入口、通道、设备机房及各个机房模块等重要场所进行出入口控制，包括对各个机房内主要通道和设备房。各个机房内主要通道和设备房的出入口控制作为一个独立的分区，具有较高的保密性，核心机房模块采用指纹等更严格的生物识别检测手段。进出记录保存记录不低于一年。采用"分散控制，集中管理"的原则设计，设定好控制器的参数、权限、时限后，可脱离网络和管理计算机工作。故障期间刷卡记录暂存于各下位机内，以备查阅。一旦故障修复，各网点自动将记录数据回传至系统管理中心，以保证系统信息的完整性、安全性、可靠性。

与视频监控联动：当某个报警事件发生时，通过出入口控制系统的输出信号可以触发视频安防监控系统切换监控图像，可控制摄像机转到报警区，或联动视频监控录像。

与消防系统联动：在出入口控制器内接入消防报警信号，可使出入口控制系统与消防报警系统实现自动化联动，所有出入口控制设置为断电即开模式。一旦发生火灾，出入口控制系统与消防系统发生联动，由消防给出信号切断出入口控制电源，所有门即自动打开。人员将会依据逃生指示牌沿逃生通道有序离开现场。

④ 入侵报警系统，在数据中心区域的各出入口、主要通道、监控中心、机房区等处设置红外微波探测器，对这些重要区域进行布防，进一步防止对这些重要区的非法入侵。可设定分时段设防和撤防，可与视频监控系统联动，启动摄像机对现场情况进行录像。此外，该系统具有防拆防破坏功能，并留有与当地110报警中心联网的接口。

探测器获得侵入物的信号后以有线或无线的方式传送到安防监控室，同时报警信号以声或光的形式在建筑平面图上显示，使值班人员及时形象地获得发生事故的信息。由于报警系统采用了探测器双重检测的设置及计算机信息重复确认处理，实现了报警信号的及时可靠和准确无误，它是智能建筑安全防范的重要技术措施。

⑤ 安全防范集成系统平台集成出入口控制系统、视频安防监控系统、入侵报警系统的管理功能，实现各个子系统之间的有机联动，并实现监控中心对建筑整体信息的系统集成和自动化管理。三个子系统的信号分别导入监控中心，分别显示、分别告警。系统具有标准、开放的通信接口和协议，以便进行综合系统集成，并留有与公安110报警中心联网的通信接口。系统集成平台具有快速的联动功能，实现多种安全防范策略：视频图像管理、电子地图、历史图像查询、报警/事件与视频系统复核、远程管理及指挥等。安防系统中所选用的各个功能子系统都具有开放的通信接口，可通过RS232/485接口、网络接口等标准化接口与各个分控系统进行上位集成。可提供常用的RS232或RS485通信协议、TCP/IP协议或数据库接口等多种通用方式，满足不同程度的集成需要。

5.3.2.7　火灾自动报警系统

数据中心的特殊环境，使其既是火灾的易发区，火情发生后又凸显出难以控制和损失巨大的特点。所以数据中心机房消防系统就变得特别重要，是机房设计建设的重点内容之一。相对消防系统而言，数据中心机房环境的特殊性表现在以下三个方面：

① 数据中心由各种供电和用电设备组成，一个数据中心机房消耗的功率小则几十千瓦，大则上千千瓦。功率输入、热量输出的基本规律，使数据中心机房实质上是一个巨大的电炉。况且用电设备故障起火已经是一般建筑场所最大的火灾隐患。

② 为了保证满足IT设备恒温恒湿的环境要求，数据中心机房实际上是一个气流封闭系统，一旦有火情发生，消防灭火的难度是可想而知的。

③ 数据中心集中了大量电子设备，运行着企业或单位最重要的业务，一旦有火情发生，不仅会直接损失大量的电子设备，更大的损失是业务的长期中断，对企业或单位将是毁灭性的打击。

以上三点特殊性决定了数据中心机房消防系统的重要性，要求在机房规划设计阶段就对消防系统做高水平的规划和精心的建设。

火灾自动报警系统有区域报警器、集中报警器和控制中心报警器三种基本形式。

（1）区域报警器

区域报警器是由电子电路组成的自动报警和监视装置，它连接一个防护区的所有火灾探测器。区域报警器能把火灾探测器送来的火灾信号以声光形式进行报警，并能自动显示火灾部位。报警器中的电子钟可以记录首次发出火警时间，而且可以带动若干对继电器触点，给出适当的外接功能。区域报警器可以配备直流电源，当市电断电时，直流备用电源便自动接入，火灾自动报警系统可继续工作。它具有自检功能，检查出故障，给出故障报警，显示故障部位。但当火灾和故障同时发生时，有"火灾优先"功能。

（2）集中报警器

集中报警器的功能是把若干个区域报警器连接起来，组成一个系统。它可以巡回检测各个区域报警器有无火灾信号和故障信号，并能及时指示火灾的区域部位或故障部位，同时发出声光报警，时钟记录首次火警时间。集中报警控制器也可配备直流电源，当市电断开时，直流电源自动接入，使系统正常工作。集中报警器离不开区域报警器，若没有区域报警器，集中报警器就不可能工作。它不能同火灾探测器直接连接，只能对区域报警器进行动作。集中报警器的巡检功能、火灾报警功能、自检功能都是与区域报警器在构成系统时才起作用。

（3）控制中心报警器

控制中心报警器包括火灾自动报警系统和消防联动系统。火灾自动报警系统包括火灾探测器、区域报警器和集中报警器。而消防联动控制系统则是在接到火灾报警信号后进行一系列消防联动功能。

5.3.2.8　布线系统

综合布线是一种模块化、灵活性极高、在建筑物内的信息传输通道。它既能使语音、数据、图像设备和信息交换设备与其他信息管理系统彼此相连，也能使这些设备与外部通信网络相接。它还包括建筑物外部配线网络或电信线路与应用系统设备之间的所有线缆及相关的连接部件。综合布线由不同种类和规格的部件组成，其中包括：传输介质、相关连接硬件（如配线架、连接器、插座、插头、适配器）以及电气保护设备等。

IT综合布线系统采用开放式星型拓扑结构。系统采用双路由、全冗余的垂直和水平布线。光缆系统采用万兆多模室内光缆，采用弹性的布线概念，考虑熔接光纤和预端接布线的混合布线方式，能较好地实现在线扩容。铜缆系统采用千兆非屏蔽铜缆，满足高带宽的要求。

运营商接入采用双向接入，分别从园区不同方向进入数据中心，分别连接至独立的运营商机房。综合布线采用顶部走线，光纤系统与铜缆系统互相独立。

运维综合布线系统主要为保障视频安防监控系统、出入口控制系统、机房环境及设备集中监控系统、建筑设备管理系统等系统的网络通信布线需求。

系统采用开放式星型拓扑结构。系统主干采用冗余设计，整体信道带宽性能支持1G以上的数据传输，数据主干设计采用10G光纤标准，水平线缆设计采用六类（Cat6，250MHz）标准。工作区子系统信息插座采用六类信息模块插座，均可通用互换。信息插座面板采用单口或双口86型信息面板。

5.3.2.9　机房环境及设备监控集中系统

系统设计从数据中心日常运营管理的角度出发，满足数据中心的7×24h运行条件，为数据中心正常运营提供连续性的保证。

机房环境及设备集中监控系统总体设计原则是：以监控与数据采集系统为基础、系统软件为核心，通过信息交换和共享，将电力监控系统（高压、低压、变压器、油机）、UPS系统（电池，输入、输出配电柜）、防雷系统、空调系统、环境温湿度、压差、漏水等进行集中监测和管理，同时结合能源管理系统将各个具有完整功能的独立分系统组合成一个有机的整体，提高机房维护和管理的自动化水平，协调运行能力及详细的管理功能，彻底实现机房所有环境及动力监控子系统的功能集成、网络集成和软件界面集成，有效降低机房维护人员的日常工作强度，提高系统可用性并节约系统维护成本。

系统设计支持安防系统、建筑设备管理系统、消防系统的接入，同时支持其他区域数据中心的接入，集成管理平台应采用双机冗余设计。系统符合开放式的设计标准，兼容RS485、RS232、OPC、Bacnet、SNMP、Lonworks、SNMP等标准接口或协议，并可对外提供各种标准通信协议如OPC接口、DDE接口、Socket接口、数据库接口和文本接口等，完全实现与第三方系统的无缝对接，传递各种监控及报警信息。

系统为分布式模块化结构，各子系统服务器均可独立运行，不完全依赖于集成管理平台。系统应支持在线扩容和升级，扩容和升级期间应能保证系统的不间断安全运行。

5.3.2.10　数据中心基础设施管理（DCIM）系统

数据中心基础设施管理（DCIM）集成平台可以协助运维部门组织规划基础设施并简化数据中心管理。

DCIM平台以运维网络为信息传输载体，将数据中心基础设施管理系统，如：电力监控系统、机房环境及设备监控系统、安防系统、消防系统等，通过集成平台形式统一监控、管理。

本系统拟以机房环境及设备监控系统为基础，集成上述其他系统信息，协助数据中心管理人员准确地了解能源、空间、制冷等关键参数的使用情况，方便管理人员及时调配资源进行匹配，提高资源使用率并且降低运营成本。

5.3.3　数据中心系统节能技术

5.3.3.1　电气系统节能技术

在供配电系统上，UPS是节能减排的重要节点，时下比较常用的技术是高频模块化UPS，其满载效率可达97%以上，低负载效率也可达到96.5%左右，具备传统工频UPS所无法达到的全负载段高效运行特性，具备显著的节能效果；同时，HVDC技术也可达到类似的节能效果，但鉴于其供电方式的限制，因此实际商用情况较少，主要在少数技术领先的互联网公司使用。

5.3.3.2　空调系统节能技术

在制冷空调系统上，节能效果对数据中心的能耗指标影响最大。无论是风冷还是水冷系统，提升送回风温度是大趋势，新建项目出风温度已经从 12 ～ 14℃提升到了 20 ～ 24℃，带来30%左右的节能减排效果。同时，提升进出水温度也是降低能耗的重要手段，新建项目出水温度普遍已经从7℃提升到了 12 ～ 15℃，每提升1℃将带来3%左右的能效提升，因此同步提升风侧和水侧温度是数据中心当下节能减排的基础手段。

封闭通道可以有效隔绝冷热气流无效混合，提升空调效率，也是新建项目节能的重要手段之一。经过多年的实践和理论证明，数据中心最佳的风流组织是地板下送风，天花板上回风，精密空调设置单独的设备间，机柜面对面摆放冷热通道隔离并实现冷通道封闭（防止冷气短路），示意图如图5-6所示。

国外的一些项目采用热通道封闭技术，一般是在机柜后门安装通到天花板的热通道，取得了比较好的节能效果，示意图如图5-7所示。

热通道封闭比冷通道封闭设备成本相对较高，运行费用也较高，因为一般在机柜后门安装有风机，需要消耗能源。另外，热通道封闭要做到完全不漏风也是比较困难的，一旦漏风将造成大量冷空气短路。因此，目前冷通道封闭为最佳推荐方案。

冷通道封闭要求做到以下四点：

① 地板安装必须不漏风。只有在冷通道内才能根据负荷大小替换相应的通风地板。通风地板的通风率越大越好，建议采用高通风率地板。不建议使用可调节的通风地板，一是阻力大，二是运维一般做不到这么精细的管理。

② 冷通道前后和上面要求完全封闭，不能漏风。建议采用能自动关闭的简易推拉门，在门上建议安装观察玻璃。目前很多冷通道上部的封闭板采用透明板，因为透明板长时间后上面会形成一层灰尘，定期清洗工作量特别大。建议冷通道上部的封闭板采用不透光的金属板，机柜前面安装LED节能灯解决冷通道照明问题。

③ 机柜前部的冷通道必须封闭，没有安装设备的地方必须安装盲板，建议使用免工具盲板。机柜两侧的设计不能漏风。机柜如果有前后门，建议使用直径超过8mm的

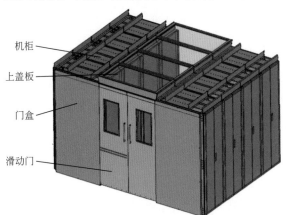

机柜——
上盖板——
门盒——
滑动门——

图5-6　数据中心最佳的风流组织示意图

图5-7　国外热通道封闭技术示意图

六角形孔，通风率不低于70%，风阻要小。地板下电缆、各种管道和墙的开口处要求严格封闭，不能漏风。地板上的开口或开孔也都要严格封闭，不能漏风。

④ 实现大型数据中心常用的节能手段是变频式或磁悬浮式冷水机组+变频水泵+变频冷却塔+EC风机方式，其可以实现全负载率的高效运行，基本要求是水量、风量可实时调节；针对北方冬季气温较低地区，还可加上板换系统，在冬季直接用冷却塔将冷冻水热量排到室外，可关闭冷水机组压缩机3～6个月，实现大幅度的节能减排。

数据中心空调冷源一般有风冷直接蒸发式空调系统、水冷直接蒸发式空调系统、水冷或风冷冷冻水空调系统、双冷源空调系统等空调系统。从节能的角度来说，使用风冷系统的数据中心，PUE不可能小于1.8，通常在2.0以上；在规模较大、可以设置集中冷源的情况下，能效比高的水冷冷冻水系统是首选。在电机功率超过500kW的情况下，可采用6kV或者10kV电压供电，可提高运行效率，在选择机组时选用COP值高的机组，同时也要考虑机组的部分负荷综合性能系数（IPLV）。冷水机组采用变频能取得较好的部分负荷综合性能系数，使得机组的高效区域更大。在非额定工况时，变频式离心冷水机组将导流叶片控制与变频控制有机结合，共同控制压缩机。冷水机组的蒸发温度对于机组效率也有着影响，粗略估计，蒸发温度每提高0.6℃，效率增加1%～3%，因此采用较高的蒸发温度效率比一般供回水7℃/12℃效率高。不同冷冻水出水温度能效比较见表5-4。

表5-4　不同冷冻水出水温度能效比较

冷却水出水温度/℃	冷冻水出水温度/℃	制冷量系数	压缩机输入功率系数	能效比调整系数
32	7	0.99	1.068	0.92697
	8	1.016	1.055	0.96303
	9	1.043	1.052	0.99145
	10	1.069	1.048	1.02004

如果可以提高末端送风温度，我们就可以使用更高的蒸发温度，这样可以使得效率进一步提高。而对于空调系统的能耗来说，冷水机组的能耗所占比重最大，把冷水机组的用电量降下来对于提高整个空调系统的效率有着很大的帮助。

而采用水系统带来的安全问题，例如水系统的冗余设计：双管路或环形管路，事故应急泄水；供水保障：多水源供应以及蓄水池，也是需要考虑的。

如果以供水温度为12℃来看，在室外温度为9℃左右时即可使用冷却塔免费制冷，根据上表统计：在此温度范围内，上海地区全年可完全使用免费制冷的时间达2901h。相对于水侧的免费制冷，还有一种风侧的免费制冷，是指利用室外的空气，可以在室外焓值低于室内焓值的全部时间进行自然冷却，但是在数据中心采用水侧免费制冷时没有必要再采用风侧免费制冷，理由有以下几点：

① 使用风侧免费制冷将会占用很大的室内空间。

② 风侧免费制冷需要大量的室外空气，如果室外空气质量不是很好，将会导致设备的运行寿命减少。

③ 用于加湿和减湿的能量将会很大，采用风侧免费制冷所获得节能效应和这些能量的消耗相比也相差不多，同时将使室内的湿度控制更复杂。

④ 风侧免费制冷和水侧免费制冷在使用时间上有重叠，所以在多出不多的使用时间的情况下，同时采用的意义不大。

免费制冷时间的长短很大程度决定PUE值中空调耗能的大小，对于中国北方以及长江流域大部分地区来说，都能很好地采用免费制冷，在东北等严寒地区，采用免费制冷的时间更长，使得PUE值中空调耗能的因子能做到0.2左右，以获得更低的PUE值。这一点很值得我们建设方在数据中心选址中加以注意，在考虑经济、地理等因素时，也可以考虑气候环境对于今后数据中心运营成本的影响。

当室外免费制冷不能完全满足数据中心的需要时，将开启制冷机组制冷，但此时室外的温度低于15℃，无法满足冷水机组所需要的冷凝温度，而采用电加热等方式既不节能，又没有这么大的电量来满足，此时只需要在系统中加入一路旁通，使经过板式热交换器后高于15℃的回水不回到冷却塔而是进入冷水机组就能解决这一问题；随着室外气温的增加，冷水机组逐台开启，免费制冷热交换器逐台关闭，直至全部转变为冷水机组供冷。

考虑数据中心全年制冷的特点，对数据中心进行热回收是非常有必要的，在蒸发侧或者冷凝侧均能采用热回收技术。蒸发侧的热回收可以通过一个简单的水环的环路来实现，例如当冷冻水系统供回水温度为12～17℃时，冬季及过渡季节将冷冻水回水经过一个热交换器和生活热水给水交换，预加热生活区生活热水的给水，简单的接管且对于系统没有任何影响。冷冻机组等设备均为常规设备。冷凝侧的热回收可以通过选用热回收机组来实现，但是需要对于热回收机组的效率以及系统的安全性有个评估，在能保证效率及安全的情况下，对于系统的节能也有着很大的益处，可以作为热回收的首选措施。

一般来说，数据中心空调末端（CRAC）的能耗主要由风机及电加热等组成，除湿则通常由冷却盘管来完成，当除湿需要较低的温度时，则空气就会过冷需要再热，而再热就浪费了能量，因此对于空调末端节能，首先除湿系统设计应避免在低负荷工况下再热。除了合理的设计送风温度以外，我们还可以采用独立温湿度控制的系统来解决再热，从原理上讲，如果房间能保持正压，新风系统能够除湿后送入室内，而数据中心内部一般没有湿源存在，那么房间内的绝对湿度是能够保证的。因此我们IT机房内设置专用的定制精密空调（不设置电加热和加湿器），新风系统采用如下功能段的机组来解决新风的除湿，只要新风做好送风露点温度控制，那么所有精密空调无须电加热以及加湿器，大大减少了运行费用和装机费用。

此外我们可以将送风温度提高，一般来说，当送风温度提高到20℃时，冷冻机组的供水温度可以做到12℃以上，一直以来，提高数据中心进气温度都是全球数据中心的设计趋势，因为更高的数据中心进气温度意味着更多的节能潜力，而且气候条件可以支持的免费制冷小时数也将增加。更好的节能效果则会直接降低能耗。

随着数据处理设备的处理速度提高，容量不断提高，数据通信设备发热量（冷负荷）不断增大；而前者所述的冷却系统有一定的局限性，即当机架散热量达到4kW以上时，仅用上述冷却方式已难以解决散热问题。在此我们介绍一种解决方案，具体就是首先完全封闭热通道，然后在正对热通道的两侧机房设置风墙式AHU，这样的设备风机耗能小，单体制冷量大且冷冻水或冷媒水完全无须进入高密度机房内。常规工程常采用CDU（液体冷却分配器）方式来解决高密度机房供冷问题，CDU有着成熟的产品以及成功的应用。

综上所述，减少热交换的能量损失，可以提高安全性，对于高密度机房空调来说，也是一种节能的新措施手段。

5.3.3.3　智能化系统节能技术

基于人工智能AI的能效寻优运行，利用人工智能，建立能耗与负载、气候条件、设备投放数、设备或者系统可调节参数间的机器学习模型，在保障设备、系统可靠的基础上，实现能耗最低。

当前数据中心空调系统主流的群控系统主要特点：

① 群控系统分为冷冻站群控系统和末端群控系统，两者独立运行；

② 以实现设备自动控制为目的；

③ 主要实现系统一键启停、系统联动时序、设备轮询、设备自动调节、告警等功能。

当前数据中心空调群控大都以功能性为实施目标，确保数据中心的可靠运行，节能方面涉及比较少，尤其是系统节能方面。

随着数据中心的建设规模快速增长，业主对数据中心的Opex要求越来越高，冷冻站群控系统节能研究迅速发展，部分群控系统厂家推出了节能群控系统，其主要方案是：

① 控制冷水机组等冷冻站关键设备运行在高效点；

② 通过调节冷却塔风机转速、冷却泵转速和冷冻泵转速来实现冷冻站能效最优等，如图5-8所示。

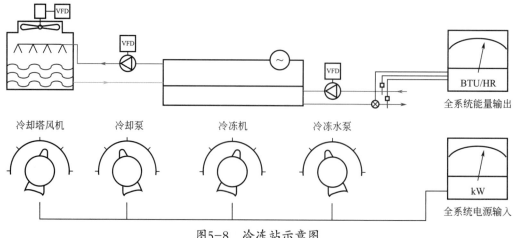

图5-8　冷冻站示意图

综合以上分析，当前群控系统节能方面：

① 仅仅是冷冻站系统的节能群控控制；

② 冷冻水供水温度为定水温控制；

③ 无末端空调的节能群控控制；

④ 无冷冻站与末端空调联动的节能控制；

⑤ 工况变化（如室外环境温湿度、IT负载率等）后，供冷量变化，需要重新进行寻优，寻优周期较长。

分析：当前业内节能群控系统控制仅局限于冷冻站部分，空调系统的优化部分不全面，节能效果无法达到最优。

数据中心空调系统节能方面未来方向应该包含如下部分：

① 冷冻站系统节能控制（室外系统节能）；

② 末端空调系统节能控制（室内系统节能）；

③ 冷冻站系统与末端空调系统联动节能控制（室外系统和室内系统联动节能）；

④ 冷冻水供水温度为变水温控制。

如图5-9所示，通过三个层面的优化控制，实现数据中心空调系统真正作为一个系统进行节能控制，达到空调系统的最低能耗、最高能效，降低数据中心空调系统的Opex。

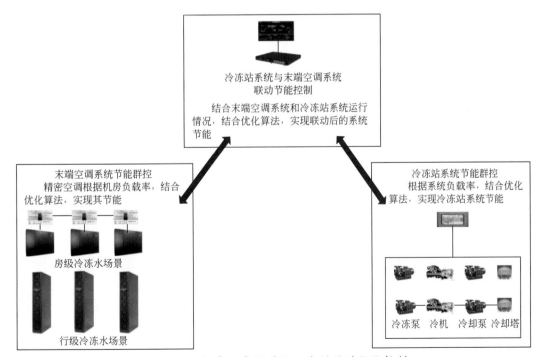

图5-9 数据中心空调系统三个层面的优化控制

5.3.4 数据中心设备节能技术

5.3.4.1 电气节能产品

IT设备、供电（包括UPS、PDU、变压器等）、制冷是机房能耗的主要构成，据测算，UPS效率每提升1%，全世界数据机房可节电3亿千瓦时，是机房节能不可忽视的一环。

传统UPS满载效率为90%左右，若采用1+1并机或双母线的方案，UPS的带载率会低于25%，实际运行效率低于80%。考虑对制冷的影响，UPS效率提升对降低机房能耗的效果更加明显。

在欧洲，欧盟委员会欧盟能效行为准则（Code of Conduct，COC）是欧盟政府与包括IBM、华为、BT、Vodafone等企业在内的广泛业界，针对电子产品达成的自愿性节能行为规范，近年来，已被越来越多的运营商采纳，并纳入标书规范。

（1）整流器拓扑优化

传统UPS整流器中用的6脉冲整流器是指6个可控硅（SCR）组成的全桥整流器，由6个开关脉冲分别控制6个可控硅，所以叫6脉冲整流。一般三相电使用6脉冲整流时，由于SCR只在交流电压波形幅值大于直流母线电压时才导通，市电360°相角只利用了部分相角，因此在市电一个周期内的利用率不高，脉冲电流大，系统损耗较高。且因输入电流不连续成脉冲状态，谐波含量比较高，即便在电路前端增加滤波器，系统输入总谐波含量仍有15%左右。高输入谐波又增加了输入线缆流通电流时的损耗，6脉冲整流器效率不超过92%，见图5-10。

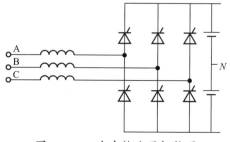

图5-10 6脉冲整流器拓扑图

新型UPS整流器中用的双升压整流器是由2个升压电路组成的正负升压拓扑。市电正半周时，正边升压电路工作，市电负半周时，负边升压电路工作，保证了市电周360°相角的全利用。整流器电路开关频率高，体积小，功率密度大，峰值电流小，电流纹波小，电路效率高，且升压电路具有功率因数校正功能，保证输入电流与输入电压的相位一致，降低了输入电流谐波。一般输入电流总谐波只有3%，减少了输入线缆流通电流时的损耗，整流器效率高达98%，见图5-11。

（2）逆变器拓扑优化

传统UPS中用的半桥逆变器就是正负2个降压电路，拓扑结构简单，但是输出电感纹波电流大，造成输出滤波电感损耗大。开关器件两端电压高，开关损耗大，电路总体损耗较大。半桥逆变器最高效率不足95%，见图5-12。

新型UPS逆变器采用"I"三电平架构，因电路中有二极管可以钳位桥臂电压，使得开关管两端电压较小，开关器件的开关损耗小。输出电感电流纹波下，电感损耗小。"I"三电平逆变器效率高达98%，见图5-13。

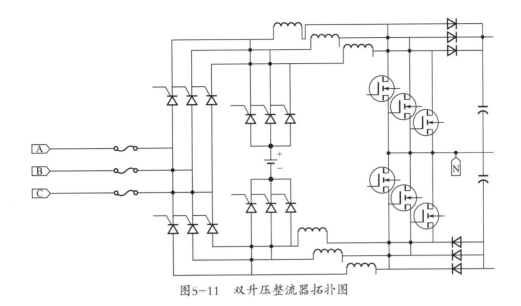

图5-11　双升压整流器拓扑图

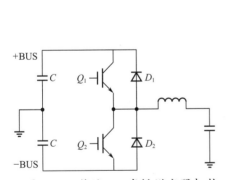

图5-12　传统UPS半桥逆变器拓扑

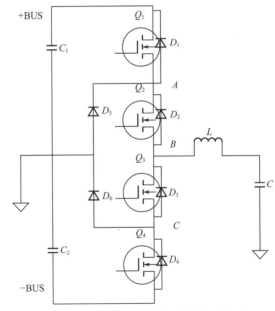

图5-13　"I"三电平架构逆变器拓扑

（3）控制技术优化

新型UPS采用DSP（数字信号处理）全数字控制方式取代传统的模拟电路控制方式。

数字控制可以在各种工况条件下都做到最优控制状态的效果，可以避免模拟控制只能适应较窄的工作范围的情况。因此，全数字控制的UPS在各种工况条件下都能保持良好的性能，提升工作效率。

同时，DSP控制也可以使组件数量比模拟电路要少，减少控制电路损耗。

（4）器件优化

通过前面的拓扑已经可看出，新的拓扑中已经使用IGBT作主功率器件取代SCR（可控硅）。SCR在20世纪90年代被大量引入UPS产品中，SCR导通容易，且导通压降小，但截止困难。在SCR有大电流流通时，无法关断，只能依靠反向电压关断。且在正向驱动和反向电压的情况下有反向漏电流，造成较大的功率损耗和器件发热现象。后来开发出的IGBT（绝缘栅双极晶体管）不但容易驱动开关，且开关频率快，导通损耗小，完全可以避免SCR出现的问题，因此IGBT被大量应用替代SCR。通过IGBT高功率密度和高频的开关特性，既提升了UPS的效率又提升了功率密度。

（5）优化效率曲线，匹配真实供电场景

现网中80%以上的UPS均工作在50%的负载率以下，常见的塔式一体机在1+1的并机模式下，负载率常仅在20%～30%。低负载率下的系统效率是节能的关键。

（6）ECO模式

双变换在线式UPS，在正常主路工作模式下，市电输入经过AC→DC→AC的双转换后，滤除谐波、毛刺、浪涌、电压和频率瞬变等干扰因素，为负载提供可靠的高质量的不间断电源。

ECO模式（经济工作模式）则允许用户在旁路输入稳定的情况下，优先旁路供电，让逆变器处于待机状态以减少功耗，并实时监测旁路状态的变化；当旁路输入发生异常时，快速切换到逆变供电，确保负载用电安全。

ECO模式的突出优势在于节能，ECO工作模式效率高达99%，假设200kW容量UPS平均带60%的有功负荷，运行一年共为用户节省电量：200k（容量）×60%（带载量）×3%（ECO效率提升）×24×365=31536（kW·h）。

ECO模式实现的主要难度在于，当旁路掉电转回逆变供电时，输出存在间断时间，一般在20ms内。华为UPS 5000-A通过高效检测方式，可确保典型工况下（带载量大于10%，三相旁路同时掉电）输出间断时间小于2ms，非典型工况下间断时间在20ms以内。

ECO模式推荐在市电A类地区即旁路市电稳定的地区使用。

高性能、智能PDU让数据中心更加节能。根据绿色网格的研究报告，测量数据中心IT设备能耗的有效方法是测量机房PDU的输出电量，它表示出数据中心向服务器机柜输送的总电力。不过，在智能电源管理的需求下，机柜PDU也不仅仅是电源分配单元，它逐渐演变为一种非常有效且实用的远程电源监视器，同时兼具电源分配和管理功能。当前响应国家政策发展，节能减排已经成为一种社会责任，除了应用节能产品外，数据中心的运维和管理同样起着很关键的作用。绿色节能、智能化是数据中心未来的趋势，这就代表着作为数据中心末端电源的PDU所能够承载的负载功率、智能管理等也在变化。

5.3.4.2 空调节能产品

（1）离心式水冷空调系统

离心式水冷空调系统是目前新一代大型数据中心的首选方案，其特点是制冷量大

并且整个系统的能效比高（一般能效比为 3 ~ 6）。离心式制冷压缩机的构造和工作原理与离心式鼓风机极为相似，但它的工作原理与活塞式压缩机有根本的区别，它不是利用气缸容积减小的方式来提高气体的压力，而是依靠动能的变化来提高气体压力。离心式压缩机具有带叶片的工作轮，当工作轮转动时，叶片就带动气体运动或者使气体得到动能，然后使部分动能转化为压力能从而提高气体的压力。这种压缩机由于它工作时不断地将制冷剂蒸气吸入，又不断地沿半径方向被甩出去，所以称这种型式的压缩机为离心式压缩机。压缩机工作时制冷剂蒸气由吸气口轴向进入吸气室，并在吸气室的导流作用引导由蒸发器（或中间冷却器）来的制冷剂蒸气均匀地进入高速旋转的工作轮（工作轮也称叶轮，它是离心式制冷压缩机的重要部件，因为只有通过工作轮才能将能量传给气体）。气体在叶片作用下，一边跟着工作轮做高速旋转，一边由于受离心力的作用，在叶片槽道中做扩压流动，从而使气体的压力和速度都得到提高。由工作轮出来的气体再进入截面积逐渐扩大的扩压器（因为气体从工作轮流出时具有较高的流速，扩压器便把动能部分地转化为压力能，从而提高气体的压力）。气体流过扩压器时速度减小，而压力则进一步提高。经扩压器后气体汇集到蜗壳中，再经排气口引导至中间冷却器或冷凝器中。

离心式制冷压缩机与活塞式制冷压缩机相比较，具有下列优点：单机制冷量大（350 ~ 35000kW），在制冷量相同时它的体积小，占地面积少，重量是活塞式的 1/5 ~ 1/8。由于它没有气阀活塞环等易损部件，又没有曲柄连杆机构，因而工作可靠、运转平稳、噪声小、操作简单、维护费用低。工作轮和机壳之间没有摩擦，无须润滑。故制冷剂蒸汽与润滑油不接触，从而提高了蒸发器和冷凝器的传热性能，能经济方便地调节制冷量且调节的范围较大。由于热量是通过水的蒸发（在冷却塔中）来散发的，因此夏天室外的高温对其冷却能力影响很小。离心式冷冻机组在小负荷时（一般为满负荷的20% 以下）容易发生喘振，不能正常运转。因此，在数据中心水冷空调系统的设计中一般先安装一台小型的螺杆式水冷机组或风冷水冷机组作为过渡。

（2）采用变频电机节约能源

空调系统的制冷能力和环境密切相关，夏天室外温度越高，制冷能力越低，因此大型数据中心空调系统的制冷量都是按最差工况（夏天最热）设计的（空调的制冷量一般要比其在理想工况下的额定值低，这时建筑物本身不但不散热，反而吸热）。这样，全年绝大部分时间空调系统运行在负荷不饱满状态。另外，大型数据中心的 IT 负荷从零到满载也需要相当的时间，一般也在 1 ~ 3 年。还有，IT 负载的能耗与网络访问量或运行状态相关，根据其应用的特点，每天24h 的能耗都在变化，一年365d 的能耗也都在变化。比如，游戏服务器在早上的负载和能耗都比较低，但在晚上就比较高；视频服务器在遇到重大事件时的负载和能耗就比较高。

因此，在水冷空调系统中所有电机都采用变频系统，这样可以节约大量的能量，其增加的投资一般在一年内省的电费中就可以收回（基本满负荷情况下）。要注意的是在选用变频器时，要求谐波系数一般小于5%，不然将对电网造成不良影响。对于风机和水泵，输入功率和这些设备的转速的三次方成正比。例如，如果风机或水泵的转速为正常转速的50%，仅需要同一设备运行在100%额定转速时理论功率的12.5%。因此，当设备运行在部分负荷时，变速装置的节能潜力十分明显。

（3）选择节能冷却塔设备

冷却塔本身的结构和体积决定着消耗能量的多少。对于一般的高层写字楼，由于安装冷却塔的位置有限，一般选择体积小的冷却塔，为了达到规定的散热量，只能加大风机的功率，靠强排风来加大蒸发量。如果安装场地允许，应选择体积较大的冷却塔来节能减耗。在制冷能力等条件相同的情况下，尽量选择风机功率小的冷却塔。依据风机轴功率与转速的三次方成正比，对多台冷却塔采用变频装置运行可能比单台冷却塔风机全速运行效率更高。对于风机选型，螺旋桨式风机一般比离心式风机的单位能耗低。

（4）节能精密空调

节能精密空调是在原有普通空调架构上，把传统的泵组、阀组、过滤除污器、仪器仪表、配套部件和控制系统等部件组合在一起形成的具有省电、低噪声、低辐射、低功耗特点的空调系统，由用于暖通空调水系统中水介质动力输送和控制，并和主机及换热末端的管路串联起来形成的标准化设备。它具有大风量、小焓差、热负荷变化幅度大、送回风方式多样、过滤系统使用方便、可靠性较高、使用寿命长等特点。

行（列）间级空调：将终端靠近IT设备热源的空调设计技术，采用了提高回风温度、100%显热、低能耗风扇和缩短送风距离等技术，大大降低了空调的运行能耗。

机架式空调：将服务器机柜与机房空气实行完全隔离，实行机柜里制冷的一种空调设计技术。其最大限度地提高了冷热交换效率，大大地缩短了空调送风距离，从而最大限度地降低了PUE空调能效因子系数。

（5）自然冷媒空调

采用自然冷媒摄取室外低温，从而降低空调能耗的技术方案，统称Free Cooling。自然冷媒包括风和水以及制冷剂等，由于数据机房对空气洁净度的要求，无隔离的室外直接冷源实际上是不可用的。最近某公司已研究出间接利用室外冷源的"智能循环"技术，该技术可以使机房空调在适合的户外环境温度下利用室外冷源而无须开启压缩机，在降低空调运行能耗的同时，对机房内的空气洁净度不会产生任何干扰。

（6）动力热管空调

热管热泵双模空调可以根据室外温度条件通过智能控制器自动选择最佳的工作模式，实现高效节能的目标。数据中心直冷机柜则实现了数据中心服务器机柜、节能传热系统以及服务器外壳一体化设计，达到接触传热，无须考虑冷暖风道问题。热管是一种新型高效的换热元件，可以将大量热量通过很小的换热面积高效传输而无须外动力或者很小的外动力，主要应用于石化、电力、冶金等工业场合的余热回收。在室外温度适宜的冬季和过渡季，利用热管换热器及室外自然冷源，冷却数据机房环境，降低室内恒温恒湿机组的制冷负荷，可以大幅降低在相应场合的空调能耗，甚至可以关闭室内制冷机。热管换热器采用更节能的全铝换热器，进一步提高了热管换热性能，在热管系统方面更是独创了动力热管系统，解决了传统热管在安装应用时所受位置及传热功率方面限制的难题。热管换热系统和热泵制冷系统使用同一套管路循环，实现了热管换热技术和热泵制冷技术的完美组合，实现了一体机模式，降低了空调整体成本，并节约了机房空间。

（7）可再生能源空调

太阳能空调是未来主要的可再生能源空调发展方向，这是一种零碳排量的空调技术，它的应用速度取决于光伏材料效率提高和成本降低的速度。

智能自控新风冷气机可以有效减少空调的运行时间，节约空调用电的同时延长空调的使用寿命，减少空调的维护费用，从而减少客户开支，提高能源利用率，降低单位产值能耗，保护环境，减轻政府能源供需压力。智能节能空调系统由智能控制器、传感器、进风装置、出风装置、防护罩、空气过滤装置和其他附件组成，其原理是利用室外的冷空气与机房室内的热空气对流，来降低室内的温度；同时当室内温度达到设定值时，精密空调自动停机，缩短空调工作的时间，从而节省大量电能。

5.3.4.3 智能化节能产品

（1）综合布线系统

随着信息化的飞速发展，数据中心作为网络的核心节点，其电能消耗、绿色环保等问题渐渐被IT经理及方案提供商所关注。综合布线系统，作为网络基础物理平台，是数据中心建设的重点之一，直接关系到数据中心的稳定性。在TIA942标准的指引下，全球数据中心布线系统以结构化、高密度、高带宽、易拓展、绿色化等为核心理念，发展为整个数据中心布线行业的方向。

综合布线系统是一个无源系统，它给网络设备提供一个无源平台，是网络的底层和基础。各种网络设备是架设在布线系统上的一个有源平台，如果基础平台上的绿色环保没有保障，则在此以上的有源平台功耗会成倍地增加。绿色布线系统一次性投入后，一般会持续运营15年以上，布线系统的寿命与稳定也直接关系到数据中心的运行维护情况。

① RoHS 2002/95/EC标准规定，在电子和电气产品中严禁使用六种有害物质，欧盟颁布RoHS指令时要求：于2006年7月1日起，禁止在市场销售含有铅（Pb）、汞（Hg）、镉（Cd）、六价铬（CrVI）、多溴化联苯（PBB）和多溴化二苯醚（PBDE）六种有害物质的电子电气设备。RoHS作为重要的参考标准是限制使用有害物质的标准规范。

② 在保证数据中心高密度系统结构的同时，选用预端接光缆产品，减少了75%的施工安装时间。采用预端接光缆相对于传统现场熔纤，不仅仅提高了品质与性能，并且减少了产品现场安装所产生的废弃的耗材，使整体实施过程更加环保高效。

③ 依据国内外的各类规范，数据中心在选取线缆时应平衡考虑，线缆应同时具有阻燃、低烟、无烟气毒性和无腐蚀性，在起火时兼顾人员和设备的损失。全球各地的防火标准各不相同，北美UL标准，力主线缆阴燃在起火时优先强调如何减少火焰扩张、火势蔓延和烟雾产生。北美UL标准按阻燃等级从高到低分为：阻燃CMP、非助

燃干线级CMR、非助燃商用级CM、非助燃通用级CMG和一般家居级CMX；而欧洲各国在布线领域则力主屏蔽和低烟无卤，注重信息安全和人员安全，欧洲低烟无卤包含三个标准：IEC 60332-3或IEC 60332-1（火焰扩张和阴燃）、IEC 61034（烟雾发散）、IEC 754（腐蚀性和毒性）；综合布线线缆均采用低烟无卤线缆。低烟无卤特点是不仅具有优良的阻燃性能，而且构成低烟无卤电缆的材料不含卤素，燃烧时的腐蚀性和毒性较低，产生极少量的烟雾，从而减少了对人体、仪器及设备的损害，有利于发生火灾时的及时救援。

④ 数据中心综合布线采用结构化、高密度、合理的线缆路由管理来减少对冷热通道的阻碍，光铜产品的选取大幅提升了网络带宽，这些措施能为节能降耗做出相关大的贡献，从而提升数据中心的能效比（节省数据中心2%～3%的电力）。

（2）计算机网络系统

① 通过合理的网络规划实现资源最佳组合，减少重复及不合理网络。用过优化核心网络架构，实行网络的扁平化管理，从而减少核心网中网元的数量，使核心设备上移，逐步使用集成度高、电信级别的平台代替传统的服务器。

② 系统产品选型采用高效能源IT设备，降低IT设备能耗。采用高集成度或分布式设计方案来减少IT设备的空间占用，使用体积更小，重量更轻，支持端口更多的设备来有效降低设备冗余度，有效降低IT设备能耗。

③ 系统利用IT设备智能休眠及关断，实现网络能源随业务动态供给。同时，制定绿色运维策略，定期优化网络信噪比及速率匹配，减少业务能耗。通过对上网用户在线时间的统计分析，全网在忙时和闲时网络负荷变换最大，那么就可以通过软件调整核心网络设备的主频，让它随网络负荷变化，在闲时自动将设备处理能力降低，减少电能的消耗。

（3）综合安防系统

① 系统设计采用低功耗、低噪声运行和休眠技术的安防系统后端存储硬盘，以降低日益增加的存储硬盘数量，降低其所需的电能。减小过大的发热量造成的隐性成本以及由此带来的经济负担。

② 数据中心周界区域设计采用太阳能供电的安防系统，发电系统通过太阳能电池组件在日光下产生电流，通过充放电控制器，为安防用电设备提供电能，同时将多余的电能存储起来供日照不足时使用。

③ 系统整体结构采用基于TCP/IP的数字安防系统，系统供电方式采用以太网供电技术（POE），以达到低碳节能的目的。该技术不仅可以传输数据信号，还能通过同样的线缆为网络摄像机、IP电话机、无线局域网接入点AP等设备提供直流供电的技术，而不必专门部署电缆来供电，这不仅有效降低了安装成本和维护成本，并且能保证网络的稳定运作，还达到了节能效果。

④ 系统产品选型选用功耗低而且体积小芯片的末端设备，有效地控制产品运行时的功耗。

⑤ 系统监控大屏选用LED监控屏，降低其功率与发热量，减少其带来的能耗。

（4）机房环境及设备集中监控系统

设计采用环境及设备集中监控系统，对数据中心内各种设备、环境、市电供应等进行实时监控和智能化管理，及时发现并掌握动力环境运行过程中的各类异常状况，避免对数据中心内关键运行与数据设备的危害，并减少运维人员的工作强度，优化管理模式，保障数据中心良好运行，节约使用能耗。具体功能如下：

① 空调实时利用率：实时监测每台空调的实际利用率，并以图标形式反映数据中心的制冷效率和能效水平。

② PUE 实时监测：实时监测数据中心的 PUE 值，并以报表、图表的形式反映出数据中心 PUE 值的变化情况，显示出数据中心能效状况。

③ 能耗分布情况测量分析：通过各种电量监测设备，实现对数据中心总能耗、IT 设备能耗、空调和照明等辅助设施能耗的分布情况分析显示，了解能耗分布是否合理，能耗分布的发展趋势状况，实现对机柜的能耗情况监测、显示。可对用电情况进行预警、报警，并实现对机柜用电容量的辅助管理。

④ 碳排放情况监测：根据用电情况换算出碳排放情况。

⑤ 财务数据转换图表：根据所测量到的电度数据，计算出所花费的资金是多少（具有日、夜电自动转换计算模式），IT 设备（生产设备）在能源方面的花费是多少，其他设备的花费是多少。

⑥ 日、月、年统计报表：定期进行各种数据的记录和统计，以用于数据的备份和查看。

⑦ PUE 数据分析图表：记录 PUE 值的变化情况。

⑧ 能耗负载趋势分析图表：系统可根据 IDC 能耗负载的历史数据，自动分析出能耗的发展状况，让管理者了解未来需要布置多少能耗负载。

⑨ 温室气体排放图表：将能耗数据自动转换为 CO_2 和 SO_2 的排放量（kg），了解机房排放温室气体的数量和发展趋势。

（5）数据中心冷热源自动控制系统

设计采用建筑设备管理系统，结合暖通专业提供的冷热源系统控制策略，对数据中心冷热源系统进行节能控制，实现经济运行，达到最佳节能效果。

5.3.5　数据中心运维节能技术

（1）全电路管理

通过数据中心的全电路管理（complete power chain management），实现能耗关键节点的识别，并对关键节点电能异常消耗的点进行分析，给出原因以及改进建议。

通过全电路的管理，实现数据中心的能效优化。

PUE 已经成为事实上衡量数据中心节能与否的标准，根据 Green Grid 的定义，数据中心电能效率被定义为总设施耗电与 IT 设备耗电的比值：

电能使用效率 = 数据中心输入总功耗/IT 设备功耗

因此，要研究数据中心的能耗，必须清楚地了解输入的电能在数据中心的耗散结构。一个典型的数据中心，其能耗的结构如图5-14所示。

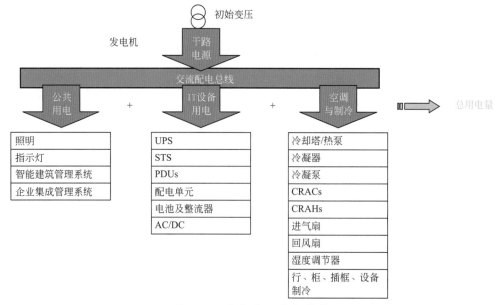

图5-14 数据中心能耗结构

图5-14是从电路拓扑的角度来跟踪能耗的足迹，为电量的测量提供了分类支持。但为了抓住项目研究的关键，需要对耗电的关键部件进行分解，然后予以重点关注。一般认为，IT设备以及为IT设备提供散热和配电支持的设备占用了数据中心能耗的绝大部分，如图5-14所示。

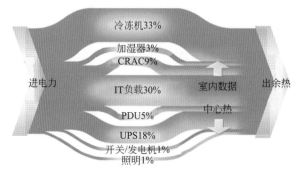

图5-15 数据中心主要设备的耗能分布统计

图5-15为Green Grid给出的数据中心各类设备耗能图，借助该图，可以明确地获得予以关注的领域，并制定相应的方法。正如前面所论述的，在IT设备负载一定的情况下，供配电、制冷领域的能耗是降耗的关键；另一方面，IT设备本身的功耗将直接影响配电、制冷设备的配置，是节能、增效的两个重要部分。

图5-15能源耗散路径所对应的设备类型，将是我们重点研究的对象，是全电路中重点测量、度量的节点。这些节点包括：变压器、UPS、电源配电传输设备如PDU等、

Chiller、CRAC、IT负载等。

Green Grid在2008年发布的数据中心能效指标全景图（图5-16）为能耗管理实践提供了KPI支持。

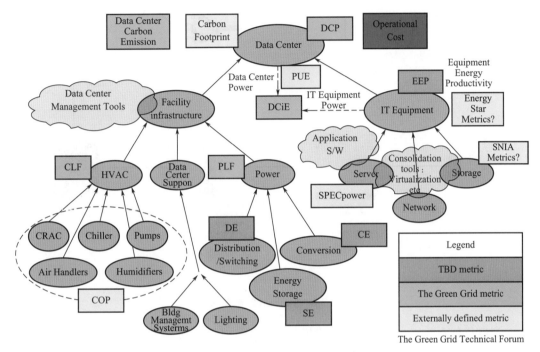

图5-16　数据中心能效指标全景图

从图5-16可以确定与数据中心能耗相关的度量指标，包括：PUE、DCiE、CLF、PLF、COP等。

其中：PUE（power usage effectiveness）为电能使用效率；PLF（power load factor）为与电源效率以及传输有直接关系；CLF（cooling load factor）与制冷效率和传输关联；COP（coefficient of performance）为冷量相关的性能因子。

上述的因子，是全电路分析过程中的主要度量KPI。通过分析KPI的变化来识别可调优的关键节点，实现能效管理的优化。

（2）行业分析

在全电路领域，行业有一些应用，如Sunbird在DCIM领域使用complete power chain management来实现对用电的管理（见图5-17）。

这里，使用全电路主要是通过实际测量值以及额定降额比对来获取三相平衡，没有对能耗的关键节点进行分析。

（3）技术原理

数据中心能耗指标是衡量数据中心能效的量化标准，它可以反映数据中心运行过程中的能耗使用情况，作为数据中心设计和运维改进的重要依据，并为不同数据中心间能效对比提供依据。

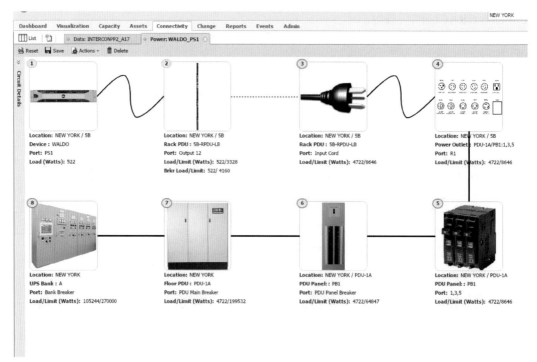

图5-17　Sunbird全电路管理

提供指标自定义功能，提供多维度的能耗指标计算，包含但不限于以下指标：

① 电能利用效率。PUE是国内外数据中心普遍接受和采用的一种衡量数据中心基础设施能效的指标，其指标的含义是计算在提供给数据中心的总电能中，有多少电能是真正应用到IT设备的。

② 局部电能利用效率。pPUE是数据中心PUE概念的延伸，用于对数据中心的局部区域或设备的能效进行评估和分析。对IDC数据中心来说，进行pPUE计算，能够更加精确地了解各区域的能耗利用率水平，为整个数据中心节能改造提供参考。

③ 制冷/供电负载系数。制冷/供电负载系数分别是：CLF（cooling load factor，制冷负载系数），定义为数据中心中制冷设备耗电与IT设备耗电的比值；PLF（power load factor，供电负载系数），定义为数据中心中供配电系统耗电与IT设备耗电的比值。此两项指标可以看作是PUE的补充和深化，通过这两项指标可以进一步深入分析制冷系统和供配电系统的能源效率。

（4）技术价值

基于统一的管理模型，提供能耗、容量、可用性等多个维度的分析；通过对耗电对象建立匹配模型，对供电设备进行管理与控制，并对供电质量进行分析，最终实现节能与稳定性提升的双重目的。其所带来的具体价值表现如下。

① 能耗数据动态可视，所见即所得。

按发电、输电、变电、储电、用电节点实施全电路监控，借助供电逻辑链路、电气单线图、设备视图实现用电全程可视。

海量数据处理，通过能量流图，帮助用户在海量的能耗数据中，快速检索能耗数据，快速分类、分析，发现用电的优化点。

② 电能质量动态分析，预警防范、保障安全用电。电能质量异常分析，并根据输电关联关系，给出关联影响决策，给出动作建议，提升电网可用度。

实时监测电力谐波，三相电流、电压，供冷因素，并利用标准 GB/T 15543—2008、CIGRE、GB/T 14549—93 提供的算法，实现电压、电流三相不平衡、电力谐波的计算，给出预警，免除后期烦琐的数据分析与判断。

在负载上架前进行三相平衡设计、优化上架策略，实时监控三相平衡，消除无用功率，提高能效。

③ 设备、系统效率动态感知、系统运行调优。能耗变量分析：根据负载、天气、运行时间等因素，建立能耗基线，发现能耗异常点。

分析设备效率，建立设备效率档案，发现提升系统产能的关键点。

节能效果测量与验证，按照大气、环境、投产负载、生产调度等条件，动态设定能耗基线，验证用户节能措施的有效性，并制定新的节能措施。

④ 能源深度洞察、支持运营决策。提供关键能效指标（E-KPI），如区域、机房、单位面积功耗、单位冷量能耗、单位冷量/单位热耗，洞察经营状态，建立能耗指标基准线，识别能耗薄弱点。

能耗预算、电能动态需量管理，调度用能生产，开源节流。

能效利用率最大化：利用峰平谷电价、生产负载变化，动态规划、调度电能容量，进行电能用/储的调度。

发现用电趋势，提前预测，及时补漏，通过需求管理，从众多需求中发现时间线索，作出计划。

用能生产报表支持运营决策：分区分类能耗，峰平谷用电报表，用电经济对比分析，需量报表，负载用电峰平谷时效分析，节能点分析等。

5.4　数据中心节能技术的典型案例

5.4.1　超（大）型数据中心的节能案例

项目名称	官厅湖新媒体大数据产业基地柴油发电机组的应用
项目概况	官厅湖新媒体大数据产业基地，由秦淮数据投资60亿元建设运营，主要承载数据存储、挖掘分析、应用等数据交易生态体系和云服务生态体系，定位是为国家级新媒体企业提供高可靠性的云计算服务。该数据基地采用康明斯柴油发电机组作为可靠的备用电源，时刻为数据基地可靠运营保驾护航
实施方案	官厅湖新媒体大数据产业基地的备用电源系统采用的双层框架摆放的集装箱柴油发电机组，这种集装箱式应用与传统机房式安装相比其优点在于： ① 不需要柴油发电机房，直接安装在室外，建设周期短； ② 不需要柴油发电机房，减少了维持机房所需的加热、制冷、供电等，节省能源； ③ 避免了由于柴油机房安装进排风不畅而造成的功率损失；

续表

项目名称	官厅湖新媒体大数据产业基地柴油发电机组的应用
实施方案	④ 系统配置灵活，后期扩展容量更加方便容易
技术应用	该项目的备用电源系统由14台常载功率为1800kW、型号为C2500D5A/HV的康明斯电力柴油发电机组和一面数字智能并联主控柜DMC8000组成。 　　康明斯C2500D5A/HV柴油发电机组是数字控制、工业用、重载型、以电喷发动机Q60为动力的发电机组，具有启动迅速、带载能力强、运行稳定的特点，还表现出体积小、功率大、燃油消耗低等优越的运行特性。 　　电源并联主控系统采用康明斯原厂生产的DMC8000 PowerCommand™数字式并联主控制柜，是以微电脑为基础的并联控制系统，直接与康明斯电力系统发电机组智慧型PC数码式并联控制盘配套。 　　适用于低电压、中电压及高电压隔离型母排并联系统，控制系统配置灵活，可以满足客户的特殊要求。 　　基本配置功能包括：高清晰度的彩色显示触摸屏、系统单线图界面、机组状态总汇界面、模拟交流表、最快达标侦测系统，系统包括"优化"负载管理程序、负载需求控制、系统趋势图界面、报警汇总屏幕、运行报告、电池监视系统、智能型综合保护AmpSentryTM功能、智慧型PowerCommand网络通信功能、先进的服务能力等
设计施工要点	① 集装箱双层框架结构经过专业设计和专业施工，以确保整体结构不受机组运行时的振动影响。 ② 双层集装箱整体供油系统与机房式安装相比，技术方案要求更高。 ③ 整体集装箱框架还要考虑防水防洪，基础比较高。 ④ 由于现场位置偏北，冬天气候比较寒冷。因此，考虑集装箱内设备及送油管路保温处理。 ⑤ 要求框架式集装箱可用于多次整体吊装。 ⑥ 箱体内防火消防功能
效益分析	康明斯C2500D5A/HV机组的发动机排量小，输出功率大，长期运行油耗相应减少10%～15%。节省燃油，绿色环保
技术依托单位	康明斯（中国）投资有限公司

5.4.2　中小型数据中心的节能案例（1）

项目名称	北京金融资产交易所数据中心SDC2+VCC节能空调示范应用项目
项目概况	北京金融资产交易所（简称北金所）位于北京市金融街，是国家级金融类国有资产交易平台。北金所数据中心在国家级金融资产交易过程中起着至关重要的保障作用，其重要程度不言而喻。北金所数据中心的主生产机房面积约1200m²，位置在主楼的八楼；而风冷节能型机房空调系统的室外机组则部署在裙楼六楼的顶楼狭窄区域，因此空调室内外机负落差约10m，水平管路最长处达到110m，整体工程难度较大

项目名称	北京金融资产交易所数据中心SDC2+VCC节能空调示范应用项目
实施方案	北金所数据中心的主生产机房在八楼，空调室外机组则在裙楼的六楼顶层，因此涉及要解决超长管路和负落差的问题；同时为杜绝水进机房的隐患，确保机房运行安全，整体空调系统采用风冷直膨系统来代替冷冻水系统，并响应国家号召，重点考虑了节能减排的重要因素，采用节能技术领先的新一代SDC2智能氟泵双循环节能空调系统和节地优势突出的VCC多样化集中式冷凝器方案，通过CFD仿真和实际运行验证，其整体节能和节地性能表现均十分优异。SDC2和VCC节能设备和系统框图如下图： 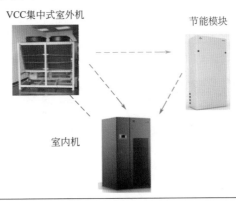 VCC集中式室外机　　　　节能模块 室内机
技术应用	北金所数据中心项目采用了维谛技术有限公司（原艾默生网络能源）的Liebert SDC2智能氟泵双循环节能空调系统和VCC多样化集中式冷凝器方案，见下图。 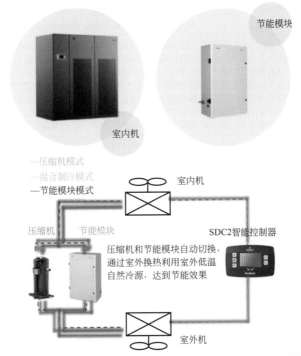 节能模块 室内机 —压缩机模式 —混合制冷模式 —节能模块模式　　室内机 压缩机　节能模块　　　　SDC2智能控制器 压缩机和节能模块自动切换，通过室外换热利用室外低温自然冷源，达到节能效果 室外机 　　SDC2是目前市场中最新一代、更加高效的风冷直膨式节能空调设备。SDC2创造性地提供了智能氟泵双循环系统，能充分利用室外低温自然冷源，大幅降低机组运行能耗。系统采用了高度一体化设计理念，在同一套制冷机组中实现常规制冷和节能系统制冷两套循环系统，具备机械压缩机模式、低温节能模式和混合运行模式等三种制冷运行模式，确保了全年运行的高效性。系统完全不引入室外新风，既保持了机房的密闭性和洁净度，又达到了高效节能运行的目的，满足客户对节能空调产品高可靠性、高效性和易用性的更高要求。

续表

项目名称	北京金融资产交易所数据中心SDC2+VCC节能空调示范应用项目
技术应用	维谛技术有限公司针对传统风冷冷凝器方案占地面积过大，无法解决聚集性热岛效应限制的问题，创新性地设计了VCC多样化集中式冷凝器方案，通过改变整体结构和进风气流组织路径，大幅降低了冷凝器本身的占地面积和冷凝器间距要求，可实现室外冷凝器完全并装而不出现局部热岛效应。 　　VCC具有模块化、独立化、可并装、易扩容、易管理和易维护的特点，是专为各类中大型数据中心节省室外机组占地面积而设计的高可靠风冷冷凝器系统。 　　据计算，4000kW的IT负荷规模数据中心的集中式冷凝器占地面积仅需260m^2，远远低于传统冷凝器室外机的1600m^{2}的占地需求，甚至低于冷冻水系统350m^{2}的占地需求。该方案大大增强了风冷直膨式空调的应用灵活性和适应性，使得该方案的室外机占地面积问题可以得到极大的改善（节地率高达70%以上）。 　　数据中心采用VCC多样化集中式冷凝器的实际安装效果如下图所示，实践证明现场运行效果良好，解决了传统风冷冷凝器无足够空间安装的问题，节省了工程费用，提高了系统效率，体现出优良的节地性能
设计施工要点	① 全新一代节能空调方案，最大限度利用室外自然冷源，节能性能优异； ② 一体化氟泵系统全自动切换，两套循环系统，三种模式运行方式，技术领先； ③ 一站式杜绝了水进机房的隐患，确保机房运行安全无忧，提升运行可靠性； ④ 解决现场超长管路和负落差的问题，提供室外机组更多安装位置选择； ⑤ 集中式冷凝器改变整体散热结构，解决了室外机组安装空间受限的问题； ⑥ CFD仿真技术避免出现聚集性热岛效应限制的问题，指导性强，高效实用； ⑦ 工程安装简单快速，最大限度利用已有建筑格局，可大幅降低土建成本
效益	① 可靠性：风冷直膨系统可靠性高，无单点故障，解决了水不进机房的问题； ② 经济性：采用先进的三种模式氟泵技术，最大限度利用室外自然冷源； ③ 领先性：创新的混合工作模式，低于20℃开启节能，专利技术国际领先； ④ 快速性：工程安装简单快速，可预制安装管道，安装便捷，调试速度加快； ⑤ 节地性：节能空调泵柜、室内机组和集中式冷凝器均体积小巧，节省空间； ⑥ 专业性：专业厂商，专业设计，CFD仿真，实践验证，确保高效运行效果
技术依托单位	维谛技术有限公司

5.4.3　中小型数据中心的节能案例（2）

项目名称	宁波国家高新区技术产业开发区管理委员会机房改造
项目概况	项目位于浙江省宁波市江南路599号，宁波国家高新技术产业开发区管理委员会是由市人民政府授权，在其管理区域内行使相关的市级经济管理权限和行政管理职能；宁波国家高新区技术产业开发区管理委员会办公楼共有12层，其机房已经使用近10年左右，基础设施老化以及部分设备冗余度不够的情况严重，而宁波国家高新区技术产业开发区管理委员会机房作为整个管委会行政管理核心，机房改造及设备升级刻不容缓

续表

项目名称	宁波国家高新区技术产业开发区管理委员会机房改造
实施方案	本次建设范围分为两个场地：场地一为高新区管委会六楼中心机房改造工程，场地二为高新区管委会行政服务中心二楼机房改造工程。 六楼中心机房采用封闭冷通道系统，有效地避免了原有机房中冷热空气混合、冷空气短路，以及远端机柜由于压降的问题而导致的柜体顶端设备无足够冷量制冷而产生的局部热点问题。 二楼机房采用数据机房一体机系统，产品创新性地将配电单元、UPS、电池包、机架式空调、应急散热、气流管理、布线、监控管理系统等数据中心基础设备集中在一个或两个封闭式的机柜内，为所有IT设备提供所需恒定的运行条件与智能化管理工具，具有环保、高效、节能等诸多优点，彻底改变了二楼汇聚机房的现状
技术应用	（1）气流组织智能优化技术 由高性能冷池系统、配电系统、制冷系统、消防联动系统、布线系统及智能操作系统组合而成的全封闭单体机。采用独特的冷热循环通道设计，整个机柜内部的冷、热气流交换都在内部封闭空间内完成，与机柜外部不联通；其中机柜前部为冷池区，机柜后部为热池区，通过冷热循环交换实现对设备的制冷和散热，使得整个制冷系统更高效、节能、环保；密封机柜设计更好地适应外部恶劣的环境条件，对内部服务器无影响。 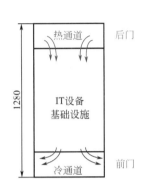 （2）数据采集快速处理技术 数据采集设备量要求快速处理技术，解决大数据采集和计算，多设备（线程）读取和写入同一目标区（内存）高并发锁冲突问题。本项目创新地提出数据采集快速处理技术，该技术点在多设备（线程）读取和写入同一目标区（内存），通过实时指标数据与所述目标数据进行比对，并根据对比结果对目标区数据进行无锁逐步逼近修正处理，实现高并发无锁写同一目标区的快速处理方法。 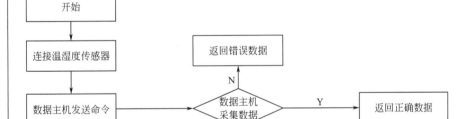 （3）智能化集中管控技术 高效智能的数据传输技术，通过采用Web Socket协议基于JSon格式编码智能数据包，实现采集终端到服务程序的数据高效智能传输。高性能稳定的集中服务技术，通过采用多次程和轻量级协程技术、管道消息机制，实现服务程序的高并发性和高可靠性运行。动态数据可视化集中显示技术，通过采用HTML5及JS动态脚本，把动态数据以动态图表的方式，清晰直观地显示在浏览器上。超临界数据的预警监控技术，通过实时分析动态数据，对超临界数据通过公司的预警系统实时通知运维人员反馈处理 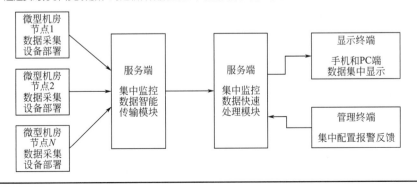

续表

项目名称	宁波国家高新区技术产业开发区管理委员会机房改造
设计施工要点	① 业务连续性，高新区管委会作为政府职能部门，所有设备在工作日期间不允许中断，重点工作（如网络升级、电力改造等系统）施工时间只能考虑节假日或夜间，连续中断时间不能超过8h; ② 物理上网络、电力构建，由于原有机房使用时间年限过长、大部分资料流失、线路路由不明确，施工中需点对点重新整理，重新制作标签，令线路清晰明了，并对资料进行电子档案化处理; ③ 后期的延伸性，为了保障机房整体良好地运行，工程完成后，通过严格的第三方检测，保证机房整体的品质
效益	政务工作对数据安全提出越来越高的要求，关键数据被视为政务工作正常运作的基础；一旦因为机房问题遭遇数据灾难，那么整体工作会陷入瘫痪，带来的损失难以估量，这种情况下，越来越多的政府机关意识到数据中心机房的重要性；高新区管委会借机房改造契机，节约场地，有效地避免了各个职能部分机房的需求，形成了统一化管理；节约运维成本，简化运维工作流程，减少人力成本
技术依托单位	浙江德塔森特数据技术有限公司

第6章 建筑新能源与绿色建筑的节能技术

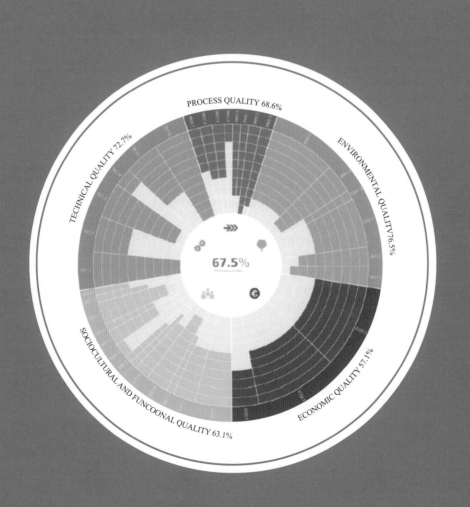

以可持续发展、节约能源、减少污染为核心内容的绿色建筑涉及环保、新能源等众多领域，在建筑的全寿命期内，最大限度地节约资源是绿色建筑的基本要求。在传统化石能源日益枯竭及气候变化问题日益凸显的现代社会，建设新能源节能建筑是未来绿色建筑发展的必然趋势之一，建筑新能源将不仅是绿色建筑评价体系的可选要求，更成为未来城市节能环保建设、发展可持续建筑的必然选择。

6.1　建筑新能源的现状及发展趋势

6.1.1　建筑新能源的发展现状

国内外主要建筑新能源技术见表6-1。

表6-1　国内外主要建筑新能源技术

序号	名称	具体概念	优点	缺点
1	太阳能光伏发电	光伏发电是根据光生伏特效应原理，利用太阳能电池将太阳能直接转换为电能	① 无枯竭危险； ② 安全可靠，无噪声，无污染排放，无公害； ③ 不受现场环境的局限，可利用建筑的屋面，也可在无电地区以及地形复杂地区使用； ④ 无须消耗燃料，架设输电线路即可就地发电供电； ⑤ 建设周期短； ⑥ 系统简单，寿命长，安装维护简便	① 照射的能量分布密度小，要占用巨大面积； ② 光伏发电具有间歇性和随机性； ③ 各个地区太阳能资源情况不同，所以光伏发电区域性强； ④ 光伏电池及组件制造过程中不环保； ⑤ 光伏发电效率较低，阻碍光伏发电大面积推广； ⑥ 系统成本较高
2	太阳能热发电	太阳能热发电是利用光学系统聚焦太阳辐射能，用以加热工质，生产高温高压的蒸汽驱动汽轮机组发电	① 运行成本低，规模大小灵活； ② 故障率低，建设周期短； ③ 无噪声，无污染，无须燃料； ④ 能保存足够的发电热量，解决光伏发电间歇性的问题； ⑤ 相比太阳能光伏发电，对现有的火电站及电网系统有更好的兼容性； ⑥ 无扰动冲击和容量限制，电力输出稳定	① 太阳能辐射受天气条件影响较大； ② 相比光伏发电，对能够体现太阳能热发电经济性所需要的太阳能辐射资源及规模化容量的要求更高； ③ 大规模应用成熟度不高
3	风力发电	风力发电是利用自然风力带动风车叶片旋转，再通过增速机将旋转的速度提高来促进发电机发电	① 清洁，环境效益好； ② 可再生，永不枯竭； ③ 基建周期短； ④ 装机规模灵活； ⑤ 技术成熟、成本低	① 噪声，视觉污染； ② 占用大片土地，成本高； ③ 不稳定，不可控； ④ 影响鸟类； ⑤ 受地理位置限制严重； ⑥ 风能转换效率低
4	生物质发电	生物质发电是利用生物质所具有的生物质能进行的发电，是可再生能源发电的一种	① 生物质能发电产业化、规模化前景好； ② 对环境影响较小； ③ 生物质能源蕴藏储量巨大，资源分布广； ④ 符合国家新能源政策及"三农"政策； ⑤ 就地发电、就地利用，不需外运燃料和远距离输电	① 依赖于生物质资源的获得，政府掌控程度高，私营企业难以通过市场竞争获得资源； ② 电厂投资规模大，缺乏市场竞争力； ③ 技术密集程度高，发电技术种类少； ④ 进入壁垒高，生物质发电项目实行"核准制"

6.1.1.1　太阳能光伏发电

太阳能光伏发电系统主要由太阳电池板（组件）、控制器和逆变器三大部分组成，按照电能输送方式，太阳能光伏发电可分为独立光伏发电、并网光伏发电和分布式光伏发电。

独立光伏发电系统由太阳能组件、控制器、逆变器、蓄电池组和支架系统组成，将利用太阳能照射转换产生的直流电储存在蓄电池组中，不与公共电网相连而独立供电，适用于没有并网或并网电力不稳定的地区。

并网光伏发电系统将太阳能组件产生的直流电经过并网逆变器转换直接接入公共电网。并网光伏发电系统主要有集中式大型并网光伏电站和分散式小型并网光伏系统，前者一般是国家级电站，将所发电能直接输送到电网，由电网统一调配向用户供电；后者主要应用于小范围的供电，尤其是光伏建筑一体化发电系统，是分散式小型并网光伏系统发电的主流。

分布式光伏发电系统由光伏电池组件、光伏方阵支架、直流汇流箱、直流配电柜、并网逆变器、交流配电柜等设备组成，一般在用户场地附近建设，适用于用户侧自发自用、多余电量上网，满足特定用户的需求。

据国家能源局统计，2017年全国光伏发电累计装机达到130GW，连续三年装机总量世界第一，占全球总量的32.4%。截至2017年年底，光伏累计发电约2565亿千瓦时，节约标煤超过8000万吨，累计减排二氧化碳、二氧化硫、氮氧化物分别为2.1亿吨、68万吨和59.2万吨。同时，光伏发电还实现了质、量双提升和弃光量、弃光率双下降。2017～2020年全国各省（区）光伏电站新增建设规模方案见图6-1。

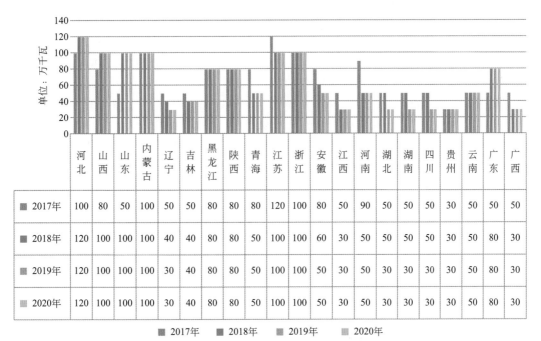

	河北	山西	山东	内蒙古	辽宁	吉林	黑龙江	陕西	青海	江苏	浙江	安徽	江西	河南	湖北	湖南	四川	贵州	云南	广东	广西
■ 2017年	100	80	50	100	50	50	80	80	80	120	100	80	50	90	50	50	50	30	50	50	50
■ 2018年	120	100	100	100	40	40	80	80	50	100	100	60	30	50	50	50	30	30	50	80	30
■ 2019年	120	100	100	100	30	40	80	80	50	120	100	50	30	50	30	30	30	30	50	80	30
▨ 2020年	120	100	100	100	30	40	80	80	50	120	100	50	30	50	30	30	30	30	50	80	30

■ 2017年　■ 2018年　▨ 2019年　▨ 2020年

图6-1　2017～2020年全国各省（区）光伏电站新增建设规模方案

国家能源局于2017年11月公布了全国光伏发电领跑基地名单，见图6-2。

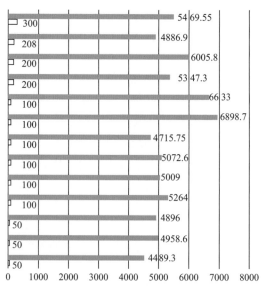

图6-2　2017年光伏发电领跑基地（太阳能利用率≥95%）

能源局规划到2020年底，全国太阳能发电总装机容量达到1.1亿千瓦，其中光伏发电累计装机达到1.05亿千瓦，达到太阳能发电总装机的95%以上。到2020年建成100个分布式光伏应用示范区，园区内80%的新建建筑屋顶、50%的已有建筑屋顶安装光伏发电。

2017年当年，国内多晶硅片、电池片和组件的价格分别同比下降了26.1%、25.7%和33.3%，光伏发电成本已降至7元/W左右，组件成本已降至3元/W左右。国际能源署（IEA）预测，2020年世界光伏发电量将占总发电量的2%，2040年将占总发电量的20%～28%。欧盟联合研究中心（JRC）预测，到2030年可再生能源在总能源结构中将占30%以上，太阳能光伏发电在世界总电力供应中将达到10%以上；2040年可再生能源在总能源结构中将占50%以上，太阳能光伏发电在世界总电力供应中将达20%以上；到21世纪末可再生能源在总能源结构中将占80%以上，太阳能光伏发电在世界总电力供应中将达60%以上。全球各年光伏安装量、累计安装量统计及预测见表6-2。

表6-2　全球各年光伏安装量、累计安装量统计及预测

年份	2011	2012	2013	2014	2015	2016	2017	2018	2019	2020
每年安装量/GW	2.7	4.5	5	6	8	10	12	14	17	20
累计安装量/GW	3.5	8	13	19	27	37	49	63	80	100

注：来源于许洪华会议报告。

6.1.1.2　太阳能光热发电

太阳能热发电技术也叫聚焦型太阳能热发电（concentrating solar power，CSP），具有效率高、结构紧凑、运行成本低的优点，但对光照条件的要求比光伏发电更高，产生的电能与传统的热电、水电具有更好的切合性，适合大型化发展。

根据聚光方式的不同，光热发电技术可分为四种方式：塔式、槽式、盘式（碟式）和线性菲涅尔式。四种太阳能发电聚光技术比较见表6-3。四种聚光技术太阳能热发电方式特点对比见表6-4。

表6-3　四种太阳能热发电聚光技术比较

光热发电技术	工作原理	关键技术	各国应用情况
塔式	将集能器置于塔顶，反射镜自动跟踪太阳，太阳能转变成热能加热盘管内流动着的介质产生蒸汽。一部分热量用来带动汽轮发电机组发电，另一部分热量则被储存在蓄热器里以备没有阳光时发电用。聚光比可以达到1000以上	① 反射镜及其自动跟踪：一般采用计算机控制。 ② 集能器：要求体积小，换能效率高。有空腔式、盘式、圆柱式等。 ③ 蓄热：目前主要采用水、水蒸气和熔盐作为蓄热工质，更理想的储热材料仍在研究中	美国、日本和欧洲已建成一些几千至上万千瓦级的太阳能试验电站。我国北京延庆八达岭兴建的亚洲第一座塔式太阳能热发电站，是中科院太阳能热发电技术及系统示范项目
槽式	利用抛物线的光学原理，将多个槽形抛物面聚光集热器经串并联的排列，聚集太阳辐射能，加热真空集热管里面的工质，产生高温，再通过换热设备加热水产生高温高压的蒸汽，驱动汽轮机发电机组发电	太阳热能聚光器、吸收器、跟踪技术及高温热能储存技术	美国、以色列、澳大利亚、德国等国是槽式太阳能热发电技术强国。其中美国鲁兹（LUZ）公司是槽式太阳能热发电技术应用的典范。国内在太阳能热发电领域的太阳光方位传感器、自动跟踪系统、槽式抛物面反射镜、槽式太阳能接收器方面取得了突破性进展
盘式（碟式）	采用盘状抛物面聚光集热器，将入射阳光聚集在焦点处，在焦点处放置Stirling发电机或Brayton发电机发电，聚光比可以达到3000以上	Stirling发电机、Brayton发电机、碟式聚光镜和受热器	美国、澳大利亚等国都有一些应用，但规模不大。美国、西班牙、德国等国家分别建立了9~25kW的发电系统并且成功运行
线性菲涅尔式	具有跟踪太阳运动装置的主反射镜列将太阳光反射聚集到具有二次曲面的二级反射镜和线性集热器上，集热器将太阳能转化为热能	反射镜及反射镜系统、吸热集热结构、跟踪控制系统及系统维护	近十年，许多西欧和美国的公司开展了线性菲涅尔式太阳能热发电技术大型化示范工程的研究和建设

表6-4　四种聚光技术太阳能热发电方式特点对比

项目	槽式	塔式	盘式（碟式）	线性菲涅尔式
对太阳能直射资源的要求	高	高	高	低
吸热器运行温度/℃	320~400	230~1200	750	370
系统平均效率/%	15	20~35	25~30	8~10
适宜规模/MW	30~150	30~400	1~50	30~150
已建单机最大容量/MW	80	20	100	5
占地规模	大	中	小	中

目前国内太阳能热发电产业正处于起步阶段，尚未形成产业规模，工程造价较高，技术装备制造能力弱，缺乏系统集成及运行技术状况。为攻克关键技术装备，形成完整产业链和系统集成能力，2016年9月，国家能源局印发《关于建设太阳能热发电示范项目的通知》（国能新能〔2016〕223号），发布第一批太阳能热发电示范项目20个，总计装机容量134.9万千瓦，包括塔式9个、槽式7个、菲涅尔式4个，计划于2018年12月31日以前全部投运，见表6-5。

表6-5　太阳能热发电示范项目名单

项目名称	技术路线	系统转换效率
青海中控太阳能发电有限公司德令哈熔盐塔式5万千瓦光热发电项目	熔盐塔式，6h熔融盐储热	18%
北京首航艾启威节能技术股份有限公司敦煌熔盐塔式10万千瓦光热发电示范项目	熔盐塔式，11h熔融盐储热	16.01%
中国电建西北勘测设计研究院有限公司共和熔盐塔式5万千瓦光热发电项目	熔盐塔式，6h熔融盐储热	15.54%
中国电力工程顾问集团西北电力设计院有限公司哈密熔盐塔式5万千瓦光热发电项目	熔盐塔式，8h熔融盐储热	15.5%
国电投黄河上游水电开发有限责任公司德令哈水工质塔式13.5万千瓦光热发电项目	水工质塔式，3.7h熔融盐储热	15%
中国三峡新能源有限公司金塔熔盐塔式10万千瓦光热发电项目	熔盐塔式，8h熔融盐储热	15.82%
达华工程管理（集团）有限公司尚义水工质塔式5万千瓦光热发电项目	水工质塔式，4h熔融盐储热	17%
玉门鑫能光热第一电力有限公司熔盐塔式5万千瓦光热发电项目	熔盐塔式，熔岩二次反射6h	18.5%
北京国华电力有限责任公司玉门熔盐塔式10万千瓦光热发电项目	熔盐塔式，10h熔融盐储热	16.5%
常州龙腾太阳能热电设备有限公司玉门东镇导热油槽式5万千瓦光热发电项目	导热油槽式，7h熔融盐储热	24.6%
深圳市金钒能源科技有限公司阿克塞5万千瓦熔盐槽式光热发电项目	熔盐槽式，15h熔融盐储热	21%
中海阳能源集团股份有限公司玉门东镇导热油槽式5万千瓦光热发电项目	导热油槽式，7h熔融盐储热	24.6%
内蒙古中核龙腾新能源有限公司乌拉特中旗导热油槽式10万千瓦光热发电项目	导热油槽式，4h熔融盐储热	26.76%
中广核太阳能德令哈有限公司导热油槽式5万千瓦光热发电项目	导热油槽式，9h熔融盐储热	14.03%
中节能甘肃武威太阳能发电有限公司古浪导热油槽式10万千瓦光热发电项目	导热油槽式，7h熔融盐储热	14%
中阳张家口察北能源有限公司熔盐槽式6.4万千瓦光热发电项目	熔盐槽式，16h熔融盐储热	21.5%
兰州大成科技股份有限公司敦煌熔盐线性菲涅尔式5万千瓦光热发电示范项目	熔盐线性菲涅尔式，13h熔融盐储热	16.7%
北方联合电力有限责任公司乌拉特旗导热油菲涅尔式5万千瓦光热发电项目	导热油菲涅尔式，6h熔融盐储热	18.5%
中信张北新能源开发有限公司水工质类菲涅尔式5万千瓦光热发电项目	水工质类菲涅尔式，14h全固态配方混凝土储热	10.5%
张北华强兆阳能源有限公司张家口水工质类菲涅尔式5万千瓦太阳能热发电项目	水工质类菲涅尔式，14h全固态配方混凝土储热	11.9%

截至2017年年底，全球太阳能热发电累计装机容量519.8万千瓦，当年新增装机11.56万千瓦，增幅2.3%。其中，装机容量排列前位的国家分别为西班牙、美国、印度和南非，新增装机容量最大的国家是南非。国家能源局规划到2020年年底，全国太阳能发电总装机容量达到1.1亿千瓦，其中光热发电累计装机达到500万千瓦，达到太阳能发电总装机的4%以上。

国际能源署（IEA）下属的SolarPACES、欧洲太阳能热能发电协会（ESTELA）和绿色和平组织的预测认为，CSP到2030年在全球能源供应份额中将占3%～3.6%，到2050年占8%～11.8%，这意味着到2050年CSP装机容量将达到830GW，每年新增41GW。IEA预测到2060年光热直接发电及采用光热化工合成燃料发电共占全球电力结构的约30%。

6.1.1.3 风力发电

风能是大气在太阳辐射下流动所形成的，全球的风能约为2.74×10^9MW，其中可利用的风能为2×10^7MW，比地球上可开发利用的水能总量还要大10倍，分布广泛，永不枯竭，对交通不便、远离主干电网的岛屿及边远地区尤为重要。

风力发电是利用自然风力带动风车叶片旋转，再通过增速机将旋转的速度提升来促使发电机发电。主流的风力发电机组一般为水平轴式风力发电机，由叶片、轮毂、增速齿轮箱、发电机、主轴、偏航装置、控制系统、塔架等部件所组成。

风力发电的运行方式主要有两类。一类是独立运行供电系统，通过逆变器转换成交流电向终端电器供电，单机容量一般为100～10000W；或采用中型风电机组与柴油发电机或太阳光电池组成混合供电系统，系统容量为10～200kW。另一类是作为常规电网的电源，与电网并联运行，机组单机容量范围为200～2500kW。

据全球风能理事会发布的全球风电市场年度统计报告，2017年，中国风电新增装机19500MW，累计装机容量188232MW，位居全球风电市场首位；亚洲、欧洲和北美地区分别以累计装机容量228542MW、178096MW和105321MW位居全球风电市场前三位。截至2017年末，全球主要地区风电装机情况如图6-3、图6-4所示。

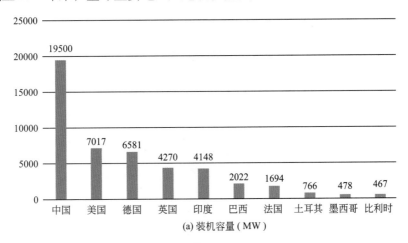

(a) 装机容量（MW）

图6-3

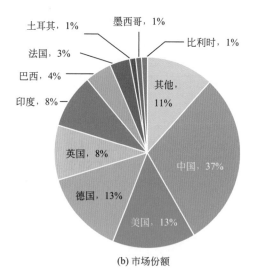

(b) 市场份额

图6-3　2017年风电新增装机前十名

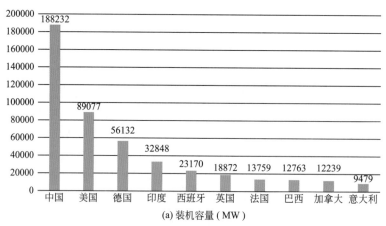

(a) 装机容量（MW）

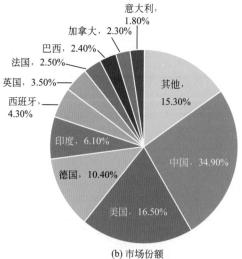

(b) 市场份额

图6-4　截至2017年末全球主要地区风电装机情况

全国各省（区、市）风电新增建设规模方案见图6-5。

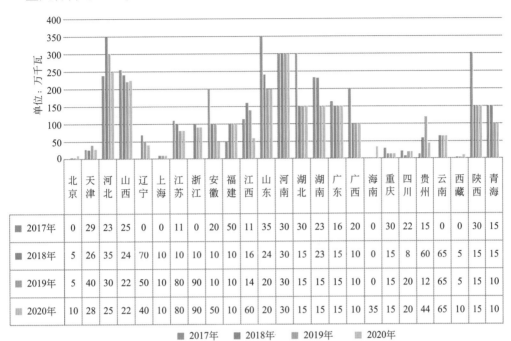

单位：万千瓦	北京	天津	河北	山西	辽宁	上海	江苏	浙江	安徽	福建	江西	山东	河南	湖北	湖南	广东	广西	海南	重庆	四川	贵州	云南	西藏	陕西	青海
2017年	0	29	23	25	0	0	11	0	20	50	11	35	30	30	23	16	20	0	30	22	15	0	0	30	15
2018年	5	26	35	24	70	10	10	10	10	10	24	30	15	23	15	10	0	15	8	60	65	1	15	15	15
2019年	5	40	35	22	50	10	80	90	10	10	14	30	15	25	10	10	0	12	15	15	12	65	10	15	10
2020年	10	28	25	22	40	10	80	90	50	10	60	20	10	15	15	10	35	15	20	44	65	10	15	10

■ 2017年　■ 2018年　■ 2019年　■ 2020年

图6-5　全国各省（区、市）风电新增建设规模方案

自20世纪90年代以来，风电的年增长率一直保持了两位数的百分比水平。预计到2020年，风力发电将可提供世界电力需求的10%。我国计划到2020年底，风电新增装机容量8000万千瓦以上，其中海上风电新增容量400万千瓦；风电累计并网装机容量确保达到2.1亿千瓦以上，其中海上风电并网装机容量达到500万千瓦以上；风电年发电量确保达到4200亿千瓦时，约占全国总发电量的6%，相当于每年节约1.5亿吨标准煤，减少排放二氧化碳3.8亿吨，二氧化硫130万吨，氮氧化物110万吨。我国陆地和近海风能资源潜在开发量和2020年各省（区、市）风电发展目标见表6-6和图6-6。

表6-6　我国陆地和近海风能资源潜在开发量

地域	总面积/万平方千米	风能资源潜在开发量/亿千瓦
陆地	约960	26
海上（水深5～50m，高度100m）	39.4	5

注：资料来源于产业信息网。

风电在未来的发展过程当中主要的趋势还包括：①风电设备价格下降，从而使风电上网电价下降，会逐渐接近燃煤发电的成本，凸显经济效益；②项目的建设时间缩短，见效快；③风能发展能遏制温室效应、沙尘暴灾害；④风能发电是比较分散的供电系统，使得边远山村也能够独立供电；⑤风能发电场变成旅游项目也能很好地带动当地的经济发展。

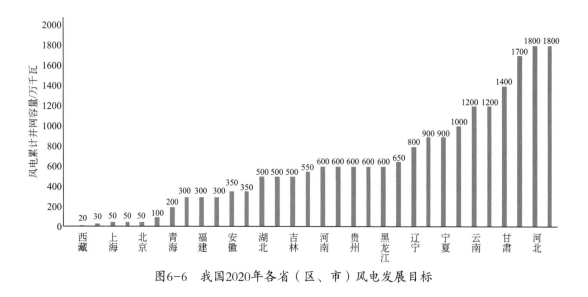

图6-6 我国2020年各省（区、市）风电发展目标

6.1.1.4 生物质发电

生物质一般指除化石燃料及其衍生物外的任何形式的有机物质，包括所有的动物、植物和微生物，以及由这些生命体所派生、排泄和代谢出来的各种有机物质，如农林作物及其残体、水生植物、人畜粪便、城市生活垃圾和工业有机废物等。

生物质发电发电的几种形式比较如表6-7所示。

表6-7 生物质发电的几种形式比较

发电形式	特点	应用情况
直燃发电	单位投资成本较高，需要进行规模生产，对资源供给量也有较高要求，存在技术难点	目前建成的项目多处于示范阶段。但在大型农场、林场或农林业集中地区，直燃发电已成为大规模处理利用农林废物的主要方式，并已进入推广应用阶段
混燃发电	技术简单，对原有设备改造的工作量小，投资少，而且掺混量可以调节，对原料价格有较强的调控能力，抗风险能力强，是生物质利用最经济的技术	我国目前尚未对生物质混燃发电有明确的政策优惠，所以混燃技术的使用仅属示范阶段
气化发电	投资较少，发电成本低，发电效率较高	从国际上来看，小规模的生物质气化发电已进入商业示范阶段，大规模的生物质气化发电已进入示范和研究阶段，是今后生物质工业化应用的主要方式
焚烧发电	单位投资成本较高，对垃圾热值要求高，选址要求高，区域性垄断，前期需进行垃圾分类，焚烧后的污染物排放需进行严格控制和处理	我国在各省市建立了数百座焚烧发电厂，未来3~5年将成为垃圾焚烧发电行业的黄金发展期
填埋气发电	投资成本高，垃圾处理量大，占用土地资源多，有机物含量高，产气率较高	我国建成的填埋气发电项目较少，通常在填埋气发电的同时利用余热实现热电联产，基本处于试运行阶段
沼气发电	规模化低，燃值高，环境友好，经济效益高	我国沼气发电主要应用于偏远但拥有丰富生物质原料的农村地区，以3~10kW沼气机和沼气发电机组为主

截至2017年底，全国生物质发电新增装机274万千瓦，累计装机达到1488万千瓦，同比增长22.6%。全年生物质发电量794亿千瓦时，同比增长22.7%，且继续保持稳步增长势头。2017年生物质发电量约占三峡全年发电量（976.05亿千瓦时）的81.35%，占整个可再生能源发电量的4.67%，占全国年总发电量的1.23%。我国的生物质发电主要停留在示范项目阶段，生物质发电在我国电力生产结构中占比极小，在我国新能源发电结构中占比为1/10左右。

据国家能源局《生物质能发展"十三五"规划》，到2020年，生物质能基本实现商业化和规模化利用。生物质能年利用量约5800万吨标准煤。生物质发电总装机容量达到1500万千瓦，年发电量900亿千瓦时，其中农林生物质直燃发电700万千瓦，城镇生活垃圾焚烧发电750万千瓦，沼气发电50万千瓦；生物天然气年利用量80亿立方米；生物液体燃料年利用量600万吨；生物质成型燃料年利用量3000万吨。年减排二氧化碳约1.5亿吨，减少粉尘排放约5200万吨，减少二氧化硫排放约140万吨，减少氮氧化物排放约44万吨。

6.1.2 建筑新能源技术的发展趋势

目前技术成熟度较高且在建筑中广泛推广应用的新能源为太阳能光伏发电、风能发电、生物质能发电。

6.1.2.1 新能源发电在建筑中的应用

太阳能光伏发电的光伏板组件是一种暴露在阳光下便会产生直流电的发电装置，由以半导体物料（例如硅）制成的薄身固体光伏电池组成，没有活动的部分，可以长时间操作而不会导致任何损耗。按照光伏组件在不同的建筑部位的安装和光伏组件与建筑构造结合的紧密程度，建筑光伏发电应用的形式分类如表6-8所示。

表6-8 建筑光伏发电应用形式

类别	形式	原理	适用建筑
光伏屋面（一体）：光伏组件直接作为屋面层，与其他屋面层一起，承担屋面功能	光伏组件屋面	光伏组件作为屋面保护层，是一种新型的坡屋面形式	新建坡屋面和平改坡屋面
	光伏瓦屋面	光伏瓦或光伏组件以瓦的形式铺装，是一种新型瓦材的瓦屋面形式	新建瓦屋面和传统瓦的改造
	光伏采光顶	光伏组件作为采光顶的玻璃面板，是一种新型的玻璃采光顶形式	建筑采光顶
屋面光伏（附加）：光伏组件直立或平行附着于屋面，不作为屋面层，不承担屋面功能	平屋顶光伏	光伏组件直立倾斜安装于平屋顶上	既有建筑卷材、涂膜屋面
	瓦屋面光伏	光伏组件平行于瓦屋面安装	既有建筑瓦屋面
	金属屋面光伏	光伏组件平行于金属屋面安装	既有建筑金属屋面
光伏幕墙（一体）：光伏组件直接作为幕墙面板，与支承结构共同构成光伏幕墙			透光和不透光建筑幕墙
墙面光伏（附加）：光伏组件外置于墙面，作为光伏窗间墙			既有建筑墙体改造

续表

类别	形式	原理	适用建筑
光伏遮阳	光伏外窗遮阳	光伏组件作为外窗遮阳板	建筑外窗遮阳
	光伏雨篷	光伏组件作为雨篷面板	建筑雨篷
	光伏外廊	光伏组件作为外廊顶棚	建筑外廊
	光伏看台遮阳	光伏组件作为看台遮阳板	体育场看台
光伏阳台（一体）：光伏组件直接作为阳台栏板			建筑阳台
光伏阳台（附加）：光伏组件挂于阳台外侧			建筑阳台
室外光伏：光伏组件安装于建筑室外，作为建筑的附属物或设施	光伏车棚	光伏组件作为车棚顶棚	建筑室外附属
	光伏站亭	光伏组件作为站亭顶棚	建筑室外附属
	光伏路灯	为路灯照明供电	建筑室外附属
	光伏小品	草坪灯、雕塑等	建筑室外附属

1998年，欧洲委员会开展了"wind energy in the built environment"（WEBE）的研究项目，第一次将风能发电引进城市建筑中。建筑环境中的风能利用其具有免于输送的优点，所产生的电能可以直接用于建筑本身，国内外学者对建筑环境中风能的利用技术研究主要着眼于建筑风力集中器研究、适宜建筑环境的风力发电机研究以及建筑环境风力发电效益评估等方面。考虑到建筑环境中风能的特殊性，大型风力发电机的运用受到了一定的限制，因此开发研究适宜建筑环境的小型风力发电机成为未来建筑利用风能发电的主要研究和发展方向。

建筑环境中风力发电的供电模式有独立运行模式——风力发电机输出的电能经蓄电池储能，再供应用户使用；与其他发电方式互补运行模式——风力-柴油机组互补发电方式、风力-太阳能光伏发电方式和风力-燃料电池发电方式；与电网联合供电模式——采用小型风力发电机供电以满足建筑的用电需求，电网作为备用电源供电。当风力机在发电高峰时，产生的多余电量送到电网出售，使得用户有一定的收益。当风力机发电量不足时，可从电网取电。这种模式免去了蓄电池等设备，后期的维修费用也相对比较少，使得系统成本大幅度下调，经济性高。

建筑与风力发电相结合的方式：一是在建筑屋顶上安装风机，二是在建筑物中间设置风机，三是在建筑物的空洞中安装风机；在这三种形式的基础上，形成了二者相互结合的形式。建筑环境中采用的风力发电机主要有垂直轴风力发电机和水平轴风力发电机，目前用于发电的风力发电机都为水平轴，还没有商业化的垂直轴风力发电机组，而风力发电建筑一体化技术中一般采用垂直轴风力发电机，二者特点对比如表6-9所示。

在城市中，由于建筑集中，主城区的风速与郊区相比相对较小，或者是在高大建筑物周围，会出现一定的阻碍，也会不同程度使风速受到影响，产生狭管效应，因此，在建筑的风能利用中需要考虑楼群风的现象，根据建筑群的位置进行场地风环境模拟，预测是否采用风能发电技术；在规划阶段对建筑群进行布置的过程中，需要防止逆风、分流风以及下冲风等不利于风能发电利用的风效应，最大程度地利用风能，提高可再生能源在建筑中的利用水平。

表6-9　垂直轴风力发电机与水平轴风力发电机的特点对比

类别	优点	缺点
垂直轴风力发电机	① 安全性相对较高（破坏半径小）； ② 设计简单，低风速启动； ③ 抗台风能力强，无噪声； ④ 不受风向改变的影响； ⑤ 所占空间小，维护较简单； ⑥ 使用寿命长	① 总体效率不高； ② 过速时的速度控制困难； ③ 风轮的启动性能不高，难以自动启动； ④ 技术要求高
水平轴风力发电机	① 总体效率高； ② 风轮的启动性能好，自动启动容易； ③ 技术要求不高； ④ 低噪声	① 使用寿命不长； ② 受风向影响，有"对风损失"

我国的生物质发电尚处于初始示范项目阶段，未形成支撑生物质发电产业发展的技术服务体系。生物质发电项目的燃料供应受规划容量和规划距离制约，在建筑中的应用尚未形成较为成熟的技术和推广。

6.1.2.2　新能源发电在建筑中的发展

生物质能发电采用的物质来源于农林业、生活污水、有机废水、固体废物等，一般作为区域性的能源供给使用，包括农林生物质发电、垃圾发电和沼气发电，推广应用和采用的物质与来源地域的资源分布有很大的关系。

在粮食主产区建设以秸秆为燃料的生物质发电厂，或将已有燃煤小火电机组改造为燃用秸秆的生物质发电机组；在规模化畜禽养殖场、工业有机废水处理和城市污水处理厂建设沼气工程，合理配套安装沼气发电设施。在大中型农产品加工企业、部分林区和灌木集中分布区、木材加工厂，建设以稻壳、灌木林和木材加工剩余物为原料的生物质发电；在经济较发达、土地资源稀缺地区建设垃圾焚烧发电厂，在直辖市、省级城市、沿海城市、旅游风景名胜城市、主要江河和湖泊附近城市积极推广垃圾卫生填埋技术，在大中型垃圾填埋场建设沼气回收和发电装置。

国际自然基金会于2011年2月发布的《能源报告》认为，到2050年将有60%的工业燃料和工业供热都采用生物质能源。我国《可再生能源中长期发展规划》指出，到2020年，生物质固体成型燃料年利用量达到5000万吨，沼气年利用量达到440亿立方米，生物燃料乙醇年利用量达到1000万吨，生物柴油年利用量达到200万吨，绿色能源县普及到500个。

太阳能光伏发电在建筑的主流应用为光伏建筑一体化（BIPV, building integrated PV），可分为光伏方阵与建筑的结合、光伏方阵与建筑的集成两类，光伏阵列吸收太阳能转化为电能，不仅可给建筑使用供电，而且可以降低室外综合温度，减少墙体得热和室内空调冷负荷。我国《可再生能源中长期发展规划》预计到2020年，全国建成2万个屋顶光伏发电项目，总容量100万千瓦。

2000年以来风电占欧洲新增装机的30%，2007年以来风电占美国新增装机的33%。2015年，风电在丹麦、西班牙和德国用电量中的占比分别达到42%、19%和13%。美国提出到2030年20%的用电量由风电供应，丹麦、德国等国把开发风电作为实现2050

年高比例可再生能源发展目标的核心措施。2002年，我国开始新型垂直轴风力发电机的研究，2009年9月，国内首个风力发电建筑一体化的项目——上海天山路新元昌青年公寓3kW垂直轴风力发电机项目正式运营，开启了我国风电建筑一体化的历程。

6.2 建筑新能源的技术标准

6.2.1 建筑新能源的定义

新能源又称非常规能源，一般指在新技术基础上，可系统地开发利用的可再生能源，包含了传统能源之外的各种能源形式，主要有太阳能、风能、水能、生物质能等。与常规能源相比，新能源最大的优势是地域分布比较均衡且资源量巨大。在建筑中采用新能源技术为建筑物提供采暖、热水、空调、照明、通风和动力等一系列功能，以满足人们生活和生产需要的可称为建筑新能源技术。

6.2.2 建筑新能源技术的标准

目前，我国在太阳能、风能的利用方面得到较快的发展，逐步形成了较为完整的产业。在此，整理收录了国际、国家、地方及行业标准规范目录。

6.2.2.1 国际标准

建筑新能源相关国际标准见表6-10。

表6-10 建筑新能源相关国际标准

序号	文件名称	发布机构	发布日期	备注
1	IEEE Standard for Interconnecting Distributed Resources with Electric Power Systems 1547™分布式发电接入电力系统技术标准	美国电气电子工程师协会	2003年	适用于在公共连接点接入10MV·A及以下系统
2	IEC 61727光伏发电系统电网接口特性	IEC国际电工协会	2004年	适用于接入配电网的10kV·A及以下系统
3	发电站接入低压电网技术导则	德国VDE（德国电气工程师协会）	2008年6月	适用于光伏、水电、CHP、燃料电池发电
4	IEC 61400-25风电场通信系统监控标准	IEC国际电工协会TC88		适用于风电厂的组件和外部监控系统之间的通信
5	IEC 61400-5风轮叶片	中国风力机械标准化技术委员会	2016年5月	
6	IEC 61400-24风力发电机组防雷	IEC国际电工协会TC88	2010年	
7	IEC 61400-23风力发电机组叶片满量程试验	IEC国际电工协会TC88		

续表

序号	文件名称	发布机构	发布日期	备注
8	IEC 61400-22风力发电机组符合性检测及认证	IEC国际电工协会 TC88		
9	IEC 61400-21并网风力发电机组功率质量特性测试与评价	IEC国际电工协会 TC88		
10	IEC 61400-13机械载荷测试	IEC国际电工协会 TC88		
11	IEC 61400-12风力发电机组　第12部分：风力发电机功率特性试验	IEC国际电工协会 TC88		
12	IEC 61400-11风力发电机噪音测试	IEC国际电工协会 TC88		
13	IEC 61400-2风力发电机组　第2部分：小型风力发电机的安全	IEC国际电工协会 TC88		
14	IEC 61400-1风力发电机组　第1部分：安全要求	IEC国际电工协会 TC88		
15	ASTM E 1240-88风能转换系统性能的测试方法	ASTM美国材料和实验协会		
16	光伏逆变器输出控制功能的技术标准	日本光伏发电协会（JPEA）	2015年5月	
17	SEMI-PV47-0513晶体硅光伏组件减反射镀膜玻璃技术要求	SEMI（国际半导体产业协会）	2013年6月	

6.2.2.2　国家标准

建筑新能源相关国家标准见表6-11。

表6-11　建筑新能源相关国家标准

序号	文件名称	发布单位	备注
1	NB/T 32015—2013分布式电源接入配电网技术规定	①	适用于通过35kV及以下电压等级接入电网的新建、改建和扩建分布式电源
2	NB/T 33010—2014分布式电源接入配电网运行控制规范	①	适用于国家电网公司经营区域内以同步电机、感应电机、变流器等形式接入35kV及以下电压等级配电网的分布式电源
3	GB 50797—2012光伏发电站设计规范	②③	适用于新建、扩建或改建的并网光伏发电站和100kWp及以上的独立光伏发电站
4	GB/T 50865—2013光伏发电接入配电网设计规范	②③	适用于通过380V电压等级接入电网以及通过10kV（6kV）电压等级接入用户侧电网的新建、改建和扩建光伏发电系统接入配电网设计
5	GB/T 50866—2013光伏发电站接入电力系统设计规范	②③	适用于通过35kV（20kV）及以上电压等级并网以及通过10kV（6kV）电压等级与公共电网连接的新建、改建和扩建光伏发电站接入电力系统设计
6	GB/T 30153—2013光伏发电站太阳能资源实时监测技术要求	③④	适用于并网型光伏发电站
7	GB/T 29196—2012独立光伏系统技术规范	③④	适用于功率不小于1kW的地面用独立光伏系统。聚光光伏系统、其他互补独立供电系统与光伏相关的部分可参照本标准

序号	文件名称	发布单位	备注
8	GB 50794—2012光伏发电站施工规范	②③	适用于新建、改建和扩建的地面及屋顶并网型光伏发电站，不适用于建筑一体化光伏发电站工程
9	GB/T 31366—2015光伏发电站监控系统技术要求	③④	适用于通过35kV及以上电压等级并网，以及通过10kV电压等级与公共电网连接的新建、改建和扩建光伏发电站
10	GB/T 50796—2012光伏发电工程验收规范	②③	适用于通过380V及以上电压等级接入电网的地面和屋顶光伏发电新建、改建和扩建工程的验收，不适用于建筑与光伏一体化和户用光伏发电工程
11	GB 24460—2009太阳能光伏照明装置总技术规范	③④	适用于道路、公共场所、园林、广告、标识及装饰等照明场所的太阳能光伏照明装置
12	GB/T 19394—2003光伏（PV）组件紫外试验	③④	规定了光伏组件暴露于紫外辐照环境时，考核其抗紫外辐照能力的试验，适用于评估诸如聚合物和保护层等材料的抗紫外辐照能力
13	GB/T 50795—2012光伏发电工程施工组织设计规范	②③	适用于新建、改建和扩建的地面及屋顶并网型光伏发电站，不适用于建筑一体化光伏发电站工程
14	GB/T 29321—2012光伏发电站无功补偿技术规范	③④	规定了光伏发电站接入电力系统无功补偿的技术要求，适用于通过35kV及以上电压等级并网，以及通过10kV电压等级与公共电网连接的新建、改建和扩建光伏发电站
15	GB/T 29319—2012光伏发电系统接入配电网技术规定	③④	适用于通过380V电压等级接入电网，以及通过10（6）kV电压等级接入用户侧的新建、改建和扩建光伏发电系统
16	GB/T 30152—2013光伏发电系统接入配电网检测规程	③④	适用于通过380V电压等级接入电网，以及10（6）kV电压等级接入用户侧的新建、改建和扩建光伏发电系统
17	GB/T 19964—2012光伏发电站接入电力系统技术规定	③④	规定了光伏发电站接入电力系统的技术要求。适用于通过35kV以上电压等级并网，以及通过10kV电压等级与公共电网连接的新建、改建和扩建光伏发电站
18	GB/T 30427—2013并网光伏发电专用逆变器技术要求和试验方法	③④	适用于交流输出端电压不超过0.4kV的并网光伏发电专用逆变器
19	GB/T 19939—2005光伏系统并网技术要求	③④	适用于通过静态变压器（逆变器）以低压方式与电网连接的光伏系统。光伏系统以中压或高压方式并网的相关部分也可参照本标准
20	GB/T 29320—2012光伏电站太阳跟踪系统技术要求	③④	适用于光伏电站的平板式和聚光式太阳跟踪系统
21	GB/T 26849—2011太阳能光伏照明用电子控制装置　性能要求	③④	适用于自动控制太阳电池组件向蓄电池充电、蓄电池向光源放电以及对光源进行光控和时控的电子控制装置
22	GB 2297—1989太阳能光伏能源系统术语	⑤	适用于太阳光伏能源系统
23	GB 2296—2001太阳能电池型号命名法	③	适用于同质结、异质结、肖特基势垒及光化学型的太阳电池
24	GB/T 19064—2003家用太阳能光伏电源系统技术条件和试验方法	③	适用于由太阳能电池方阵、蓄电池组、充放电控制器、逆变器及用电器等组成的家用太阳能光伏电源系统
25	GB/T 20046—2006光伏（PV）系统　电网接口特性	③④	适用于与电网相互连接的光伏（PV）发电系统，该系统并联于电网运行，并且使用将DC变换为AC的静态（半导体）非孤岛逆变器

续表

序号	文件名称	发布单位	备注
26	GB/Z 19963—2011风电场接入电力系统技术规定	④	对于低电压穿越、接入系统测试等都提出了更多和更严格的标准
27	GB/T 18709—2002风电场风能资源测量方法	③	适用于拟开发和建设的风电场风能资源的测量
28	GB/T 18710—2002风电场风能资源评估方法	③	规定了评估风能资源应收集的气象数据、测风数据的处理及主要参数的计算方法、风功率密度的分级、评估风资源的参数数据、风能资源评估报告的内容和格式
29	GB/T 18709—2002风电场风能资源测量方法	③	适用于拟开发和建设的风电场风能资源的测量
30	GB 18451.1—2012风力发电机组设计要求	③④	用于所有容量的风力发电机组
31	GB/T 19115—2003离网型户用风光互补发电系统	③	用于风力发电和光伏发电混合功率在5000W以下的户用风光互补发电系统
32	GB/T 2900.53—2001电工术语风力发电机组	③	适用于风力发电机组，其他标准中的术语部分也应参照使用
33	GB/T 19963—2011风电场接入电力系统技术规定	③④	适用于通过110（66）kV及以上电压等级线路与电力系统连接的新建或扩建风电场
34	GB/T 21150—2007失速型风力发电机组	③④	规定了以失速功率控制调节为特征的水平轴风力发电机组的技术要求、试验方法、检验规则、报装、储存、运输与标志
35	GB/T 10760.1—2003离网型风力发电机组用发电机　第1部分：技术条件	③	适用于0.1～20kW离网型风力发电机组用发电机
36	GB/T 10760.2—2003离网型风力发电机组用发电机　第2部分：试验方法	③	适用于0.1～20kW离网型风力发电机组用发电机
37	GB/T 51121—2015风力发电工程施工与验收规范	②	
38	GB/T 31519—2015台风型风力发电机组	③④	适用于台风多发地区的陆上并网型水平轴风力发电机组，海上水平轴风力发电机组可以参考使用
39	GB/T 31517—2015海上风力发电机组设计要求	③④	规定了海上风力发电机组场址外部条件评估的附加要求，以及确保海上风力发电机组工程完整性的基本设计要求
40	GB/T 31518.1—2015直驱永磁风力发电机组　第1部分：技术条件	③④	适用于风轮扫掠面积大于200m²的水平轴直驱永磁风力发电机组产品的设计、制造、报装运输以及检验
41	GB/T 30966.5—2015风力发电机组　风力发电场监控系统通信　第5部分：一致性测试	③④	
42	GB/T 31817—2015风力发电设施防护涂装技术规范	③④	适用于内陆和海上风电设施防护涂层的初始涂装及修补涂装
43	GB/T 31997—2015风力发电场项目建设工程验收规程	③④	适用于新建、扩建风力发电场项目建设工程验收
44	GB/T 32128—2015海上风电场运行维护规程	③④	适用于近海、潮间带及潮下带滩涂海上风电场

序号	文件名称	发布单位	备注
45	GB/T 21407—2015双馈式变速恒频风力发电机组	③④	适用于风轮扫掠面积大于200m²的双馈式变速恒频风力发电机组
46	GB/T 32077—2015风力发电机组变桨距系统	③④	适用于并网型水平轴（三叶风轮）风力发电机组用变桨距系统，变桨距的驱动方式为液压驱动方式或电动驱动方式
47	GB/T 22516—2015风力发电机组噪声测量方法	③④	不限定用于某个特定容量或型号的风力发电机组。本标准中所给出的程序可以用于全面地描述风力发电机组的噪声辐射
48	GB/T 19071—2003风力发电机组异步发电机	③	适用于并网型（带增速齿轮箱）单速或双速异步发电机，其他类型的发电机可参照使用
49	GB/T 19072—2010风力发电机组塔架	③④	适用于水平轴大型风力发电机组管塔的设计和生产，其他类型的塔架可参照执行
50	GB/T 19073—2008风力发电机组齿轮箱	③④	适用于水平轴风力发电机组（风轮扫掠面积大于或等于40m²）中使用平行轴或行星齿轮传动的齿轮箱，其他种类的风力发电机组齿轮箱可参照执行
51	GB/T 19069—2017失速型风力发电机组 控制系统 技术条件	③	适用于与电网并联运行，采用异步电机的定桨距失速型风力发电机组电气控制装置的设计与检验
52	GB/T 19068—2017小型风力发电机组	⑥	包括技术条件、试验方法、风洞试验方法三部分
53	GB 17646—2017小型风力发电机组	③④	适用于风轮扫掠面积小于200m²，产生的电压低于交流1000V或直流1500V的风力发电机组
54	GB/T 13981—2009小型风力机设计通用要求	③④	适用于风轮扫掠面积小于或等于200m²的上风向水平轴风力机的设计，其他类型的风力机可参考使用

注：发布单位①为国家能源局，②为中华人民共和国住房和城乡建设部，③为国家质量监督检验检疫总局，④为中国国家标准化管理委员会，⑤为中华人民共和国机械电子工业部，⑥为中国机械工业联合会。

6.2.2.3 地方标准

建筑新能源相关地方标准见表6-12。

表6-12 建筑新能源相关地方标准

序号	文件名称	发布单位	备注
1	DB34/T 1104—2009太阳能光伏照明灯具	安徽省质量技术监督局	适用于灯具额定电压在24V及以下的利用太阳能光伏电池发电，通过充放电控制器为蓄电池充电储能，再由蓄电池放电点亮光源的直流照明灯具
2	DB11/T 881—2012建筑太阳能光伏系统设计规范	北京市质量技术监督局	适用于北京市新建、改建和扩建的建筑光伏系统工程的设计
3	DB37/T 729—2007光伏电站技术条件	山东省质量技术监督局	适用于并网太阳光伏电站系统和离网太阳光伏电站系统，不适用于跟踪式太阳光伏发电系统

续表

序号	文件名称	发布单位	备注
4	DG/T J08-2004B—2008民用建筑太阳能应用技术规程（光伏发电系统分册）	上海市建设和交通委员会	适用于本市新建、扩建和改建的民用建筑中采用并网光伏发电系统的工程
5	DB11/T 542—2008太阳能光伏室外照明装置技术要求	北京市质量技术监督局	适用于北京市农村、乡镇道路、公共场所及人行道路照明用的太阳能光伏室外照明装置
6	DB35/T 962—2009独立光伏发电系统技术要求	福建省质量技术监督局	适用于功率在30kW以下的地面用独立光伏发电系统
7	DB64/T 876—2013光伏发电站检修规程	宁夏回族自治区质量技术监督局	
8	DB64/T 877—2013光伏发电站运行规程	宁夏回族自治区质量技术监督局	
9	DB64/T 878—2013光伏发电站术语	宁夏回族自治区质量技术监督局	
10	DB11/T 1008—2013建筑太阳能光伏系统安装及验收规程	北京市质量技术监督局	适用于接入用户侧低压配电网的新建、改建和扩建的建筑光伏系统和未接入电网的独立光伏系统的安装和验收
11	DB21/T 1685—2008太阳能光伏照明应用技术规程	辽宁省质量技术监督局	
12	DB22/T 2034—2014单相光伏发电系统并网技术要求	吉林省质量技术监督局	
13	DB35/T 1090—2011太阳能光伏移动充电系统技术要求	福建省质量技术监督局	
14	DB35/T 852—2008太阳能光伏照明灯具技术要求	福建省质量技术监督局	适用于电压为24V及以下的太阳能光伏照明灯具
15	DB41/T 937—2014道路视频监控设施光伏发电系统通用技术要求	河南省质量技术监督局	
16	DB41/T 938—2014道路视频监控设施光伏发电系统设计与施工要求	河南省质量技术监督局	
17	DB41/T 939—2014道路视频监控设施光伏发电系统维护技术要求	河南省质量技术监督局	
18	DB42/T 717—2011太阳能光伏电站可行性研究报告编制规程	湖北省质量技术监督局	
19	DB42/T 862—2012并网型光伏逆变器技术条件	湖北省质量技术监督局	

6.2.2.4 行业标准

建筑新能源相关行业标准见表6-13。

表6-13 建筑新能源相关行业标准

序号	文件名称	发布单位	备注
1	NB/T 32011—2013光伏发电站功率预测系统技术要求	①	
2	NB/T 32014—2013光伏发电站防孤岛效应检测技术规程	①	适用于通过380V电压等级接入电网，以及通过10（6）kV电压等级接入用户侧的新建、扩建和改建的光伏发电系统
3	NB/T 32009—2013光伏发电站逆变器电压与频率响应检测技术规程	①	适用于并网型光伏逆变器，不适用于离网型光伏逆变器
4	NB/T 32004—2013光伏发电并网逆变器技术规范	①	适用于连接到PV源电路电压不超过直流1500V，交流输出电压不超过1000V的光伏并网逆变器
5	JGJ/T 365—2015太阳能光伏玻璃幕墙电气设计规范	②	适用于新建、扩建和改建的接入交流220V/380V电压等级用户侧的并网或离网太阳能光伏玻璃幕墙及采光顶的电气设计
6	JGJ/T 264—2012光伏建筑一体化系统运行与维护规范	②	适用于验收合格并投入正常使用的光伏建筑一体化系统的运行与维护
7	NY/T 1146.1—2006家用太阳能光伏系统 第1部分：技术条件	③	适用于光伏功率在1000Wp以下的晶体硅离网型家用太阳能光伏系统
8	NYT 1146.2—2006家用太阳能光伏系统 第2部分：试验方法	③	适用于功率在1000Wp以下的晶体硅离网型家用太阳能光伏系统
9	NY/T 1913—2010农村太阳能光伏室外照明装置技术要求	③	适用于我国农村乡镇与村庄的道路、庭院、广场等公共场所照明用太阳能光伏室外照明装置
10	NY/T 1914—2010农村太阳能光伏室外照明装置安装规范	③	适用于我国农村乡镇与村庄的道路、庭院、广场等公共场所照明用太阳能光伏室外照明装置
11	CQC 3302—2010光伏发电系统用电力转换设备的安全 第1部分：通用要求	④	适用于有统一安全技术要求的光伏（PV）系统所使用的电力转换设备（PCE）
12	CQC 33-462192—2010光伏组件用接线盒认证规则	④	适用于工作在直流电流下，且额定电压不大于1000VDC的光伏组件用接线盒的CQC标志认证
13	JGJ 203—2010民用建筑太阳能光伏系统应用技术规范	②	适用于新建、改建和扩建的民用建筑光伏系统工程，以及在既有民用建筑上安装或改造已安装的光伏系统工程的设计、安装和验收
14	CECS 84：96太阳光伏电源系统安装工程设计规范	⑤	适用于地面上通信适用的平板型太阳光伏电源的新建、扩建、改建工程，其他类型的太阳光伏电源设计可参照执行
15	CECS 85：96太阳光伏电源系统安装工程施工及验收技术规范	⑤	适用于新建、扩建工程，其他类型太阳光伏电源可参照本规范的规定执行
16	NB/T 31003—2011大型风电场并网设计技术规范	①	适用于以下大型风电项目：① 规划容量在200MW及以上的新建风电场或风电场群项目；② 直接或汇集后通过220kV及以上电压等级线路与电力系统连接的新建或扩建风电场
17	NB/T 31005—2011风电场电能质量测试方法	①	

续表

序号	文件名称	发布单位	备注
18	NB/T 31047—2013风电调度运行管理规范	①	适用于省级及以上电网调度机构和通过110（66）kV及以上电压等级输电线路并网运行的风电场，省级以下电网调度机构和通过其他电压等级并网运行的风电场可参照执行
19	NB/T 31046—2013风电功率预测系统功能规范	①	适用于电网调度机构和风电场风功率预测系统的建设和验收，系统的研发和运行可参照使用
20	JB/T 10300—2001风力发电机组设计要求	⑥	适用于风轮扫掠面积等于或大于40m²的风力发电机组设计
21	NY/T 1137—2006小型风力发电系统安装规范	③	适用于风力发电机组功率≤10kW的风力发电系统的安装施工
22	DL/T 5475—2013垃圾发电工程建设预算项目划分导则	①	适用于生物质发电工程
23	建标 142—2010生活垃圾焚烧处理工程项目建设标准	②⑦	适用于新建生活垃圾焚烧处理工程项目，改、扩建工程项目可参照执行
24	DL/T 797—2012风力发电场检修规程	①	适用于并网运行的陆上风力发电场
25	DL/T 666—2012风力发电场运行规程	①	适用于并网型陆上风电场

注：发布单位①为国家能源局，②为中华人民共和国住房和城乡建设部，③为中华人民共和国农业部，④为中国质量认证中心，⑤为中国工程建设标准化协会，⑥为全国风力机械标准化技术委员会，⑦为国家发展和改革委员会。

6.3　建筑新能源技术的措施及典型案例

6.3.1　建筑新能源节能技术

　　绿色建筑与节能技术有着紧密联系，建筑行业的发展方向一直是以节能为主题的，挖掘新能源的潜力和推广现有节能技术在绿色建筑中的普及是实现建筑节能环保的重要途径和手段。表6-14为在建筑行业常用的新能源节能技术。

表6-14　建筑行业常用的新能源节能技术

类别	常用形式
太阳能光伏发电	太阳能光伏电站
	太阳能光伏建筑一体化
太阳能热发电	并网发电
	小容量分散发电
风力发电	并网发电
生物质发电	垃圾焚烧发电
	秸秆焚烧发电

6.3.2 建筑新能源技术的应用措施

6.3.2.1 太阳能光伏发电

（1）太阳能光伏电站

集中式光伏电站建站基本原则是：充分利用荒漠地区丰富和相对稳定的太阳能资源构建大型光伏电站，接入高压输电系统供给远距离负荷，一般是在地面、山坡、荒地集中建设。

分布式光伏电站建站基本原则是：主要基于建筑物表面，就近解决用户的用电问题，通过并网实现供电差额的补偿与外送，一般是在建筑物屋顶建设，自发自用余电上网，也可以全额上网。

对于光伏发电工程，无论是集中式电站还是分布式电站，首先应该依据国家、地区光伏产业发展规划、项目所在地气象参数、建设条件、接入电力系统条件等进行分析评估，在此基础上进行总体设计和发电量计算，并进行财务评价、节能降耗分析、社会风险分析等。

① 项目所在地气象参数。收集光伏电站附近长期观测站观测资料，包括平均气温、极端最高气温、极端最低气温、昼最高气温、昼最低气温；平均降水量和蒸发量；最大冻土深度和积雪厚度；平均风速、极大风速及其发生时间、主导风向；历年各月太阳辐射数据资料以及与项目现场观测站同期至少一个完整年的太阳辐射资料（含直接辐射、散射辐射、总辐射资料）；灾害天气资料如沙尘、雷电、暴雨、冰雹等。

② 项目所在地建设条件

a. 集中式光伏电站：需要收集项目边界外延10km范围内比例尺不小于1：50000的地形图、场地范围内比例尺不小于1：2000的地形图；项目所在地工程地质勘察资料；项目所在地自然地理、对外交通条件、周边粉尘等污染源分布情况、社会经济状况和发展规划、太阳能发电发展规划、电力系统概况和发展规划、土地利用规划、土地性质以及建筑材料价格有关文件和规定等。

b. 分布式光伏电站：除了解上述项目所在地相关发展规划、造价和政策外，还应根据图纸充分了解建筑物屋顶可用面积、荷载、太阳光遮挡等情况。

③ 项目资源评估。总体资源评估是规划设计太阳能光伏系统的重要依据，包括太阳能辐射资源、场地或建筑物资源、电网资源的评估等，见表6-15。

表6-15　资源评估主要内容

资源评估名称	具体内容
太阳能辐射资源	太阳能辐射资源是测算发电量的基本数据，可以此来判断项目在经济上的可行性，可从当地气象站取得最近10年水平面各月平均总辐射和散射辐射数据
场地或建筑物资源	场地或建筑物可安装太阳能光伏系统的资源是确定太阳能光伏系统装机容量的重要依据之一，应根据场地或建筑功能要求确定安装位置、安装形式及确定太阳能光伏组件类型
电网资源	电网资源主要指场地或建筑物的配电系统接受光伏系统的能力，以及电网线路连接的可行性、合理性

④ 技术方案

a. 选择主要技术参数

ⓐ 确定光伏组件的最佳方位角与最佳倾斜角。一般方位角宜选择正南方向，以使光伏组件的发电量最大，一般倾斜角取当地纬度值。

ⓑ 确定太阳能光伏组件参数，包括电池板种类，最大输出功率，最大输出电压，最大输出电流，开路电压，短路电流，电流电压温度系数、长度、宽度、厚度、重量；应选择光电转换率高的光伏电池，光伏组件输出功率误差应在 ±5% 内。

ⓒ 确定逆变器技术参数，根据太阳能光伏系统装机容量确定逆变器的额定容量、输入输出电压、输入输出容量、功率因数、效率。

ⓓ 确定蓄电池参数，当系统需要设置蓄电池时，应计算保证蓄电池所储存的电量能够满足工作所需。

b. 光伏组件设计

ⓐ 计算光伏组件串并联的个数，确定系统基本方案。

ⓑ 计算光伏阵列的间距，确定光伏阵列的安装方案。

c. 并网接入设计

ⓐ 确定并网接入点的合理位置。

ⓑ 确定光伏发电系统配电方案，包括防雷汇流箱的配置方案及基本参数，直流配电柜的配置方案及基本参数，逆变器的配置方案及基本参数，防逆流监测开关的配置方案及基本参数。

ⓒ 确定光伏系统的并网方式：无逆流并网、有逆流并网；市电与光伏发电系统独立运行互为备用的离网方式；带储能并网的微电网方式；集中并网或分散式就地并网。

d. 数据监测系统设计

ⓐ 确定系统配置方案，包括主机型号和参数，数据采集器的型号和参数，显示装置的型号和参数，系统的通信接口要求。

ⓑ 确定系统监测显示参数。

ⓒ 确定计量仪表的准确度、接线方法及位置。

e. 防雷接地设计。

计算并确定防雷接地方案，对于屋顶分布式电站需要确定其与建筑物防雷接地系统的关系。

f. 节能分析

ⓐ 分析计算光伏系统每年的发电量。

ⓑ 根据发电量估算出系统在生命周期（按25年考虑）内总体发电量及减排估算（替代标准煤量，减排 CO_2、SO_2、NO_x）。

⑤ 安装要点。光伏发电系统组件的安装对其发电效率和使用寿命有着一定的影响，光伏系统安装要点如表6-16所示。

表6-16　光伏系统安装要点

名称	内容
组件参数测试	安装时需对照每一组件的参数测量检查，测量出太阳能组件的开路电压和短路电流，确保其参数符合使用要求
太阳能组件的组合	对于工作参数相近的太阳能组件应安装在同一方阵中
太阳能组件的保护	安装过程中应当避免磕碰，避免太阳能面板等遭到损坏
太阳能组件与支架的安装及连接	① 对于太阳能面板与固定支架配合不紧密的需要使用铁片等对其进行垫平； ② 太阳能组件安装到机架上时的位置应当尽可能得平直，机架上的太阳能组件与机架之间的空隙应大于8mm以上
太阳能组件接线盒的保护	对于太阳能面板的接线盒等需要防雨、防霜等的保护

（2）太阳能光伏建筑一体化

光伏建筑一体化，从20世纪90年代提出开始，就受到了世界各国的密切关注和广泛研究。

太阳能光伏建筑一体化设计原则：整体性、美观性、技术性和安全性。

① 整体性原则。光伏建筑一体化是将太阳能光伏发电系统作为建筑的一种体系耦合到建筑全生命周期中，同步设计、施工及验收，综合考虑其与建筑外围护结构、能源系统的边际成本和收益量，让建筑全生命周期的经济效益和社会效益达到最优。

② 美观性原则。光伏建筑一体化系统特别突出视觉和艺术的统一；考虑光伏系统和建筑造型相结合的问题，充分发挥光伏材料的视觉特色和形式美，将光伏材料的形式和特色与建筑有机地结合，最终使两者在美观性上达到和谐统一。

③ 技术性原则。光伏建筑一体化系统要从技术性方面考虑。技术原则包括尽量避开或远离遮荫物、满足建筑物功能要求的前提下，确定最优的太阳能电池组件朝向及倾角，合理设计，尽量减少电缆长度等。

④ 安全性原则。光伏建筑一体化系统的安全性应考虑太阳能电池组件在屋面安装时对屋顶荷载的影响，当选用光伏建筑一体化组件时，除了具备发电功能外，还需考虑光伏组件的结构功能，如防水、保温、坚固等功能。

一般情况下，太阳能光伏建筑一体化设计可以采取多种方式来结合光伏器具与建筑，如表6-17所示。

表6-17　太阳能光伏建筑一体化设计

类别	特点
光伏器具与屋顶相结合	有效地利用屋面的复合功能，可起到遮挡屋面阳光辐射的作用，降低单位面积上的太阳能转换设施的价格，选用复合材料，节约成本
光伏器具与外墙相结合	将光电技术融入玻璃，复合材料不占用建筑面积，外观优美
光伏器具与遮阳相结合	与遮阳装置构成多功能建筑构件，有效利用空间，使最佳遮阳角度和最佳集热角度一致，实现完美统一的光伏遮阳系统

6.3.2.2　太阳能热发电

对于太阳能热发电工程选址，应根据项目所在地气象参数、建设条件、接入电网条件等进行分析评估，在此基础上进行总体设计和发电量计算，并进行财务评价、节能降耗分析、社会风险分析等，见表6-18。

（1）项目所在地气象参数

了解项目所在地经度、纬度、太阳能资源，包括年平均日照天数、日照时数、平均峰值日照时数、年最长连续阴雨天数、全年太阳辐射总量、总辐射数据、直射和散射辐射数据和日照百分率等参数。

（2）项目所在地建设条件

了解项目建设地现状条件，包括土地性质、交通、水源、并网、区域水文地质和区域地质构造条件等。

表6-18　太阳能热发电站选址一般性条件

选址因素	一般条件		
太阳能法向直接辐射（DNI）	DNI≥1800kW·h/（m²·a）		
地形		槽式	塔式
	坡度	≤3%	≤7%
	纬度	≤42°	
	地质	土壤承载力≥2kg/cm²	
	土地面积	2~3ha/MW	
水资源	距离水源应≤10km		
气候条件	风速	年运行风速0~14m/s	最大允许风速31m/s
电网覆盖	距离电网连接点≤15km		
交通条件	靠近交通路网		
地区社会经济发展	当地认可，避免强制性移民搬迁，负荷环境保护条例等		

（3）研究与应用发展

根据国家地理信息系统的分析数据，我国太阳能热发电可装机潜力［法向直射辐射大于5kW·h/（m²·d），坡度小于3%］约160亿千瓦，其中法向直射辐射大于7kW·h/（m²·d）的地区可装机潜力约为14亿千瓦，年发电潜力可达42万亿千瓦时，2016年，我国第一批光热发电示范项目开工建设，标志着我国太阳能热发电进入产业化发展阶段。不同类型的太阳能热发电技术对比见表6-19。

表6-19　不同类型的太阳能热发电技术对比

项目	槽式系统	塔式系统	碟式系统
规模/MW	30~320	100~250	1~25
运行温度/℃	390	565	750
年容量因子/%	23~50	20~77	25
峰值发电效率/%	20	23	>25
年净发电效率/%	11~16	7~20	12~25

续表

项目	槽式系统	塔式系统	碟式系统
互补系统设计	可以	可以	可以
建设成本 / (元/W)	19~32	25~56	93~130
发电成本 / [元/(kW·h)]	1.3~1.9	1.4~1.9	0.8~1.1
技术开发风险	低	中	高
技术现状	商业化	商业化	示范
应用	并网发电，中高温段加热	并网发电，高温段加热	小容量分散发电，边远地区独立系统供电
优点	跟踪系统结构简单，使用材料最少，具有储存能力	转换效率高，运行温度可达1000℃，可利用非平坦地形	转换效率高，可集成蓄热到大电站
缺点	运行温度低，太阳能转电能效率低	跟踪系统复杂，中心塔建造成本高	与并网匹配潜力低，混合电站技术还需研究

我国太阳能光热发电影响因素主要体现在三个方面：①核心设备上与国外相比差距很大，导致转化效率低，若使用国外产品，则成本更高；②投资成本过高，导致进展缓慢；③政策方面，由于热发电成本过高，需要国家给予政策补贴。

6.3.2.3 风力发电

我国风电技术与国外相比有较大的差距，提高对发展风电的重要性认识、制定促进风电发展的政策和措施、加大科研投入、提高我国风电设备制造的技术水平、加强风能资源调查评估、提高运行管理水平、降低投资和风电电价等都是我国发展风电产业必须解决的重点问题。

（1）风电场宏观选择要求

① 符合国家产业政策和地区发展规划。

② 风能资源丰富，年平均风速一般应大于5m/s，风功密度应大于150W/m²，有稳定的盛行风向，以利于机组布置。风速日变化和季节变化较小，以减小风电对电网的影响。宜选择在垂直风剪切较小的场地安装风电机组，以减少机组故障。

③ 满足并网要求。风电场靠近电网，减少线损和输出成本，根据电网容量、结构，合理确定风电场的建设规模，以便与电网容量匹配。

④ 场址避免洪水、潮水、地震和其他地质灾害、气象灾害的破坏性影响，具备交通和施工安装条件，满足环境保护要求。

⑤ 满足投资回报要求。

（2）风电场微观选择要求

① 确认风电场可用土地的界限，结合地形、地表粗糙度和障碍物。

② 风电机组尽量集中布置，尽量减少风电场占地面积。

③ 机组集中布置，减少电缆、场内道路长度，降低工程造价，降低场内线损。

④ 机组布置尽量减少风电机组之间的影响。

（3）并网发电机型比选

目前常见的风机形式有水平轴、3 叶片、上风向、管式塔，国内风电机组的单台容量一般在 600 ～ 2500kW，可分为定桨距、变桨距、变速恒频和变桨变速四种形式。

① 满足场址的气候条件，根据风电场风资源和气候范围选择相应安全等级的机组，沿海地区还应注意防腐和绝缘性能等特殊要求。

② 考虑风场交通运输条件。

③ 结合风电机组的特征参数、结构特点、控制方式、成熟性、先进性、售后服务等进行技术经济比较。

（4）风电场年上网电量的计算分析

确定了风电场拟安装的机型、轮毂高度、风电机组的位置后，可采用软件 WASP 计算风电机组标准状态下的理论发电量，对计算结果进行修正和适当折减后，得到风电机组年上网电量。汇总风电机组年上网电量，可得到风电场的年上网电量。计算前需进行的准备工作如下：

① 数字化地形图，数字化地图比例宜选择为 1 ：50000 或 1 ：25000。地图边界的确定应为距任一机位至少 5km，若机位附近有大的水面，则至少应为 10km。选择的范围太小，影响计算精度。另外，在进行各高程数据选择时，等间距应小于 20m。

② 测风站测出的风速、风向、高度等数据需要进行修正处理。

③ 从风电机组制造厂家可以得到选定机型的功率曲线、推力曲线。

④ 场址内障碍物的大小、位置和孔隙率。

（5）风力发电节能技术研究

恒速风力机+感应发电机系统是当前风力发电技术应用的主流，包括风力机、齿轮箱、感应发电机、软启动装置、电容器组以及变压器等。在正常运行时，风力机保持恒速运行，转速由发电机的极数和齿轮箱决定。若采用双速发电机，则风力机可在两种不同的速度下运行，以提高功率输出。

6.3.2.4　生物质发电

生物质能源属可再生资源，在合理开发的条件下，可保证能源实现永续利用，每年经光合作用产生的生物质能量相当于世界主要燃料消费的 10 倍。由于它在生长时吸收的二氧化碳量相当于其燃烧时排放的二氧化碳量，因而对大气的二氧化碳净排放量近似于零。生物质发电主要包括垃圾焚烧发电和秸秆焚烧发电。

秸秆发电厂虽然容量不大，但设计复杂，内容如下。

（1）发电厂场址选择

① 应选秸秆产地附近或所在区域有丰富的秸秆资源、可靠的秸秆产量及持续的可获得量。发电厂所需燃料宜在半径 50km 范围内获得且保证在农业歉收年可获得的秸秆量能够满足电厂的年秸秆消耗量。

② 应根据地区土地利用规划、城镇总体规划及区域秸秆分布、现有生产量、可供应量，并结合厂址的自然环境条件、建设条件和社会条件等因素，经技术经济综合评

价后确定。

③ 厂址位置的确定、发电厂的总体规划、厂区及收储站规划（包括秸秆仓库、露天堆场、半露天堆场的布置）、主厂房布置、燃料输送设备及系统、秸秆锅炉设备及系统、除灰渣系统、汽轮机设备等等应符合秸秆发电厂设计规范（GB 50762—2012）的相关规定。

（2）设计原则

《小型火力发电厂设计规范》（GB 50049）；

《发电厂废水治理设计技术规范》（DL/T 5046）；

《电力设施抗震设计规范》（GB 50260）；

《3～110kV高压配电装置设计规范》（GB 50060）；

《火力发电厂与变电站设计防火规范》（GB 50229）；

《高压配电装置设计技术规范》（DL/T 5352）。

6.3.3 建筑新能源技术典型案例

6.3.3.1 太阳能光伏发电技术案例

（1）集中式光伏电站

① 项目概况。该项目建设在新疆某县，为地面电站，装机容量20MWp，建设总工期140天。项目场区深处内陆荒漠戈壁滩，地势平坦、交通便利。

② 光伏电站系统构成。主要由支架基础、支架、光伏板、汇流箱、直流配电柜（可集成）、光伏逆变器、箱变、高低压配电装置、高压动态无功补偿装置、电网、继电保护装置、调度数据网及监控系统等构成，系统构成示意图如图6-7所示。

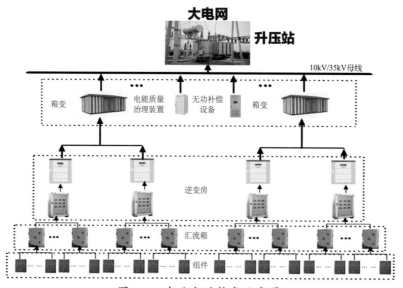

图6-7 光伏电站构成示意图

③ 光伏电站主要设备配置。该光伏发电项目基本配置见表6-20。

表6-20 20MW并网光伏发电项目基本配置

序号	名称	单位	数量	备注
1	支架	MW	20	
2	光伏板	MW	20	260Wp
3	汇流箱	台	280	
4	光伏逆变器	台	40	单台500kW
5	35kV箱变	套	20	1000kV·A
6	35kV高压配电柜	面	8	集电线路、PT、站用变、SVG及出线
7	10kV高压配电柜	面	3	进线、出线及PT
8	400V配电柜	面	4	
9	315kV·A 35/0.4kV变压器	台	1	
10	315kV·A 10/0.4kV变压器	台	1	
11	线路保护装置	套	5	含出线光差保护
12	变压器保护装置	套	3	站用变、SVG连接变及10kV变压器
13	母线保护装置	套	1	
14	低频低周解列装置	套	1	
15	公用测控装置	套	3	
16	故障录波装置	套	1	
17	远动装置	套	2	主、备
18	光伏区及站内通信装置	套	2	
19	稳控装置	套	1	
20	调度数据网	套	2	省、地调
21	光传输设备SDH	套	1	
22	PCM	套	1	
23	交直流系统	套	1	
24	通信电源	套	1	
25	五防及监控系统	套	1	
26	功率预测及AGC功率控制系统	套	1	
27	计量系统	套	2	主、副

④ 光伏电站效益分析

a. 经济效益分析。该项目装机容量20MWp，组件安装的最佳倾角为36°，综合考虑组件的转化效率以及其他电气设备和电缆的损耗，模拟出系统全寿命期的发电量，见表6-21。

表6-21 25年各年实际发电量统计

项目	发电量/kW·h	项目	发电量/kW·h	项目	发电量/kW·h
第1年	28410330	第2年	28154630	第3年	27898940
第4年	27643250	第5年	27387550	第6年	27160270
第7年	26904580	第8年	26677300	第9年	26421600
第10年	26194320	第11年	25967040	第12年	25711350
第13年	25484060	第14年	25256780	第15年	25029500
第16年	24802210	第17年	24574930	第18年	24376060
第19年	24148780	第20年	23921490	第21年	23722620
第22年	23495340	第23年	23296470	第24年	23069180
第25年	22870310				
合计	638578890				

该光伏电站属于二类资源区，执行0.95元/kW·h的标杆上网电价，期限原则上为20年，后5年按新疆燃煤企业电价0.25元/kW·h计算，则光伏电站25年全生命周期收益如表6-22所示。

表6-22 光伏电站25年全生命周期收益

项目	发电量/kW·h	收益/元	累计收益/元
第1年	28410330	26989813.5	26989813.5
第2年	28154630	26746898.5	53736712
第3年	27898940	26503993	80240705
第4年	27643250	26261087.5	106501792.5
第5年	27387550	26018172.5	132519965
第6年	27160270	25802256.5	158322221.5
第7年	26904580	25559351	183881572.5
第8年	26677300	25343435	209225007.5
第9年	26421600	25100520	234325527.5
第10年	26194320	24884604	259210131.5
第11年	25967040	24668688	283878819.5
第12年	25711350	24425782.5	308304602
第13年	25484060	24209857	332514459
第14年	25256780	23993941	356508400
第15年	25029500	23778025	380286425
第16年	24802210	23562099.5	403848524.5
第17年	24574930	23346183.5	427194708
第18年	24376060	23157257	450351965

续表

项目	发电量/kW·h	收益/元	累计收益/元
第19年	24148780	22941341	473293306
第20年	23921490	22725415.5	496018721.5
第21年	23722620	5930655	501949376.5
第22年	23495340	5873835	507823211.5
第23年	23296470	5824117.5	513647329
第24年	23069180	5767295	519414624
第25年	22870310	5717577.5	525132201.5

b. 社会效益分析。太阳能光伏发电能够实现近乎为零的碳排放量，此工程的节能减排效应如下：

全生命周期内累计发电量：638578890kW·h；

节约标准煤：255431.556t；

减排 CO_2：636663.1533t；

减排 SO_2：19157.3667t；

减排氮氧化物：9578.68335t；

减排粉尘：173693.4581t。

（2）分布式光伏电站

① 项目概况。该项目建设在某工业区，利用工业园内15家企业的厂房屋顶建设太阳能光伏系统，装机容量为10MWp，总投资1.0亿元人民币，建设总工期约为6个月。光伏发电性质为自发自用，即采用用户侧低压就近并入所在建筑物低压配电系统。

② 工业用电负荷特性。该项目的用电类型为工业用电，用电负荷变化较大，季节性负荷变化一般是季度初用电负荷较低，季度末用电负荷较高；月负荷变化一般是月上旬用电负荷较低，月中旬用电负荷较高；对于生产任务饱满的企业，月下旬用电负荷高于中旬，对生产任务不足的企业，月中旬用电负荷大于月末的用电负荷；工业日用电负荷变化起伏很大，一般一天内会出现早高峰、午高峰和晚高峰三个高峰，中午和午夜后会出现两个低谷。

③ 主要设备配置。根据项目场址的太阳能资源状况和建筑物屋顶的建设条件，10MWp屋顶光伏发电系统基本配置如表6-23所示。

表6-23　10MWp屋顶光伏发电系统基本配置

序号	名称	规格型号	单位	数量	备注
1	太阳电池组件	STP245-24/Vd	块	41000	
2	太阳能支架	热镀锌C型钢	项	1	
3	直流汇流箱	含防雷	台	120	
4	并网逆变器	500kW	台	20	
5	远程监控装置		套	20	

续表

序号	名称	规格型号	单位	数量	备注
6	监控管理中心		项	1	
7	数据采集器	—	项	1	
8	辐射与温度测量	—	项	1	
9	直流配电柜		台	20	
10	光伏配电柜		台	20	
11	光伏专用线缆	2PfG 4mm²	项	1	
12	并网线缆	YJV	项	1	
13	桥架		项	1	
14	系统辅材		项	1	

④ 年发电量估算。综合考虑各种因素，估算光伏系统的年发电量，在此，光伏系统使用寿命按照25年考虑，且应考虑太阳能电池衰减，见表6-24。

表6-24　10MWp屋顶光伏发电系统年发电量估算

资源评估				
太阳追踪方式			固定窗	
斜度			19.0	
方位角			0.0	
月份	每日太阳辐射-水平/[kW·h/(m²·d)]	每日太阳辐射-倾斜/[kW·h/(m²·d)]	上网电价/[元/(MW·h)]	实际电量/MW·h
一月	3.01	3.55	1.2	787.0
二月	3.09	3.39	1.2	680.2
三月	3.41	3.54	1.2	799.3
四月	3.94	3.92	1.2	893.7
五月	4.28	4.12	1.2	960.5
六月	4.70	4.44	1.2	959.5
七月	5.61	5.30	1.2	1188.5
八月	5.15	5.05	1.2	1185.3
九月	4.50	4.64	1.2	1022.5
十月	4.11	4.54	1.2	1012.7
十一月	3.41	4.01	1.2	869.5
十二月	3.11	3.79	1.2	892.7
月平均数	4.03	4.19	1.2	937.62

整个区域铺设245Wp高效多晶硅组件，按照屋顶位置安装，预计装机容量为10MWp，每年发电量可达11251.4万千瓦·时。

⑤ 接入电网方式。太阳能系统采取多个子方阵20台逆变输出并网的电气结构形式，本着追求高效率、低损耗的原则进行设计和设备选型，力争将损耗降到最低程度。

方案由屋顶光伏组件方阵在屋顶进行直流汇流，之后通过线槽或桥架连接至各方阵对应的并网逆变器，并网逆变器的交流输出沿线槽或桥架暗敷至低压开关柜，再并入低压配电网。阵列的直流输出至并网逆变器之间的直流电气线路应尽可能短，以避免过多的损耗。工业园区屋顶光伏电气主结构图见图6-8。

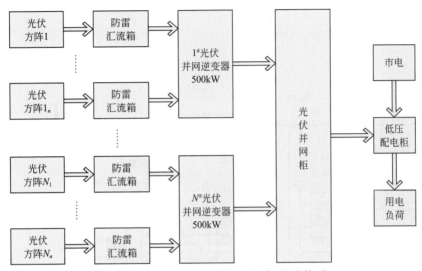

图6-8 工业园区屋顶光伏电气主结构图

⑥ 投资分析

a. 建设投资估算及构成。本项目预计建设投资12052.3万人民币，投资构成如表6-25所示。

表6-25 10MWp屋顶光伏发电系统投资估算

序号	工程或费用名称	估算投资/万元	占总投资比例/%
1	工程费用	11066.42	91.82%
2	工程建设其他费用	241.05	2%
3	预备费用	451.96	3.75%
4	专项费用	292.87	2.43%
合计	建设总资金合计	12052.3	100%

b. 流动资金估算。分析同类企业目前流动资金占用情况，本投资采用分项详细估算法计算本项目所需的流动资金，经估算正常年需流动资金20万元。

c. 总投资估算。项目总投资＝静态投资为9651万元＋动态投资为20万元＋建设期利息329万元（贷款期限10年，年利率6.58%）＝10000万元。

6.3.3.2 太阳能热发电技术案例

（1）项目概况

该项目位于某地工业园区，槽式太阳能热发电，带储热装置，规模为50MW，总投资为20亿元，建设期为两年。

该项目建设所在地海拔1100m，占地约2925亩，地形开阔，年直接辐射为1919kW·h/m²，多年平均总辐射为1610.1kW·h/m²，年日照时数为3200h。

（2）系统组成

槽式太阳能热发电系统原理图见图6-9。

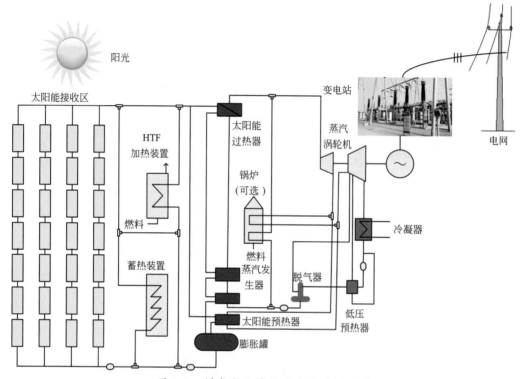

图6-9　槽式太阳能热发电系统原理图

槽式太阳能热发电系统可分为聚光集热子系统、换热子系统、发电子系统、蓄热子系统、辅助能源子系统等，见表6-26。

表6-26　槽式太阳热能发电系统组成及技术要求

系统名称	系统功能	技术要求
聚光集热子系统	由槽式抛物面反光镜、真空管式接收器和跟踪装置构成。通过对太阳进行由东向西的跟踪，槽式集热器将太阳的直接辐射汇集在吸热管上，吸热管中的热传导液体（称为导热油）被加热到约400℃	
换热子系统	由预热器、蒸汽发生器、过热器、再热器组成。太阳集热区加热的导热油到换热区后依次通过太阳能过热器、太阳能蒸汽发生器、太阳能预热器来加热给水，产生高压蒸汽和再热蒸汽。蒸汽的温度选定在383℃，给水温度为240℃。换热区设辅助加热系统，以维持导热油的最低运行温度	

系统名称	系统功能	技术要求
发电子系统	基本组成与常规火力发电设备类似，换热区产生的蒸汽被导入发电区，在汽轮机中膨胀做功，并驱动发电机发电。在该过程中，从太阳集热区收集并集中的太阳辐射被转换成电力并送到电网上	汽轮机技术条件： 铭牌出力：85MW； 机组型式：一次中间再热、直接空冷、凝汽式； 主蒸汽压力：9.0MPa（绝对压力）； 主蒸汽温度：383℃； 主蒸汽流量：376t/h； 冷再热蒸汽压力：2.3MPa（绝对压力）； 冷再热蒸汽温度：234.2℃； 热再热蒸汽压力：2.07MPa（绝对压力）； 热再热蒸汽温度：383℃； 热再热蒸汽流量：309.3t/h； 额定排汽压力：12.5kPa（绝对压力）； 额定转速：3000r/min
		发电机技术条件： 额定功率：85MW； 额定功率因数：0.85（滞后）； 额定电压：10.5kV、50Hz； 额定转速：3000r/min； 绝缘等级：F级； 冷却方式：空气冷却； 励磁方式：静态励磁
蓄热子系统	夜间太阳能热发电系统可以依靠热储能系统储存的热量维持系统正常运行一定时间	
辅助能源子系统	夜间、阴天或其他无太阳光照射的情况下，可以采用辅助能源供热	

（3）热力系统

热力系统组成及主要设备见表6-27。

表6-27　热力系统组成及主要设备

系统名称	主要设备及系统连接
主蒸汽系统	油水换热系统的两组过热器出口主蒸汽管道汇合成一根主蒸汽管道，再接至汽轮机主汽门
再热蒸汽系统	汽轮机高压缸排气用一根冷再热蒸汽管道送至油水换热间后分成两路，分别于油水换热系统的两组再热器入口连接； 油水换热系统的两组再热器出口高温再热蒸汽管道汇合成一根高温再热蒸汽管道，再接至汽轮机再热主汽门
回热抽汽和加热器疏水系统	回热抽汽系统共五级，分别供2台低压加热器、1台高压除氧器和2台高压加热器。高压加热器疏水系统为逐级自流，1#高压加热器疏水进入2#高压加热器，2#高压加热器进入除氧器。低压加热器疏水系统分为逐级自流最终回到排汽装置下部的凝结水箱和低加疏水泵升压后送到凝结水管道两种方式
给水系统	给水泵采用2台100%定速泵，1台运行，1台备用。高压给水管道自给水泵出口1#、2#高压加热器至油水换热系统的两组给水预热器，给水管道设有给水操作台
凝结水系统	为适应机组不同工况，每天机设2台100%容量的凝结水泵，凝结水经排气装置下部的凝结水箱进入凝结水泵
辅助蒸汽系统	为方便油水换热系统冷态启动，设有2台5t/h天然气启动锅炉，蒸汽参数为1.25MPa、193℃，在汽机房内设有厂用蒸汽联箱，蒸汽分别供给除氧器、均压箱

（4）电气方案

① 电气一次。在项目电站内建设一座110kV升压站，输出110kV线路至市区220kV变电站，选用LGJ-300型导线，线路长度约0.7km。考虑线路短，故障率较低，采用1回输出线路，可以节约部分投资。

发电机额定电压10.5kV，采用发电机-变压器单元接线接入110kV室外配电装置，110kV出线1回，采用单母线接线。高压厂用备用变压器电源由110kV母线引接。发电机出口装设断路器，发电机出线隔离开关至主变压器采用离相封闭母线连接，高压厂用工作变压器电源由离相封闭母线"T"接，厂用分支回路设可拆连接片。110kV配电装置出线回路不装设断路器，装设一组出线隔离开关。110kV出线采用110kV电缆引至电站界区外再架空线至220kV电站的出线方式。

发电机中性点采用不接地方式。110kV为中性点直接接地系统，主变压器、高压厂用备用变压器110kV中性点经隔离开关接地，可接地或不接地运行。

工程设1台容量1000kW快速自启动柴油发电机组，额定电压400V/230V。中性点采用与厂用380V/220V系统相同接地方式，中性点直接接地。柴油发电机组为太阳能导热油系统及电站提供保安电源。

② 电气二次

a. 直流和UPS电源。机组设置220V直流电源系统，为直流控制负荷和动力负荷供电。直流系统装设1组220V阀控式密封铅酸蓄电池组，配置1套高频开关电源充电装置。

机组设置交流不停电电源（UPS）装置，为重要的不能中断供电的交流负荷供电。不停电电源（UPS）装置的直流电源由直流电源系统引接。

b. 电气设备监控。110kV配电装置、发电机、变压器、厂用电源系统电气设备采用计算机监控系统进行监控，计算机监控系统利用网络通信与电气设备的测控装置进行双向通信，通过LCD人机界面显示设备信息、故障报警和进行控制操作，同时在操作台上设有事故应急手操设备。监控系统留有与其他系统的通信接口。

110kV配电装置电气设备防误操作采用微机防误闭锁装置。

c. 继电保护和自动装置。发电机、变压器、厂用电源系统电气设备的保护采用微机型保护装置。发电机采用自动准同期装置（ASS）进行同期操作。

高压厂用电源设置电源自动切换装置。

发电机励磁系统设置自动电压调节装置（AVR）。

高压电动机和低压厂用变压器保护采用微机综合保护测控装置。

低压电动机和馈线回路设置智能马达保护器和多功能测控仪表。

（5）发电量、投资估算

对于不同配置的发电系统、不同运行条件的发电系统其发电量的计算均不相同，以本项目为例，主要展示发电量计算模型的具体计算步骤、过程和结果。

① 电厂系统配置的主要技术参数见表6-28。

表6-28 电厂系统配置的主要技术参数

项目内容		参数	单位
厂址	经度	107.09°	E
	纬度	40.25°	N
	平均年辐照量	1919	kW·h/m²
	海拔	1100	m
	总面积	1950000	m²
	输电线路	110	kV
动力区	汽轮机类型	直接空冷、凝汽式再热、5级抽汽	
	总容量	85	MW
	自身耗电	6.9	MW
	电站效率	38.0	%
	发电机 电压	10.5±10%	kV
	发电机 频率	50	Hz
	发电机 标称铭牌功率	85	MW
	发电机 功率因数	0.91	
	汽轮机入口 压力	98	bar
	汽轮机入口 过热蒸汽温度	377	℃
	汽轮机入口 再热温度	379	℃
	汽轮机入口 蒸汽流量	93	kg/s
	汽轮机入口 设计背压	170	bar
	干式冷却 设计空气入口温度	20	℃
	干式冷却 风扇个数	22	个
	干式冷却 风扇总功耗	1.8	MW
太阳集热场	集热器设计 SKAL-ET	150	
	集热器长度	148.4	m
	集热器开口宽度	5.77	m
	每个集热器组合反射镜片数	336	片
	每路集热器组合个数	4	个
	回路数	156	个
	集热器组合数	624	个
	集热器总面积	510120	m²
	排间距	17.2	m
	设计集热场进口温度	296	℃
	设计集热场出口温度	393	℃
	自动散焦温度	398	℃
	标称热输出	224	MW
	设计压降	17	bar
导热油系统	HTF 类型	联苯/二苯醚混合物	
	HTF 30℃时的容积	1885	m³
	流量	959	kg/s
	HTF泵 泵个数	3	—
	HTF泵 总压头	29.4	bar
	HTF泵 变速范围	30~110	%
	HTF泵 电机/每个泵	1.5	MW
	HTF泵 运行温度	293	℃
	HTF泵 入口运行压力	10	bar
	HTF泵 膨胀容器	940	m³
	HTF辅助加热器	5	MW

② 发电量。电站每年向电网输送1.08286亿千瓦时电，该电量全部来自太阳能，每年可以减少CO_2排放90000t。

6.3.3.3 风力发电技术案例

（1）项目概况

该项目位于我国西北地区，场区由一条近似东北-西南走向的山脊及其迎风山头、坡地组成。场区山脊南北长约10.1km，东西宽2～5km，海拔2512～2843m，土地利用类型主要以林地与耕地为主。

该风电场安装20台单机容量2.5MW的风力发电机组（装机容量50MW），接入已建成的110kV升压站；新增主变100MV·A，通过110kV线路接至上级220kV汇流站，长度约28km。

（2）风能资源

场址北部的测风塔测风50m高年平均风速7.9m/s，年平均风功率密度411W/m²；70m高年平均风速8.1m/s，年平均风功率密度430W/m²；风功率密度等级为4级，具有明显的主风能方向WSW。

场址东南侧的测风塔测风50m高年平均风速6.9m/s，年平均风功率密度312W/m²；70m高年平均风速6.8m/s，年平均风功率密度302W/m²；风功率密度等级为3级，具有明显的主风能方向SW。

场区中部的测风塔测风50m高年平均风速5.9m/s，年平均风功率密度183W/m²；70m高年平均风速6.0m/s，年平均风功率密度180W/m²；风功率密度等级为1级，具有明显的主风能方向SW。

根据建设地气象站1971～2010年的年平均风速资料，绘制当地气象站多年平均风速年际变化直方图，见图6-10。

由此分析，建设地气象站的年风速变化比较平稳，基本在多年平均值上下小范围浮动。

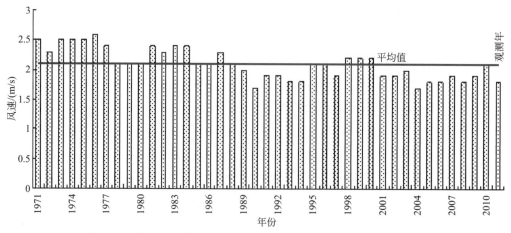

图6-10　建设地气象站风速年际变化直方图（1971～2010年）

① 风速和风能频率分布。

通过对测风塔风速和风能频率分布分析，在有效风速段内，70m高度上：塔风速基本集中在3.5～15.4m/s，风能集中在7.5～19.4m/s。

风速段内之间，测风塔年有效小时数在7500h左右。

② 风向频率和风能密度方向分布。通过对测风塔全年风向频率和风能密度方向分布统计，根据测风塔代表年全年风向风速数据系列，绘制测风塔70m高度风向、风能玫瑰图，见图6-11。

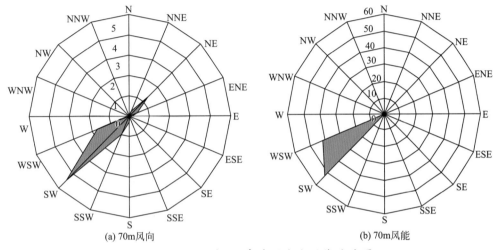

(a) 70m风向　　　　　　　　　(b) 70m风能

图6-11　测风塔70m高度风向和风能玫瑰图

③ 50年一遇极大风速。根据风电场的实际情况，结合其他风电场的推算方案，得到各个测风塔的50年一遇最大、极大风速，结果见表6-29。

表6-29　测风塔50年一遇最大风速、极大风速

单位：m/s

监测站	高度	70m	50m	30m	10m
建设地	最大风速	40.6	40.8	40.5	39.3
	极大风速	51.4	51.7	52.1	51.9

由上表可知，建设地风电场50年一遇50m最大风速取40.8m/s，50年一遇30m极大风速取52.1m/s。经计算，风电场52.1m/s风速所产生的风压，相当于低海拔平原地区标准大气压下约44.4m/s风速所产生的风压。根据以上风速资料，该风电场宜选择安全等级为IECIII（50年一遇极大风速≤52.5m/s，IEC-61400-1/2005）的风电机组。

（3）工程地质

场区地层主要以玄武岩、砂岩、泥质粉砂岩及第四系坡残积黏性土夹碎石层为主。玄武岩强风化壳较厚，节理裂隙发育，完整性较差，岩石多呈碎石、碎块状，整体承载力较高；第四系坡残积黏性土夹碎石层均匀性较差，结构较松散，承载力及强度较低。

本项目风机基础可采用浅基础。

（4）电气工程

风电场装机容量为50MW，风电机组经箱式变电站升压至35kV，通过35kV架空集电线路接至110kV升压站35kV母线，经主变升压至110kV后接入当地电力系统。

电气设备按正常持续工作条件选择，三相短路进行校验。在选择主要电气设备时，对设备的额定电流、短路开断电流、最大关合电流峰值、额定峰值耐受电流、t秒额定短时耐受电流和持续时间等参数值的选择需考虑一定的裕度。风电场的电气设备选用高原型产品，风电场电气设备均要求满足在海拔3000m运行的要求，接入的110kV升压站电气设备均要求满足在海拔2500m高程运行的要求。

风机机组区接地装置采用基础接地和人工接地的复合接地体，每台风力发电机组独立敷设复合接地体，风力发电机组与箱变共用复合接地网，接地电阻≤4Ω。为防止线路雷电侵入波以及雷电感应过电压和断路器操作时的过电压对电气设备的损坏，应在110kV输电线路始端、35kV馈线终端、35kV母线、110kV主变压器高压侧中性点等关键部位装设避雷器。35kV母线电压互感器柜内加装消谐器，以防止35kV母线或输电线路铁磁谐振过电压。

风电场分为三级监控，在各台风力发电机的现场对单机进行监控，在风电场的中央控制室对风电机组及送变电设备集中监控，在云南电网公司调度中心和昆明供电局地调对风电场设备和110kV升压站实行远方监控。

① 发电机组参数选择见表6-30。

表6-30 发电机组参数

项目内容		单位	参数
风力发电机组	风电机组型号		WTG1
	单机容量	kW	2500
	叶片数	个	3
	功率调节方式		变桨变速
	风轮直径	m	121
	扫风面积	m²	11595
	切入风速	m/s	3
	额定风速	m/s	9.3
	切出风速	m/s	22
	安全风速	m/s	52.5
	轮毂高度	m	90
	风轮转速	r/min	13.5
发电机	型式	—	永磁同步
	额定功率	kW	2650
	功率因数	—	可调
	额定电压	V	690

续表

项目内容	单位	参数
安全等级		IECIIIB
塔筒型式	—	钢制锥筒
塔筒重量	t	245.118
基础环重量	t	无

② 风场年发电量测算。对机组LWJ-01-20测算，总理论发电量为17285.2万千瓦时，扣除尾流影响后发电量为16997.6万千瓦时，综合修正后上网电量为12239.5万千瓦时。

③ 电气系统接线见图6-12。

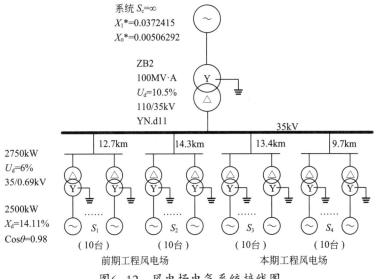

图6-12 风电场电气系统接线图

④ 风电场主要电气设备见表6-31。

（5）土建工程

本工程装机总容量50MW，工程等别为Ⅲ等，工程规模为中型。风机轮毂高度为90m，其安全等级为二级；地基基础设计级别为2级，基础抗震设防类别为丙类。

根据场地地质条件和同类机型相关荷载资料，拟定风机基础埋深3.50m，采用C35钢筋混凝土圆形扩展基础，基础直径21.5m。基础浇筑完成后，基坑采用土石分层回填并夯实到第一台顶部，回填土夯实后容重不低于18kN/m³。

本工程采用一台风机配备一台箱变的形式，共有箱变基础20个。箱变基础为箱式钢筋混凝土结构基础形式，顶部为变压器预埋槽钢，混凝土强度为C25，基础垫层混凝土为C15。

风机基础与箱变之间、箱变与出线杆塔的电缆采用直埋形式。直接在原地面进行开挖后埋设电缆，再进行回填。

表6-31 风电场主要电气设备

序号	设备材料名称	型号及规范	单位	数量	备注
一	风机	2500KW，690V	台	20	
二	箱变部分				
1	箱变	内装： 35kV变压器：S11-2750/35GY，2750kV·A；U_d=6.5，1台； 35kV负荷开关：1只； 35kV限流熔断器：3只； 35kV带电显示器：1只； 断路器：1只（0.69kV，63kA）； 1kV变压器：1台3kV·A； 35kV避雷器：3只； 低压避雷器：3只； 微型断路器：3只； 风机：4台； 电压表：3只	台	20	风机控制柜至箱变，每台14根 冷缩型
2	1kV电力电缆	ZC-YJV-0.6/1-1×500	m	9800	
3	1kV电缆终端头	电缆截面1×500mm	个	560	
三	35kV配电装置				
1	35kV铠装固定式电缆出 线开关柜 （KGN-40.5）	内装： 断路器：真空断路器，40.5KV，1250A/31.5kA，1台； 隔离开关：GN27-40.5D/1250A，40.5kV，1250A，1组，GN27- 40.5/1250A，40.5kV，1250A，1组； 电流互感器：LZZBJ9-40.5，40.5kV，800/5A，5P30/5P30/5P30， 3组；600/5A，0.5S，1组； 零序电流互感器：LHK-240； 接地开关：JN22-40.5，1组； 避雷器：YH5WZ-51/125GY，51kV，附放； 电计数器：3只； 智能操控显示装置（带测温功能）：AC220V，1套； 带电显示器：DXN-35，1套	台	2	
2	35kV户内冷缩电缆头	3×150mm	个	4	
3	35kV户外冷缩电缆头	3×150mm	个	4	
4	35kV电缆	ZC-YJV22-26/35-3×150	m	600	
5	35kV避雷器	YH5WZ-51/125GY，51kV	只	6	
四	风功率预测系统		套	1	
五	国家风电信息上报系统		套	1	

（6）财务评价及社会效果分析

风电场建成后，年上网电量约12239.5万千瓦时，按上网电价0.6元/（kW•h）（含税）计算，可实现年发电收入7343.7万元。

6.3.3.4 生物质发电技术案例

（1）项目概况

该项目建设1个生物质发电厂，总装机容量为30MW，生物质资源主要为营林部门每年清林的废弃物、采伐生产区产生的废弃树头和枝丫材、滩涂地的灌木及杂草等，采用焚烧减量方式，余热用于发电，其灰渣含钾量较高，直接还田使用。

（2）建设规模

建设规模为2×15MW纯凝汽式汽轮发电机组，配2×75t/h秸秆直燃循环流化床锅炉。

（3）发电流程

见图6-13。

（4）主要技术设计原则

① 生物质电厂按二炉配二机设计，采用树枝直燃循环流化床锅炉，额定蒸发量75t/h，过热蒸汽压力5.3MPa，过热蒸汽温度490℃，给水温度150℃，效率＞90%。汽轮机选用次高温、次高压15MW纯凝汽式汽轮机，配套选用15MW汽轮发电机。

② 电力系统：发电机出线经主变升压至35kV接入附近的变电所。

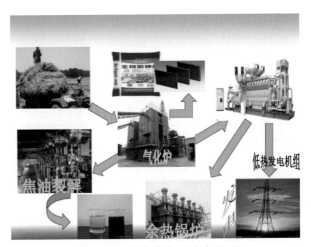

图6-13 生物质电厂发电流程

③ 树枝供应：树枝按要求就近晾干、粉碎、打包后用火车/汽车运至厂内。

④ 燃油供应：燃用0#轻柴油，采用汽车运输。

⑤ 水源：生产用水采用污水处理厂的中水，电厂生活消防用水采用市政水。

⑥ 树枝仓库：容量按两台炉燃用5d设计。

⑦ 灰渣：干灰采用气力输送方式，锅炉底渣采用机械输送方式。

⑧ 机组控制：锅炉和汽机设集中控制室，控制方式为DCS，控制设备为国产中上等水平。

⑨ 锅炉采用轻型封闭墙。

⑩ 采用二次循环供水、自然通风塔冷却系统或机力通风冷却塔系统。

⑪ 两台炉共用一座烟囱，烟囱高度暂按80m，根据出口流速确定烟囱出口内径。

⑫ 主厂房等建筑采用钢筋混凝土结构。

（5）燃料供应

① 树枝用量分析。

该工程以树枝为设计燃料，电厂建设规模为 $2 \times 75t/h$ 树枝直燃循环流化床锅炉配 $2 \times 15MW$ 汽轮发电机组，其燃料消耗量见表6-32。

表6-32　燃料消耗量表

数量	小时用量/t	日用量/t	年用量/10^4t
一台锅炉	19.25	385	11.55
两台锅炉	38.5	770	23.1

注：日用量按20h计，年用量小时按6000h计。

② 树枝成分分析。对树木枝条成分、发热量、熔点等进行分析。

（6）机组选型

① 锅炉型式：循环流化床炉、全钢结构、平衡通风、自然循环汽包炉。

② 汽轮机主要技术参数见表6-33。

a. 型式：次高温次高压参数、纯凝汽式；

b. 型号：N12-4.90，转速3000r/min。

表6-33　汽轮机主要技术参数表

序号	项目	单位	数值
1	发电功率	MW	12
2	主蒸汽压力	MPa	4.90
3	主蒸汽温度	℃	485

③ 发电机主要技术参数见表6-34。

a. 型式：水、空冷式；

b. 型号：QF2-12-2。

表6-34　发电机主要技术参数表

序号	项目名称	单位	数据
1	额定功率	MW	15
2	额定电压	kV	10.5或6.3
3	额定电流	A	
4	额定转速	r/min	3000
5	额定频率	Hz	50
6	功率因数		0.8

（7）工程投资估算

2×75t/h+2×15MW机组静态总投资为24000万元，单位投资为8000元/kW。

（8）财务评价

① 经济评价期：建设期为1年，经营期20年。

② 发电能力：本电厂达到设计能力时，年发电量为18000×10⁴kW·h，年供电量为15840×10⁴kW·h。

③ 成本数据

a. 人工费：全厂设计定员90人，人均工资标准40000元/（人·年）。

b. 固定资产折旧费：按折旧年限15年和残值率5%计算。

c. 摊销费：无形资产分10年摊销，递延资产分5年摊销。

d. 修理费：按固定资产原值的2.5%计算。

e. 其他辅助材料：按6元/（MW·h）计算。

f. 水费：按3.5元/（MW·h）计算水费。

g. 树枝：250元/t（含税价），年利用树枝（以林弃物为主）23.1万吨。

h. 其他费用：12元/MW·h。

④ 税、费

a. 增值税：热销项税按13%税率计算，电销项税按17%税率计算，秸秆进项税按13%税率计算，材料进项税按17%税率计算，水进项税按6%税率计算。

b. 城市维护建设税和教育附加税：按应缴增值税的7%和4%计算。

c. 所得税：按33%计算。

公积金和公益金分别按照税后利润的10%和5%计取。

⑤ 供电价。该工程属环保型可再生能源工程，享受国家有关优惠电价政策。

根据发改价格〔2010〕1579号文，对农林生物质发电项目实行标杆上网电价政策。统一执行标杆上网电价每千瓦时0.75元（含税）。

其余参数，参考同容量机组数据，包括成本类及损益类数据。综合技术经济指标见表6-35。

表6-35　综合技术经济指标

经济指标	单位	指标值
项目总投资	万元	24000
工程单位造价	元/kW	8000
内部收益率	%	9.79
投资回收期	年	6.70
投资利税率	%	14.02
投资利润率	%	13.73
电价（不含税）	元/（kW·h）	0.75

6.4 绿色建筑的现状及发展趋势

6.4.1 绿色建筑的发展现状

经过近60年的发展,绿色建筑呈现了两大显著特征:①世界各地均因地制宜地研究开发了各自的绿色建筑评估体系,自英国建筑研究院开发出世界上第一个绿色建筑评估体系BREEAM之后,美国、德国、日本、中国、新加坡等国家相继制定了LEED、DGNB、CASBEE、GBL和BGMS等绿色建筑评价体系(标准);②绿色建筑认证项目在全世界范围内皆突飞猛进式地增长,当前通过BREEAM认证的项目将近55万个,通过LEED认证的项目超过13万个,通过中国绿色建筑星级认证的项目超过4000个。

(1)国际绿色建筑的发展现状

早在20世纪60年代,美国建筑师保罗·索勒瑞就提出了生态建筑的新理念,建议建筑设计与当地自然相结合。

1969年,美国建筑师伊安·麦克哈格著《设计结合自然》一书,该书提供了具体结合自然的各种行之有效的建筑设计方法,生态建筑学正式诞生。

1980年,世界自然保护组织首次提出"可持续发展"的口号,同时人们的关注点从简单的减少资源利用转向考虑建筑的节能生态平衡,从土地利用、室内环境、声光照明、材料循环等方面综合考虑,尽可能在最高效率地使用建筑的同时保持各节能方式的最优化。

1987年,联合国环境署发表《我们共同的未来》报告,确立了可持续发展的思想。

1990年,世界首个绿色建筑标准(BREEAM)在英国发布。

1993年,美国成立绿色建筑委员会(USGBC)。

2001年,日本开展绿色建筑评估系统(CASBEE)的研发工作。

2002年,澳大利亚绿色建筑委员会(GBCA)成立。

2004年,新加坡建设局开发了绿色建筑评估标准系统(BGMS)。同年,中国设立"全国绿色建筑创新奖",并于2006年正式颁布《绿色建筑评价标准》,至此,世界绿色建筑的发展掀开了新的篇章,见图6-14。

图6-14 世界绿色建筑发展时间轴

世界主要国家和地区绿色建筑评估体系如表6-36所示。

表6-36 世界主要国家和地区绿色建筑评估体系表

国家和地区	评估标准	国家和地区	评估标准
美国	LEED	荷兰	Eco-Quanturm
英国	BREEAM	瑞典	Eco-effect
德国	DGNB	丹麦	BEAT
中国	GBL	芬兰	Promis E
加拿大	BEPAC	中国香港地区	HK-BEAM
日本	CASBEE	巴西	AQUA/LEED Brasil
法国	HQE	印度	IGBC/GRIHA
意大利	Protocollo	菲律宾	BERDE
瑞士	Minergie	新加坡	BGMS
中国台湾地区	EEWH	马来西亚	GBI Malaysia
澳大利亚	Nabers/Green Star	葡萄牙	Lider A
挪威	Ecoprofile	西班牙	VERDE

① LEED认证体系发展现状。LEED标准体系是世界最主流的绿色建筑评估系统之一，当前使用国家已超过145个。根据USGBC官网的统计数据，截至2017年底，全球注册或获得LEED认证的项目共132954个，其中认证级16436个、银级21259个、金级21180个、铂金级7197个、注册认证中66882个；LEED认证面积方面，目前已达到189.6亿平方英尺（约17.6亿平方米）。

在中国，根据USGBC官网数据，截止到2017年底，共计有3532个LEED认证项目，其中有1311个获得最终认证，2221个仍处于认证中。LEED注册和认证数量排名前10的城市集中在北上广深等一线以及部分二线经济发达的城市，占比超过70%。

② 英国BREEAM评价体系发展现状。从1990年首次颁布绿色办公建筑认证系统（BREEAM Office），到推出住宅、商店、工业建筑、法院、教育建筑、医疗建筑、综合体、监狱以及绿色城区评估系统，目前，BREEAM已形成了国际版（Global）、英国版（UK）、美国版（USA）、荷兰版（NL）、西班牙版（ES）、挪威版（NOR）、瑞典版（SE）、德国版（DE）等比较有影响力的多国体系。

BREEAM是世界上第一个绿色建筑评估方法，根据BREEAM官方网站数据，截至2017年底，使用BREEAM标准体系进行评估认证的国家已达到77个，注册评估项目超过227万个，其中超过56万个建筑项目已经通过评估认证，同时还有4000个独立的评估师网络。截止到2017年底，中国共计有70个BREEAM认证项目，其中有11个获得最终认证，59个仍处于认证中。按照地域来看，上海的BREEAM认证项目最多，达到16个；北京10个；深圳9个；杭州、天津各4个；广州、苏州、南京各3个；宁波、福州、无锡、江西、东莞和武汉各2个；郑州、南昌、长沙、南通、成都和贵阳各1个。

③ 德国DGNB评价体系发展现状。2008年，德国政府着手组织相关的机构和专家推出包含经济质量、生态质量、功能及社会、过程质量、技术质量、基地质量6方面内

容的第二代可持续建筑评估体系——DGNB。目前，DGNB评估体系包含了办公建筑、商业建筑、工业建筑、居住建筑、教育建筑、酒店建筑、城市开发等类别。

DGNB体系克服了第一代绿色建筑标准主要强调生态等技术因素的局限性，着重从可持续性的三个基本维度（生态、经济和社会）出发，在减少对环境和资源压力的同时发展适合用户服务导向的指标体系。根据DGNB官方网站数据，截至2017年底，使用DGNB标准体系进行评估认证的国家已达到21个，认证项目1227个，其中认证项目927个，预认证项目300个。截止到2017年底，中国共计有14个DGNB认证项目，其中有3个获得最终认证，11个获得预认证。按照地域来看，北京的DGNB认证项目3个；上海、广州、合肥各2个；青岛、南京、江苏太仓市和浙江湖州长兴县各1个。

（2）中国绿色建筑的发展现状

1994年，我国根据国内建筑能耗情况制订《建设部建筑节能"九五"计划和2010年规划》，1999年《民用建筑节能管理规定》发布，同时出台夏热冬冷地区和夏热冬暖地区建筑节能规划，2001年编辑发行《中国生态住宅技术评估手册》。2005年，建设部、科技部联合发布《绿色建筑技术导则》。2006年6月1日，我国首部绿色建筑节能标准《绿色建筑评价标准》正式实施，各省根据《绿色建筑评价标准》结合本省的实际情况启动制订本省绿色建筑节能标准工作，2007年，"100项绿色建筑示范工程与100项低能耗建筑示范工程"工作启动，《绿色建筑评价标识管理办法》《绿色建筑评价技术细则》陆续发布，至此，我国绿色建筑评价工作正式开始，见图6-15。

图6-15　中国绿色建筑发展时间轴

2016年，《中华人民共和国国民经济和社会发展第十三个五年规划纲要》正式发布，要求"实施建筑能效提升和绿色建筑全产业链发展计划"。随后，住房和城乡建设部印发《住房城乡建设事业"十三五"规划纲要》，提出"绿色低碳、智能高效"的原则和到2020年城镇新建建筑中绿色建筑推广比例超过50%的目标。

截止到2016年底，全国共评出绿色建筑评价标识项目7235项。中国历年绿色建筑标识项目数量增长图如图6-16所示。

目前，全国共有31个省编制了绿色建筑实施方案，并出台了专门的指导意见和配套措施。2016年，住房和城乡建设部印发了《关于深化工程建设标准化工作改革的意见》（建标〔2016〕166号），提出放管结合、统筹协调、国际视野等基本原则，计划到

2025年初步建立以强制性标准为核心、推荐性标准和团体标准相配套的标准体系。对于我国国家和行业标准层面诸多绿色建筑所属的推荐性标准，该文件要求清理现行标准，缩减推荐性标准数量和规模，逐步向政府职责范围内的公益类标准过渡。

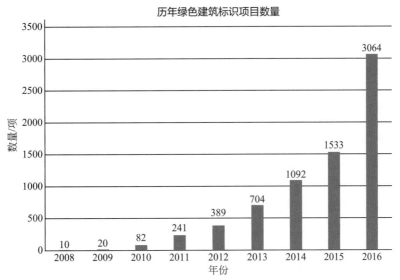

图6-16　中国历年绿色建筑标识项目数量增长图

6.4.2　绿色建筑节能技术的发展趋势

经过最近20年的快速发展，绿色建筑节能技术呈现以下发展趋势和显著特征：①数量持续快速增长；②大众认知度越来越高；③与互联网和大数据的结合越来越紧密；④应用范围向绿色城区和绿色生态城市的规模化发展；⑤由设计走向运营。

（1）数量持续快速增长

国内外绿色建筑节能技术的技术数量和种类在近几年都出现快速的增长，国际主流绿色建筑评估体系如LEED和BREEAM评估体系由于其国际化路线和广泛的知名度，其要求的绿色建筑节能技术发展非常迅速，注册/认证项目数量巨大，在项目中应用的绿色建筑节能技术也越来越多。特别是美国LEED绿色建筑认证对建筑电气方面的要求提高，例如电压降要求、内部照明控制要求、特殊照明控制要求、禁止单灯低频镇流器使用和出口指示灯功率不应超过5W、外部庭院照明和外部建筑照明功率要求、建筑功率密度符合计算法、电动机最低额定效率要求、光污染、能效优化、可再生能源、测量查证独立计量负荷和绿色电力购买等，我国对建筑电气的要求包括建筑照明控制、独立分项计量、照明标准（照度、统一眩光值、一般显色指数、照明功率）、可再生能源、智能化等。

（2）认知度越来越高

绿色建筑节能技术的发展经历了由少数学者到技术从业人员，再到各相关社会组织和企业、大众广泛参与的过程。如美国绿色建筑大会（USGBC），每年与会人数都不断增加。国际绿色建筑与建筑节能大会暨新技术与产品博览会自2005年开始举办以来，至2018年4月已连续举办了14届，每年吸引了世界各地近50000人参会。同时，由于房地产开发企业、设计单位、施工企业以及绿色建筑从业者对绿色建筑节能技术的认识越来越深，让普通大众越来越多地了解到绿色建筑理念和绿色建筑节能技术给人们带来的好处，使得人们对绿色建筑和绿色建筑节能技术有了更多的认同。随着信息技术的快速发展，各类绿色建筑节能技术网站及手机APP软件逐步走向人民大众，让大家更多地了解了绿色建筑和绿色建筑节能技术知识，也进而激发了人们对更高品质住所的需求和日常生活中的低碳节能行为。

（3）互联网+绿色建筑节能技术

近些年来，互联网、大数据、云计算等技术快速发展，对绿色建筑节能技术的发展起到了一定的启发和推动作用，行业内各大软件公司也推出了一些建筑信息模型（BIM）软件，以解决当前绿色建筑设计过程中绿色建筑节能技术应用的有关可视化、建筑性能优化和各专业协同等方面的需求。随着建筑信息模型（BIM）软件平台的不断发展，以及各类设备、部件、材料等数据库的完善，绿色建筑的设计、施工、运营互联网化，让信息平台结合项目需求、周边资源条件，选择合适的绿色设备、绿色建材和绿色建筑节能技术，建造性能最优的建筑，同时，利用各种监控、联动技术预测和计量绿色建筑节能技术的应用效果和实现绿色建筑的节地、节能、节水、节材和室内外环境品质。

（4）逐步走向规模化发展

经过十来年的发展，绿色建筑节能技术的应用范围逐步由单个建筑或建筑群走向绿色生态城区、绿色生态城市的全面发展。绿色建筑的实现和绿色建筑节能技术的应用不仅关注建筑自身，同时还依赖于建筑周边的交通、公共配套以及自然环境，因此，绿色建筑和绿色建筑节能技术应用的发展应从大的区域或城市的范围进行总体规划。2012年11月，贵阳中天·未来方舟生态新区、中新天津生态城、深圳市光明新区、唐山市唐山湾生态城、无锡市太湖新城、长沙市梅溪湖新城、重庆市悦来绿色生态城区和昆明市呈贡新区八个城市新区被评为"绿色生态城区"。2013年3月，住房和城乡建设部发布《"十二五"绿色建筑和绿色生态城区发展规划》，提出在"十二五"末期实施100个绿色生态城区示范建设的目标。自此，全国各地如火如荼地开启了绿色生态城区建设工作。同时，随着绿色建筑工作的不断深入，绿色建筑推广政策走向"高星级鼓励、低星级强制实施"。自2014年起，北京、深圳、上海、湖北、江苏、江西等省市在政府投资国家机关办公楼和公益性建筑、保障性住房、2万平方米以上的大型公共建筑中强制推行绿色建筑一星；2017年10月1日起，北京市新建政府投资公益性建筑（政府投资的学校、医院、博物馆、科技馆、体育馆等满足社会公众公共需要的公益性建筑）和大型公共建筑（单体建筑面积超过2万平方米的机场、车站、宾馆、饭店、商场、写字楼等大型公共建筑）全面执行绿色建筑二星级及以上标准，在规划设计、施工图审查、施工监理、竣工验收、备案等环节严格实行闭环控制。绿色建筑标准的强制实施将快速扩大绿色建筑的规模，加速推进绿色建筑节能技术的发展。

（5）由设计走向运营

绿色建筑作为一个新的理念，目标是快速推广，让人们了解、认知绿色建筑的概念，并在设计、建造过程中将绿色建筑节能技术一步步落实。绿色建筑的健康发展和绿色建筑节能技术的应用要求实际良好的节约效果（节地、节能、节水、节材等）、品质提升（满足合理需求）、环境友好和成本控制，需要绿色建筑节能技术节能的相关工作由"通过认证拿到标识、节能技术多项多量"的目标向关注"项目建设与运行效果、节能技术适宜节能效果"的结果转变，向注重结果、过程和真正适宜项目实际情况的节能技术效果转变。因此，需要在项目策划、规划设计、建造调适、运行管理等各个方面均做出新的探索和扎实推进。

我们看到，绿色建筑发展的近十年，运行标识的项目数量仅占标识项目总数的5% ~ 7%。但同时，获得绿色建筑运行标识的项目却在逐步增加，2013年之后，获得运行标识的项目数量稳定保持在50个以上。随着绿色建筑概念普及到位，相关绿色建筑技术措施的集成应用，使节能、节水、减碳以及改善室内外环境品质的效益逐步显现后，绿色建筑必将逐步由设计标识主导走向运行标识主导，注重绿色建筑节能技术实际应用节能效果也将成为主流绿色建筑节能技术的发展方向，进而真正推动我国建筑行业的绿色、低碳及可持续性的发展。

6.5　绿色建筑节能技术标准

6.5.1　绿色建筑节能技术的定义

绿色建筑节能技术以绿色建筑的基本要求为核心，为绿色建筑提供节能且环保的有效途径，在建筑工程选址、规划、设计、建造和使用过程中，通过采用节能型的建筑材料、产品和设备，加强建筑物所使用的节能设备的运行管理，合理设计建筑围护结构的热工性能，提高采暖、制冷、照明、通风、给排水和管道系统的运行效率，以及利用可再生能源等技术，在保证建筑物使用功能和室内热环境质量的前提下，降低建筑能源消耗，合理、有效地利用能源。绿色建筑节能技术的路线为因地制宜、节能为本、整体技术、平衡发展、被动优先、主动优化、设计协调、高效运行。

6.5.2　绿色建筑节能技术的标准

当前绿色建筑节能环保技术标准主要包含国际上的 LEED、BREEAM、DGNB、CASBEE、Green Mark 等以及国内的《绿色建筑评价标准》等。其中影响大、应用广的标准/文件如表6-37所示。

表6-37 国内外知名绿色建筑评价标准/文件

项目	序号	标准/文件名称	标准编号	发布单位	等级	评价部门	特点
国际	1	美国绿色能源与环境设计先锋奖（LEED）	V4.0（2013年发布）	美国绿色建筑协会（USGBC）	认证级、银级、金级、铂金级	GBCI（绿色建筑认证协会）	市场推广好，全球知名度高
	2	英国建筑研究院环境评估方法（BREEAM）	—	英国建筑研究院	及格、好、很好、优秀、杰出	—	第一个绿色建筑评估体系
	3	德国可持续建筑认证体系（DGNB）	—	德国可持续建筑委员会	铜级、银级、金级	—	第二代绿色建筑评估体系，注重全生命期评估
国内	1	绿色建筑评价标准	GB/T 50378—2014	中华人民共和国住房和城乡建设部、国家质量监督检验检疫总局	一星、二星、三星	住房和城乡建设部科技发展促进中心、中国城市科学研究会、各省建筑节能办公室或科技处	中国绿色建筑评价的基础性标准，应用范围广泛
	2	民用建筑绿色设计规范	JGJ/T 229—2010	中华人民共和国住房和城乡建设部	—	—	针对民用建筑的绿色设计，与各专业设计结合紧密
	3	绿色建筑行动方案	国办〔2013〕1号文件	国务院办公厅	—	—	国家层面推动绿色建筑的纲领性文件
	4	民用建筑能效测评标识技术导则（试行）	建科〔2008〕118号文件	中华人民共和国住房和城乡建设部	一星、二星、三星、四星、五星	住房和城乡建设部	第一个建立建筑能效标识的相关制度

6.5.2.1 国际绿色建筑节能技术标准

随着1990年世界第一个绿色建筑评估体系BREEAM在英国被提出和绿色建筑的发展，各个国家根据自身发展的需求，提出了各自的绿色建筑评价体系。目前国际上有代表性的绿色建筑评价体系包括美国的能源与环境设计先锋奖（LEED评价体系）、英国的建筑研究院环境评估法（BREEAM评价体系）、德国的可持续建筑认证体系（DGNB评价体系）。

（1）美国LEED评价标准

LEED（Leadership in Energy and Environmental Design）是美国绿色建筑委员会（USGBC）于1998年开发的一个评价绿色建筑的工具，主要用于鉴定、实施和衡量绿色建筑和社区开发设计、施工、运营和维护工作。该组织为绿色建筑提出了以下指导性的建议和设计准则：

① 提高能源利用效率和使用可再生能源；

② 直接和间接的环境影响；

③ 能源的节约和循环；

④ 室内环境质量；

⑤ 社区问题。

USGBC为关于LEED的体系提供相关服务，包括培训、专业人员认定、提供资源支持和进行建筑性能的第三方认证等。LEED标志见图6-17。

LEED强调一体化整合设计和建筑技术集成，自1998年的建筑商业化应用以来，已经经过多次更新，发展至目前正在应用的LEED第四版（即LEED V4.0），其中包含建筑设计与施工（LEED BD+C）、室内设计与施工（LEED ID+C）、建筑运行与维护（LEED O+M）、社区开发（LEED ND）、住宅（LEED HOMES）五大类别，涵盖了住宅、零售、商业中心、学校、医疗、数据中心、酒店、仓储和配送中心等多种类型的建筑以及区域规划设计等21个子项，如表6-38所示。

图6-17　LEED标志

表6-38　LEED评估体系分类表

类别	子项
建筑设计与施工 LEED BD+C	新建建筑（LEED BD+C：New Construction）
	核心筒与外围护结构（LEED BD+C：Core and Shell）
	学校（LEED BD+C：Schools）
	零售建筑（LEED BD+C：Retail）
	医疗保健建筑（LEED BD+C：Healthcare）
	数据中心（LEED BD+C：Data Centers）
	酒店建筑（LEED BD+C：Hospitality）
	仓储与物流中心（LEED BD+C：Warehouses and Distribution Centers）
室内设计与施工 LEED ID+C	商业室内（LEED ID+C：Commercial Interior）
	零售室内（LEED ID+C：Retail）
	酒店室内（LEED ID+C：Hospitality）
建筑运行与维护 LEED O+M	既有建筑（LEED O+M：Existing Buildings）
	数据中心（LEED O+M：Data Centers）
	仓储与物流中心（LEED O+M：Warehouses and Distribution Centers）
	酒店（LEED O+M：Hospitality）
	学校（LEED O+M：Schools）
	零售建筑（LEED O+M：Retail）
社区开发 LEED ND	规划（LEED ND：Plan）
	建设项目（LEED ND：Built Project）
住宅 LEED HOMES	别墅及低层住宅（LEED HD+C：Homes and Multifamily Lowrise）
	中层住宅（LEED HD+C：Multifamily Midrise）

① LEED的最低条件要求。进行LEED评价系统认证的建筑、空间和社区都必须要满足以下三个要求:

a. 必须是现有土地上的永久场地:任何移动的建筑不适合取得LEED认证,如船上建筑、拖车住房。

b. 必须使用合理的LEED边界:定义一个合理的LEED边界是准确评估项目的前提。

c. 必须符合项目最小面积要求:LEED BD+C、LEED O+M评估体系的建筑面积必须大于等于1000ft²(93m²);LEED ID+C评估体系的建筑面积必须大于等于250ft²(22m²);LEED ND评估体系至少应包含2个可居住的建筑,并且不能大于1500英亩;LEED HOMES评估体系必须是现行规范定义的居住单元(具备居住、睡眠、吃饭、烹饪和卫生管理等功能)。

② LEED评分体系。LEED评分体系包括强制性的先决条件(必须满足)和得分要点(可根据项目实际情况选择达标等级和判别得分),体系包含选址与交通、可持续场址、用水效率、能源与大气、资源与材料、室内环境质量、创新、地域优先8大评估和得分类别,其中可持续场地、用水效率、能源与大气、材料与资源、室内环境质量均有先决条件要求。

LEED认证评估体系有100分基础分,6分创新分和4分地域优先分,一共110分;按照得分的区间分为认证级、银级、金级、铂金级四个级别,如图6-18所示。

| 认证级 | 银级 | 金级 | 铂金级 |
| 40~49分 | 50~59分 | 60~79分 | 80分以上 |

图6-18　LEED认证等级及得分

LEED目标体系参照"环境影响",制定了气候变化、人类健康、水资源、生物多样性、自然资源、绿色经济、社区7大方面环境影响因素。这7大类的权重系数根据其规模、范围、严重程度以及人工环境对环境影响的相对贡献值来确定,LEED环境影响分类权重系数分布如图6-19所示。

③ LEED评价体系的主要内容。现有版本的LEED评估体系按照选址与交通、可持续场址、用水效率、能源与大气、资源与材料、室内环境质量、创新、地域优先8个方面对建筑进行综合考察评估。其中涉及电气专业的条文主要分布在能源与大气、室内环境质量两部分,见表6-39。

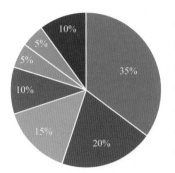

Climate Change气候变化35%

Human Health人类健康20%

Water Source水资源15%

Biodiversity生物多样性10%

Green Economy绿色经济5%

Community社区5%

Natural Resources自然资源10%

图6-19　LEED环境影响分类权重系数分布图

表6-39　LEED相关条文

类别	内容点
选址与交通	选址与交通得分点包括LEED社区开发选址、敏感型土地保护、高优先场址、周边密度和多样化土地应用、优良公共交通可达、自行车设施停车面积减量、绿色环保机动车
可持续场址	可持续场址得分点包括施工环境污染防治、场址环境评估、场址评估、场址开发-保护和恢复栖息地、开放空间、雨水管理、降低热岛效应、降低光污染、场址总图、租户设计与建造导则、身心舒缓场所、户外空间直接可达和设施共享
用水效率	用水效率得分点包括室外用水减量、室内用水减量、建筑整体用水计量、冷却塔用水和用水计量
能源与大气	能源与大气得分点包括基本调试和校验、最低能源表现、建筑整体能源计量、基础冷媒管理、增强调试、能源效率优化、高阶能源计量、需求响应、可再生能源生产、增强冷媒管理
资源与材料	资源和材料得分点包括可回收物存储和收集、营建和拆建废弃物管理计划、PBT来源减量-汞、降低建筑生命期中的影响、建筑产品的分析公示和优化（产品环境要素声明、原材料的来源和采购、材料部分）、PBT来源减量-汞、PBT来源减量-铅、镉和铜、家具和医疗设备、灵活性设计和营建、拆建废弃物管理
室内环境质量	室内环境质量得分点包括最低室内空气质量表现、环境烟控、最低声环境表现、增强室内空气质量策略、低逸散材料、施工期室内空气质量管理计划、室内空气质量评估、热舒适、室内照明、自然采光、声环境表现和优良视野
创新	创新得分点包括模范表现分、创新表现分和专家（LEED AP）得分
地域优先	地域优先得分主要鼓励项目团队因地制宜地考虑适合当地的技术策略

　　LEED标准大多基于性能，通过对建筑各方面的评分来评价建筑整体综合性能的表现，而并不强求达到此表现的技术手段。通过得分制的评判手段，让条文之间可以互补，评估者可以根据项目本身条件选用合适的得分项。但是LEED作为美国制定的标准，其条文设定大多基于美国国情。另外，各类指标的设定往往基于英制单位，给其他国家使用标准的评估者带来不便。因此，LEED在不断地改版中也在针对这些缺点进行修正。

　　④ LEED认证流程。LEED完全采取自愿申请的方式，或者通过地方政策进行强制性认证。作为非官方组织USGBC所持有的认证体系，LEED评估体系的认证需要收取一定的佣金且认证过程需要由第三方完成认证。在项目发展初期，综合项目团队需要确定项目目标、认证的级别，以及获得认证所需的得分点。常见LEED认证流程及步骤如图6-20所示。

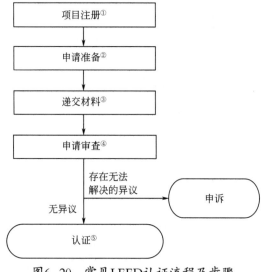

图6-20 常见LEED认证流程及步骤

注：①项目注册。LEED项目流程从注册开始，项目团队向绿色建筑认证协会（GBCI）提交注册表和费用。注册后，团队将收到有关认证流程指南的信息、工具和通信资料。项目负责人将在LEED在线上填写所有的项目活动，包括注册和得分点合规文档。

② 申请准备。项目团队选择要争取获得的得分点，填写完成所需文档（包括所需信息和计算），之后将材料上传至LEED在线。

③递交材料。由项目负责人提交有关费用和文档。对于建筑设计与施工（LEED BD+C）和室内设计与施工（LEED ID+C）项目，团队可以在建筑项目完成后提交文档，也可在项目完成前申请审查与设计有关的先决条件和得分点，然后在项目完成后申请与施工有关的得分点。

④ 申请审查。无论是合并还是分开提交设计和施工评审，各得分点均须经过初审。认证审查人员会要求提供进一步的信息或澄清说明，然后提交最终文档。终审后，可以就某些得分点的不利终审决定进行申诉，但须缴纳额外申诉费用。

⑤ 认证。认证是LEED认证流程的最后一步，最终审查完成时，项目团队可以接受最终裁定或进行申诉。LEED认证的项目将收到正式的认可证书、奖牌以及市场宣传的建议。项目可列在USGBC已注册和已认证项目的在线LEED项目目录中。

（2）英国BREEAM评价标准

BREEAM（Building Research Establishment Environmental Assessment Method） 是世界上第一个也是全球最广泛使用的绿色建筑评估方法之一，涵盖了从建筑能耗、水资源、建筑材料到区域交通、生态环境等全方位的内容，鼓励建筑相关参与者在设计阶段就考虑低碳和低影响的设计理念，将绿色设计技术融入整个建筑生命周期中。很多国家和地区的评估体系均受到BREEAM的启发而成，其中一些评估体系甚至直接以BREEAM作为范本，例如加拿大的BEPAC和香港的BEAM。

BREEAM的评价体系包括"管理、健康宜居、能源、交通、节水、材料、废弃物、土地利用和生态、污染"等评价类别。BREEAM评价体系的条文类别及框架如图6-21、表6-40所示。

管理 Management (Man)	健康宜居 Health and Wellbeing (Hea)	能源 Energy (Ene)
交通 Transport (Tra)	节水 Water (Wat)	材料 Materials (Mat)
废弃物 Waste (Wst)	土地利用和生态 Land use and ecology (LE)	污染 Pollution (Pol)

图6-21　BREEAM评价体系条文类别

表6-40　BREEAM评价体系框架

类别	内容点
管理	项目概要与设计、生命周期成本和使用寿命规划、负责建设行为、调试和移交、善后
健康宜居	视觉舒适性、室内空气质量、实验室安全防范、热舒适性、声学性能、无障碍、灾害、私人空间、水质
能源	减少能源使用和碳排放、能源监测、外部照明、低碳设计、高效节能冷量存储、高效节能交通系统、高效节能实验室系统、高效节能设备、干燥空间
交通	无障碍公共交通、临近设施、交通替代模式、最大停车能力、出行计划
节水	耗水量、水质监测、漏水检测、高效节水设备
材料	生命周期影响、环境美化和边界保护、材料采购、绝缘、耐用性和弹性设计、材料效率
废弃物	建筑垃圾管理、再生骨料、垃圾处理、地板和天花板饰面、气候变化适应、功能适应性
土地利用和生态	选址、场地的生态价值和生态保护特征、尽量减少对现有场地的生态影响、增强场地的生态、减少对生物多样性的长期影响
污染	制冷剂的影响、氮氧化物排放、地表水径流、减少夜间光污染、减少噪声污染
创新项（附加）	创新措施

　　BREEAM认证评估体系每大类总分100分，并有相应的权重系数，总权重系数为1；创新项总分10分，权重系数为1。按照得分的高低分为杰出（Outstanding）、优秀（Excellent）、很好（Very Good）、好（Good）、及格（Pass）五个等级，相应各等级的得分要求如表6-41所示。

表6-41　BREEAM各等级得分要求

BREEAM等级	得分要求
杰出（Outstanding）	≥85分
优秀（Excellent）	≥70分
很好（Very Good）	≥55分
好（Good）	≥45分
及格（Pass）	≥30分

BREEAM新建建筑的最低标准，如表6-42所示。

表6-42　BREEAM新建建筑的最低标准

BREEAM评价指标	BREEAM评级/最低的分数				
	合格	良好	优良	优秀	杰出
管理1　可持续性采购	1	1	1	1	2
管理2　考虑周到的施工人员	—	—	—	1	2
管理4　使用权者参与项	—	—	—	1	1
健康1　视觉舒适度	1	1	1	1	1
健康4　水质	1	1	1	1	1
节能1　CO_2减排	—	—	—	6	10
节能2　能源的可持续使用——分项计量	—	—	1	1	1
节能4　低碳/零碳技术	—	—	—	1	1
节水1　水量消耗	—	1	1	1	1
节水2　水表计量	—	1	1	1	1
节材3　可靠的材料源	3	3	3	3	3
废弃物1　施工废弃物管理	—	—	—	—	1

BREEAM的评估过程由持有通过英国建筑研究院（BRE）培训及考核后颁发评估证书的专业人员及机构来执行。评估员及评估机构将根据各建筑的分类，选择对应版本的BREEAM，考察项目的选址、备料、设计、施工、运行、维护、改造、报废拆除及再利用等整个建筑寿命周期中各环节的环境性能，依照是否达到各评估条款打分，最后将评估报告提交BRE审核，经过约15d的审核后会颁发相应绿色等级证书。

（3）德国DGNB评价标准

DGNB（Deutsche Gesellschaft für Nachhaltiges Bauen e.V.）是德国可持续建筑委员会和德国政府于2008年共同开发编制的第二代可持续建筑评估体系。针对第一代绿色建筑体系过度针对技术应用，指标不易于性能综合考虑等问题，DGNB进行了改进，覆盖了绿色生态、建筑经济、建筑功能与社会文化等建筑全产业链，整个体系有严格全面的评价方法和庞大数据库、计算机软件支持，是一套最新、最先进、最为完整的绿色建筑评估方法之一。

DGNB体系标准将环境保护群体进行定义分类，包括自然环境和资源、经济价值、健康和社会文化，关注全生命周期内的绿色节能表现，涵盖了从方案设计到建筑拆除从头至尾的总体绿色目标。因此，DGNB在评价过程中引入了"预认证"的概念，在设计过程中尽早引入绿色建筑设计理念，而在设计阶段完成后进行预认证。正式认证需要等到建筑正式运营三年后进行评价。

DGNB评价体系的评分标准类别、技术构成及评分权重、框架如图6-22、图6-23、表6-43所示。

图6-22　DGNB评价体系评分标准类别

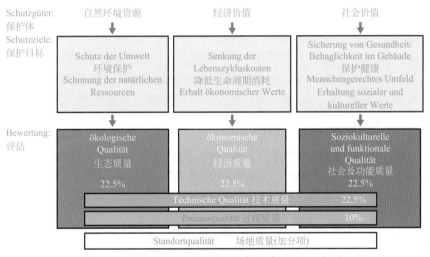

图6-23　DGNB评价体系技术构成及评分权重

表6-43　DGNB评价体系框架

类别	内容点
生态质量	全球变暖趋势、臭氧消耗潜能值、光化学臭氧生成能力、酸化趋势、富营养化趋势、本地环境威胁、可持续的资源使用、微环境、不可再生一次能源的需求、一次能源总量以及可再生能源利用、饮用水需求以及污水排放、建筑空间使用
经济质量	生命周期内与建筑相关的费用、第三方使用的便利性
社会文化和建筑功能质量	冬天的热舒适度、夏天的热舒适度、室内卫生、声学舒适度、视觉舒适度、用户控制的便利性、室外环境质量、安全及意外风险、无障碍设施、空间效率、转换能力、公共访问、自行车用户舒适度、艺术创造和城市规划质量、建筑内艺术
技术质量	火灾预防、噪声预防、能源以及防潮技术质量、清洁及维护的友好度、回建度、循环及拆卸友好度
过程质量	工程准备质量、综合规划、方法的优化和复杂性、在可持续发展方面的招标、优化利用与管理、施工现场/施工工艺、出口企业的质量/资格预审、建筑施工的质量保证、系统调试
场地质量	微环境的风险、微场地环境状况、场地外观及状况、交通网络、配套设施、临近的媒介和开发

DGNB各等级得分要求如表6-44所示，评分玫瑰图如图6-24所示。

表6-44　DGNB各等级得分要求

DGNB等级	得分要求
金级	≥80分
银级	≥65分
铜级	≥50分

ENVIRONMENTAL QUALITY：环境质量；
ECONOMIC QUALITY：经济质量；
PROCESS QUALITY：过程质量；

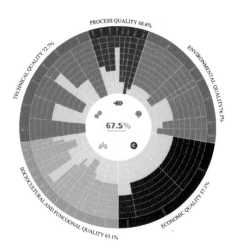

图6-24　DGNB评分玫瑰图

SOCIOCULTURAL AND FUNCTIONAL QUALITY：社会文化及功能质量；
TECHNICAL QUALITY：技术质量。

DGNB克服了第一代绿色建筑标准侧重生态等技术因素的局限性，强调从可持续性的三个基本维度（生态、经济和社会）出发，发展适合用户服务导向的指标体系。同时，以建筑性能评价为核心，保证建筑质量，通过建筑全寿命期建造成本、运营成本、回收成本的综合分析，展示如何通过提高可持续性获得更大的经济回报。

6.5.2.2　中国绿色建筑节能技术标准

2006年我国颁布了第一部绿色建筑综合评价标准《绿色建筑评价标准》（GB/T 50378—2006），现已升版为GB/T 50378—2014。其他还有按照行业、建筑类别细化的对应的评价标准和设计规范，如《民用建筑绿色设计规范》《绿色工业建筑评价标准》《绿色医院建筑评价标准》《既有建筑绿色改造评价标准》《建筑工程绿色施工评价标准》等。目前我国主要绿色建筑评价标准比较如表6-45所示。

表6-45　我国主要绿色建筑评价标准比较

序号	标准名称及编号	包括内容	评价方法	主要特点
1	绿色建筑评价标准 GB/T 50378—2014	总则、术语、基本规定、节地与室外环境、节能与能源利用、节水与水资源利用、节材与材料资源利用、室内环境质量、施工管理、运营管理、提高与创新。绿色建筑评价内容包括节地与室外环境、节能与能源利用、节水与水资源利用、节材与材料资源利用、室内环境质量、施工管理、运营管理、提高与创新	① 每类指标都有相应的控制项；② 每类指标最低得分40分；③ 每类指标有对应的条文细则对当前建筑评估得分，每类指标有相应的得分权重，总得分为相应类别指标的评分项得分经加权计算后与加分项的附加得分之和；④ 绿色建筑评估结果按总得分确定星级，评估结果须有具体相应的文件材料作为支撑	设计评价阶段评价内容：节地与室外环境、节能与能源利用、节水与水资源利用、节材与材料资源利用、室内环境质量；运行评价评价内容：节地与室外环境、节能与能源利用、节水与水资源利用、节材与材料资源利用、室内环境质量、施工管理、运行管理

续表

序号	标准名称及编号	包括内容	评价方法	主要特点
2	民用建筑绿色设计规范 JGJ/T 229—2010	总则、术语、基本规定、绿色设计策划、场地与室外环境、建筑设计与室内环境、建筑材料、给水排水、暖通空调、建筑电气	—	民用建筑的绿色设计指导规范，可在建筑设计阶段，按此规范将绿色建筑评价标准涉及的绿色建筑技术考虑进去，与各专业设计标准相结合，以利于后期绿色建筑评估得分
3	绿色工业建筑评价标准 GB/T 50878—2013	总则、术语、基本规定、节地与可持续发展场地、节能与能源利用、节水与水资源利用、节材与材料资源利用、室外环境与污染物控制、室内环境与职业健康、运行管理、技术进步与创新	评分条文得分按照权重计算总分，与《绿色建筑评价标准》(GB/T 50378—2014)类似	以《绿色建筑评价标准》(GB/T 50378—2014)为指导，针对不同使用功能的建筑类型编写的评估标准，不同的绿色建筑评价标准主要技术内容稍有不同
4	绿色医院建筑评价标准 GB/T 51153—2015	总则、术语、基本规定、规划、建筑、设备及系统、环境与环境保护、运行管理		
5	既有建筑绿色改造评价标准 GB/T 51141—2015	总则、术语、基本规定、规划与建筑、结构与材料、暖通空调、给水排水、电气与自控、施工管理、运营管理、提高与创新		
6	绿色商店建筑评价标准GB/T 51100—2015	总则、术语、基本规定、节地与室外环境、节能与能源利用、节水与水资源利用、节材与材料资源利用、室内环境质量、施工管理、运营管理、提高与创新	评分条文得分按照权重计算总分，与《绿色建筑评价标准》（GB/T 50378—2014）类似	
7	建筑工程绿色施工评价标准 GB/T 50640—2010	地基与基础工程、结构工程、装饰装修与机电安装工程进行，根据环境保护、节材与材料资源利用、节水与水资源利用、节能与能源利用和节地与土地资源保护	评分条文得分按照权重计算总分，与《绿色建筑评价标准》（GB/T 50378—2014）类似	以建筑工程施工过程为对象进行评价
8	绿色校园评价标准CSUS/GBC 04—2013	总则、术语、基本规定、规划与可持续发展场地、节能与能源利用、节水与水资源利用、节材与材料资源利用、室外环境质量、运行管理、教育推广、优选项	按照条文满足项数要求评价等级，与《绿色建筑评价标准》（GB/T 50378—2014）类似	以中小学校单个校园为评价对象

　　我国主要绿色建筑评价标准皆以"节能、节地、节水、节材和保护环境"为目标，制订原则和可持续发展的大方向一致，在内容和评价点上稍有不同，但各项指标得分较均衡，对不同类型的建筑出台不同的建筑评价标准，设计阶段有绿色设计规范，施工阶段有施工过程绿色评价标准，最后运维有绿色运行维护规范。以绿色生态城区评

价标准为例，2017年7月，住房和城乡建设部发布《绿色生态城区评价标准》（GB/T 51255—2017），绿色建筑评价标准范围不仅是初期的单体建筑评价，而且是由单体建筑向区域延伸。我国的绿色建筑发展虽然起步较晚，但通过努力借鉴其他国家绿色建筑评价标准在制定和实施方面的经验，结合我国特有的气候特征、建筑特点，逐步完善和拓展评价标准体系，进而形成了一个能够涵盖全国的全方位的绿色建筑标准体系。

（1）绿色建筑评价标准（GB/T 50378—2014）

2014年4月住房和城乡建设部发布公告，新版《绿色建筑评价标准》（GB/T 50378—2014）于2015年1月1日起实施。该标准适用于各类民用建筑的评价，根据总得分分别达到50分、60分、80分，分为一星级、二星级、三星级3个等级。

①《绿色建筑评价标准》（GB/T 50378—2014）的基本规定

a.《绿色建筑评价标准》（GB/T 50378—2014）适用于各类民用建筑的评价。

b. 绿色建筑的评价以单栋建筑或建筑群为评价对象。评价单栋建筑时，涉及系统性、整体性的指标时，应基于该栋建筑所属工程项目的总体进行评价。

c. 绿色建筑评价分为设计评价和运行评价。设计评价应在建筑工程施工图设计文件审查通过后进行，运行评价应在建筑通过竣工验收并投入使用一年后进行。

d. 申请评价方应进行建筑全寿命期技术和经济分析，合理确定建筑规模，选用适当的建筑技术、设备和材料，对规划、设计、施工、运行阶段进行全过程控制，并提交相应分析、测试报告和相关文件。

e. 评价机构应按《绿色建筑评价标准》（GB/T 50378—2014）的要求，对申请评价方提交的报告、文件进行审查，出具评价报告，确定等级。对申请运行评价的建筑，应进行现场考察。

②《绿色建筑评价标准》（GB/T 50378—2014）评分体系。绿色建筑评价指标体系由节地与室外环境、节能与能源利用、节水与水资源利用、节材与材料资源利用、室内环境质量、施工管理、运营管理、提高与创新这8类指标组成。其中前7类评价指标包含控制项和评分项，评分项总分均为100分，并分配有相应的权重系数，权重系数之和为1；提高与创新类评价指标为加分项，总分为16分，其权重系数为1，但加分项最高得分不超过10分。设计评价时，不对施工管理和运营管理2类指标进行评价，但可预评相关条文。控制项的评定结果为满足或不满足；评分项和加分项的评定结果为分值，见表6-46。

表6-46　中国绿色建筑评价标识评估体系表

1	节地与室外环境	控制项	评分项
2	节能与能源利用		
3	节水与水资源利用		
4	节材与材料资源利用		
5	室内环境质量		
6	施工管理		
7	运营管理		
8	提高与创新	加分项	

　　绿色建筑评价按各权重计算的总得分确定等级，一星级、二星级、三星级3个等级的绿色建筑均应满足标准所有控制项的要求，且前7类指标的评分项得分均不应小于40分，总得分分别应达到50分、60分、80分。各阶段分项指标的权重分布如图6-25和图6-26所示。

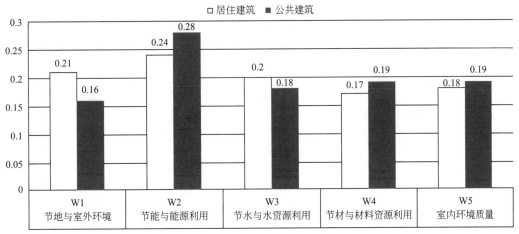

图6-25　设计阶段分项指标权重分布图

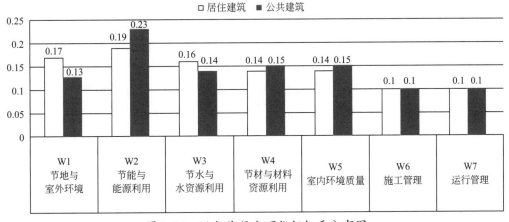

图6-26　运行阶段分项指标权重分布图

　　③ 绿色建筑评价标识申报流程。绿色建筑评价标识的申报通常需要经历选定评价机构、提出申报意向和申请、提交申报材料、形式审查、专业评审、通过评审后公示、获得标识、住建部备案等流程。具体申报流程如图6-27所示。

（2）民用建筑绿色设计规范（JGJ/T 229—2010）

　　2010年11月17日，中华人民共和国住房和城乡建设部发布了第一部专门针对绿色建筑设计的行业规范《民用建筑绿色设计规范》（JGJ/T 229—2010），该标准为行业推荐性标准，于2011年10月1日开始正式实施。

　　①《民用建筑绿色设计规范》（JGJ/T 229—2010）的特点。《民用建筑绿色设计规范》（JGJ/T 229—2010）作为第一部针对绿色建筑设计的规范，有以下特点：

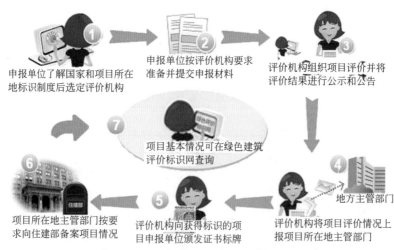

图6-27 绿色建筑评价标识申报流程

a. 综合性强。该规范包含了场地资源利用与生态环境保护、场地规划与室外环境、建筑设计与室内环境、建筑材料、给排水设计、暖通设计、电气设计等建筑全方位的设计要求。

b. 强调前期策划和技术集成。该规范首先提出绿色设计策划要求，从明确绿色建筑的前期调研、项目定位、建设目标及对应的技术策略到增量成本和效益全方位进行设计策划，并编制绿色设计策划书。同时，各专业的技术策略应集成、综合考虑，避免技术堆砌。

c. 遵循因地制宜的原则。该规范强调场地、市场、社会全方位的调研，确保最终选择的技术策略符合当地的生态、气候、经济、文化等各方面的要求。

②《民用建筑绿色设计规范》（JGJ/T 229—2010）的主要内容、体系框架如表6-47所示。

表6-47 《民用建筑绿色设计规范》的主要内容、体系框架

类别	内容点
基本规定	鼓励民用建筑在设计理念、方法、技术应用等方面的绿色设计创新
绿色设计策划	明确绿色建筑的项目定位、建设目标及对应的技术策略、增量成本与效益，编制绿色设计策划书
场地与室外环境	场地要求、场地资源利用与生态环境保护、场地规划与室外环境
建筑设计与室内环境	空间合理利用、日照和天然采光、自然通风、维护结构、室内声环境、室内空气质量、工业化建筑产品应用、延长建筑寿命
建筑材料	节材、选材
给水排水	非传统水源利用、供水系统、节水措施
暖通空调	暖通空调冷热源、暖通空调水系统、空调通风系统、暖通空调自动控制系统
建筑电气	供配电系统、照明、电气设备节能、计量与智能化

（3）绿色建筑行动方案

2013年1月1日，国务院办公厅以国办发〔2013〕1号文转发国家发展改革委、住房和城乡建设部制定的《绿色建筑行动方案》（以下简称《行动方案》）。该《行动方案》包含开展绿色建筑行动的重要意义，指导思想、主要目标和基本原则，重点任务，保障措施4个部分。分述如下：

① 开展绿色建筑行动的重要意义。开展绿色建筑行动，以绿色、循环、低碳理念指导城乡建设，严格执行建筑节能强制性标准，扎实推进既有建筑节能改造，集约节约利用资源，提高建筑的安全性、舒适性和健康性，对转变城乡建设模式，破解能源资源瓶颈约束，改善群众生产生活条件，培育节能环保、新能源等战略性新兴产业，具有十分重要的意义和作用。

② 指导思想、主要目标和基本原则

a. 指导思想。把生态文明融入城乡建设的全过程，紧紧抓住城镇化和新农村建设的重要战略机遇期，树立全寿命期理念，切实转变城乡建设模式，提高资源利用效率，加快推进建设资源节约型和环境友好型社会。

b. 主要目标。城镇新建建筑严格落实强制性节能标准，"十二五"期间，完成新建绿色建筑10亿平方米；到2015年末，20%的城镇新建建筑达到绿色建筑标准要求。

c. 基本原则。全面推进，突出重点；因地制宜，分类指导；政府引导，市场推动；立足当前，着眼长远。

③ 重点任务

a. 切实抓好新建建筑节能工作。

促进城镇绿色建筑发展。政府投资的国家机关、学校、医院、博物馆、科技馆、体育馆等建筑，直辖市、计划单列市及省会城市的保障性住房，以及单体建筑面积超过2万平方米的机场、车站、宾馆、饭店、商场、写字楼等大型公共建筑，自2014年起全面执行绿色建筑标准。住房和城乡建设部门要严把规划设计关口，加强建筑设计方案规划审查和施工图审查，城镇建筑设计阶段要100%达到节能标准要求。

b. 大力推进既有建筑节能改造。

加快实施"节能暖房"工程。以围护结构、供热计量、管网热平衡改造为重点，大力推进北方采暖地区既有居住建筑供热计量及节能改造，"十二五"期间完成改造4亿平方米以上，鼓励有条件的地区超额完成任务。积极推动公共建筑节能改造，开展大型公共建筑和公共机构办公建筑空调、采暖、通风、照明、热水等用能系统的节能改造，提高用能效率和管理水平。"十二五"期间，完成公共建筑改造6000万平方米，公共机构办公建筑改造6000万平方米。开展夏热冬冷和夏热冬暖地区居住建筑节能改造试点。"十二五"期间，完成改造5000万平方米以上。创新既有建筑节能改造工作机制，做好既有建筑节能改造的调查和统计工作，制定具体改造规划。

c. 开展城镇供热系统改造。实施北方采暖地区城镇供热系统节能改造，提高热源效率和管网保温性能，优化系统调节能力，改善管网热平衡。撤并低能效、高污染的供热燃煤小锅炉，因地制宜地推广热电联产、高效锅炉、工业废热利用等供热技术。

d. 推进可再生能源建筑规模化应用。

积极推动太阳能、浅层地能、生物质能等可再生能源在建筑中的应用。开展可再生能源建筑应用地区示范，推动可再生能源建筑应用集中连片推广，到2015年末，新增可再生能源建筑应用面积25亿平方米，示范地区建筑可再生能源消费量占建筑能耗总量的比例达到10%以上。

e. 加强公共建筑节能管理。

加强公共建筑能耗统计、能源审计和能耗公示工作，推行能耗分项计量和实时监控，推进公共建筑节能、节水监管平台建设。研究开展公共建筑节能量交易试点。

f. 加快绿色建筑相关技术研发推广。

科技部门要研究设立绿色建筑科技发展专项，加快绿色建筑共性和关键技术研发，重点攻克既有建筑节能改造、可再生能源建筑应用、节水与水资源综合利用、绿色建材、废弃物资源化、环境质量控制、提高建筑物耐久性等方面的技术，加强绿色建筑技术标准规范的研究，开展绿色建筑技术的集成示范。

g. 大力发展绿色建材。

因地制宜、就地取材，结合当地气候特点和资源禀赋，大力发展安全耐久、节能环保、施工便利的绿色建材。质检、住房和城乡建设、工业和信息化部门要加强建材生产、流通和使用环节的质量监管和稽查，杜绝性能不达标的建材进入市场。积极支持绿色建材产业发展，组织开展绿色建材产业化示范。

h. 推动建筑工业化。

住房和城乡建设等部门要加快建立促进建筑工业化的设计、施工、部品生产等环节的标准体系，推动结构件、部品、部件的标准化，丰富标准件的种类，提高通用性和可置换性。

i. 严格建筑拆除管理程序。

加强城市规划管理，维护规划的严肃性和稳定性。住房和城乡建设部门要研究完善建筑拆除的相关管理制度，探索实行建筑报废拆除审核制度。对违规拆除行为，要依法依规追究有关单位和人员的责任。

j. 推进建筑废弃物资源化利用。

落实建筑废弃物处理责任制，按照"谁产生、谁负责"的原则进行建筑废弃物的收集、运输和处理。

④ 保障措施

a. 强化目标责任。要将绿色建筑行动的目标任务科学分解到省级人民政府，将绿色建筑行动目标完成情况和措施落实情况纳入省级人民政府节能目标责任评价考核体系。

b. 加大政策激励。研究完善财政支持政策，继续支持绿色建筑及绿色生态城区建设、既有建筑节能改造、供热系统节能改造、可再生能源建筑应用等，研究制定支持绿色建材发展、建筑垃圾资源化利用、建筑工业化、基础能力建设等工作的政策措施。对达到国家绿色建筑评价标准二星级及以上的建筑给予财政资金奖励。

c. 完善标准体系。住房和城乡建设等部门要完善建筑节能标准，科学合理地提高标准要求；健全绿色建筑评价标准体系，加快制（修）订适合不同气候区、不同类型建筑的节能建筑和绿色建筑评价标准。

d. 深化城镇供热体制改革。住房和城乡建设、发展改革委、财政、质检等部门要大力推行按热量计量收费，督导各地区出台并完善供热计量价格和收费办法。

e. 严格建设全过程监督管理。在城镇新区建设、旧城更新、棚户区改造等规划中，地方各级人民政府要建立并严格落实绿色建设指标体系要求，住房和城乡建设部门要加强规划审查，国土资源部门要加强土地出让监管。对应执行绿色建筑标准的项目，住房和城乡建设部门要在设计方案审查、施工图设计审查中增加绿色建筑相关内容，未通过审查的不得颁发建设工程规划许可证、施工许可证；施工时要加强监管，确保按图施工。

f. 强化能力建设。住房和城乡建设部要会同有关部门建立健全建筑能耗统计体系，提高统计的准确性和及时性。

g. 加强监督检查。将绿色建筑行动执行情况纳入国务院节能减排检查和建设领域检查内容，开展绿色建筑行动专项督查，严肃查处违规建设高耗能建筑、违反工程建设标准、建筑材料不达标、不按规定公示性能指标、违反供热计量价格和收费办法等行为。

h. 开展宣传教育。采用多种形式积极宣传绿色建筑法律法规、政策措施、典型案例、先进经验，加强舆论监督，营造开展绿色建筑行动的良好氛围。

（4）民用建筑能效测评标识技术导则（试行）

2018 年 6 月，住房和城乡建设部发布《民用建筑能效测评标识技术导则（试行）》，该标准适用于新建居住和公共建筑、实施节能改造前的既有建筑和改造后的既有建筑的能效测评标识。当基础项达到节能 50% ～ 65% 且规定项均满足要求时，标识为一星；当基础项达到节能 65% ～ 75% 且规定项均满足要求时，标识为二星；当基础项达到节能 75% ～ 85% 以上且规定项均满足要求时，标识为三星；当基础项达到节能 85% 以上且规定项均满足要求时，标识为四星。若选择项所加分数超过 60 分（满分 100 分）则再加一星。

① 《民用建筑能效测评标识技术导则（试行）》的基本规定

a. 《民用建筑能效测评标识技术导则（试行）》适用于新建居住和公共建筑、实施节能改造前的既有建筑和改造后的既有建筑的能效测评标识。

b. 民用建筑能效的测评标识应以单栋建筑为对象，且包括与该建筑相联的管网和冷热源设备。在对相关文件资料、部品和构件性能检测报告审查以及现场抽查检验的基础上，结合建筑能耗计算分析及实测结果，综合进行测评。

c. 民用建筑能效的测评标识分为建筑能效理论值标识和建筑能效实测值标识两个阶段。民用建筑能效理论值标识在建筑物竣工验收合格之后进行，建筑能效理论值标识有效期为 1 年。建筑能效理论值标识后，应对建筑实际能效进行为期不少于 1 年的现场连续实测，根据实测结果对建筑能效理论值标识进行修正，给出建筑能效实测值标识结果，有效期为 5 年。

　　d. 建筑能效实测值标识阶段，将基础项（实测能耗值及能效值）写入标识证书，但不改变建筑能效理论值标识等级；规定项必须满足要求，否则取消建筑能效理论值标识结果；根据选择项结果对建筑能效理论值标识等级进行调整。若建筑能效理论值标识结果被取消，委托方须重新申请民用建筑能效测评标识。

　　②《民用建筑能效测评标识技术导则（试行）》的主要内容。《民用建筑能效测评标识技术导则（试行）》主要内容包含居住建筑能效理论值、公共建筑能效理论值、居住建筑能效实测值和公共建筑能效实测值四个章节的主要内容。其体系框架如表6-48所示。

表6-48　《民用建筑能效测评标识技术导则（试行）》评价体系框架

章节类别	内容点
居住建筑能效理论值	基础项测评：软件评估、性能测试； 规定项测评：文件审查、现场检查； 选择项测评：文件审查、软件评估、计算分析报告、现场检查
公共建筑能效理论值	基础项测评：软件评估、性能测试； 规定项测评：文件审查、现场检查； 选择项测评：文件审查、软件评估、计算分析报告、现场检查
居住建筑能效实测值	建筑能耗实测、室内采暖空调效果检测、锅炉实际运行效率检测、室外管网热损失率检测、集中采暖系统耗电输热比检测、运行实测检验
公共建筑能效实测值	建筑能耗实测、室内采暖空调效果检测、锅炉实际运行效率检测、室外管网热损失率检测、集中采暖系统耗电输热比检测、运行实测检验

6.6　绿色建筑节能技术措施及典型案例

6.6.1　绿色建筑节能技术的措施

　　表6-49为在建筑行业常用的绿色建筑节能技术。

表6-49　建筑行业常用的绿色建筑节能技术

电气设备	三相变压器、节能电梯等
可再生能源应用	包括但不限于新能源发电
照明	节能灯具、高效镇流器等
计量	系统监测计量计费
智能化	自动控制系统
室内空气	有害气体、室内污染物监测

6.6.1.1　绿色建筑节能设计原则

　　绿色建筑设计应结合各个国家（地区）的气候、环境、资源、经济及文化诸方面的特点，因地制宜，在建筑的全生命周期内给出最优的设计规划策略，以真正地实现建筑与自然的和谐共生。

（1）LEED设计原则

① 推广三重底线：即经济繁荣、环境管理和社会责任，对应评估人（社会资本）、地球（自然资本）和利润（经济资本）三种资源的潜在影响和最佳实践。

② 建立引导：领导和引导建筑设计由现代建筑建造逐渐向绿色建筑转型。

③ 建立和恢复人与自然之间的和谐：确立人和自然相互影响、需和谐相处的理念，以人为本，以自然为基础进行建筑设计。

④ 技术和科学数据的运用：通过技术和科学数据的运用来维持组织的完整性，进而引导做出正确的决策。

⑤ 包容性原则：通过民主程序以及给予任何人发表意见的机会来保证组织的包容性。

⑥ 开放性原则：拥有开放的标准体系，展示组织的透明度。

（2）BREEAM设计原则

① BREEAM的设计理念为"精简、清洁、绿"，第一步是减少需求，降低取暖和空调的负荷；第二步是提高材料、水和能源的使用效率；第三步是使用绿色能源。

② BREEAM通过一系列可行、全面、平衡的量化措施，确定环境质量，以保证环境质量达到要求，环境效益获得认可，体现满足环境目标的社会效益和经济效益。

③ BREEAM是一个国际化且当地化的评估体系，考虑到当地的自然环境、气候环境和人口密度等因素，BREEAM会计算出各个地区的权重系数值，满足不同国家和地区的绿色建筑评估。

④ BREEAM认可当地的法律法规，使其能更好地当地化。

⑤ 采用第三方认证，确保标识的独立性、信誉度和一致性。

（3）DGNB设计原则

① DGNB不仅是绿色建筑标准，而且涵盖了绿色生态、建筑经济、建筑功能和社会文化等各个方面的因素。

② DGNB以建筑性能评价为核心，保证建筑质量，为业主和设计师达到目标提供更广泛的途径和发挥空间。

③ DGNB展示采用各种技术体系应用的相关利弊关系，以提供技术措施的统合应用，并对此进行应用性能评价。

④ DGNB提供了建筑全寿命周期的成本计算及评估方法，能够有效地评估建筑成本和投资风险，引导业主通过建筑可持续性获得更大的经济回报，使建筑具有未来价值。

（4）中国绿色建筑设计原则

中国绿色建筑设计原则包含因地制宜、全生命周期分析评价、被动式技术优先、均衡与集成、精专化等五个方面，具体如下：

① 因地制宜：注重地域性，考虑各类技术的适用性，特别是技术的本土适宜性。

② 全生命周期分析评价：规划阶段考虑并利用环境因素，施工过程中确保对环境的影响最小，运营阶段为人们提供健康、舒适、低耗、无害的活动空间，拆除后对环

境危害降到最低。

③ 被动式技术优先：根据建设场地的自然条件（如地理、气候与水文等），优先选用以自然通风、自然采光、被动式太阳能利用以及遮阳等被动式技术优先的绿色建筑方案体系。

④ 均衡与集成：注重技术的均衡性，避免短板，并采用性能化、精细化与集成化的设计方法，对设计方案进行定量验证、优化调整与造价分析，有效控制建设工程造价。

⑤ 精专化：通过详细的计算机模拟对比分析，多专业综合考虑，对各种技术方案进行技术经济性的统筹对比和优化。

6.6.1.2　绿色建筑评价标准对电气节能设计的要求

电气能耗作为绿色建筑评价标准体系中的主要组成部分，主流绿色建筑评价标准（LEED、BREEAM、DGNB、中国绿色三星）针对电气节能环保设计的要求见表6-50。

表6-50　绿色建筑评价标准对电气节能环保设计的要求

序号	标准名称	LEED（美国）	BREEAM（英国）	DGNB（德国）	中国绿色三星
1	供配电系统	—	—	—	三相配电变压器满足相关标准节能评价值要求
2	可再生能源应用（太阳能光伏）	得分点：可再生能源生产，增加可再生能源生产比例，根据可再生能源百分比得分； 得分点：绿色电力和碳补偿，要求建筑使用绿色电力、碳补偿或可再生能源认证用能	Pol氮氧化合物减排：太阳能光伏可以作为发电减排策略，可再生能源可以作为零碳或低碳技术在Ene01能源效率和Ene04零碳和低碳技术中得分	通过可再生能源可以降低ENV2.1全生命周期一次能源消耗中的消耗	太阳能（风能）光伏发电
3	电气设备	得分点：能源效率优化，要求电器和设备达到"能源之星"中关于建筑整体节能率要求。或者根据美国采暖、制冷与空调工程师学会（ASHRAE）高阶能源要求进行评分。 得分点：增强设备调试	Ene01能源效率：对建筑整体能耗和建筑内能效做出要求	在ENV1.1全生命周期评估、ENV2.1全生命周期一次能源消耗中提出了对能源消耗的要求，其中电气设备作为耗能的一部分有所规定	① 采用电梯和自动扶梯，电梯群控、扶梯自动启停； ② 水泵、风机等设备及其他电气装置满足相关标准节能评价值要求； ③ 水系统、风系统采用变频技术； ④ 照明数量和质量满足相关标准； ⑤ 节能空调供暖系统； ⑥ 可独立调节供暖空调系统末端
4	照明	得分点：室内照明，提供照明控制、保证照明质量； 得分点：能源效率优化，要求照明效率达到"能源之星"要求建筑整体节能率要求，或者根据美国采暖、制冷与空调工程师学会（ASHRAE）高阶能源要求进行评分	Ene02能源监控详细规定对照明、冷热系统、供电设施进行监测控制； Ene03室外照明对室外照明效率提出要求	在ENV1.1全生命周期评估、ENV2.1全生命周期一次能源消耗中提出了对能源消耗的要求，其中照明作为耗能的一部分有所规定	① 室外照明避免光污染； ② 分区、定时、感应节能控制； ③ 照明功率密度达到标准的目标值
5	计量	得分点：建筑整体能源计量，包括电力系统计量	Ene02能源监控详细规定对照明、冷热系统、供电设施进行监测控制	各评价指标均要求运行数据，进行正式认证	独立分项计量、计费

续表

序号	标准名称	LEED（美国）	BREEAM（英国）	DGNB（德国）	中国绿色三星
6	建筑设备管理	LEED设备管理相关要求分布在各个电力相关条目中； PRO2.3有系统的调试对建筑设备提出了定期调试要求	Ene02能源监控详细规定对照明、冷热系统、供电设施进行监测控制	SOC1.5用户控制对室内电气设备、照明的易于控制做出了要求； PRO2.3有系统的调试对建筑设备提出了定期调试要求	① 供暖、通风、空调、照明等设备自动监控系统； ② 智能化系统
7	室内环境质量监控	得分点：施工期室内空气质量管理计划，要求对空气质量进行监控	Ene02能源监控详细规定对照明、冷热系统、供电设施进行监测控制	SOC1.2室内空气质量需要室内环境质量监控设施，但未对监控提出要求	① 与通风系统联动的二氧化碳浓度监测； ② 室内污染物超标监测； ③ 与排风设备联动的地下车库一氧化碳浓度监测

6.6.1.3　绿色建筑评价标准中的电气技术措施

（1）LEED评价标准中的电气技术措施

① 降低光污染：利用背光向上照射眩光（BUG）法或计算法达到对向上照射和光侵扰的要求。提高夜空可视度，改善夜间能见度，降低对野生动物和人的影响。

② 调试和校验：根据适用于HVAC&R系统的ASHRAE指南0-2005和ASHRAE指南1.1–2007（与能源、水、室内环境质量和耐久性相关）完成以下机械、电气、管道和可再生能源系统与组件的调试（Cx），使项目的设计、施工和最后运营满足业主对能源、水、室内环境质量和耐久性的要求。

③ 建筑整体能源计量：新装或使用既有的整个建筑的能源表或可进行合计的分表来提供建筑整体的数据，以推算建筑的总能耗（电力、天然气、冷却水、蒸汽、燃油、丙烷、生物质能等）。通过跟踪记录建筑整体能耗来进行能源管理并确定更多节能的机会。

④ 照明及电气设备节能：通过整体能源效率优化模拟工作确定项目的节能率和得分。

⑤ 能源需求响应：设计建筑和设备以通过负载减卸或转移参与需求响应计划，以使能源产生和分配系统更高效，增加电网可靠性，减少温室气体排放。

⑥ 可再生能源：现场生产可再生能源，增加可再生能源的自给，减少与化石燃料能源相关的环境和经济危害。或通过购买绿色电力、碳补偿、可再生能源认证（REC）等实现对可再生能源的贡献。

⑦ 室内空气质量控制：通过CO_2浓度和CO浓度监控并联动新排风系统实现室内空气质量的控制。

⑧ 室内照明：为至少90%的个人使用空间提供独立照明控制，所有公共空间提供多区控制系统，并且具有至少三种照明等级或场景（开、关、中等）。中等是最大照明等级的30%～70%（不包括自然采光的影响）。

（2）BREEAM评价标准中的电气技术措施

① 可再生能源利用：Ene01能源效率中，可再生能源技术与设备的应用可以作为

其中一个得分点，而Ene04低碳零碳技术中，可再生能源技术也作为相关的支撑技术成为可选项。但标准中对可再生能源应用方式和应用量并未做细则要求。

② 电气设备的性能效率：在Ene01能源效率中，对整个建筑能耗效率进行要求，其中电气相关设备作为建筑能耗的重要组成部分深受影响。条文除了规定了建筑整体能源效率之外，还设立了外接电网、能源类型、电气设备耗能计算等与电气设计相关的选择项。

③ 照明：对于室内照明的相关要求被整合在能源效率Ene01条目中，Ene02为室外照明条目，对室外照明的照度密度等参数做出了规定。

④ 能耗计量、建筑设备管理、室内环境监控相关内容均体现在Ene02能源监控部分。标准提出了对相应建筑类型中冷热系统、照明、小型供电系统和其他耗能设施的计量、监控管理要求。

（3）DGNB评价标准中的电气技术措施

① 在ENV1.1全生命周期评估、ENV1.2全生命周期一次能源消耗评估中，涉及全部能源消耗使用。详细规定了电气设备、照明、可再生能源应用等能源在全生命周期评估中的计算方式，各种电气设施消耗均需要转化为一次能源进行计算，而采用可再生能源则可以降低项目的能源消耗。

② DGNB中没有专门的条目对计量提出要求，但其采取的预评估政策要求正式评估应在建筑运行三年后，根据实际运行数据进行包括能源消耗等条目的评估。因此精确可靠的分项计量措施依然必不可少。

③ DGNB中也对用户控制的设计进行了要求，主要规定用户对于开关、控制的可达性和可控性，在设计过程中需要进一步考虑完成相关要求的智能化设计策略。

④ DGNB对室内环境监控没有提出直接要求，但是在室内空气质量、室内通风质量等条目中均需要室内环境监控设施的辅助。

⑤ 建筑的碳排放量表现在建筑全生命周期内一次性能源的消耗，对建筑碳排放量的计算原则是：分别计算建筑材料在生产、建造、使用、拆除及重新利用过程中每个步骤的碳排放量并相加，形成建筑全生命周期的碳排放总量。

（4）中国《绿色建筑评价标准》中的电气技术措施

见表6-51。

表6-51　中国《绿色建筑评价标准》中的电气技术措施

分类	电气技术措施	措施分析
节地与室外环境	建筑及照明设计避免产生光污染。 ① 玻璃幕墙可见光反射比不大于0.2； ② 室外夜景照明光污染的限制符合现行行业标准《城市夜景照明设计规范》（JGJ/T 163）的规定	① 建筑物的光污染包括建筑反射光（眩光）、夜间的室外夜景照明以及广告照明等造成的光污染； ② 光污染控制对策包括降低建筑物表面（玻璃和其他材料、涂料）的可见光反射比，合理选配照明器具，采取防止溢光措施等； ③ 室外夜景照明设计应满足《城市夜景照明设计规范》（JGJ/T 163—2008）第7章关于光污染控制的相关要求，并在室外照明设计图纸中体现

分类	电气技术措施	措施分析
节能与能源利用（控制项）	① 冷热源、输配系统和照明等各部分能耗应进行独立分项计量； ② 各房间或场所的照明功率密度值不应高于现行国家标准《建筑照明设计标准》（GB 50034）中规定的现行值	建筑分类能耗包括8类：电、水、燃气、供热、供冷、燃油和燃煤、可再生能源、其他能源。其中，建筑电类分项能耗包括4项： ① 照明及插座用电（分为4个一级子项：正常照明与插座、应急照明、室外景观照明、专用插座）； ② 空调及供暖用电（分为3个一级子项：冷源站、热源站、空调末端）； ③ 动力用电（分为3个一级子项：电梯、水泵、通风机）； ④ 特殊用电（分为6个一级子项：信息中心、厨房餐厅、洗衣房、游泳池、健身房、其他）。 分类、分项能耗数据计量装置，应选用具有标准通信协议接口、具备远传功能的产品，以便于设置独立的能源管理系统，并与楼宇设备管理系统（BA）组网，实现数据共享
节能与能源利用（照明与电气）	① 走廊、楼梯间、门厅、大堂、大空间、地下停车场等场所的照明系统采取分区、定时、感应等节能控制措施； ② 照明功率密度值达到现行国家标准《建筑照明设计标准》（GB 50034）中规定的目标值； ③ 合理选用电梯和自动扶梯，并采取电梯群控、扶梯自动启停等节能控制措施； ④ 合理选用节能型电气设备： a. 三相配电变压器满足现行国家标准《三相配电变压器能效限定值及能效等级》（GB 20052）的节能评价值要求； b. 水泵、风机及其他电气装置满足相关现行国家标准的节能评价值要求	① 照明系统的分区控制、定时控制、自动感应开关、照度调节等措施对降低照明能耗作用很明显。照明系统分区需满足自然光使用、功能和作息差异的要求。公共活动区域（门厅、大堂、走廊、楼梯间、地下车库等）以及大空间，应采取定时、感应等节能控制措施； ② 电梯和扶梯用电也形成了一定比例的能耗，而目前也出现了包括变频调速拖动、能量再生回馈等在内的多种节能技术措施。电梯和扶梯的节能控制适用于各类民用建筑的设计、运行评价。仅设有一台电梯或不设电梯的建筑，此条不参评
节能与能源利用（能量综合利用）	根据当地气候和自然资源条件，合理利用可再生能源	如采用光伏发电系统、导光管采光系统等。在人员长期工作或停留的地下房间或场所，无天然采光时宜设置导光设备，此措施不仅能够照明节能，还可有效地改善地下空间光环境质量
室内环境质量（控制项）	建筑照明数量和质量应符合现行国家标准《建筑照明设计标准》（GB 50034）的规定	各类民用建筑中的室内照度E、照度均匀度U_0、统一眩光值UGR、相关色温T_{cp}、一般显色指数R_a等照明数量和质量指标，应满足现行国家标准《建筑照明设计标准》（GB 50034）中的有关规定
室内环境质量（室内空气质量）	① 对主要功能房间中人员密度较高且随时间变化大的区域设置室内空气质量监控系统。 a. 对室内的二氧化碳浓度进行数据采集、分析，并与通风系统联动； b. 实现室内污染物浓度超标实时报警，并与通风系统联动。 ② 地下车库设置与排风设备联动的一氧化碳浓度监测装置	室内空气质量监控系统采用二氧化碳浓度和其他污染物作为控制指标，实时监测室内有害气体浓度并与通风系统联动，既可以保证室内的新风量需求和室内空气质量，又可以实现通风节能；地下车库一氧化碳浓度监测并与排风设备联动可减少汽车排放尾气对进入车库人员的身体伤害。室内空气二氧化碳浓度和地下车库一氧化碳的浓度应符合国家标准的规定
施工管理（过程管理）	① 严格控制设计文件变更，避免出现降低建筑绿色性能的重大变更； ② 实现土建装修一体化施工	① 绿色建筑在建造过程中应严格执行审批后的设计文件，设计文件局部变更时，不得显著影响该建筑的绿色性能； ② 土建装修一体化设计与施工，对节约能源资源有重要作用，工程竣工验收时室内装修一步到位，可避免破坏建筑构件和设施

续表

分类	电气技术措施	措施分析
运营管理（控制项）	供暖、通风、空调、照明等设备的自动监控系统应工作正常，且运行记录完整	① 供暖、通风、空调、照明系统是建筑物的主要用能设备。绿色建筑需对上述系统及主要设备进行有效的监测，对主要运行数据进行实时采集并记录；并对上述设备系统按照设计要求进行自动控制，通过各种不同运行工况下的自动调节来降低能耗。 ② 对于建筑面积2万平方米以下的公共建筑和建筑面积10万平方米以下的住宅区公共设施的监控，可以不设置建筑设备自动监控系统，但应设简易有效的控制措施； ③ 设计评价预审时，查阅建筑设备自动监控系统的监控点数。 ④ 运行评价时，查阅设备自动系统竣工文件、运行记录，并现场核查设备及其自控系统的工作情况
运营管理（智能化系统）	智能化系统的运行效果满足建筑运行与管理的需要	① 通过智能化技术与绿色建筑其他方面技术的有机结合，可以有效提升建筑综合性能； ② 居住建筑智能化系统应满足《居住区智能化系统配置与技术要求》的基本配置要求，主要评价内容为居住区安全技术防范系统、住宅信息通信系统、居住区监控中心等； ③ 公共建筑的智能化系统应满足《智能建筑设计标注》的基础配置要求，主要评价内容为安全技术防范系统、信息通信系统、建筑设备监控系统、安（消）防监控中心等； ④ 国家标准《智能建筑设计标准》以系统合成配置的综合技术功效对智能化系统工程标准等级给予了界定，绿色建筑应达到其中的应选配置要求
运营管理（信息化管理）	应用信息化手段进行物业管理，建筑工程、设施、设备、部品、能耗等档案及记录齐全	① 信息化管理是实现绿色建筑物业管理定量化、精细化的重要手段，对保障建筑的安全、舒适、高效及节能环保的运行效果，提高物业管理水平和效率，具有重要作用； ② 要求相关的运行记录数据均为电子文档，应提供至少1年的用水量、用电量、用气量和用冷热量的数据，作为评价的依据
运营管理（能耗管理系统）	① 绿色公共建筑宜设置能耗管理系统，建立统一管理平台，采用专用软件，对水量、电量、燃气量、集中供热供冷量等能耗数据，分类分项进行监测、统计、分析和管理，并可自动、定时向上一级数据中心发送能耗数据信息； ② 现场能耗数据采集，宜利用建筑设备监控系统或电力监控系统的既有功能，实现数据共享	① 高压供电时，应在高压侧设置电能计量装置，同时在低压侧进线柜设置低压总电能计量装置，以获取建筑总耗电量；在低压柜出线回路或楼层配电箱中设置分项能耗计量装置。能耗计量装置宜选用三相多功能电表，以获取电压、电流、有功功率、无功功率、功率因数、谐波等参数。 ② 建筑设备监控系统或电力监控系统中计量装置满足能耗管理系统要求时，可将其数据共享，为能耗管理系统所用
提高与创新	① 采用分布式热电冷联供技术，系统全年能源综合利用率不低于70%； ② 应用建筑信息模型（BIM）技术	① 分布式冷热电三联供系统为建筑或区域提供电力、供冷、供热三种需求，实现能源的梯级利用； ② 建筑信息模型是建筑业信息化的重要支撑技术，其支持建筑工程全生命周期的信息管理和利用，可以充分利用工程建筑各阶段、各专业之间的协作配合和各自资源，提高工程质量及效率，并显著降低成本

6.6.1.4　绿色建筑环境质量监控技术措施

环境质量监控主要包括室温控制、水质监测和环境监测。

（1）室温控制

室温控制系统集成了多种类型的传感器，可以不间断地监测室内的温度、湿度、光线以及恒温器周围的环境变化，自动控制暖气、通风及空气调节设备（如空调、地暖、电暖器等），还可以通过用户设定的情景模式，或根据季节和环境温度，自动将室温调整到最舒适的状态。

（2）水质监测

水质监测系统可以通过配合各种水处理设备（如家用水处理设备、泳池水处理设备），对家庭用水进行全面的净化和纯化，还可以对泳池的水质、水温、水位进行检测，自动进行消毒、恒温和补水排水控制。

家用水处理系统包括中央净水系统、中央软水系统、中央纯水系统三个部分，对家庭用水进行全面的净化、软化、纯化，确保人们良好健康的用水生活品质。泳池水处理可选用泳池一体化循环设备，占地少，不需化学产品处理水质，依靠物理铜、银离子（铜银离子发生器）杀菌、絮凝、除藻、消毒替代传统泳池的氯或臭氧消毒及硫酸铜除藻，且无臭味、异味，全年保持水质品质。

（3）环境监测

环境监控系统配备了空气质量、$PM_{2.5}$、温湿度、噪声、环境光等多种探测器，实时监测建筑室内环境质量，当室内有害气体浓度监测结果超过标准值的时候，系统将自行启动空调、新风、空气净化器和换气扇等设备净化室内空气。

① 主要功能房间中人员密度较高且随时间变化大的区域设置室内空气质量监控系统，对室内的 CO_2 浓度进行数据采集、分析，并与通风系统联动；对室内污染物浓度超标进行实时报警，并与通风系统联动。

② 地下车库设置与排风设备联动的 CO 浓度监测装置。当 CO 超过一定的量值时须启动排风系统进行通风，但超过危险浓度设定值时须发出警报，进行紧急处理。

6.6.2　绿色建筑节能技术案例

6.6.2.1　住宅建筑节能技术典型案例

（1）项目概况

项目类别：住宅；

总建筑面积：9.44 万平方米；

总建筑高度：54.1 ～ 83.7m；

层数：地下 1 层，地上 18 ～ 28 层；

主要功能组成：7 栋 18 ～ 28 层住宅楼；

已获认证等级：中国绿色建筑二星级设计标识。

（2）绿色建筑关键评价指标

该项目采用了复层绿化、透水地面、合理开发地下空间、场地风环境模拟、照明节能及控制、太阳能热水系统、节水器具、减压限流、人工湿地、高强度钢筋、自然采光优化等绿色建筑技术，产生了良好的节能、节水效果，相应的关键评价指标情况如表6-52所示。

表6-52　绿色建筑关键评价指标情况

指标	单位	填报数据
申报建筑面积	$10^4 m^2$	9.44
人均用地面积	m^2	14.1
地下建筑面积比例	%	24.4
透水地面面积比	%	54.2
单位面积能耗	$kW \cdot h/(m^2 \cdot a)$	48.4
节能率	%	71.9
可再生能源产生的热水比例	%	54.2
非传统水源利用率	%	18.7
绿地率（住宅建筑填写）	%	36.90

（3）增量成本

该项目绿色建筑增量成本情况如表6-53所示。

表6-53　绿色建筑增量成本情况

指标	单位	填报数据
申报建筑面积	$10^4 m^2$	9.44
总增量投资成本	万元	463.94
单位面积增量成本	元/m^2	49.15
年节约运行费用	万元/年	56.91

（4）绿色建筑关键技术

该项目相应的绿色建筑关键技术措施如表6-54所示。

·表6-54　绿色建筑关键技术措施

分类	技术措施
节地与室外环境	透水地面：室外透水地面面积比达到54.2%
	室外风环境模拟优化
	复层绿化
	地下空间合理开发利用
	公共服务配套设施规划设计完善
节能与能源利用	围护结构热工设计满足节能标准
	节能照明及照明控制节能
	阳台壁挂式太阳能热水

续表

分类	技术措施
节水与水资源利用	人工湿地回用雨水及优质杂排水
	节水型卫生器具及节水灌溉
	减压阀减压限流设计
节材与材料资源利用	预拌混凝土及预拌砂浆
	造型简约设计
	高强度钢筋：使用比例达到81.2%
室内环境质量	日照模拟优化
	自然采光模拟优化
	围护结构增强隔声设计
运营管理	分户、分类计量收费
	智能化设计
	设备、管道合理设置

6.6.2.2　办公建筑节能技术典型案例

（1）项目概况

项目类型：办公楼；

总建筑面积：6.31万平方米；

总建筑高度：221.5m；

层数：地下5层，地上最高41层；

主要功能组成：41层办公塔楼、31层公寓式酒店、4层商业裙房；

拟获认证等级：美国LEED CS金级、中国绿色建筑一星级设计标识。

（2）绿色建筑关键评价指标

项目采用了地下空间开发、绿色低碳交通、场地开发保护、雨水回用、屋顶绿化、节水器具、高能效空调设备、分户计量、垃圾分类回收、建筑废弃物管理、排风热回收等绿色建筑技术，产生了良好的节能、节水效果，相应的关键评价指标情况如表6-55所示。

表6-55　绿色建筑关键评价指标情况

指标	单位	填报数据
申报建筑面积	$10^4 m^2$	6.31
容积率	m^2	7.21
地下建筑面积比例	%	42.98
单位面积能耗	$kW \cdot h/(m^2 \cdot a)$	65.50
节能率	%	55.83
可再循环材料利用率	%	12.81
非传统水源利用率	%	1.87
绿地率	%	32.88

（3）增量成本

该项目绿色建筑增量成本情况如表6-56所示。

表6-56 绿色建筑增量成本情况

指标	单位	填报数据
申报建筑面积	10^4m^2	6.31
总增量投资成本	万元	260.76
单位面积增量成本	元/m^2	41.32
年节约运行费用	万元/年	53.28

（4）绿色建筑关键技术

该项目相应的绿色建筑关键技术措施如表6-57所示。

表6-57 绿色建筑关键技术措施

分类	技术措施
节地与室外环境	集约利用土地：容积率达7.2
	室外风环境模拟优化
	复层绿化与立体绿化
	地下空间合理开发利用
	交通便利
节能与能源利用	外窗可开启通风设计
	节能照明及照明控制节能
	新排风热回收
	高效风机和水泵设计
节水与水资源利用	雨水回用设计
	节水型卫生器具及节水灌溉
	用水分户、分项计量
节材与材料资源利用	预拌混凝土及预拌砂浆
	高强度钢筋设计
	可再循环材料设计
	灵活隔断设计
室内环境质量	空调末端可独立调节
	自然采光模拟优化
	围护结构隔声设计
	无障碍设计
运营管理	智能化设计
	设备、管道合理设置

第7章
BIM 技术与装配式建筑的节能技术

7.1 BIM技术与装配式建筑的现状及发展趋势

7.1.1 BIM技术的现状

7.1.1.1 BIM技术的发展历程

建筑信息建模（building information modeling, BIM）是全生命期工程项目或其组成部分物理特征、功能特性及管理要素的共享数字化表达。目前BIM技术在工程项目的计划、设计、建造以及运营和维护各种物理基础设施，如水、垃圾、电力、煤气、通信工具、道路、桥梁、港口、隧道等方面均有发展。

（1）BIM技术的诞生背景

在20世纪80年代初，BIM方法在美国通常被称为"building product model"（建筑产品模型）；而在欧洲，尤其是在芬兰它被称为"product information model"（产品信息模型），在这两个词组中的"product"（产品）一词都是被用来区别于"过程"模型的。"建筑产品模型"与"产品信息模型"合并之后就产生了"建筑信息模型"这一词组。

我们今天所说的"building information modeling"一词，当初称为"bullaina modeling"。BIM最早出现在1986年罗伯特·艾什（Robert Aish）发表的论文中。它们包括：三维建模、自动成图、智能参数化组件、关系数据库、实时施工进度计划模拟等等。

（2）BIM技术的发展过程

BIM技术在近二十多年的发展基本可以分为三个历程，见表7-1～表7-3。

表7-1 前BIM术语期/3D CAD时期

时间轴	事件轴
20世纪90年代中期	这一时期既是中国CAD事业的开端，也是全球BIM的开端
1994年	Autodesk为首的12家美国公司创立IAI协会，旨在协调推出一个全生命周期产业链所需要的标准，即IFC标准
1996年	Autodesk发布第一个全功能的3D建模软件Mechanical Desktop
1997年	Dassault发布CATWeb浏览器，增强了3D模型的浏览功能
	CAD厂商推出了基于微软Windows平台的产品。由于电子产品的降价，直接促成中国建筑业快速地完成了数字信息化技术的转换
20世纪90年代末	产品生命周期管理PLM这个词开始走出实验室，借鉴到建筑行业则为BLM
2000年	Microstation（Bentley）收购Intergraph（鹰图），进入CaBIM市场

表7-2　BIM术语期

时间轴	事件轴
2001年	ISO开始编制关于建筑信息的12006标准，其主要内容即日后的Omniclass标准
2002年	Autodesk收购创立于1996年的Revit平台。自此Autodesk在AEC领域开启了真正的BIM市场战略规划
2003年	美国联邦总务署（GSA）发起了3D/4D BIM计划。
2004年	NIST发布《美国资本性投资的工程项目因缺乏信息互通导致的成本分析报告》
	2004～2006年间，Autodesk基于Revit的BIM产品开始推向全球市场（包括中国），三维建筑设计软件的ArchiCAD此时也推出了中文版
2006年	CSI学会推出Omniclass建筑信息分类编码体系，并被Revit采纳为族系统的默认编码体系，随着Revit日渐成为主流的BIM建模软件，Omniclass也逐渐开始普及
2007年	NIBS推出BIM标准（NBIMS）
	Autodesk完成了对NavisWorks的收购，CaBIM软件从模型创建时代（建模）开始进入模型使用时代（应用）。ArchiCAD（图软）被德国Nemetschek收购
	中国发布《建筑对象数字化标准》
2008年	Autodesk推出Seek平台用于收集建筑产品厂商上传的Revit族
	Chuck Eastman等人出版《BIM handbook》。标准化的BIM术语工作至此基本上完全成型，即BIM这一术语成为一种创新的、被普遍认可的建筑全生命周期整合信息化模式的代表

表7-3　BIM新时代

时间轴	事件轴
2007～2012年	Autodesk继续强化建模软件Revit，并收购软件Robobat、Ecotect、HorizontalGlue等
2011年	Autodesk推出了家装设计云产品美家达人。这个背景是整个计算机工业都在向云计算转型的时期，CaBIM软件行业也受到其影响
	2011年，中国出现第一个BIM研究中心（华中科技大学）以及第一部中文著作《BIM总论》
	IBM收购IWMS系统Tririga，CAFM/IWMS软件市场开始进入巨头竞争时代，基于BIM思想设计的数据管理平台和FM软件开始出现
2012年	此时期CaBIM概念已不限于软件，而是扩展到硬件领域乃至物联网、大数据、云
2013年	IFMA基金会出版《FM经理的BIM》
2014年	广联达收购芬兰MagiCAD，加之推出广联达BIM产品
	建模员岗位剧增、国产建筑软件尤其是CAD软件纷纷转型为BIM工具开发商，中国的建筑市场逐渐成为全球最大建筑面积的BIM服务市场，出现第一个BIM本科专业（吉林建筑大学）

20多年间三个比较明显的趋势：建模到用模，建设到全生命周期，软件到硬件、物联网、大数据。BIM近期见表7-4。

表7-4　BIM近期

时间轴	事件轴
2010年前后	BIM理念和方法成为建筑设施行业的基础元素，这得益于诸多软件厂商推出的简单易用的CaBIM工具，这是一个新技术推动产业升级的典范
2013年、2014年	开始进入发展瓶颈期，大型BIM展会和杂志停办；但是中国市场开始迅速发展起来，至2016年建立了约30个BIM联盟组织

续表

时间轴	事件轴
2015年	天宝与内梅切克形成战略伙伴，Autodesk与广联达联合。2016年，天宝与Autodesk联合
2016年	内梅切克收购Solibri，旗下ArchiCAD主推OpenBIM概念
2017年初	中国国务院19号文标志着中国的BIM术语期结束
2017年	Autodesk放弃内容网站项目，把运营了接近10年的seek网站转给了BIMobject网站

7.1.1.2　BIM技术的发展现状

（1）BIM技术的现状

中外BIM技术发展现状见表7-5。

表7-5　中外BIM技术发展现状

美国BIM技术的现状	Building SMART联盟（building SMART alliance，BSA）是美国建筑科学研究院在信息资源和技术领域的一个专业委员会，成立于2007年，同时也是Building SMART国际的北美分会。BIM的推广与研究由BSA负责，BSA的目标是在2020年之前，帮助建设部门节约31%的浪费或者节约4亿美元。BSA下属的美国国家BIM标准项目委员会（NBIMS-US）负责美国国家BIM标准（National Building Information Model Standard，NBIMS）的研究与制定
新加坡BIM技术的现状	新加坡负责建筑业管理的国家机构是建筑管理署（Building and Construction Authority，BCA）。新加坡在1982年成立了BCA（人工智能规划审批）规划BIM的技术应用，2000~2004年，发展CORENET（construction and real estate NETwork）项目，用于电子规划的自动审批和在线提交，是世界首创的自动化审批系统。2011年，BCA发布了新加坡BIM发展路线规划，推动整个建筑业在2015年前广泛使用BIM技术。BCA的主要策略是包括制定BIM交付模板以减少从CAD到BIM的转化，2010年BCA发布了建筑和结构的模板，2011年4月发布了M&E的模板
中国BIM技术的现状	由欧特克公司在2002年首次引入中国。软件公司、设计单位、房地产开发商、施工单位、高校科研机构等都开始发展BIM研究机构。国家"十一五"规划中BIM成为国家科技支撑计划重点项目，国家"十二五"规划中将BIM建筑信息模型作为信息化的重点研究课题。BIM在国内市场的典型应用主要为BIM模型维护、场地分析、建筑策划、方案论证、可视化设计、协同设计、性能化分析、工程量统计、管线综合、施工进度模拟、施工组织模拟、数字化建造、物料跟踪、施工现场配合、竣工模型交付、维护计划、资产管理、空间管理、建筑系统分析、灾害应急模拟等。详见《上海市建筑信息模型技术应用指南（2017版）》

BIM现有软件的总结、分类和对比见表7-6。

表7-6　BIM现有软件的总结、分类和对比

软件类型	国外软件	中国软件
核心建模	Revit Architecure\Structural\MEP；Digital Project；Bentley Architecure\Structural\Mechanical\Archi-CAD	无
方案设计	Affinity,Onmuma	无
几何造型	Rhino，FormZ	无
可持续分析	Eeotech，IES，PKPM，Green Building Studio	无
机电分析	Trane Trace，Design Master，IES Virtual Envi-ronment	博超，鸿业
结构分析	Midas，SAP2000，Etabs，STAAD，Robot	PKPM
可视化分析	3DS MAX，Lightscape，Accurender，Artlantis	无

续表

软件类型	国外软件	中国软件
模型检查	Sloibri	无
深化设计	Tekla Structure	探索者
碰撞检测	Navisworks，Projectwise Navigator，Sloibri	无
造价管理	Innovaya，Sloibri	鲁班，广联达
运营管理	Archibus，Navisworks	无
发布审核	3D PDF，Design Review	无

（2）BIM 技术的应用现状

各国 BIM 技术应用发展和现状见表 7-7。

表7-7　各国 BIM 技术应用发展和现状

国家及地区	发展与现状
英国	政府明确要求 2016 年前企业实现 3D　BIM 的全面协同
美国	政府自 2003 年起，实行国家级 3D/4D　BIM 计划；自 2007 年起，规定所有重要项目通过 BIM 进行空间规划
韩国	政府计划于 2016 年前实现全部公共工程的 BIM 应用
新加坡	政府成立 BIM 基金；计划于 2015 年前，超八成建筑业企业广泛应用 BIM
北欧	已经培育 Tekla、Solibri 等主要的建筑业信息技术软件厂商
日本	建筑信息技术软件产业成立国家级国产解决方案软件联盟
中国	对数字化目标和标准制定均处于研究阶段。在 2014 年，中国 BIM 普及率超过 10%，BIM 试点提高近 6%
	上海第一高楼——上海中心、北京第一高楼——中国尊、华中第一高楼——武汉中心等，此外，中国博览会会展综合体工程通过应用 BIM 排除了 90% 图纸错误，减少了 60% 返工，缩短了 10% 施工工期，提高了项目效益
	更多招标项目要求工程建设应用 BIM 模式。部分企业开始加速 BIM 相关的数据挖掘，聚焦 BIM 在工程量计算、投标决策等方面的应用，并实践 BIM 在施工总承包阶段的集成管理模式

（3）国内外建筑市场中 BIM 技术应用现状的两种模式

①业务模式。在项目建设立项前期就需要策划实施阶段的问题和方案，并确定各参与方的对接标准与协调机制，前期需要投入的资源比传统模式所花费的时间和人力成本更高（见表 7-8）。

表7-8　国内外业务模式

国外	国内
注重长期发展，行业市场化、专业化、标准化、规范化程度高，项目规划有成熟环境和机制	前期设计阶段应用较多。但是随着 IPD 模式在中国逐渐普及，业主项目启动前即召集设计单位、施工单位、材料供应商等项目参与方，共同确定统一的 BIM 路线

②人力资源模式。BIM 应用导致工作量大幅度向设计单位倾斜，同时各个建设环节的 BIM 人才将有大量的需求（见表 7-9）。

表7-9 国内外人力资源模式

国外	国内
由业主成立BIM技术团队、管理顾问及设计单位，并对项目的全过程技术路线的应用类型、数据接口、信息规范等细节有确切的规定细则	由设计单位成立BIM技术团队。由业主全权委托设计阶段的BIM总顾问工作，制订详细的实施计划，通过计划整合BIM信息及各项参数，以项目建设流程向下传递

7.1.1.3 支撑BIM技术发展的政策和措施

BIM应用统一标准为使用BIM技术的相关人员提供了具体的指导和执行依据，规范了各参与方的操作行为，见表7-10。

表7-10 各国BIM技术发展的政策和措施

英国	2009年11月发布了英国建筑业BIM标准［AEC（UK）BIM Standard］； 2011年6月发布了适用于Revit的英国建筑业BIM标准［AEC（UK）BIM Standard for Revit］； 2011年9月发布了适用于Bentley的英国建筑业BIM标准［AEC（UK） BIM Standard for Bentley Product］
美国	2007年12月发布了NBIMS的第一版第一部分，主要包括了关于信息交换和开发过程等方面的内容，明确了BIM过程和工具的各方定义、相互之间数据交换要求的明细和编码，使不同部门可以开发协商一致的BIM标准，更好地实现协同。 2012年5月，NBIMS-US发布了NBIMS第二版内容
新加坡	2011年发布了新加坡BIM发展路线规划（BCA's Building Information Modelling Roadmap），规划明确推动整个建筑业在2015年前广泛使用BIM技术

在国内BIM应用标准包括国家标准、地方标准和企业标准3级。近年来，住建部、各省（区、市）级政府机关陆续出台了相关的政策和标准（见表7-11）。

表7-11 住建部、各省（区、市）BIM相关政策支持

地区及行政机构	年份	相关政策
住建部	2011	《2011—2015中国建筑业信息化发展纲要》
	2013	《关于推进BIM技术在建筑领域内应用的指导意见》（征求意见稿）
	2013	《关于征求关于推荐BIM技术在建筑领域应用的指导意见（征求意见稿）意见的函》
	2014	《关于推进建筑业发展和改革的若干意见》
	2015	《住房城乡和建设部关于印发推进建筑信息模型应用指导意见的通知》
	2016	《2016—2020年建筑业信息化发展纲要》
北京市	2014	北京质量技术监督局与北京市规划委员会联合发布《民用建筑信息模型设计标准》
深圳市	2014	《深圳市建设工程质量提升行动方案（2014—2018年）》
	2015	《深圳市建筑工务署政府公共工程BIM应用实施纲要》及《深圳市建筑工务署BIM实施管理标准》
上海市	2015	《上海市推进建筑信息模型技术应用三年行动计划（2015—2017）》
	2016	《关于进一步加强上海市建筑信息模型技术推广应用的通知》（征求意见稿）
天津市	2016	天津市城乡建设委员会发布《天津市民用建筑信息模型（BIM）设计技术导则》
广东省	2015	《广东省住房和城乡建设厅关于发布2015年度城市轨道交通领域BIM技术标准制订计划的通知》
	2015	《广东省"互联网+"行动计划》

续表

地区及行政机构	年份	相关政策
山东省	2014	《山东省人民政府办公厅关于进一步提升建筑质量的意见》
	2014	《关于开展建筑信息模型BIM技术推广应用工作的通知》
湖南省	2016	《开展BIM应用工作指导意见》
	2016	《湖南省住房和城乡建设厅关于在建设领域全面应用BIM技术的通知》
辽宁省	2014	《推进文化创意和设计服务与相关产业融合发展行动计划》
广西壮族自治区住建厅	2016	《关于印发广西推进建筑信息模型应用的工作实施方案的通知》
辽宁省住房和城乡建设厅	2014	《2014年度辽宁省工程建设地方标准编制/修订计划》提出将于2014年12月发布《民用建筑信息模型（BIM）设计通用标准》
陕西省住房和城乡建设厅	2014	《陕西省级财政助推建筑产业化》
湖南省人民政府办公厅	2016	《湖南省人民政府办公厅关于开展建筑信息模型应用工作的指导意见》
	2016	《关于在建设领域全面应用BIM技术的通知》
广西壮族自治区住建厅	2016	《关于印发广西推进建筑信息模型应用的工作实施方案的通知》
黑龙江省	2016	黑龙江省住建厅发布《关于推进我省建筑信息模型应用的指导意见》
云南省	2016	云南住建厅发布《云南省推进建筑信息模型技术应用的指导意见（征求意见稿）》
浙江省	2016	浙江住建厅发布《浙江省建筑信息模型（BIM）技术应用导则》

7.1.1.4　BIM技术的应用实例

国内外 BIM 应用经典案例见表 7-12。

表7-12　国内外BIM应用经典案例

国家	项目名称	案例
澳大利亚	布莱街一号	
美国	萨维尔大学	

续表

国家	项目名称	案例
英国	高铁枢纽	
日本	邮政大厦	
中国	国家会展中心	
中国	上海中心大厦	

续表

国家	项目名称	案例
中国	中国尊	
中国	珠海歌剧院	
中国	天津117大厦	
中国	腾讯滨海大厦	

7.1.2 BIM技术的发展趋势

7.1.2.1 当前BIM技术存在的问题

(1)新形势下,最显著的两个变化:精细化和高质量

BIM技术需要在此基础上形成技术体系,为了符合新常态的发展与目标,精细化与高质量变成了当前BIM技术应用中的关键突破口,同时项目管理中BIM技术的应用已经成为建设项目中亟待解决的问题。

(2)国内BIM技术在项目管理规模化应用中的两个核心问题与五大障碍

① BIM解决项目管理中现场要素管理和企业信息获取的两个核心问题见表7-13。

表7-13 BIM解决项目管理中现场要素管理和企业信息获取的两个核心问题

BIM项目管理的过程管理和要素管理问题	过程管理主要是针对工程项目的进度、成本、物资、质量、安全等方面的标准化管理,比如进度计划的编制、施工现场进度的跟踪等,这类型的管理是完整的PDCA循环,包括对计划(plan)、执行(do)、检查(check)、行动(action)整个流程的管理。 要素管理主要是针对施工现场人、机、料、法、环等关键要素的管理,比如工程项目的某一部位需要使用的混凝土量、各种工种的技术人员数量及时间,还包括所需的工作面和工艺工法等,这些都属于对施工现场关键要素的管理。要素管理大大增强了项目管理PDCA循环中的计划环节(plan),是施工项目管理的关键。人、机、料、法、环等要素管理到位才能得到好的项目进度、成本及质量
生产要素问题	BIM对于项目管理的第一个价值就在于能够很好地解决现场的要素管理问题,也就能在PDCA循环中帮助管理者解决计划环节(plan)的问题,大大增强传统项目管理信息化的能力。BIM对于信息化的意义不仅在于其可视化以及三维信息的准确性,而且还可以作为一个信息化载体,对建筑物以及建筑物每个构件所需的人、机、料、法、环等多个要素进行数字化描述,将丰富的信息细化到每一个构件上,能够帮助管理者按照施工项目过程精细化管理的要求获取相关信息,为项目的生产要素管理提供依据。其次,BIM和云技术结合,可以让项目信息在项目和企业之间协同及共享,大幅度提升企业对项目信息的了解质量。这种提升体现在两个方面:信息及时性和信息颗粒度,BIM现场应用通过移动端采集的项目进度、质量、安全信息,可以第一时间汇总至企业;BIM细化了信息的颗粒度,从理论上来讲能深化到工程部位甚至是构件级。这种信息质量的提升,让企业能够及时了解和把握工程的进度、成本、物资、质量、安全等多个方面的信息,不但了解其整体目标,还能及时了解过程进展,做到按照部位和阶段进行管控,明显提升了企业对项目管理的能力和深度

② BIM规模化应用的五大障碍及管理方式的变革见表7-14。

表7-14 BIM规模化应用的五大障碍及管理方式的变革

认知障碍	BIM技术手段增强了项目管理PDCA中的计划环节(plan),因此BIM不仅仅是一种技术手段,而是一种管理手段
组织和流程障碍	BIM存在两个特点:前期高投入,后期高价值;这两个特点给目前的项目组织和流程带来很大的冲击。首先,BIM前期需要大量的建模,以及将施工组织方案中的进度、施工工况、资源计划等内容进行信息化,以指导后续施工。据不完全统计,这些准备工作占BIM整体应用工作量的50%~80%,甚至更多,比传统项目施工策划阶段工作要求更高,工作量更大。项目上的组织设置,一般都缺少强有力的组织人员及流程保障,难以保障前期的工作质量和进度要求,因此后续应用效果就难以保障。其次,BIM要求信息在技术部、机电部、工程部、商务部、物资部等多个部门进行交互和协作,而BIM技术的负责人往往是BIM项目经理或者项目总工程师,对于推动多个部门的协作往往存在较大的障碍
人才障碍	BIM的规模化应用需要每个项目都具备建筑、结构、机电、装饰等多个专业的建模人员,同时还需要了解计划、物资甚至成本的要求,传统的项目技术人员在具体软件操作能力上以及增强跨部门协作意识方面都是不足的。规模化和个别项目试点不同,不能依赖外部咨询服务的力量,也不能通过企业BIM中心个别突击队解决,而是要通过系统的培训、认证等人才发展机制解决,这种机制是现阶段大部分施工企业还不具备的

续表

项目管理和激励制度障碍	BIM 使得项目的进度、成本、物资、质量、安全等信息在企业和项目之间可以协同与共享，而企业缺少相应的管理手段和激励政策，往往让 BIM 的价值难以得到充分发挥，甚至造成在项目中的应用障碍
软件成熟度障碍	BIM 应用软件的成熟度、易用性等方面，也依然存在需要改进的内容。总体而言，BIM 应用软件往往关注 BIM 技术本身，关注 BIM 的三维显示、碰撞检测、施工模拟、物资提量等方面的技术实现，而缺少和项目相关工作的进一步贴合

（3）BIM 技术自身的障碍

市场需要 BIM 软件厂商不断更新技术，并更大程度地提高对中国市场的投入、推出，更加关注中国本地化需求的软件版本与服务，这些软件本身的提升，用户是无法主导的。

（4）国内的 BIM 生态圈

如同消费品互联网电商的发展离不开发达的第三方物流、便捷安全的电子支付手段一样，BIM 技术在国内的深入应用，也需要一个完整的、伴随 BIM 技术不断成熟的生态圈，比如：BIM 的发展首先需要人才，现在 BIM 对人才需求的缺口很大，尤其是有设计或施工经验，会做、会讲、会管的人才更是稀缺，按 BIM 的技能来说，建模人才、造价人才、管理人才都需要大量培养。同时，提高 BIM 出图的速度、完成施工图设计的效率、达到出量的准确度，都需要大量基于生产厂家真实构件的资料、丰富的 BIM 构件库，但由于目前各领域应用 BIM 并不广泛，所以导致生产商产品 BIM 化的推广不足，本该由产品厂商买单的构件 BIM 化，现在主要是设计施工企业的 BIM 技术人员在用自己的人工进行制作。

BIM 需要更多维度的标准和规范，比如构件库分类编码、标准数据库、项目全过程的 BIM 应用标准和规范、竣工模型以及设施（FM）管理软件相协同的编码标准等等，这些对于应用有巨大意义的标准和规范起到类似于各方各阶段工作衔接的"接口语言"的作用，但它又只能伴随着 BIM 技术在这个市场上植入，逐步由市场自己生成，因为它只能"来自于实践、应用于实践"。

（5）国内行业现状带来的障碍

由于 BIM 概念是在实际物理建设之前对设施进行虚拟建设，以减少不确定性，提高安全性，解决问题，模拟和分析潜在影响，同时也使得项目的量、料都变得更加透明，如果实现高质量的协同，则又会减少变更和洽商，使各参与者必须严格遵守精细化、数字化的管理模式，因此粗放式的设计管理手段无法应用在数字信息化 BIM 管理平台的项目操作中。

7.1.2.2　BIM 技术的发展方向

住房和城乡建设部信息中心组织编写的权威报告《中国建筑施工行业信息化发展报告（2015）BIM 深度应用与发展》评价："BIM 技术在我国建筑施工行业的应用已逐渐步入注重应用价值的阶段，并呈现出 BIM 技术与项目管理、云计算、大数据等先进信息技术集成应用的"BIM ＋"特点，正在向多阶段应用、集成化应用、多角度应用、协同化应用、普及化应用五大方向发展。"此五大应用方向见表7-15。

表7-15　五大应用方向

多阶段应用 （从聚焦设计阶段应用向施工阶段深化应用延伸）	近几年，BIM技术在施工阶段的应用价值越来越凸显，由于施工阶段对工作高效协同和信息准确传递要求更高，对信息共享和信息管理、项目管理能力以及操作工艺的技术能力等方面要求都有明确需求，因此BIM应用有逐步向施工阶段深化应用延伸的趋势
集成化应用 （从单业务应用向多业务集成应用转变）	目前，很多项目通过使用单独的BIM软件来解决单点业务问题，以局部应用为主。而集成应用模式可根据业务需要通过软件接口或数据标准集成不同模型，综合使用不同软件和硬件，以发挥更大的价值。例如，基于BIM的工程量计算软件形成的算量模型与钢筋翻样软件集成应用，可支持后续的钢筋下料工作。依据网络数据，60.7%的技术人员认为BIM发展将从基于单一BIM软件的独立业务应用向多业务集成应用发展
多角度应用 （从单纯技术应用向与项目管理集成应用转化）	BIM技术可有效解决项目管理中生产协同、数据协同的难题，目前正在深入应用于项目管理的各个方面，包括成本管理、进度管理、质量管理等方面，与项目管理集成将成为BIM应用的一个趋势。此外，BIM技术与项目管理集成需要信息化平台系统的支持。需要建立统一的项目管理集成信息平台，与BIM平台通过标准接口和数据标准进行数据传递，及时获取BIM技术提供的业务数据；支持各参建方之间的信息传递与数据共享；支持对海量数据的获取、归纳与分析，协助项目管理决策；支持各参建方沟通、决策、审批、项目跟踪、通信等
协同化应用 （从单机应用向基于网络的多方协同应用转变）	物联网、移动应用等新的客户端技术迅速发展普及，依托于云计算、大数据等服务端技术实现了真正的协同，满足了工程现场数据和信息的实时采集、高效分析、及时发布和随时获取，形成了"云+端"的应用模式
普及化应用 （从标志性项目应用向一般项目应用延伸）	现代化、工业化、信息化是我国建筑业未来发展的三个方向，BIM技术未来的发展趋势将不再只是针对特有的点进行应用，而是扩展到建筑项目的全生命周期。通过BIM技术与其他先进技术的集成，数据交换标准技术、3S技术、3D激光扫描技术、3D打印技术、云计算技术、物联网技术、虚拟现实技术、数据库技术、信息管理平台技术、网络通信技术等与BIM技术的结合，必将极大改变BIM技术的现状，对制造业、服务业、社会管理等行业也将发挥巨大作用

7.2　BIM技术的节能技术标准

7.2.1　BIM技术定义

建筑信息建模（building information modeling, BIM）是对设施的物理和功能特征的数字表示。**BIM**同时也是一种共享的知识资源，用于了解设施在其生命周期内形成的信息。

传统的建筑设计很大程度上依赖于二维技术图纸（平面图、立面图、剖面图等）。建筑信息建模将这一范围扩展到3D之外，扩大了三个主要空间维度（宽度、高度和深度），时间为第四维度（4D），成本为第五维度（5D）。因此，**BIM**不仅仅涉及几何，它还包括空间关系、设计分析、地理信息、建筑部件的数量和属性等（例如制造商的详细信息等）。**BIM**涉及将设计表现为"对象"的组合——模糊的和未定义的、通用的或特定于产品的、实体的形状或空间（比如房间的形状），这些都带有它们的几何、关系和属性。**BIM**设计工具允许从建筑模型中提取不同的视图，用于绘制产品和其他用途。这些不同的视图是自动一致的，基于每个对象实例的单个定义。**BIM**技术还对对象进行参数定义，也就是说，对象被定义为参数与其他对象的关系，因此，如果相关对象被修改，相关的对象也会自动更改。每个模型元素都可以自动地携带属性进行选择和排序，提供成本估算以及物料跟踪和排序，BIM 允许设计团队（建筑师，景观建筑师，测量师，土木、结构和建筑服务工程师等）将虚拟信息模型交给主承包商和分包商，然后交给业主、运营商；每个专业人员向单个共享模型添加特定于规程的数据。

7.2.2　BIM 技术标准

（1）BIM 标准体系

BIM 通用标准体系涵盖三大部分内容：

一是 BIM 标准框架，利用 BIM 技术，更好地进行信息共享，BIM 标准框架应包括 3 方面：分类编码、数据交换、信息交付。

二是 BIM 基础标准，BIM 标准体系主要利用 3 个基础标准：建筑信息组织标准、BIM 信息交付手册标准以及数据模型表示标准。

三是 BIM 标准分类，按照标准框架，并在基础标准上，形成 3 大类标准：分类编码标准、数据模型标准、过程交付标准。

（2）国外 BIM 技术标准

见表 7-16。

表7-16　国外颁布的BIM指导与标准统计

国家/地区	标准名称	发布时间
美国	NBIMS（Version 1/2）	2007/2012
丹麦	Digital construction	2006
德国	User handbook data exchange BIM/IFC	2006
芬兰	BIM Requirement	2007
澳大利亚	National Guide lines for Digital Modeling	2009
韩国	National Arehitecural BIM Guide	2010
UK	AEC（UK）BIM Sandard for Autodesk Revit	2010
挪威	Information Delivery Manual，Statsbygg BIM Manual 1.2	2009/2011
新加坡	Singapore BIM Guide	2012

（3）国内 BIM 技术标准

国家 BIM 标准体系分为三个层次：

第一层为最高标准，建筑工程信息模型应用统一标准。

第二层为基础数据标准，建筑工程设计信息模型分类和编码标准，建筑工程信息模型存储标准。

第三层为执行标准，建筑工程设计信息模型交付标准，制造业工程设计信息模型交付标准（见表 7-17）。

表7-17　国内颁布的BIM标准及规范统计

标准名称	发布时间
建筑信息模型施工应用标准	2017年
建筑信息模型应用统一标准	2016年
建筑信息模型分类和编码标准	2017年
民用建筑信息模型设计标准	2014年
上海市建筑信息模型技术应用指南（2017版）	2017年
浙江省建筑信息模型（BIM）技术应用导则	2015年
江苏省民用建筑信息模型设计应用标准	2016年
建筑工程建筑信息模型施工应用标准	2017年
深圳市建筑工务署BIM实施管理标准	2015年

7.3　BIM技术的节能措施与节能案例

7.3.1　BIM技术的节能措施

7.3.1.1　建筑节能设计现状和问题

从传统建筑结构设计中节能环保的现状来看，建筑结构设计的节能环保这一重要因素缺少关注。设计师要想建筑设计达到节能环保的功效，就必须在设计前期就房屋建筑具备良好的建筑物理性能进行分析与测算。但是，实际情况是建筑设计人员对房屋建筑的实用面积、结构安全、美观时尚较为重视，很少去考虑房屋建筑性能、品质及环保等因素，见表7-18。

表7-18　建筑节能设计现状和问题

忽略传统节能技术	节能设计需要考虑更多的微气候环境以及能源应用的规划策略，但是随着人类生活水平的提高，审美理念的不断提升，却忽视了传统的建筑节能措施，导致许多建筑不能达到有效的低成本节能收益，同时对节能高科技十分地注重，对低成本的节能技术却关注不多，导致造价十分昂贵。由于设计的标准太高，不能结合建筑使用时的实际情况，使得整个建筑最终达不到节能环保的真实效果
缺少清洁生产机制	现代社会经济发达、基础设施建设规模庞大，建筑材料的大量生产和使用一方面为人类构筑了丰富多彩、便捷的生活设施，但同时其发展是以能源的过度消耗和环境污染为代价的。因此，要保护环境，实现可持续的建筑设计，就必须把原材料生产方式对环境造成的影响加入到衡量建筑的价值体系中去，并尽量采用低蕴能材料，避免有毒污染材料。譬如，建材生产避免以破坏、占有土地林木为代价，在我国，每年的建材资源消耗达50亿吨，毁坏农田6700万平方米。就可持续发展建筑而言，树木的砍伐、运输能耗、生物差异多样性的损失、局部经济环境被破坏等生产模式带来了相当多的可持续发展问题

7.3.1.2　基于BIM技术的节能措施

结合国内外的建筑节能设计现状发现，建筑信息模型（BIM）技术是一种设计节能建筑的新模式，通过BIM技术不仅能够有机地将建筑设备的工况数据和能耗数据相结合建立环境模拟模型，同时在获得大量的气候相关数据后，对这些数据进行真实工况叠加分析，能够很方便地引导建筑节能设计。

（1）BIM技术在建筑设计阶段的节能作用

BIM技术是在设计初期利用兼容性的物理模型进行综合能耗分析的，能耗分析数据不仅支持可持续发展的设计理念（如LEED、DGNB、绿色建筑等），更可以避免通过后期的设计调整来降低能耗设计需求。除此之外，BIM技术与多种软件数据兼容，譬如为设计提供的google气候气象数据索引，大大改善了设计建筑物理性能数值模拟的取值问题。

（2）BIM技术在建筑节能设计中的应用策略研究

模型结合BIM建筑物理环境性能分析功能和基于BIM技术的EcoDesigner程序，探索在建筑初期节能设计的可实施性，进而为优化建筑设计提供基础理论依据。

① BIM技术在建筑集成化设计中的运用。BIM技术为设计阶段所有参与人员提供了一个共同的平台，有效解决了参与项目人员横向协作的问题。协作中以集成化数据为中心，为设计提供可视化和完整性为一体的信息，进而确保了其在性能、形式和成本上与绿色节能建筑设计的紧密结合。

② BIM技术在建筑设计阶段节能的设计方法。BIM技术在建筑设计阶段辅助节能设计的主要方式包括建筑朝向、通风、建筑形态、热工性能、综合能耗以及微气候环境等性能化模拟，见表7-19。

表7-19　BIM技术在建筑设计阶段节能的设计方法

建筑朝向	建筑朝向的影响因素很多，利用BIM能耗分析技术，可以非常直观地对比不同朝向方案的初步能耗，既能满足节能要求，又能帮助设计师确定建筑朝向，从而比较几个不同方案在建筑耗能方面的设计依据
建筑形态	BIM技术可以对影响建筑形态的各种气候因素加以统筹分析，帮助设计人员在确定建筑形体之前就把建筑节能作为考虑事项之一，从而降低建筑能耗，保证节能效果
室外风环境	依据BIM CFD技术进行流体力学分析，从而计算出各种方案的立面风压差，有效地评估出各种方案自然通风的效果，从而选择出最优方案。集成BIM软件对建筑物进行室外风环境的模拟，可以在设计阶段对建筑物进行优化，从而达到节能设计的要求。这样，通过调整建筑规划方案的布局，景观绿化的布置，以及改善居住区风的流场分布状况，就能够有效提高人们的居住质量
室内自然通风	根据BIM模型的数据，建立多区域的网络分析模型，建立自然通风状况的评价标准，从而在此基础之上设计相关的方案。通过调整通风口的位置、建筑布局等改善室内流场的分布情况，从而完善室内气流，使其更有效地通风换气，达到改善室内舒适状况的目的。因此，可以利用Project Vasari等技术对建筑物的室内、外通风模拟进行分析

③ BIM技术在深化设计阶段节能设计的主要方式见表7-20。

表7-20　BIM技术在深化设计阶段节能设计的主要方式

热工性能	利用BIM能耗分析技术，对不同材料的性能进行比较，进而选择最适合、最节能的建筑围护结构材料
节能玻璃（幕墙）	据统计，建筑中1/3的能量是通过玻璃的热传导而损失的，因此，减少玻璃的能量损失，也是现代科学需要重点解决的问题。以目前最实用的中空玻璃为例，将玻璃洞口的类型、方向和尺寸等数据导入BIM模型，通过族文件变换材质，再通过数值模拟技术分析建筑耗能的变化，从而权衡出最适合的玻璃用材
综合能耗	传统的建筑能耗模拟存在着以下几点缺陷： a. 没有在建筑方案设计阶段进行建筑能耗模拟分析。 b. 模拟分析工具选取不适合。 c. 能耗模拟结果与实际不符。 然而，没有在方案设计阶段进行建筑能耗模拟是造成建筑能耗偏大的主要原因。传统的建筑能耗模拟分析大都是在施工图阶段进行，而在这一阶段进行，就无法很好地体现建筑能耗模拟的优越性。如若设计方案出现问题，对方案进行修改是非常麻烦的。目前，无法在方案设计阶段进行能耗模拟分析的原因之一是因为常用的能耗模拟分析软件并不适用于方案设计阶段。而BIM技术的出现则有效解决了上述问题

（3）BIM技术在预制构件生产流程中的节能措施

装配式建筑的预制构件生产阶段是装配式建筑生产周期中的重要环节，也是连接装配式建筑设计与施工的关键环节。为了保证预制构件生产中所需加工信息的准确性，预制构件生产厂家可以从装配式建筑BIM模型中直接调取预制构件的几何尺寸信息，制订相应的构件生产计划，并在预制构件生产的同时，向施工单位传递构件生产的进度信息。

为了保证预制构件的质量和建立装配式建筑质量可追溯机制，生产厂家可以在预制构件生产阶段为各类预制构件植入含有构件几何尺寸、材料种类、安装位置等信息的RFID芯片，通过RFID技术对预制构件进行物流管理，提高预制构件仓储和运输的效率。

（4）BIM技术在预制装配式建筑中的绿色运维管理

借助预埋在预制构件中的RFID芯片，BIM软件可以对建筑物使用过程中的能耗进行监测和分析，运维管理人员可以根据BIM软件的处理数据在BIM模型中准确定位高耗能所在的位置并设法解决。此外，预制建筑在拆除时可以利用BIM模型筛选出可回收利用的资源进行二次开发回收利用，节约资源，避免浪费。

7.3.2 BIM技术的节能案例

项目名称	悉尼"布莱街一号"与上海中心大厦
项目概况	（1）悉尼"布莱街一号" BIM在整个项目中，尤其在可持续发展、协调合作和设施管理三大方面发挥作用。布莱街一号40%采用可再生混凝土，90%以上的钢筋中含有一半以上的可再生材料。同时使用可再生的木材以及太阳能冷却系统、黑水处理系统、雨水收集和废水收集处理系统等等。该项目设计采用独特的自然通风的中庭结构，与外表皮的双层幕墙系统相结合，既提升了建筑的美学要求，又降低了大楼的能耗影响。例如，在建筑专业设计中，双层玻璃幕墙是布莱街一号的重点，因为它不仅为大楼的使用者提供从悉尼核心商务区观赏悉尼特色景观的最佳视角，而且结合多种被动式节能技术和温度、亮度、湿度传感设备对整个绿色建筑的能源利用产生全自动反馈调节。该幕墙系统采用独特的百叶窗设计，随阳光角度自动调节，既充分利用太阳能，又不影响观赏效果。基于全BIM模型，日照、遮阳、通风和能耗专业分析软件可以获取精确的计算结果，以便优化每个细节的设计。最终，整个幕墙系统遮阳系数达0.15，相当于标准幕墙系统中最佳方案的2倍。在结构专业设计中，对BIM模型中复杂和不对称的部分进行有限元分析，能够识别出关键部位供设计师反复检查，直到得出最终优化的结果。 （2）BIM应用于上海中心大厦 位于中国上海陆家嘴核心区的上海中心大厦，其主体建筑结构高度580m，总高度632m，总建筑面积57.4万平方米（包括地上建筑面积38万平方米），项目在建筑设计和运营阶段以绿色建筑为目标，已成为国内第一个在建筑全生命周期内满足中国绿色建筑三星级和美国LEED绿色建筑体系高级别认证要求的超高层建筑

续表

项目名称	悉尼"布莱街一号"与上海中心大厦	
节能分析	上海中心大厦设计中采用了多项最新的可持续发展技术，达到绿色环保的要求。环评公示显示，在主楼顶层计划布置72台10kW的风力发电设备，对冷却塔进行围护以降低噪声，而绿化率将达到31.1%。 　　主要的技术指标包括：室内环境达标率100%；综合节能率大于60%；有效利用建筑雨污水资源，实现非传统水源利用率不低于40%；可再循环材料利用率超过10%，实现绿色施工；实现建筑节能减排目标。此外，"上海中心"的造型摆脱了高层建筑	

传统的外部结构框架，以旋转、不对称的外部立面使风载低降24%，减少大楼结构的风力负荷，节省了工程造价。同时，与传统的直线型建筑相比，内部圆形立面使其眩光度降低了14%，并减少了对能源的消耗

7.4　装配式建筑的现状及发展趋势

7.4.1　装配式建筑的现状

7.4.1.1　装配式建筑的发展历程

（1）装配式建筑的诞生背景

约瑟夫·莫尼尔（Joseph Monier）于1867年获得了钢筋混凝土的技术专利。直至20世纪50年代，欧洲的许多国家特别是西欧一些国家大力推广装配式建筑，掀起了建筑工业化高潮。20世纪60年代，住宅工业化扩展到美国、加拿大及日本等国家。

（2）装配式建筑的发展过程

预制概念古已有之，古罗马帝国就曾大量预制大理石柱部件，我国古代预制木构架体系的模数化、标准化、定型化已经达到很高的水平。近现代预制建筑有四个阶段，见表7-21。

表7-21　近现代预制建筑发展阶段

时间轴	内容	备注
19世纪	第一个预制装配式建筑高潮	代表作：水晶宫
20世纪初	第二个预制装配式建筑高潮	代表作：斯图加特住宅展览会，法国Mopin多层公寓体系
第二次世界大战后	建筑工业化全面发展阶段	钢，幕墙，PC预制，各种体系
20世纪70年代以后	全世界建筑工业化进入新的阶段	预制与现浇相结合的体系取得优势，从专用体系向通用体系发展

国内装配式建筑发展也经历了四个阶段，如表7-22所示。

表7-22 国内装配式建筑发展阶段

时间轴	内容
20世纪50年代	桁架钢筋技术出现
20世纪初至20世纪60年代	中期桁架钢筋技术在混凝土构件生产中的应用，成为现代装配式建筑工业化的起点
20世纪60~80年代	逐渐形成叠合装配式建筑体系。主体结构现浇，外墙PCF叠合构件作为外饰面及外墙模板。但构件较薄，易开裂，施工效率低，成本高，外墙厚度加厚
20世纪80~90年代	市场上的双面叠合剪力墙应运而生，首次尝试采用预制方式做外围护墙体
21世纪	开始关注城市规划和建筑结构质量方面的可持续性，形成多种有重要意义的装配式结构体系

7.4.1.2　装配式建筑的技术发展现状

（1）国外装配式建筑的发展现状

装配式建筑的优点是建造速度快，受气候与环境条件制约小，易于拆除可回收，建筑产生垃圾少，节约劳动力，进一步提高建筑质量，提升节能与环保性能，是未来建筑行业发展的必然趋势。近年来，随着住宅产业化的推行，装配式住宅的优越建筑模式，已被各国广泛应用于住宅建筑中。在美国、德国、芬兰、法国、日本、新加坡等地，装配式建筑的比例相对较高。建筑工业化是实现建筑产业节能、环保、全生命周期价值最大化的可持续发展的新型建筑生产方式。

① 日本。日本于20世纪50年代开始将预制混凝土结构应用于建筑领域，至今已形成了多种完善的预制住宅结构技术体系。目前，日本预制建筑中所采用的主要结构体系有壁式预制钢筋混凝土结构（W-PC结构）、壁式预制框架钢筋混凝土结构（WR-PC结构）、预制框架钢筋混凝土结构（R-PC结构）、预制型钢框架钢筋混凝土结构（SR-PC结构），见图7-1。

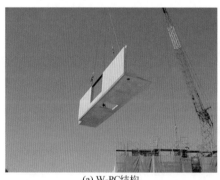

(a) W-PC结构　　　　　　　　　　　　　　(b) R-PC结构

图7-1　日本预制建筑采用的结构体系

日本在装配式住宅技术方面处于领先地位，一方面得益于日本政府在政策和生产方式上的引导，建立了"会计体系生产技术开发补助金制度"和"住宅生产工业化促进补贴制度"；另一方面得益于住宅产业集团的发展，集团的出现使得日本的住宅产业化生产呈现社会化、工业化和规模化。

日本 PC 结构构件没有太多限制，除阳台、楼梯、凸窗、空调板、PCF 墙板五部分外，梁、柱、楼板，包括整体卫生间、整体厨房等均可使用，所以评价日本的建筑是否采用 PC 不单纯指哪些构件，而是看它采用 PC 的百分比，比如 80% 的 PC，甚至 100% 的 PC，整栋楼全部工厂装配。

② 新加坡。新加坡建国伊始，政府面临极为严峻的住房紧缺问题，为改善居住条件，1960 年，新加坡政府成立了建屋发展局（HDB）。1964 年，时任新加坡总理的李光耀提出"居者有其屋"的组屋计划。20 世纪 70 年代，预制装配式结构体系在新加坡广泛应用。20 世纪 80 年代，随着住房需求的增加，该结构体系迅速发展，到 20 世纪 90 年代后期已进入全预制阶段，这使得新加坡建筑工业化水平得到迅速提高。新加坡达士岭组屋见图 7-2。

③ 欧洲国家。德国是世界上建筑能耗降低幅度最快的国家，近几年更是致力于零能耗装配式建筑的工业化。德国建筑业基于全绿色生态产业链、环保与节能全系统的可持续发展，尤其重视 ARCI 的产业组织、生产技术、管理维护与环保回收等环节，进一步优化工业进程。

图 7-2　新加坡达士岭组屋

法国是世界上推行建筑产业化最早的国家之一，它创立了世界上"第一代工业化建筑体系"，即以全装配大板工具式模板现浇工艺为标志，建立了许多专用体系。经历了几十年的发展，法国的建筑产业化体系已经由住宅向学校、办公楼、医院、体育及俱乐部等公共建筑发展。目前法国使用的装配式结构体系主要为预制预应力混凝土装配整体式框架结构（简称世构体系，见图 7-3），可以节省梁柱的钢筋混凝土用量，适合于公建（学校、医院、商场等）项目应用，具有较好的经济性。

图 7-3　法国日托幼儿园（波浪状预置混凝土外墙）

芬兰地处北欧，属极度严寒地区，每年至少有6个月处于冬季。为了解决施工不受自然环境影响的问题，全装配式结构体系得到快速发展。竖向构件和水平构件均采用预制，基于先进的节点连接技术（干连接）的使用，使得预制结构具有良好的技术经济性（见图7-4）。

图7-4 薄楼板吊装就位及预制柱吊装现场

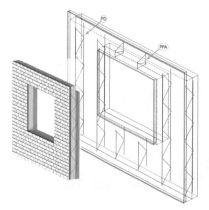

图7-5 佩克夹心保温连接

此外，芬兰佩克公司（Peikko）研发了桁架连接钢筋作为夹心保温墙板内外叶板的连接件。其设计逻辑为：夹心保温隔热墙板的外墙板自重，通过钢筋桁架连接件，悬挂在内叶板上（见图7-5）。

④ 美国。美国以20世纪30年代的拖车式汽车房屋为雏形开始工业化住宅发展。1976年后美国的装配式建筑以低层木结构装配式住宅为主。在美国，住宅部品和构件生产的社会化程度很高，居民可以根据住宅供应商提供的产品目录，进行菜单式住宅形式选择，并委托专业承包商建设，具有建造速度快、质量好、性能好等优点。图7-6为纽约第三大街万豪行政公寓图片。

（2）国内装配式建筑的发展现状

① 中国香港装配式建筑发展历程如表7-23所示。

表7-23 中国香港装配式建筑发展历程

时间轴	内容
20世纪50年代	启动"公屋计划"
20世纪90年代	把传统的砌筑内隔墙改为预制条型墙板。私人楼宇引进预制技术
21世纪初	预制装配式住宅产业化

图7-6 纽约第三大街万豪行政公寓

香港PC结构构件主要包括阳台、楼梯、凸窗、空调板及PCF墙板五部分，主要应用于高层住宅和公寓（见图7-7），多以剪力墙结构体系为主；对梁、柱、楼板的PC构件应用目前仅用于少量五层以下的中小学等框架结构。

香港地区政府为支持住宅产业化的推行，对采用PC技术的项目（如图7-8香港PC工程现场）在容积率指标上比非PC体系的项目优惠十个百分点。同时专设香港建筑事物监督屋宇署，对PC进行品质控制和质量监督。

② 内地。我国停止福利分房以后，住宅需求一直持续膨胀。这主要是因为：一、城市居民改善居住条件的需求巨大；二、中国的城市化进程在加速，越来越多的农民涌向城市。这些情况和西方国家发展工业化住宅时的背景有些相似。我国在20世纪70年代初的时候就开始了"三化一改"，即设计标准化、构配件生产工厂化、施工机械化和墙体改革；其最终目标是实现"三高一低"，即建筑工业化的高质量、高速度、高功效和低成本。

图7-7　香港公屋

图7-8　香港PC工程现场

我国内地的装配式建筑发展可以大致以10年为一个阶段进行归纳总结，如表7-24所示。

表7-24　我国内地装配式建筑发展历程

时间轴	内容
20世纪50年代	向苏联学习工业化建设经验，学习设计标准化、工业化、模数化的理念，建造大量标准化工业厂房的方针
20世纪60年代	研究装配式混凝土建筑的设计，大量采用了预制墙板、空心楼板等预制构件，形成了一系列装配式混凝土建筑体系
20世纪70年代	引进了南斯拉夫的预应力板柱体系，即后张预应力装配式结构体系，建造了大跨度建筑
20世纪80年代	开始实行住房分配制度，生产大量标准化住宅，但因为技术原因，当时的建筑大部分防水技术、抗震技术、保温性能较差
20世纪90年代	部品与集成化在住宅领域中短暂出现，随后建筑行业进入市场化经济，向货币分房的趋势发展。由于改革开放，劳动力增加、住宅需求增多等多方面原因，建筑逐渐被全现浇混凝土建筑体系取代，装配式建筑进入低潮阶段
21世纪	人口红利逐渐消失导致人工成本增加，同时装配式技术不断进步。以新型预制混凝土装配式结构快速发展为代表的建筑工业化进入了新一轮的高速发展期

随着我国的建筑设计和建造技术的逐渐进步，设计的内容也从最初单一的形式考虑转变成在形式、功能与环保等各方之间寻求平衡，而预制装配系统几乎可以满足多种类型的建筑。近年来，随着国内外双重需求压力的不断增加，装配式建筑形式再次被提出并应用。目前，多地在住宅类工程中采用了装配式建筑。通过引进国外技术及自主开发，掀起了新型装配式建筑的发展热潮，装配式建筑发展进入新纪元（见图7-9～图7-12）。

图7-9　万科金色里程：全国第一批装配式住宅小区

图7-10　万科海上传奇：上海市第一个预制剪力墙住宅小区

图7-11　上海绿地杨浦96街坊：上海市第一个装配式高层办公楼项目

图7-12　上海万科地杰A街坊：上海市第一个暗柱预制剪力墙住宅小区

7.4.1.3　支撑装配式建筑发展的政策和措施

（1）国家和地方政策

制造业转型升级大背景下，国家和地方持续出台相关政策以推进装配式建筑的发展（见表7-25、表7-26）。

表7-25　国家装配式建筑相关政策支持

时间	文件名	文件号	主要内容
2014.7	《住房和城乡建设部关于推进建筑业发展和改革的若干意见》	建市〔2014〕92号	提出了促进建筑业向建筑产业现代化转变的方式，以及建筑工人向建筑产业工人转变的方法，同时也提出了对建筑技术能力提升的方向
			推动建筑产业现代化
			构建有利于形成建筑产业工人队伍的长效机制
			提升建筑业技术能力

续表

时间	文件名	文件号	主要内容
2016.2	《中共中央国务院关于进一步加强城市规划建设管理工作的若干意见》		大力推广装配式建筑
			制定装配式建筑设计、施工和验收规范。完善部品部件标准，实现建筑部品部件工厂化生产
			鼓励建筑企业装配式施工，现场装配
			建设国家级装配式建筑生产基地
			加大政策支持力度，力争用10年左右时间，使装配式建筑占新建建筑的比例达到30%
			积极稳妥推广钢结构建筑。在具备条件的地方，倡导发展现代木结构建筑
2016.9	《国务院办公厅关于大力发展装配式建筑的指导意见》	国发办〔2016〕71号	力争用10年左右的时间，使装配式建筑占新建建筑面积的比例达到30%
			可将发展装配式建筑的相关要求纳入供地方案，并落实到土地使用合同中
2017.2	关于印发《新型墙材推广应用行动方案》的通知	发改办环资〔2017〕212号	大力推广新型墙材
			到2020年，全国县级（含）以上城市禁止使用实心黏土砖
			地级城市及其规划区（不含县城）限制使用黏土制品
			副省级（含）以上城市及其规划区禁止生产和使用黏土制品
			新型墙材产量在墙材总量中占比达80%；其中装配式墙板部品占比达20%
			新建建筑中新型墙材应用比例达90%
2017.2	《国务院办公厅关于促进建筑业持续健康发展的意见》	国办发〔2017〕19号	深化建筑业简政放权改革，完善工程建设组织模式，加强工程质量安全管理，优化建筑市场环境，提高从业人员素质
			推进建筑产业现代化，加快建筑业企业"走出去"
2017.3	《"十三五"装配式建筑行动方案》	建科〔2017〕77号	到2020年，全国装配式建筑占新建建筑的比例达到15%以上，其中重点推进地区达到20%以上，积极推进地区达到15%以上，鼓励推进地区达到10%以上
			到2020年，培育50个以上装配式建筑示范城市，200个以上装配式建筑产业基地，500个以上装配式建筑示范工程，建设30个以上装配式建筑科技创新基地

表7-26　地方装配式建筑相关政策支持

省（市）	文件名	文件号
北京	《加强装配式混凝土结构产业化住宅工程质量管理的通知》	京建法〔2014〕16号
	《北京市建筑节能与建筑材料管理工作要点》	京建发〔2015〕118号
	北京市人民政府办公厅《关于加快发展装配式建筑的实施意见》	京政办发〔2017〕8号
	北京市住房和城乡建设委员会、北京市规划和国土资源管理委员会印发《关于在本市装配式建筑工程中实行工程总承包招投标的若干规定（试行）》的通知	京建法〔2017〕29号
上海	关于印发《上海市保障性住房建筑节能设计指导意见》的通知	沪建交联〔2014〕9号
	《上海市绿色建筑发展三年行动计划（2014—2016）》	沪府办发〔2014〕32号
	《关于推进本市装配式建筑发展的实施意见》	沪建管〔2014〕901号
	《关于进一步强化绿色建筑发展推进力度提升建筑性能的若干规定》	沪建管联〔2015〕417号
	《关于在本市开展装配式建筑示范工作的通知》	沪建协〔2015〕13号

续表

省（市）	文件名	文件号
上海	《关于装配式住宅项目预售许可管理有关问题的通知》	沪房管市〔2015〕236号
	《关于推进本市装配整体式混凝土结构保障性住房工程总承包招投标的通知》	沪建市管〔2016〕47号
	《关于本市保障性住房项目实施建筑信息模型技术应用的通知》	沪建建管〔2016〕250号
	《关于印发〈上海市建筑节能和绿色建筑示范项目专项扶持办法〉的通知》	沪建建材联〔2016〕432号
	《上海市住房和城乡建设管理委员会关于本市装配式建筑单体预制率和装配率计算细则（试行）的通知》	沪建建材〔2016〕601号
	《上海市住房和城乡建设管理委员会关于进一步加强本市新建全装修住宅建设管理的通知》	沪建建材〔2016〕688号
	关于印发《上海市装配式建筑示范项目创新技术一览表》的通知	沪建建管〔2017〕137号
	上海市住房和城乡建设管理委员会《关于调整本市新型墙体材料管理工作有关事项的通知》	沪建建材〔2017〕346号
	《关于进一步做好本市装配式建筑示范工作的通知》	沪建协〔2017〕12号
深圳	《关于发布〈深圳市住宅产业化试点项目技术要求〉的通知》	深人环〔2014〕21号
	《关于加快推进深圳市住宅产业化的指导意见（试行）》	深建字〔2014〕193号
	《深圳市住宅产业化项目单体建筑预制率和装配率计算细则（试行）》	深建字〔2015〕106号
	《深圳市住房和建设局关于加快推进装配式建筑的通知》	深建规〔2017〕1号
	《深圳市装配式建筑住宅项目建筑面积奖励实施细则》	深建规〔2017〕2号
	《深圳市住房和城乡建设局关于装配式建筑项目设计阶段技术认定工作的通知》	深建规〔2017〕3号
沈阳	《沈阳市加快推进现代建筑产业发展若干政策措施》	沈政办发〔2014〕16号
	《沈阳市装配式混凝土建筑工程建设管理实施细则》	沈建发〔2015〕52号
	《沈阳市人民政府关于全面推进建筑产业现代化发展的实施意见》	沈政发〔2015〕57号
	《沈阳市推进建筑产业现代化发展若干政策措施》	沈政发〔2015〕95号
	《沈阳市关于建筑产业化示范工程补贴资金实施办法》	沈建〔2016〕148号
	《市建委关于申请建筑产业化示范工程补贴资金相关事宜的通知》	沈建发〔2017〕177号
合肥	《关于加快推进建筑产业化发展的指导意见》	合政秘〔2014〕85号
	《装配式建筑预制混凝土构件制作与验收导则》	
	《装配式住宅全装修技术规程》	
	《绿色建筑设计导则》	
	《装配整体式混凝土结构施工及验收导则》	
	安徽省住房和城乡建设厅《内浇外挂装配整体式混凝土结构技术规程》	
浙江	《浙江省深化推进新型建筑工业化促进绿色建筑发展实施意见》	浙政办发〔2014〕151号
	浙江省人民政府办公厅《关于推进绿色建筑和建筑工业化发展的实施意见》	浙政办发〔2016〕111号
	《浙江省工业化建筑评价导则》	
杭州	《关于新型建筑工业化项目招标投标的实施意见（试行）》的通知	杭建招〔2015〕27号
	关于印发《2016年杭州市新型建筑工业化项目实施计划》的通知	杭建工业〔2016〕1号
	《杭州市人民政府办公厅关于推进绿色建筑和建筑工业化发展的实施意见》	杭政办函〔2017〕119号
宁波	《关于推进新型建筑工业化项目建设的实施意见（试行）》	甬政办发〔2016〕7号
	宁波市人民政府办公厅《关于进一步加快装配式建筑发展的通知》	甬政办发〔2017〕30号
	关于发布《宁波市装配式建筑预制率计算细则（试行）》的通知	甬建发〔2017〕186号

续表

省（市）	文件名	文件号
江苏	《省政府关于加快推进建筑产业现代化促进建筑产业转型升级的意见》	苏政发〔2014〕111号
	省住房和城乡建设厅关于发布《江苏省装配式建筑预制装配率计算细则（试行）》的通知	苏建科〔2017〕39号
	《加快推广应用预制内外墙板预制楼梯板预制楼板的通知》	苏建科〔2017〕43号
南京	《南京市政府关于加快推进建筑产业现代化促进建筑产业转型升级的实施意见》	宁政发〔2015〕246号
	市政府办公厅印发南京市《关于进一步推进装配式建筑发展实施意见的通知》	宁政办发〔2017〕143号
苏州	《市政府印发关于加快推进建筑产业现代化发展的实施意见的通知》	苏府〔2016〕123号
	市住建局、市发改委、市经信委、市环保局、市质监局《关于在新建建筑中加快推广应用预制内外墙板预制楼梯板预制楼板的通知》	苏住建〔2017〕23号
	市政府办公室印发《关于推进装配式建筑发展加强建设监管的实施细则（试行）的通知》	苏府办〔2017〕230号
福建	《福建省人民政府办公厅关于推进建筑产业现代化试点的指导意见》	闽政办〔2015〕68号
	《福建省人民政府办公厅关于大力发展装配式建筑的实施意见》	闽政办〔2017〕59号
福州	《福州市人民政府关于加快发展装配式建筑的实施意见》	榕政综〔2017〕1164号
厦门	《关于厦门市新型建筑工业化实施方案的通知》	厦府办〔2014〕152号
	《关于印发促进建筑业加快发展若干意见的通知》	厦府〔2015〕218号
长沙	《长沙市人民政府关于加快推进两型住宅产业化的意见》	长政发〔2014〕29号
	《关于做好绿色建设、产业化住宅、全装修普通商品住宅财政补贴的通知》	长住建发〔2015〕114号
	《长沙市人民政府办公厅关于进一步推进装配式建筑发展的通知》	长政办函〔2017〕177号
山东	《山东省人民政府办公厅关于贯彻国办发〔2016〕71号文件大力发展装配式建筑的实施意见》	鲁政办发〔2017〕28号
济南	《济南市加快推进建筑（住宅）产业化发展的若干政策措施》	济建发〔2014〕17号
	《关于发布装配式住宅建筑层高指导标准的通知》	
	《济南市人民政府办公厅关于推进建筑业改革发展的实施意见》	济政办发〔2017〕58号
青岛	《青岛市人民政府办公厅转发市城乡建设委关于进一步推进建筑产业化发展意见的通知》	青政办发〔2014〕17号
四川	《四川省人民政府关于推进建筑产业现代化发展的指导意见》	川府发〔2016〕12号
成都	《成都市人民政府关于加快推进装配式建设工程发展的意见》	成府发〔2016〕16号
	《成都市城乡建设委员会关于进一步明确土地出让阶段绿色建筑和装配式建筑建设要求的通知》	成建委〔2017〕6号
重庆	《转发市城乡建委关于加快推进建筑产业现代化意见的通知》	渝府办发〔2014〕176号
	《2015年建筑节能与绿色建筑工作要点》	渝建发〔2015〕16号
	关于印发《重庆市建筑产业现代化示范工程项目补助资金管理办法》的通知	渝建〔2015〕371号
	关于印发《重庆市建筑产业现代化综合试点区县和示范基地管理办法的通知》	渝建〔2015〕416号
	《关于加快钢结构推广应用及产业创新发展的指导意见》	渝府发〔2016〕2号
	《重庆市人民政府办公厅关于大力发展装配式建筑的实施意见》	渝府办发〔2017〕185号
	关于印发《重庆市装配式建筑装配率计算细则（试行）》的通知	渝建〔2017〕743号

（2）各地装配式建筑相关指标要求

见表7-27、表7-28。

表7-27 典型城市装配式建筑面积占新建建筑面积比例

代表城市	是否全地区落实	落实比例（2018年）
上海	全地区	100%
杭州	仅重点区域	30%
宁波	全地区	20%
南京	全地区	15%
苏州		20%
福州	仅重点区域	20%
厦门	全地区	200万平方米
长沙	重点区域、积极区域、鼓励区域	100%、40%、30%
合肥	全地区	400万平方米
济南	重点区域	50%
青岛	全地区	20%

表7-28 典型城市单体预制装配率要求

典型城市	衡量标准	要求 2018
上海	预制率或装配率	40%（60%）
杭州	预制率（装配率）	20%（50%）
宁波	预制率	25%
嘉兴	装配化率	20%
南京	预制装配率（住宅、公建）	50%（40%）
苏州	预制装配率	40%
福州	预制率（装配率）	20%（30%）
厦门	预制装配率	30%
济南	预制装配率	45%
青岛	预制装配率	25%
长沙	预制装配率	40%
武汉	装配率	10%
合肥	预制装配率	60%

（3）装配式建筑扶持政策

目前主要扶持政策有以下几种：

① 面积奖励；

② 专项资金扶持与示范项目；

③ 保障房成本核算；

④ 商品房提前预售；

⑤ 税费优惠、墙材基金优惠；

⑥ 购房贷款优惠。

7.4.1.4 装配式建筑的建设情况

经过"十二五"的大力推动，截至2017年底，全国已有56个国家住宅产业化基地，11个住宅产业化试点城市，行业整体呈现出蓬勃发展的状态。综合各方面情况来看，大力推进装配式建筑和建筑产业化的发展已经成为普遍趋势，2016年国内新开工的装配式建筑面积在1.1亿平方米左右，见图7-13。

2016年我国装配式建筑行业总产值约3168亿元，其中装配式建筑规模约2100亿元，相关配套产业（如清洁能源、一体化装饰、智能家居等）产值规模约1068亿元。由图7-14可以得出，中国装配式建筑正在经历一个前所未有的快速发展期。

目前，我国装配式建筑行业需求较为旺盛的省市主要包括上海、北京、深圳、沈阳、合肥、绍兴、济南、长沙等。

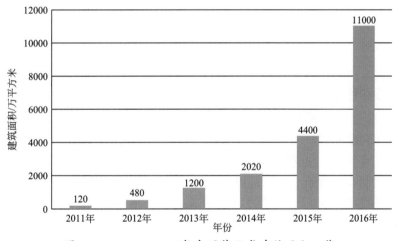

图7-13 2011～2016年中国装配式建筑面积一览

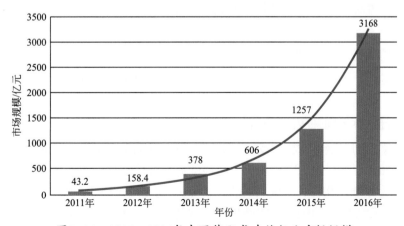

图7-14 2011～2016年中国装配式建筑行业市场规模

7.4.2 装配式建筑的发展趋势

7.4.2.1 当前装配式建筑存在的问题

2016年国内装配建筑市场虽然特别火热，但是我国装配式建筑产业发展尚处在初级阶段，瓶颈制约依然相当突出——思想理念不够统一，与之相适应的体制机制还不完善，技术体系尚未成熟，设计、生产、施工和监管能力不足，尚需进一步完善。

（1）推动力有待进一步强化

装配式建筑改变了现浇建筑的建造方式，使得设计、施工、建设过程的各个环节发生了重大变革。但传统的建造习惯造成部分企业转型发展的意愿不足。另一方面，在推进初期，部分建设单位对已出台的政策不熟悉，影响了部分地区的推进工作。

（2）技术标准体系有待进一步健全

目前，上海市装配式建筑的技术体系以混凝土结构体系为主，对其他材料的预制结构以及不同功能的预制结构体系研究还不够完整，结构分析的理论方法也比较单一，适用性不足。装配式建筑中的隔震、减震等关键性技术有待进一步突破。与现有技术标准体系相配套的标准、规范、工法有待完善，如结构连接、防水保温连接、现场安装施工及验收等方面的标准尚待细化，预制装配式轻质隔墙等内装工业化技术尚在探索过程当中。

（3）建设和管理模式有待进一步创新

现有的设计、施工相互割裂、各自为政的建设模式，既增加了建设成本，又一定程度上影响了装配式建筑项目的建设效率，需要通过承发包体制的改革创新，进一步明确总承包、承包与分包之间的相互关系加以突破。在项目实施阶段，预制构件生产企业的监管机制有待检验；装配式建筑分层、分阶段验收，提前预售，主体结构与全装修同步推进的实施细则和质量监督机制还需要进一步探索和完善。

7.4.2.2 装配式建筑的发展方向

（1）向长寿命居住和绿色住宅产业化方向发展

世纪之交全人类对于可持续发展的追求，促使人们探索从节能、节水、节材、节地和环保等方面综合统筹建造更"绿色"的建筑，而"长寿命居住"是最大的"绿色建筑"。对我国而言，"绿色建筑工业化"是可持续发展的要求，也是转变增长方式的要求。

（2）从闭锁体系向开放体系发展

西方国家预制混凝土结构的发展，大致上可以分为两个阶段：1950～1970年是第一阶段，1970年至今是第二阶段。第一阶段的施工方法被称为闭锁体（closed system），其生产重点为标准化构件，并配合标准设计、快速施工，缺点是结构形式有限，设计缺乏灵活性。第二阶段的施工方法被称为开放体系（open system），致力于发展标准化的功能块，设计上统一模数，这样易于统一又富于变化，方便了生产和施工，也给设计更大的自由。

（3）从湿体系向干体系发展

湿体系（wet system）又称法国式，其标准较低，所需劳力较多，接头部分大都采用现浇混凝土，但防渗性能好。干体系（dry system）又称瑞典式，其标准较高，接头部分大都不用现浇混凝土，防渗性能较差。

（4）从只强调结构预制向结构预制和内装系统化集成的方向发展

建筑产业化既是主体结构的产业化也是内装修部品的产业化，两者相辅相成，互为依托，片面强调其中任何一个方面均是错误的。

（5）更加强调信息化的管理

通过 BIM 信息化技术搭建住宅产业化的咨询、规划、设计、建造和管理各个环节中的信息交换平台，实现全产业链的信息平台支持，以"信息化"促进"产业化"，是实现住宅全生命周期和质量责任可追溯管理的重要手段。

（6）加强与基本住房的建设需求结合能力

欧洲和日本的集合住宅、新加坡的组屋及我国香港的公屋等均是装配式技术的主要实践对象。

当今世界生产力快速发展的根本原因无一例外是由于科学技术的日新月异。在被世界众多国家视为经济支柱的建筑业，科学技术的迅猛发展和不断创新极大地推动了建筑业的迅猛发展。装配式建筑工业化是世界性的大潮流和大趋势，同时也是我国改革和发展的迫切要求。根据图7-15我们可以看出，中国装配式建筑在未来将经历一个迅猛的发展期。经测算到2020年，中国装配式建筑面积有望超过80000万平方米，以每平方米2500元预测，市场规模将超过20000亿元。以现有装配式建筑的发展速度、价格，2025年我国装配式建筑面积将达到300000万平方米，市场规模将超过47000亿元。

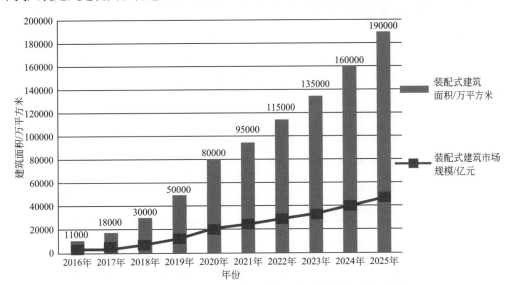

图7-15　2016～2025年中国装配式建筑市场空间测算

7.5 装配式建筑的节能技术标准

7.5.1 装配式建筑的定义

由预制混凝土构件通过可靠的连接方式装配而成的混凝土结构，包括装配整体式混凝土结构、全装配混凝土结构等。在建筑工程中，简称装配式建筑；在结构工程中，简称装配式结构。

形象地说，装配式建筑类似于"搭积木"——传统施工中，需将钢筋、混凝土等建筑材料运至施工现场进行浇筑；而"装配式"则是把梁、柱、墙板、阳台、楼梯等部件部品，也就是"积木"在工厂里预先生产好，运到工地后简单地组合、连接、安装即可。这种建筑方式有利于降低损耗，缩短工期。

7.5.2 装配式建筑的技术标准

（1）装配式建筑的技术标准体系

随着装配式建筑的逐步推广与推进，各个国家和地区相继出台了相应的规范、标准，以规范装配式建筑的设计、生产和施工。

从标准体系上分，装配式建筑标准可包括国家标准、行业标准、地方标准和企业标准；从使用阶段上分可包括设计标准、材料标准、加工标准、施工标准和验收标准等。

（2）国外装配式建筑的技术标准

国外装配式建筑的技术标准如表7-29所示。

表7-29　国外装配式建筑的技术标准

国家及地区	标准名称
美国	《PCI设计手册》
	《国际建筑规范》IBC 2012
	《美国混凝土结构建筑规范》ACI 318-14
欧洲	《模式规范》MC 2010
日本	《预制建筑技术集成》

（3）国内装配式建筑的技术标准

近年来，国家也出台了一系列的规范、图集、标准，使得装配式建筑的设计、生产、施工有据可依、有文可查，详见表7-30。

表7-30　国内装配式建筑的技术标准

标准类别	标准名称	标准编号
国家规范	《装配式混凝土结构技术规程》	JGJ 1—2014
	《预制预应力混凝土装配整体式框架结构技术规程》	JGJ 224—2010
	《钢筋连接用灌浆套筒》	JG/T 398—2012
	《钢筋连接用套筒灌浆料》	JG/T 408—2013
	《钢筋机械连接技术规程》	JGJ 107—2016
	《预应力混凝土用金属波纹管》	JG 225—2007
	《钢筋锚固板应用技术规程》	JGJ 256—2011
	《装配式混凝土建筑技术标准》	GB/T 51231—2016
	《装配式钢结构建筑技术标准》	GB/T 51232—2016
	《装配式木结构建筑技术标准》	GB/T 51233—2016
	《多高层木结构建筑技术标准》	GB/T 51226—2017
	《钢筋套筒灌浆连接应用技术规程》	JGJ 355—2015
国家图集	《装配式混凝土结构表示方法及示例（剪力墙结构）》	15G107-1
	《装配式混凝土连接节点构造（楼盖和楼梯）》	15G310-1
	《装配式混凝土连接节点构造（剪力墙）》	15G310-2
	《预制混凝土剪力墙外墙板》	15G365-1
	《桁架钢筋混凝土叠合板（60mm厚底板）》	15G366-1
	《预制钢筋混凝土板式楼梯》	15G367-1
	《预制钢筋混凝土阳台板、空调板及女儿墙》	15G368-1
	《装配式混凝土结构住宅建筑设计示例（剪力墙结构）》	15G939-1
	《装配式混凝土剪力墙结构住宅施工工艺图解》	16G906
	《预制混凝土剪力墙内墙板》	15G365-2
国家审图依据	《建筑工程设计文件编制深度规定（2016版）》	
	《装配式混凝土结构建筑工程施工图设计文件技术审查要点》	

7.6　装配式建筑的节能技术措施与节能案例

7.6.1　装配式建筑的节能措施

7.6.1.1　装配式建筑的节能设计现状

为破解能源资源短缺矛盾，我国自1999年开始推进住宅预制装配式发展模式。住宅预制装配式的涵义是采用工业化生产方式来建造住宅，提高生产效率，降低成本，减少排放。住宅预制装配式建造施工过程较现浇住宅在资源能源节约、生态环境保护方面具有优势，而预制装配式住宅与现浇住宅进行节能减排和碳排放对比测算具有重要现实价值。

预制装配式住宅在欧洲、北美和亚洲的日本应用较为广泛，发展相对成熟、完善，对预制装配式住宅的节能减排效果也进行了一定的研究。发达国家对预制装配式住宅建造阶段的研究多集中在材料节约和废弃物减量两个方面。

我国预制装配式建筑节能减排和温室气体排放研究尚处于起步阶段，在数据库建设和量化计算研究方面与国外尚有一定差距。目前国内经过数据调研与实验研究，提出了建筑物生命周期碳排量的评价框架和方法；界定了建筑生命期的碳排放核算范围，明确了物化阶段包括材料生产、运输以及施工设备的能源消耗。经过对万科工业化实验楼研究，分析了能耗和资源损耗。此外一些专家对预制装配式建造模式较现浇建造模式在节能、节水、节地和环保方面的优势进行了定性分析。

7.6.1.2 装配式建筑的节能措施

目前我国装配式建筑节能的措施主要还是体现在外墙一体化设计上，如夹心保温外墙板、节能门窗预埋、一体化外墙板和光伏一体化外墙板等。这些技术都可以相应地减少能耗，同时采用工厂化生产，现场装配式施工，从而减少了现场湿作业、建筑材料浪费、环境污染等问题。

（1）夹心保温外墙板

夹心保温板外墙是预制构件中技术含量最高、工艺简化率最高的构件，与传统施工工艺相比，夹心保温外墙板具有明显的技术优势。预制混凝土夹心保温外墙板（又称三明治墙板），是集围护、保温、隔音、防火、防水、装饰等功能为一体的重要装配式预制构件，通过局部现浇或采用钢筋套筒连接、螺栓连接等有效的连接方式，而成为工业化的外墙体。

由于不同材质的保温材料的热导率存在差异，所以不同的夹心保温外墙板的保温性能也存在差异。因此，起到的节能效果也不一样，见表7-31。

表7-31 不同保温材料的热导率

保温材料		热导率/[W/(m·k)]
有机材料	EPS	≤0.041
	XPS	≤0.030
	硬泡聚氨酯	0.018~0.024
无机材料	膨胀珍珠岩	≤0.041
	水泥发泡板	≤0.030
	酚醛泡沫板	0.018~0.024

（2）节能门窗预埋

节能门窗是为了增大采光通风面积或表现现代建筑的性格特征的一种门窗。节能门窗会提高材料的光学性能、热工性能和密封性，改善门窗的构造来达到预计效果。节能门窗应该从以下几个方面进行考量：门窗材质，玻璃，门窗节能是整体的节能。总而言之，门窗的节能不仅取决于材质，还取决于玻璃，更取决于门窗的工艺。

① 提高材料（玻璃、窗框材料）的光学性能、热工性能和密封性。

② 改善门窗的构造（双层、多层玻璃，内外遮阳系统，控制各朝向的窗墙比，加保温窗帘）。

装配式建筑中，门窗预埋在混凝土墙板中，减少现场安装湿作业、减少人工、减少运输等，从而进一步减少能耗，达到绿色环保的要求。

（3）一体化外墙板

预制混凝土STP保温墙板是预制一体化外墙板的一种，是指一种以钢筋、混凝土和STP真空绝热板为主要原材料，工厂化预制生产的具有承重、围护、保温、隔热、防火等功能的混凝土复合墙板。每块墙板的两侧或四边具有企口或用于相互连接的构造，使墙板能与其他建筑构件间进行有效的连接，简称STP混凝土复合墙板。

STP（super thin Panel）超薄真空绝热（保温）板是一种无机不燃材料，它的保温效果是EPS板的5倍。同时，它还是与建筑物同寿命的新型建筑节能材料，可与黏结砂浆、抗裂砂浆、抹面胶浆、玻璃纤维网格布、饰面层、石膏板等材料共同组成绿色、环保、低碳、节能的保温系统。

预制混凝土STP保温墙板生产工业化、标准化，安装产业化，施工速度快。一体化墙板免外架、免拆模板，可以节约模板材料、模板运输、废料处理等，从而达到节能效果。

（4）光伏一体化外墙板

目前光伏一体化外墙板还处于研究试验阶段，尚无成熟的产品。它不但拥有一体化外墙板的优点，同时还将光伏发电技术应用到墙板当中。墙板可以通过吸收太阳能来实现自身发电，并将电能汇入房屋电力系统，为其他耗电设备提供电能。

7.6.2　装配式建筑的节能案例

项目名称	上海市万科金色里程		
项目概况	本项目地处上海市浦东新区中环线以内，用地面积为80866m²，总建筑面积136000m²。可安置居民966户，近3000人；小区容积率1.5，建筑密度20%，绿化率50%。其中七栋高层为装配式住宅		
节能数据		节能降耗情况	节能降耗率
	电	52590kW·h	30.75%
	水	2500m³	36.44%
	模板	65t	53.5%
	废弃物	53m³	36.92%
	污染	减少灰尘污染、施工噪声干扰等	
具体项目操作	结构主体采用剪力墙体系，使室内小空间尽量完整。 在PC应用范围上参照香港地区的模式，外围护体系为纯PCF形式，并采用了预制阳台、预制楼板、预制楼梯，单体预制率为25%～28%。 在PC与结构主体关系上，PC不参与主体受力，作为单面叠合剪力墙结构。 PC外墙厚度尽量减薄，借鉴国外PCF丰富的计算经验和缜密的配筋方案，由原来的95mm减到85mm，减小外墙厚度，加大使用空间。 此外细部节点处理细致，安全性能好，交接缝的防水措施牢固，外部构件的配置更美观、人性化		

注：预制混凝土板工厂加工，现场施工时做现浇混凝土的模板。外墙、窗、阳台、楼梯、空调板等预制。

装配式建筑的成果展示见图7-16～图7-22。

图7-16　成果展示（1）

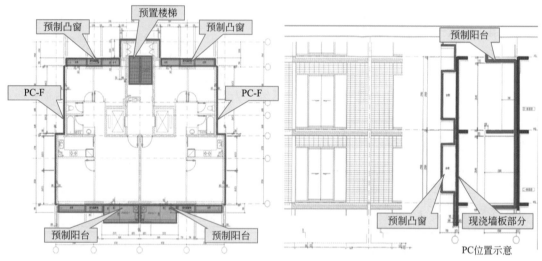

图7-17　成果展示（2）

(a) 工业化生产　　　　　　　(b) 现场吊装

图7-18　成果展示（3）

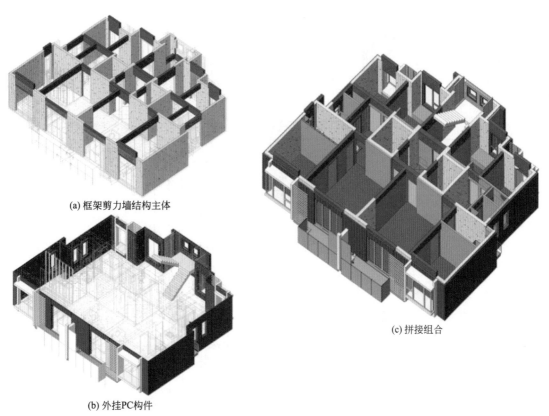

(a) 框架剪力墙结构主体

(c) 拼接组合

(b) 外挂PC构件

图7-19　成果展示（4）

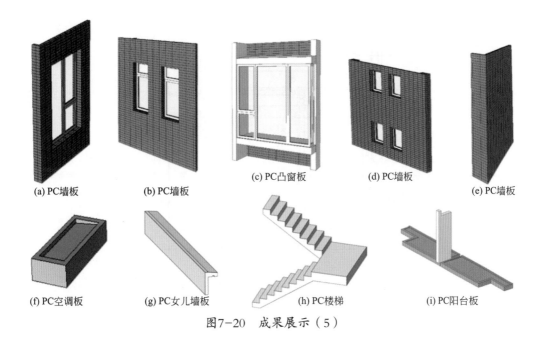

(a) PC墙板　　(b) PC墙板　　(c) PC凸窗板　　(d) PC墙板　　(e) PC墙板

(f) PC空调板　　(g) PC女儿墙板　　(h) PC楼梯　　(i) PC阳台板

图7-20　成果展示（5）

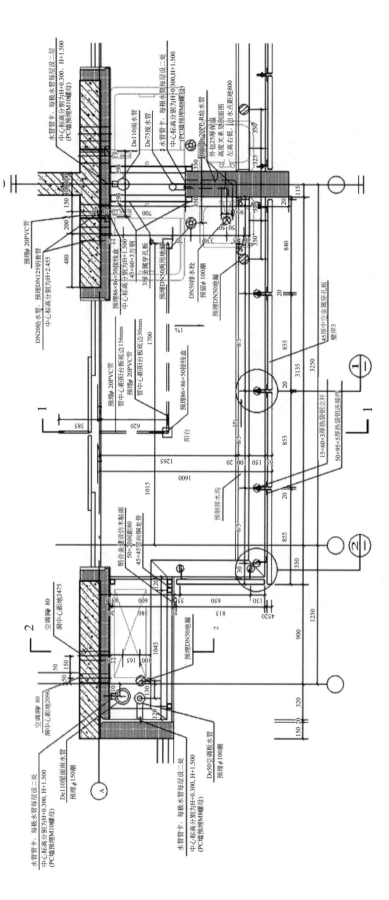

图7-21 成果展示（6）

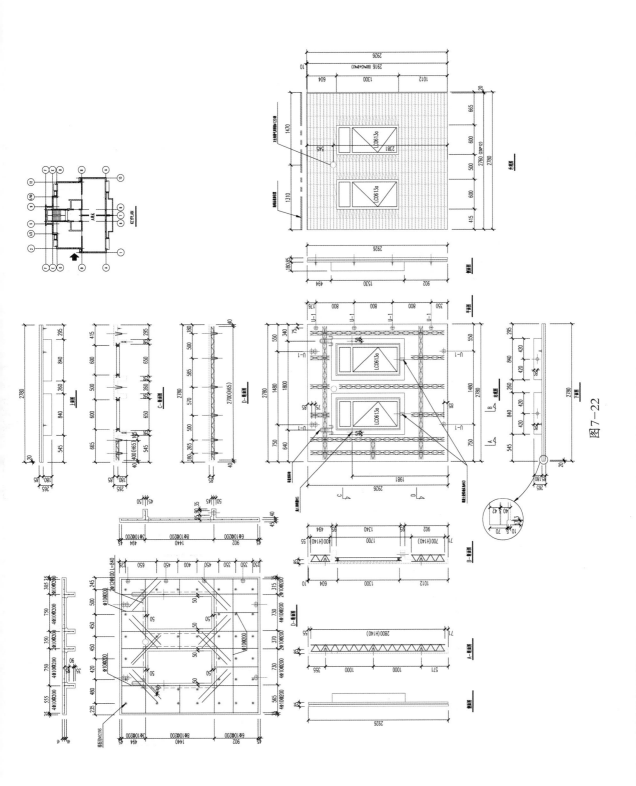

图 7-22

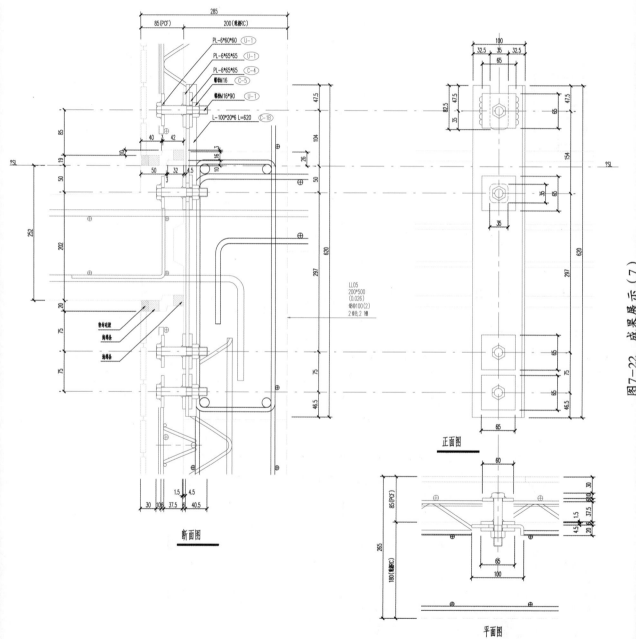

断面图

正面图

平面图

图7-22 成果展示（7）

第8章

海绵城市与地下综合管廊的节能技术

8.1 海绵城市的现状与发展趋势

8.1.1 海绵城市的现状

8.1.1.1 海绵城市产生的主要原因

（1）水资源短缺

我国是一个水资源短缺、水旱灾害频繁的国家。人均水资源量仅为世界平均水平的1/4。我国人均降水量649mm，南多北少，东多西少。全国多年平均水资源总量28405亿立方米，其中河川径流量27328亿立方米，地下水资源量8226亿立方米，二者重复量7149亿立方米。

除了人均水资源量紧张外，我国水资源的时空分布不均，水土资源分布极不平衡，不仅限制工农业生产的发展，而且影响日常生活。水资源的空间分布和我国的人口、耕地分布不相匹配。我国陆地水资源总的分布趋势是东南多、西北少，由东南向西北逐渐递减。我国包括北京在内的北方缺水区总面积已超过58万平方公里，在这个区域内的人均水资源只相当于全国人均水资源的1/5。由于降水季节过分集中，大部分地区每年汛期连续4个月的降水量占全年的60% ~ 80%，不但容易形成春旱夏涝，而且降水量的年际剧烈变化，更造成江河的特大洪水和严重枯水。大量降水得不到利用，使可用水资源量大大减少。

（2）水污染严重

我国水资源一方面短缺严重，一方面却是严重的浪费、污染和开发利用不合理的现象，水生态环境恶化。

我国地表水体和地下水体污染十分严重，点源污染不断增加，非点源污染日渐突出，水污染加剧的态势尚未得到有效遏制。根据环境部门对全国河流、湖泊、水库的水质状况的监测，由于近年来工业废水和生活污水排放等原因，我国主要水系的水体都遭到了不同程度的污染。长江、黄河、珠江、松花江、淮河、海河、辽河、浙闽片河流、西北诸河和西南诸河等十大流域的国控断面中，Ⅰ ~ Ⅲ类、Ⅳ ~ Ⅴ类和劣Ⅴ类水质断面比例分别为68.9%、20.9%和10.2%，主要污染指标为化学需氧量、五日生化需氧量和高锰酸盐指数。其中，长江流域水质良好，黄河流域轻度污染。全国湖泊约有75%以上的水域，近岸海域约有53%以上受到显著污染。根据全国118座大城市浅层地下水的调查，97.5%的城市受到不同程度的污染，其中40%的城市受到重度污染。同时，城市地下水过量开采，开发利用不合理问题突出。水土资源过度开发，造成对生态环境的破坏。地下水开采过量以致抽取的水量远远大于它的自然补给量，造成地下含水层衰竭、地面沉降以及海水入侵、地下水污染等恶果。如我国苏州市区，近30年内最大沉降量达到1.02m，上海、天津等城市也都发生了地面下沉问题。

（3）洪涝灾害频发

我国是世界上洪涝灾害发生最频繁的国家之一，2008 ～ 2010年期间，全国62%的城市发生过城市内涝，内涝灾害超过3次以上的城市有137个，57个城市的最长积水时间超过12h。内涝也造成了巨大的财产损失和生命伤亡，已然成为中国将近一半城市面临的常态化城市问题。

8.1.1.2　海绵城市的发展历程

（1）国外海绵城市理念与实践

① 美国低影响开发LID。低影响开发（LID，low impact development），是20世纪90年代末由美国马里兰州的乔治王子郡和西雅图市、波特兰市共同提出的一种新的暴雨管理及利用思维理念和工程技术的方法。经过美国国家环保总署（EPA）的认可在全美以及国际上推广施行。低影响开发水文原理如图8-1所示。

城市化发展达到一定程度，城市排水等基础设施已经配套完成。城市开发区块的增加，带来大量水泥混凝土等不透水路面，破坏雨水自然渗透、截留通道，增加地表径流，加重城市水系及排水系统负担。为解决城市后开发区块的雨水问题，提出了通过源头分散、控制径流总量和污染物负荷的工程技术手段，维持开发地块的雨水径流不超过开发前的情况，这种做法被称为低影响开发技术（LID）。低影响开发技术的特点是通过大量小型及低成本的绿色生态技术实现雨水径流的控制，同时通过雨水在生态中的自然渗透以及植物根系吸收的作用削减城市面源污染。其重点在于采用生态化的措施，如渗透、过滤、储存、蒸发和滞留等，尽可能从源头、分散式地维持城市开发建设过程前后的水文特征保持不变，希望有效缓解城市化带来的道路不透水面积增加，土壤下垫面硬化造成的径流总量、径流峰值与径流污染的增加等对环境造成的不利影响。该方法与早前的雨水管道排放相比具有工程造价低和更多的功能性目标（生态、景观、水土保持等），同时在工程实施时对城市正常生活的影响较小。总的来说，低影响开发是雨水综合利用源头化、生态化、综合化发展的工程技术和管理措施，是解决日益严重的面源污染问题的一重要思想。传统开发与低影响开发的雨水径流模式如图8-2所示。

② 英国可持续排水系统SuDS。

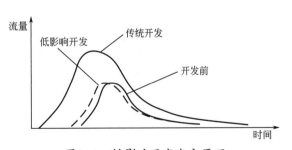

图8-1　低影响开发水文原理

图8-2　传统开发与低影响开发的雨水径流模式

可持续排水系统（sustainable discharge system,SuDS）于20世纪70年代由英国提出并应用于城市雨水管理中，是基于可持续发展理念而提出的一种城市排水体系。可持续排水系统通过源头措施、渗透转输系统和末端被动处理系统，实现可持续排水。它是一个多层次、全过程的控制系统，以环境保护、可持续发展为前提，将水质、水量以及生态景观系统综合考虑来解决雨水的排放问题。

在自然环境中，雨水降落到地表，一部分渗透到地下，另一部分形成地面径流进入湖泊、江河、大海。随着城市大规模开发，自然地表被大量的建筑物及硬化路面替代，限制了雨水的自然渗透量。在传统"快排"理念下，城市排水系统通过管道和暗渠等方式收集地表水，并尽可能快速引至水体排放点，使地表水的收集和流转速度远远超过自然渗透过程。在暴雨时，迅速汇集的大量雨水不仅使排水系统陡增压力，导致城市内涝，而且还可能造成一系列生态问题。首先，"快排"模式下，水流速度快，暴雨导致河流水位急剧上升，增加下游洪灾风险；其次，雨水地表径流往往夹带有油质、有机物、淤泥、有毒金属等污染物，没有经过任何自然净化或人工净化直接进入排水设施，造成受纳水体污染；再者，排走的雨水没有得到合理有效的利用。雨水应作为一种资源，经过适当处理，在干旱时回补地下水储量。

可持续排水系统旨在通过源头措施、渗透转输系统和末端被动处理系统，采取过滤式沉淀池和渗透路面等一组或多种措施的组合，实现最小化排水量的目标。通过在地面径流产生的源头-迁移-汇集的途径，可持续排水系统将各种处理设施连接成链状或者网状，模拟雨水自然排放过程，实现雨水径流调峰控污的目的，兼具防洪、雨水循环利用等功能，充分体现了水系多样性。

SuDS系统由传统的以排放为核心的排水系统上升到维持良性水循环高度的可持续排水系统，在设计时应综合考虑径流的水质、水量、景观潜力和生态价值等。由原来只对城市排水设施的优化上升到对整个区域水系的优化，不但要考虑雨水，而且还要考虑城市污水与再生水，通过采取综合措施来改善城市整体水循环。

③ 澳大利亚水敏感城市设计WSUD。澳大利亚水敏感城市设计（water sensitive urban design，WSUD）起源于20世纪90年代，是基于长期干旱、人口高度集聚、城市化水平高带来的日益严重的水资源缺乏的国情提出的雨水管理系统。水敏感城市设计系统是通过对雨水的收集、利用，将水资源的生态循环体系融入到城市规划和设计中，减少城市建设对自然水循环的负面影响，维持生态系统平衡。水敏感城市设计系统结合了城市水循环——供水、污水、雨水和地下水管理，是城市设计和城市雨洪管理的。它不同于暴雨管理系统，而是将饮用水、雨水径流、河道健康、污水处理以及水的再循环等作为城市水循环的一个整体进行综合管理。

水敏感城市设计WSUD系统的理念主要是以下几个方面：

a. 保护自然系统：在城市发展过程中对自然水系统进行保护和提升；

b. 雨水设施与景观相结合：通过景观设施收集雨水，并使其价值最大化；

c. 保证水质：在城市化发展进程中保证水体水质不受影响；

d. 削减径流流量和洪峰流量：通过采用滤池和减少不透水铺装等方法来削减径流流量；

e. 降低城市发展成本与增加景观效益同步：在实现排水系统成本最小化的同时使景观得到改善，提升区域价值。

④ 新西兰低影响城市设计与开发LIUDC。"一个跨学科的雨水系统设计方法。运用模拟自然生态系统的过程，对环境起到保护及优化的效果，并给社区带来积极的作用。"这是新西兰低影响城市开发系统的定义，它是借鉴了低影响开发系统和澳大利亚的水敏感性城市设计理念而发展起来的，于2003年在新西兰实施。低影响城市设计与开发（LIUDC）强调利用以自然系统及低影响技术为特征的规划、开发及设计开发方法来避免、最小化和缓解环境损害。低影响城市设计与开发（LIUDC）通过系统的方法提高建成水环境的可持续性，避免传统城市开发所带来的一系列社会、经济、环境的负面影响，保障水生态及陆地系统的完整性，用适宜的规划、投资和管理手段使城市在满足环境要求和经济发展的前提下快速发展。低影响城市设计与开发（LIUDC）主要是针对流域范围，以整个城市开发设计系统为主体，比低影响开发系统和澳大利亚的水敏感城市设计系统中的雨洪管理更为广泛。

（2）中国海绵城市发展理念与实践

① 海绵城市背景及内涵。当前我国水资源面临的形势十分严峻，水资源短缺、水污染严重、水生态环境恶化、洪涝灾害频发等问题日益突出，已成为制约经济社会可持续发展的主要瓶颈。

2013年12月2日，习近平总书记在中央城镇化工作会议上发表讲话时谈道：为什么这么多城市缺水？一个重要的原因是水泥地太多，把能够涵养水源的林地、草地、湖泊、湿地给占用了，切断了自然的水循环，雨水来了，只能当污水排走，地下水越抽越少。解决城市的缺水问题，必须顺应自然，比如在提升城市排水系统时要优先考虑把雨水留下来，优先考虑更多利用自然力量排水，建设自然积存、自然渗透、自然净化的"海绵城市"。海绵城市应运而生。

海绵城市最早始于西方学者用于描述城市对周边乡村或区域的人口、资源等的吸附作用，后逐渐用于描述城市与水文的关系。在我国，海绵城市的提出是为了解决雨水资源流失、径流污染增加、城市内涝灾害频发等一系列问题。通过海绵城市建设，有效地控制水污染，削减雨水峰值流量，降低内涝风险，保障水安全；同时涵养水资源，补充城市地下水，促进水循环，保护和恢复自然生态系统。

② 海绵城市建设的主要内容。海绵城市建设的主要内容包括低影响开发雨水系统、城市雨水管渠系统及超标雨水径流排放系统的构建。这三个系统相互补充、相互依存，是海绵城市建设的重要基础元素。它们不是孤立的系统，也没有严格的界限，各系统建设的主要内容详见图8-3。

a. 低影响开发雨水系统。海绵城市依托的理论基础为低影响开发技术。海绵城市是指能够对雨水径流总量、峰值流量和径流污染进行控制的管理系统，特别是针对分散、小规模的源头初期雨水控制系统，也就是LID。在我国，低影响开发雨水系统是雨水综合规划管理的凝练和精髓，涉及源头削减、过程控制和末端治理等全过程的管理。低影响开发雨水系统通过对雨水的"渗、滞、蓄、净、用、排"等多种手段和技术措

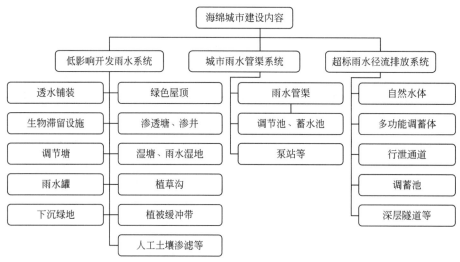

图8-3 海绵城市建设主要内容

施，全过程地管理雨水，实现综合生态排水，实现城市的可持续发展。

b. 城市雨水管渠系统。城市排水管网系统是收集、输送城市产生的生活污水、工业废水和降水的排水设施。排水管网系统及时排出城市生活污水、工业废水和降水，给居民提供舒适干净的生存环境，避免暴雨洪涝之害，在社会可持续发展中起着越来越重要的作用。如果不及时排出自然降水产生的径流，不仅会给城市带来不便和极大的财产损失，而且会造成频发的洪涝灾害，并引起严重后果。因此，建立有效的城市排水系统显得尤为重要。

城市雨水管渠系统即传统排水系统，海绵城市建设应与低影响开发雨水系统共同组织径流雨水的收集、转输与排放。

c. 超标雨水径流排放系统。超标雨水径流排放系统是用于接纳超过雨水管渠系统设计标准的雨水径流。超标雨水径流排放系统一般包括自然水体、多功能调蓄水体、行泄通道、调蓄池、深层隧道等自然途径或人工设施。自然水体包括河道、湖泊等水体；多功能调蓄水体包括湿塘、雨水湿地等设施；行泄通道包括城市内河、人造沟渠、道路设施等。

③ 海绵城市建设的主要途径

a. 对开发区域原有生态系统的保护。最大限度地保护原有的河流、湖泊、湿地、坑塘、沟渠等水生态敏感区，留有足够涵养水源，应对较大强度降雨的林地、草地、湖泊、湿地，维持城市开发前的自然水文特征，这是海绵城市建设的基本要求。

b. 生态恢复和修复。对传统粗放式城市建设模式下，已经受到破坏的水体和其他自然环境，运用生态的手段进行恢复和修复，并维持一定比例的生态空间。

c. 低影响开发。按照对城市生态环境影响最低的开发建设理念，合理控制开发强度，在城市中保留足够的生态用地，控制城市不透水面积比例，最大限度地减少对城市原有水生态环境的破坏，同时，根据需求适当开挖河湖沟渠、增加水域面积，促进雨水的积存、渗透和净化。

8.1.1.3 海绵城市建设试点城市情况

我国海绵城市建设实行试点城市模式，2015年公布了首批16个海绵城市建设试点城市，分别是：重庆、迁安、白城、镇江、嘉兴、池州、厦门、萍乡、济南、鹤壁、武汉、常德、南宁、遂宁、贵安新区和西咸新区。2016年公布了第二批14个试点城市，分别是：北京、天津、大连、上海、宁波、福州、青岛、珠海、深圳、三亚、玉溪、庆阳、西宁和固原。海绵城市建设以试点的形式开展，除了新理念和新模式的探索实践，更多的是考虑到我国地域辽阔，各地具有很强的地域性，需要采取差异化建设模式。两批试点城市中，中部、东部、西部、南部、北部都有试点城市，同时包括了不同的城市规模，有直辖市、计划单列市、省会城市、地级市、县级市。基本覆盖了我国所有类型的城市，其代表性也是为了突出海绵城市建设因地制宜的基本准则。

据统计，首批16个试点城市三年计划试点区域总面积为435平方公里，共设置了建筑与小区、道路与广场、园林绿地、地下管网、水系整治等各类项目3159个，总投资865亿元。其中，2015年首批16个试点城市计划建设项目992个，投资279亿元。截至目前，已开工建设并形成实物工作量的项目593个，占59.8%；完成投资184亿元，占66.1%。另外，2016年第二批14个试点城市已逐步启动海绵城市建设专项规划和项目投资，有些城市如天津、青岛、深圳、福州、北京等已经有多个项目完工或已开工实施。目前，部分已经完成的项目在缓解城市内涝、改善城市水环境、促进产业发展和提高社会认可度等方面，已经初见成效。

8.1.1.4 政策支持

海绵城市是一种城市发展的新理念、新方式和新模式。目前，建设海绵城市主要以试点城市的模式开展，由政府主导进行。因此，相关政策的出台对于海绵城市建设起到了至关重要的推动作用。近年来出台的主要政策文件如表8-1所示。

表8-1　近年来出台的主要政策文件

序号	文件名称	发布单位	发布日期
1	海绵城市建设技术指南——低影响开发雨水系统构建（试行）的通知	住房和城乡建设部	2014年10月22日
2	关于开展中央财政支持海绵城市建设试点工作的通知	财政部	2014年12月31日
3	海绵城市建设绩效评价与考核办法（试行）的通知	住房和城乡建设部办公厅	2015年7月10日
4	城市黑臭水体整治工作指南	住房和城乡建设部	2015年8月28日
5	关于推进海绵城市建设的指导意见	国务院办公厅	2015年10月11日
6	关于开展2016年中央财政支持海绵城市建设试点工作的通知	财政部办公厅；住房和城乡建设部办公厅；水利部办公厅	2016年2月25日
7	海绵城市专项规划编制暂行规定的通知	住房和城乡建设部	2016年3月11日
8	全国城市生态保护与建设规划（2015—2020年）的通知	住房和城乡建设部；环境保护部	2016年12月6日
9	关于印发气候适应型城市建设试点工作的通知	国家发展改革委；住房和城乡建设部	2017年2月21日
10	关于加强生态修复城市修补工作的指导意见	住房和城乡建设部	2017年3月6日
11	全国城市市政基础设施规划建设"十三五"规划	住房和城乡建设部；国家发展改革委	2017年5月23日

8.1.2 海绵城市建设的发展趋势

海绵城市及相关水环境治理的政策与工程建设一直是过去两年的热点问题。对海绵城市建设现阶段存在的问题和未来发展，总结出四大趋势。

（1）实现多行业协同合作

海绵城市建设理念最初源于对水环境的生态化管理，对城市原有基础设施重新进行生态化改造，其本质是利用城市的自然系统包括河湖江等水系、湿地、林地、绿地以及农田等，从源头多层次控制、分散、滞留雨水，以减少城市管网集中排放的压力。

海绵城市是多学科交叉的系统工程，涉及水务、规划、建设、园林、林业和环保等众多领域。当下的城市建设者已经无法再用一个个相互割裂的环境治理工程解决系统性的环境问题。

因此，必须着力于海绵城市的顶层设计与规划，通过制度和体质创新，实现跨行业的业务合作，才能更有效地推动海绵城市建设。

（2）融资方式的多元化

《国务院办公厅关于推进海绵城市建设的指导意见》（国办发〔2015〕75号）中指出："要创新海绵城市建设的运营机制。区别海绵城市建设项目的经营性与非经营性属性，建立政府与社会资本风险分担、收益共享的合作机制，采取明晰经营性收益权、政府购买服务、财政补贴等多种形式，鼓励社会资本参与海绵城市投资建设和运营管理。强化合同管理，严格绩效考核并按效付费。鼓励有实力的科研设计单位、施工企业、制造企业与金融资本相结合，组建具备综合业务能力的企业集团或联合体，采用总承包等方式统筹组织实施海绵城市建设相关项目，发挥整体效益。"

2014年12月31日财政部发布的《关于开展中央财政支持海绵城市建设试点工作的通知》（财建〔2014〕838号）指出："财政部、建设部、水利部将推进中央财政支持的海绵城市试点工作，中央财政对海绵城市建设试点给予专项资金补助，一定三年，具体补助数额按城市规模分档确定，直辖市每年6亿元，省会城市每年5亿元，其他城市每年4亿元。对采用PPP模式达到一定比例的，将按上述补助基数奖励10%。财政部、住房和城乡建设部、水利部定期组织绩效评价，并根据绩效评价结果进行奖罚。评价结果好的，按中央财政补助资金基数10%给予奖励；评价结果差的，扣回中央财政补助资金。"在过去的两年内，先后有覆盖全国的30个城市成为国家级海绵试点城市。

从财政部2016年发布的第三批PPP项目清单的统计结果来看：海绵城市行业的PPP项目总量为52个，投资金额总计1119亿元；从运作机制上来看，其中45个项目的运作方式均为BOT模式，合计投资金额为1010亿元；从付费模式上来看，目前海绵城市PPP项目的模式都相对单一，只有财政资金才是最根本的基石性保证。而PPP模式的现状是，吸入社会资本和重视后期运维其实并没得到真正的广泛落地。

但是，随着海绵城市建设的发展，在过去的一年中，行业开始逐渐对一些新型融资方式进行尝试，如陕西省西咸新区沣西新城开发建设集团公开发行的16.7亿元的绿色债券已于2017年1月7日由国家发改委批复核准。生态保护也是国际上公认的绿色债券产业标准范畴之一，相信在不久的将来，海绵城市建设领域也会出现属于自己的绿色债券。又如2016年12月，国家发改委、中国证监会联合发布《关于推进传统基础设施领域政府和社会资本合作（PPP）项目资产证券化相关工作的通知》，这是国家发改委和证监会首次联合发文力推PPP+ABS的创新融资模式，资产证券化由此成为PPP项目2017年的开台锣鼓。作为资金存量巨大的海绵城市PPP项目，如何将已投入的巨额资产通过以ABS等为代表的再融资和其他证券化渠道盘活，不仅是一件极其有价值的事情，同时也是一个值得行业内的金融机构和咨询服务机构思考的问题。

（3）产业链不断完善和延伸

海绵城市建设必须从政府部门、投资主体、规划设计、产品研发、施工、运维管理等全产业链全面布局，各方需理清关系，环环相扣。图8-4为产业链结构图。

海绵城市建设工程，除了前期的规划设计之外，配套产品设施的研发推广，也将是重中之重。因此，为了更好地引领产业发展，住建部也先后推出了两批《海绵城市建设先进适用技术与产品目录》，覆盖了大部分行业内走在市场前沿的企业和产品，在海绵城市建设起步阶段对整个行业起到了很好的引导作用。

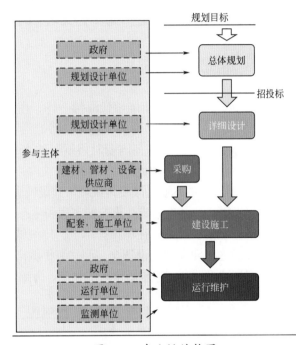

图8-4　产业链结构图

目前，随着海绵城市试点项目的开展和实践，海绵城市适用的各类型产品不断涌现，已经呈现百花齐放之势。另外，海绵城市建设标准体系的建立，也将有力地规范产品、把控质量，更好地服务于海绵城市建设。

海绵城市建设相关企业，也需要积极参与市场宣传推广，从技术、实践、品牌等方面，树立良好的形象。

（4）结合试点经验实现一城一策

目前，我国海绵城市建设基本以试点城市的形式开展，两批共30个试点城市。2015年海绵城市建设试点分别是迁安、白城、镇江、嘉兴、池州、厦门、萍乡、济南、鹤壁、武汉、常德、南宁、重庆、遂宁、贵安新区和西咸新区。2016年中央财政支持海绵城市建设试点分别是：北京、天津、大连、上海、宁波、福州、青岛、珠海、深圳、三亚、玉溪、庆阳、西宁和固原。为了响应政府号召，各地方也陆续开展了省级海绵城市试点，极大地推动了全国范围内海绵城市的普及和建设。

我国幅员辽阔，各地气候、水文、经济条件千差万别。因此，各地方的海绵城市建设如果全盘照搬任何一地的经验都是行不通的，因地制宜才是唯一的选择，例如，水面率高的城市如武汉，可以充分开发利用水面的调蓄能力；河网密集的城市如上海，可以充分利用河网来调蓄雨洪；而北方缺水城市，可以多修建雨水调蓄设施，既防涝防污染，又可增加城市供水等；重庆等山地城市可制定一套针对山地和丘陵的海绵建设方案。

8.2 海绵城市建设的技术标准

8.2.1 海绵城市的定义

"海绵城市"是指城市能够像海绵一样，在适应环境变化和应对自然灾害等方面具有良好的"弹性"。"海绵城市"遵循"渗、滞、蓄、净、用、排"六字方针，下雨时吸水、蓄水、渗水、净水，需要时将蓄存的水"释放"并加以利用，从而实现"自然积存、自然渗透、自然净化"三大功能。

"海绵城市"的本质是改变传统城市建设理念。传统城市习惯于战胜自然、改造自然的城市建设模式，结果造成严重的城市病和生态危机；"海绵城市"则是顺应自然、尊重自然的低影响发展模式。在城市排水上，传统城市建设模式是以"快速排出"和"末端集中"控制为主要规划建设理念，而"海绵城市"以"慢排缓释"和"源头分散"控制为主要规划建设理念，追求城市人水和谐。海绵城市雨水收集利用效果图见图8-5。

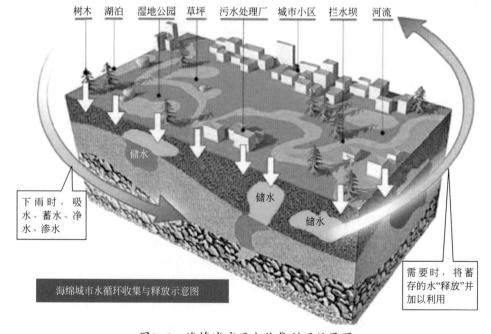

图8-5 海绵城市雨水收集利用效果图

8.2.2 海绵城市建设的技术标准

8.2.2.1 海绵城市建设的标准设计体系

2016年1月22日，由住房和城乡建设部组织中国建筑标准设计研究院完成的海绵城市建设国家建筑标准设计体系（图8-6）正式发布，用以指导我国海绵城市建设，提高设计水平和工作效率，保证施工质量，为推动我国工程建设的持续健康发展，发挥积极作用。

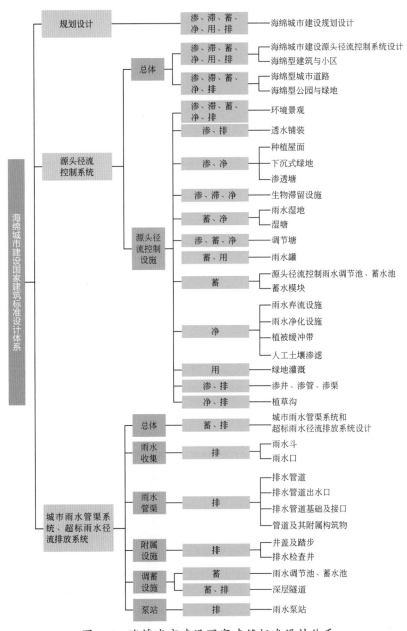

图8-6 海绵城市建设国家建筑标准设计体系

8.2.2.2 海绵城市建设的主要标准

（1）标准规范

海绵城市建设标准规范见表8-2。

表8-2 海绵城市建设标准规范

序号	编号	标准名称	主编单位	实施日期
1	GB 50014—2006（2016版）	室外排水设计规范	上海市政工程设计研究总院（集团）有限公司	2016年6月28日
2	GB 50015—2003（2009版）	建筑给水排水设计规范	上海现代建筑设计（集团）有限公司	2010年4月1日
3	GB 50180—2018	城市居住区规划设计标准	中国城市规划设计研究院	2018年12月1日
4	GB 50318—2017	城市排水工程规划规范	陕西省城乡规划设计研究院；中国城市规划设计研究院	2017年7月1日
5	GB 50345—2012	屋面工程技术规范	山西建筑工程（集团）总公司；浙江省长城建设集团股份有限公司	2012年10月1日
6	GB 50400—2016	建筑与小区雨水控制及利用工程技术规范	中国建筑设计研究院	2017年7月1日
7	GB 50420—2007（2016版）	城市绿地设计规范	上海园林设计院有限公司	2016年6月28日
8	GB 50513—2009（2016版）	城市水系规划规范	武汉市规划研究院；中国城市规划设计研究院	2016年12月1日
9	GB 50773—2012	蓄滞洪区设计规范	水利部水利水电规划设计总院；湖南省水利水电勘测设计研究总院	2012年10月1日
10	GB 50788—2012	城镇给水排水技术规范	住房和城乡建设部标准定额研究所；城市建设研究院	2012年10月1日
11	GB 51174—2017	城镇雨水调蓄工程技术规范	上海市政工程设计研究总院（集团）有限公司；华锦建设集团股份有限公司	2017年7月1日
12	GB 51192—2016	公园设计规范	北京市园林绿化局	2017年1月1日
13	GB 51222—2017	城镇内涝防治技术规范	上海市政工程设计研究总院（集团）有限公司	2017年7月1日

续表

序号	编号	标准名称	主编单位	实施日期
14	GB/T 25993—2010	透水路面砖和透水路面板	中国建材西安墙材材料研究设计院路桥集团国际建设股份有限公司； 中国建筑砌块协会； 中国建材咸阳陶瓷研究设计院	2011年10月1日
15	GB/T 50378—2014	绿色建筑评价标准	中国建筑科学研究院； 上海市建筑科学研究院（集团）有限公司	2015年1月1日
16	GB/T 50563—2010	城市园林绿化评价标准	城市建设研究院	2010年12月1日
17	GB/T 50596—2010	雨水集蓄利用工程技术规范	中国灌溉排水发展中心	2011年2月1日
18	GB/T 50805—2012	城市防洪工程设计规范	水利部水利水电规划设计总院； 中水北方勘测设计研究有限责任公司	2012年12月1日
19	CJJ 1—2008	城镇道路工程施工与质量验收规范	北京市政建筑集团有限责任公司； 中国市政工程协会	2008年9月1日
20	CJJ 37—2012（2016版）	城市道路工程设计规范	北京市市政工程设计研究总院有限公司	2016年6月28日
21	CJJ 82—2012	园林绿化工程施工及验收规范	天津市市容和园林管理委员会	2013年5月1日
22	CJJ 83—2016	城乡建设用地竖向规划规范	四川省城乡规划设计研究院	2016年8月1日
23	JGJ 155—2013	种植屋面工程技术规程	中国建筑防水协会； 天津天一建设集团有限公司	2013年12月1日
24	CJJ 169—2012	城镇道路路面设计规范	上海市政工程设计研究总院（集团）有限公司	2012年7月1日
25	CJJ 194—2013	城市道路路基设计规范	同济大学	2013年12月1日
26	CJJ/T 135—2009	透水水泥混凝土路面技术规程	江苏省建工集团有限公司； 河南省第一建筑工程集团有限责任公司	2010年7月1日
27	JGJ/T 229—2010	民用建筑绿色设计规范	中国建筑科学研究院； 深圳市建筑科学院有限公司	2011年10月1日
28	CJJ/T 190—2012	透水沥青路面技术规程	长安大学	2012年12月1日
29	CJJ/T 188—2012	透水砖路面技术规程	大连九洲建设集团有限公司； 北京城乡建设集团有限责任公司	2013年3月1日

（2）图集

海绵城市建设图集见表8-3。

表8-3　海绵城市建设图集

序号	图集号	名称	主编单位	实施日期
1	15J012-1	环境景观——室外工程西部构造	中国城市建设研究院有限公司；中国建筑设计院有限公司；中国建筑标准设计研究院有限公司	2016年1月1日
2	15MR105	城市道路与开放空间低影响开发雨水设施	北京市市政工程设计研究总院有限公司；中国城市建设研究院有限公司；北京建筑大学	2016年1月1日
3	15MR201	城市道路——沥青路面	郑州市市政工程勘测设计研究院	2016年1月1日
4	15MR202	城市道路——水泥混凝土路面	天津市市政工程设计研究院	2016年1月1日
5	09SMS202-1	埋地矩形雨水管道及附属构筑物（混凝土模块砌体）	北京市市政工程设计研究总院	2009年3月1日
6	10SMS202-2	埋地矩形雨水管道及其附属构筑物（砖、石砌体）	北京市政工程华北设计研究总院	2010年3月1日
7	15MR203	城市道路——人行道铺砌	中国市政工程东北设计研究总院有限公司	2016年1月1日
8	16MR204	城市道路——透水人行道铺设	北京市市政专业设计院股份公司；北京市市政工程研究院	2016年9月1日
9	15MR205	城市道路——环保型道路路面	上海市政工程设计研究总院（集团）有限公司；湖州交通规划设计院	2016年1月1日
10	14J206	种植屋面建筑构造	中国京冶工程技术有限公司；中国建筑标准设计研究院	2014年7月1日
11	09S302	雨水斗选用与安装	机械工业第一设计研究院；中国航空工业规划设计研究院	2009年6月1日
12	08S305	小型潜水排污泵选用及安装	机械工业第一设计研究院	2008年12月1日
13	15S412	屋面雨水排水管道安装	同济大学建筑设计研究院（集团）有限公司	2016年1月1日
14	14S501-1、2（2015年合订本）	单层、双层井盖及踏步	北京市政工程华北设计研究总院有限公司	2015年1月1日
15	15S501-3	球墨铸铁复合树脂井盖、水箅及踏步	中国市政工程西南设计研究总院有限公司	2016年9月1日
16	15SS510	绿地灌溉与体育场地给水排水设施	中国建筑设计院有限公司；天津市建筑设计院	2016年9月1日
17	02S515	排水检查井	北京市市政工程设计研究总院	2002年6月1日
18	04S516	混凝土排水管道基础及接口	北京市市政工程设计研究总院	2004年3月1日
19	95S517	排水管道出水口	北京市市政设计研究院	2002年3月1日

续表

序号	图集号	名称	主编单位	实施日期
20	16S518	雨水口	北京市市政工程设计研究总院有限公司	2016年9月1日
21	04S520	埋地塑料排水管道施工	上海市市政工程研究院； 上海科达市政交通设计院	2004年12月1日
22	12S522	混凝土模块式排水检查井	北京首都工程建设设计有限公司	2012年3月1日
23	16S524	塑料排水检查井——井筒直径Φ700～1000	上海市政交通设计研究院有限公司	2016年9月1日
24	10SS705	雨水综合利用	中国建筑设计研究院机电专业设计研究院； 中国建筑标准设计研究院	2010年12月1日

8.3　海绵城市建设的节能技术设施与应用案例

8.3.1　海绵城市建设的节能技术设施

8.3.1.1　渗透技术

（1）透水铺装

透水铺装是指可渗透、滞留或渗排雨水并满足一定要求的地面铺装结构。透水铺装按照面层材料不同，可分为透水砖铺装、透水水泥混凝土铺装和透水沥青混凝土铺装等，嵌草砖，园林铺装中的鹅卵石、碎石铺装等也属于透水铺装。透水砖铺装典型结构及工程应用见图8-7。

图8-7　透水砖铺装典型结构及工程应用图

（2）绿色屋顶

绿色屋顶也称种植屋面、屋顶绿化等，是指高出地面以上，与自然土层不相连的各类建筑物、构筑物的顶部以及天台、露台上由覆土层和疏水设施构建的绿化体系。

图8-8　绿色屋顶典型构造及工程应用图

图8-9　下沉式绿地典型构造和工程应用图

图8-10　生物滞留设施工程应用图

图8-11　渗透塘典型构造及工程应用图

根据种植基质深度和景观复杂程度，绿色屋顶又分为简单式和花园式，基质深度根据植物需求及屋顶荷载确定。绿色屋顶典型构造及工程应用见图8-8。

（3）下沉式绿地

下沉式绿地具有狭义和广义之分，狭义的下沉式绿地指低于周边铺砌地面或道路200mm以内的绿地；广义的下沉式绿地泛指具有一定的调蓄容积且可用于调蓄和净化径流雨水的绿地，包括生物滞留设施、渗透塘、湿塘、雨水湿地、调节塘等。本处仅指狭义的下沉式绿地。下沉式绿地典型构造和工程应用见图8-9。

（4）生物滞留设施

生物滞留设施指在地势较低的区域，通过植物、土壤和微生物系统蓄渗、净化雨水径流的设施。生物滞留设施分为简易型生物滞留设施和复杂型生物滞留设施，由植物层、土壤层、过滤层（或排水层）、蓄水层构成。按应用位置不同又称作雨水花园、生物滞留带、高位花坛、生态树池等。生物滞留设施工程应用见图8-10。

（5）渗透塘

渗透塘是一种用于雨水下渗补充地下水的洼地，具有一定的净化雨水和削减峰值流量的作用。渗透塘典型构造及工程应用见图8-11。

（6）渗井

渗井指通过井壁和井底进行雨水下渗的设施，为增大渗透效果，可在渗井周围设置水平渗排管，并在渗排管周围铺设砾（碎）石。渗井调蓄容积不足时，也可在渗井周围连接水平渗排管，形成辐射渗井。渗井典型构造及工程应用见图8-12。

图8-12 渗井典型构造及工程应用图

图8-13 湿塘典型构造及工程应用图

图8-14 雨水湿地典型构造及工程应用图

图8-15 钢筋混凝土蓄水池平面图和塑料模块蓄水池

8.3.1.2 储存技术

（1）湿塘

湿塘指具有雨水调蓄和净化功能的景观水体，雨水同时作为其主要的补水水源。湿塘有时可结合绿地、开放空间等场地条件设计为多功能调蓄水体，即平时发挥正常的景观及休闲、娱乐功能，暴雨发生时发挥调蓄功能，实现土地资源的多功能利用。湿塘一般由进水口、前置塘、主塘、溢流出水口、护坡及驳岸、维护通道等构成。湿塘典型构造及工程应用见图8-13。

（2）雨水湿地

雨水湿地利用物理、水生植物及微生物等作用净化雨水，是一种高效的径流污染控制设施。雨水湿地分为雨水表流湿地和雨水潜流湿地，一般设计成防渗型以便维持雨水湿地植物所需要的水量，雨水湿地常与湿塘合建并设计一定的调蓄容积。

雨水湿地与湿塘的构造相似，一般由进水口、前置塘、沼泽区、出水池、溢流出水口、护坡及驳岸、维护通道等构成。雨水湿地典型构造及工程应用见图8-14。

（3）蓄水池

蓄水池指具有雨水储存功能的集蓄利用设施，同时也具有削减峰值流量的作用，主要包括钢筋混凝土蓄水池，砖、石砌筑蓄水池及塑料蓄水模块拼装式蓄水池，用地紧张的城市大多采用地下封闭式蓄水池。钢筋混凝土蓄水池平面图和塑料模块蓄水池见图8-15。

（4）雨水罐

雨水罐也称雨水桶，为地上或地下封闭式简易雨水集蓄利用设施，可用塑

图8-16　建筑落水管断接入雨水典型结构
及工程应用图

图8-17　调节塘典型构造及工程应用图

图8-18　钢筋混凝土调节池典型结构及工
程应用图

料、玻璃钢或金属等材料制成，多为成型产品，常与建筑落水管断接配套使用。建筑落水管断接雨水典型结构及工程应用见图8-16。

8.3.1.3　调节技术

（1）调节塘

调节塘也称干塘，以削减峰值流量功能为主，一般由进水口、调节区、出口设施、护坡及堤岸构成，也可通过合理设计使其具有渗透功能，起到一定的补充地下水和净化雨水的作用。调节塘典型构造及工程应用见图8-17。

（2）调节池

调节池主要用于消减下游雨水管渠峰值流量，减少下游雨水管渠断面，常用于雨水管渠中游，是解决下游现状雨水管渠过水能力不足的有效办法，主要包括塑料模块调节池、管组式调节池和钢筋混凝土调节池等。根据构造不同，调节池分为溢流堰式、底部流槽式和中部侧堰式，一般常用溢流堰式或底部流槽式。钢筋混凝土调节池典型结构及工程应用见图8-18。

8.3.1.4　转输技术

（1）植草沟

植草沟是指可转输雨水，在地表浅沟中种植植被，利用沟内的植物和土壤截留、净化雨水径流的措施，可用于衔接其他各单项设施、城市雨水管渠系统和超标雨水径流排放系统。根据断面形式不同分为抛物线形、梯形及三角形三种形式的植草沟，根据地表径流方式不同分为转输植草沟、干式植草沟、湿式植草沟。植草沟典型断面及工程应用见图8-19。

图8-19 植草沟典型断面及工程应用图

（2）渗管/渠

渗管/渠指具有渗透功能的雨水管/渠，由穿孔塑料管、无砂混凝土管/渠和砾（碎）石等材料组合而成，见图8-20。

8.3.1.5 截污净化技术

（1）植被缓冲带

植被缓冲带为坡度较缓的植被区，经

图8-20 渗管典型构造及工程应用图

植被拦截及土壤下渗作用减缓地表径流流速，并去除径流中的部分污染物。植被缓冲带典型构造及工程应用见图8-21。

（2）初期雨水弃流设施

初期雨水弃流指通过一定方法或装置将存在初期冲刷效应、污染物浓度较高的降雨初期径流予以弃除，以降低雨水的后续处理难度。弃流雨水应进行处理，如排入市政污水管网（或雨污合流管网）由污水处理厂进行集中处理等。常见的初期弃流方法包括容积法弃流、小管弃流（水流切换法）等，弃流形式包括自控弃流、渗

图8-21 植被缓冲带典型构造及工程应用图

透弃流、弃流池、雨落管弃流等。

（3）人工土壤渗滤

人工土壤渗滤是一种人工强化的生态工程处理技术设施，它充分利用在地表下面的土壤中栖息的土壤动物、土壤微生物、植物根系以及土壤所具有的物理、化学特性将雨水净化，主要作为雨水储存设施的配套雨水净化设施，属于小型的污水处理系统。人工土壤渗滤设施典型构造及工程应用见图8-22。

图8-22　人工土壤渗滤设施典型构造及工程应用图

8.3.2　海绵城市建设的典型应用案例

目前，海绵城市建设逐步推进，根据不同地域和实施内容，较为典型且已经完工的代表性案例如表8-4所示。

表8-4　典型海绵城市建设项目案例表

序号	项目名称	建设内容	建设面积
1	陕西西咸新区沣西新城核心区海绵城市建设项目	建筑与小区、景观	45km²
2	重庆悦来新城海绵城市道路低影响专项设计及宝山路	市政道路	18.67km²
3	济南市千佛山南路11号院海绵城市改造工程	建筑与小区	0.046km²
4	南宁市南湖公园环湖路改造工程	市政道路	0.476km²
5	萍乡市西门内涝区综合整治工程（市政管网工程——八一路）	地下管网、市政道路	0.94km²
6	青岛中德生态园富源二号路工程	市政道路、景观绿化	0.539km²
7	深圳光明新区公明玉律至光明碧眼道路工程Ⅲ标段	市政道路、景观绿化	9.45km²
8	天津生态城第一社区中心、23#地块社区公园及周边区域	社区景观、广场、绿化	0.234km²
9	南京天保街海绵型道路工程	市政道路	0.568km²
10	石家庄市藁城区滹沱河污染综合治理项目	河道及黑臭水体治理	0.1371km²

8.4 地下综合管廊的现状与发展趋势

8.4.1 地下综合管廊建设的现状

8.4.1.1 地下综合管廊建设的主要原因

（1）路面重复开挖严重

随着城镇化进程的推进以及人民生活水平的提高，长期落后的城市基础设施急需升级改造。但由于建设资金缺乏、设施管理和权属单位分散等问题，使得各类地下管线设施建设无法整体规划，也不能同步建设，这便直接导致道路重复开挖，"马路拉链"问题严重，不但给城市居民生活造成不便，也影响城市整体形象和社会效益。据统计，每年由于路面开挖造成的直接经济损失高达2000亿。

（2）架空线缆密布

由于城市人口密度和信息化发展的需要，造成城市中的架空线缆密布。尤其是电力、通信线缆不断地增加，道路两旁随处可见的便是线缆杆架，有些管理落后的城市，密如蛛网的弱电线缆随意搭设在人行道树上，不仅造成视觉污染，也存在巨大的安全隐患。

（3）安全隐患

近年来，天然气管道泄漏、爆炸事故时有发生，均是由于管道管线建设和管理混乱、维护不当造成的。地下凌乱的管线布置，如果突然发生泄漏和爆炸，将造成重大的安全事故。据不完全统计，仅媒体报道的地下管线事故平均每天高达5、6起。

8.4.1.2 地下综合管廊发展历程

（1）国外地下综合管廊发展形势

城市地下综合管廊的概念起源于19世纪的欧洲。自从1833年巴黎诞生了世界上第一条地下管线综合管廊系统后，英国、德国、日本、西班牙、美国等发达国家相继开始新建综合管廊工程，至今已经有将近190年的发展历程了。经过一百多年的探索、研究、改良和实践，城市地下综合管廊的技术水平已完全成熟。

① 法国。世界上第一条地下综合管廊诞生于法国巴黎，目前，巴黎市区及郊区的综合管廊总长已达2100km，堪称世界城市里程之首，而且已制定了在所有有条件的大城市中建设综合管廊的长远规划。图8-23为法国巴黎共同沟。

② 德国。1893年，联邦德国在汉堡市的Kaiser-Wilheim街两侧人行道下方兴建450m的综合管廊，收容暖气管、自来水管、电力、电信缆线及煤气管，但不含下水道。1959年又在布白鲁他市兴建了300m的综合管廊用以收容瓦斯管和自来水管。1964

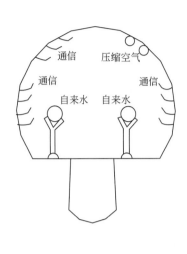

图8-23　法国巴黎共同沟（1833年）

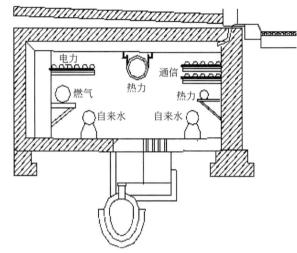

图8-24　德国汉堡共同沟（1893年）

年联邦德国的苏尔市（Suhl）及哈利市（Halle）开始了兴建综合管廊的实验计划，至1970年共完成15km以上的综合管廊并开始营运，同时也拟定在全国推广综合管廊的网络系统计划。联邦德国共收容的管线包括雨水管、污水管、饮用水管、热水管、工业用水干管、电力、电缆、通信电缆、路灯用电缆及瓦斯管等。图8-24为德国汉堡共同沟。

③ 俄罗斯。俄罗斯规定在下列情况敷设综合管沟：在拥有大量现状或规划地下管线的干道下面；在改建地下工程设施很发达的城市干道下面；需同时埋设给水管线、供热管线及大量电力电缆的情况下；在没有余地专供埋设管线，特别是铺在刚性基础的干道下面时；在干道同铁路的交叉处等。莫斯科地下有130km长的地下综合管廊，除煤气管外，各种管线均有，只是截面较小，内部通风条件也较差。图8-25为莫斯科共同沟。

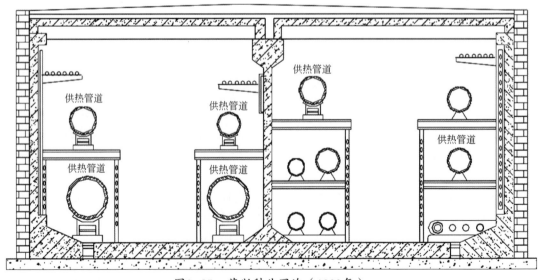

图8-25　莫斯科共同沟（1933年）

④ 英国。英国于1861年在伦敦市区兴建综合管廊，采用12m×7.6m之半圆形断面，除收容自来水管、污水管及瓦斯管、电力、电信外，还敷设了连接用户的供给管线，迄今伦敦市区建设综合管廊已超过22条，伦敦兴建的综合管廊建设经费完全由政府筹措，属伦敦市政府所有，完成后再由市政府出租给管线单位使用。图8-26为英国伦敦共同沟。

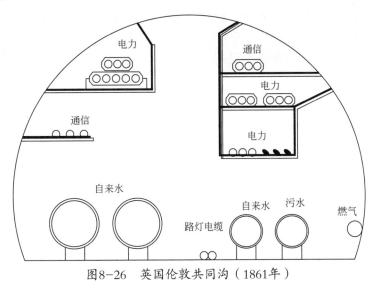

图8-26　英国伦敦共同沟（1861年）

⑤ 日本。日本综合管廊的建设始于1926年，为便于推广，他们把综合管廊的名字形象地称为"共同沟"。东京关东大地震后，东京都复兴计划鉴于地震灾害原因乃以试验方式设置了三处共同沟：九段阪综合管廊，位于人行道下，由净宽3m、高2m、干管长度270m的钢筋混凝土箱涵构造；滨町金座街综合管廊，设于人行道下的电缆沟，只收容缆线类；东京后火车站至昭和街之综合管廊亦设于人行道下，净宽约3.3m，高约2.1m，收容电力、电信、自来水及瓦斯等管线，后停滞了相当一段时间。一直到1955年，由于汽车交通快速发展，积极新辟道路，埋设各类管线，为避免经常挖掘道路影响交通，于1959年又再度于东京都淀桥旧净水厂及新宿西口设置共同沟；1962年政府宣布禁止挖掘道路，并于1963年4月颁布共同沟特别措置法，制定建设经费的分摊办法，拟定长期的发展计划，自公布综合管廊专法后，首先在尼崎地区建设综合管廊889m，同时在全国各大都市拟定五年期的综合管廊连续建设计划，1993～1997年为日本综合管廊的建设高峰期，至1997年已完成干管446km，较著名的有东京银座、青山、麻布、幕张副都心、横滨M21、多摩新市镇（设置垃圾输送管）等地下综合管廊。

其他各大城市，如大阪、京都、名古屋、冈山市、爱知县等均大量地投入综合管廊的建设，至2001年日本全国已兴建超过600km的综合管廊，在亚洲地区名列第一。迄今为止，日本是世界上综合管廊建设速度最快、规划最完整、法规最完善、技术最先进的国家。图8-27为日本日比谷共同沟。

⑥ 西班牙。西班牙在1933年开始计划建设综合管廊，1953年马德里市首先开始进

图8-27　日本日比谷共同沟

行综合管廊的规划与建设，当时称为服务综合管廊计划，而后演变成目前广泛使用的综合管廊管道系统。经市政府官员调查发现，建设综合管廊的道路，路面开挖的次数大幅减少，路面塌陷与交通阻塞的现象也得以消除，道路寿命也比其他道路显著延长，在技术和经济上都收到了满意的效果，于是，综合管廊逐步得以推广。

⑦ 美国。美国自1960年起，即开始了综合管廊的研究，在当时看来，传统的直埋管线和架空缆线所能占用的土地日益减少而且成本愈来愈高，随着管线种类的日益增多，因道路开挖而影响城市交通、破坏城市景观的现象越来越多。研究结果认为，从技术上、管理上、城市发展上、社会成本上看，建设综合管廊都是可行且必要的。1970年，美国在白原市中心建设综合管廊，其他如大学校园内、军事机关或为特别目的而建设的，均不成系统网络，除了煤气管外，几乎所有的管线均收容在综合管廊内。此外，美国具代表性的还有纽约市从束河下穿越并连接Astoria和Hell Gate Generatio Plants的隧道，该隧道长约1554m，收容有345kV输配电力缆线、电信缆线、污水管和自来水干线，而阿拉斯加的Fairbanks和Nome建设的综合管廊系统，是为防止自来水和污水受到冰冻，Fairbanks系统长约有六个廊区，而Nome系统是唯一将整个城市市区的供水和污水系统纳入综合管廊的，沟体长约4022m。

（2）中国综合管廊的发展历程

① 台湾地区。在台湾地区，综合管廊也叫"共同管道"。台湾地区近十年来，对综合管廊建设的推动不遗余力，成果丰硕。自1980年即开始研究评估综合管廊建设方案，1990年制定了"公共管线埋设拆迁问题处理方案"来积极推动综合管廊建设，首先从立法方面进行研究，1992年委托中华道路协会进行共同管道法立法的研究，2000年5月30日通过立法程序，同年6月14日正式公布实施。2001年12月颁布母法施行细则及建设综合管廊经费分摊办法及工程设计标准，并授权当地政府制订综合管廊的维护办法。至此，台湾地区继日本之后成为亚洲具有综合管廊最完备法律基础的地区。

台湾结合新建道路、新区开发、城市再开发、轨道交通系统、铁路地下化及其他重大工程优先推动综合管廊建设，台北、高雄、台中等大城市已完成了系统网络的规划并逐步建成。此外，已完成建设的还包括新近施工中的台湾高速铁路沿线五大新站新市区的开发。到 2002 年，台湾综合管廊的建设已逾 150km，其累积的经验可供我国其他地区借鉴。

② 北京。地下综合管廊对我国来说是一个全新的课题。第一条综合管沟于 1958 年建造于北京天安门广场下，鉴于天安门在北京的特殊地位，为了避免日后广场被开挖，建造了一条宽 4m、高 3m、埋深 7～8m、长 1km 的综合管沟收容电力、电信、暖气等管线，至 1977 年在修建毛主席纪念馆时，又建造了相同断面的综合管廊，长约 500m。

③ 天津。1990 年，天津市为解决新客站处行人、管道、铁道等通行问题而兴建了长 50m、宽 10m、高 5m 的隧道，同时拨出宽约 2.5m 的综合管廊，用于收容上下水道电力、电缆等管线，这是我国综合管廊的雏形。

④ 上海。1994 年，上海浦东新区张杨路人行道下建造了两条宽 5.9m、高 2.6m、双孔各长 5.6km、共 11.2km 的支管综合管廊，收容煤气、通信、上水、电力等管线，它是我国第一条较具规模并已投入运营的综合管廊，见图 8-28。2006 年底，上海的嘉定安亭新镇地区也建成了全长 7.5km 的地下管线综合管廊，另外在松江新区也有一条长 1km、集所有管线于一体的地下管线综合管廊。

此外，为推动上海世博园区的新型市政基础设施建设，避免道路开挖带来的污染，提高管线运行使用的绝对安全，创造和谐美丽的园区环境，政府管理部门在园区内规划建设管线综合管廊，该管廊是目前国内系统最完整、技术最先进、法规最完备、职能定位最明确的一条综合管廊，以城市道路下部空间综合利用为核心，围绕城市市政公用管线布局，对世博园区综合管沟进行了合理布局和优化配置，构筑服务整个世博园区的骨架化综合管沟系统。

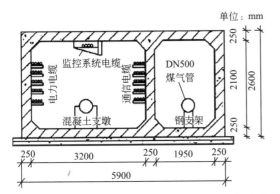

图 8-28　上海张杨路地下综合管廊

⑤ 广州。2003 年底，在广州大学城建成了全长 17.4km，断面尺寸为 7m×2.8m 的地下综合管廊，也是迄今为止国内已建成并投入运营、单条距离最长、规模最大的综合管廊，见图 8-29。

除上述城市以外，武汉、宁波、深圳、兰州、重庆等大中城市都在积极地规划设计和建设地下综合管廊项目。

图8-29 广州大学城地下综合管廊

8.4.1.3 综合管廊试建设点城市情况

我国城市综合管廊建设以试点城市模式开展，财政部、住房和城乡建设部于2015年评审通过了10个试点城市，包括：包头、沈阳、哈尔滨、苏州、厦门、十堰、长沙、海口、六盘水、白银。2016年评审通过了15个试点城市和地区，包括：石家庄、四平、杭州、合肥、平潭综合实验区、景德镇、威海、青岛、郑州、广州、南宁、成都、保山、海东和银川。

据住建部统计，截至2016年12月20日，全国147个城市28个县已累计开工建设城市地下综合管廊2005km，全面完成了年度2000km的目标任务。

2016年是我国综合管廊建设元年，2017年建设提速。截至2017年12月10日，根据BHI统计，综合管廊拟在建里程达6575km，相较2017年初增长138%。项目遍布全国31个省市，拟在建里程超100km的省市由2017年初的10个增加至24个。其中拟在建里程位居前三位的分别是吉林、云南、贵州，均超400km；增长幅度位居前三位的分别是甘肃、山西和山东，增长均超过7倍。

综合管廊作为城市看不见的"生命线"，多省市已积极主动出台相关规划，全面推动地下综合管廊建设。地下综合管廊建设可有效改变"天空蜘蛛网之困""马路拉链之苦"，促进城市空间集约化利用。

8.4.1.4 政策支持

我国综合管廊建设在政府工作层面的体现，最早是在2005年2月2日，建设部关于印发《建设部城市建设司2005年工作要点》的函中，明确提到研究制定地下管线综合建设和管理的政策，减少道路重复开挖率，推广共同沟和地下管廊建设和管理经验。2006年10月，启动《城市市政工程综合管廊技术研究与开发》国家"十一五"科技支撑计划项目研究。随着城市的快速发展和技术进步，相关一系列综合管廊的政策相继出台，主要的政策文件如表8-5所示。

表8-5 我国综合管廊建设主要政策文件

序号	文件名称	发布单位	发布日期
1	关于加强城市基础设施建设的意见	国务院	2013年9月6日
2	关于加强城市地下管线建设管理的指导意见	国务院办公厅	2014年6月3日
3	关于创新重点领域投融资机制鼓励社会投资的指导意见	国务院	2014年11月16日
4	关于开展中央财政支持地下综合管廊试点工作的通知	财政部	2014年12月26日
5	关于印发《城市地下综合管廊工程规划编制指引》	住房和城乡建设部	2015年5月26日
6	关于推进城市地下综合管廊建设的指导意见	国务院办公厅	2015年8月3日
7	关于城市地下综合管廊实行有偿使用制度的指导意见	国家发展改革委；住房和城乡建设部	2015年11月26日
8	关于开展2016年中央财政支持地下综合管廊试点工作的通知	财政部办公厅；住房和城乡建设部办公厅	2016年2月16日
9	关于开展地下综合管廊试点年度绩效评价工作的通知	住房和城乡建设部办公厅；财政部办公厅	2016年4月22日
10	关于推进电力管线纳入城市地下综合管廊的意见	住房和城乡建设部；国家能源局	2016年5月26日
11	关于提高城市排水防涝能力推进城市地下综合管廊建设的通知	住房和城乡建设部	2016年8月16日

8.4.2 地下综合管廊建设的发展趋势

（1）预制装配式综合管廊

综合管廊预制拼装技术是国际综合管廊发展趋势之一，能大幅降低施工成本，提高施工质量，节约施工工期。综合管廊标准化、模块化是推广预制拼装技术的重要前提之一，预制拼装施工成本的幅度取决于建设管廊的规模长度，而标准化可以使预制拼装模板等装备的使用范围不局限于单一工程，从而降低摊销成本，有效促进预制拼装技术的推广应用。此外，编制基于综合管廊标准化的通用图，能大幅降低设计单位的工作量，节约设计周期，提高设计图纸质量。

（2）综合管廊与地下空间建设相结合

《城市综合管廊工程技术规范》中规定：综合管廊工程的规划与建设应与地下空间、环境景观等相关城市基础设施衔接、协调；综合管廊规划应坚持因地制宜、远近结合、统一规划、统筹建设的原则；综合管廊规划应集约利用地下空间，统筹规划综合管廊内部空间，协调综合管廊与其他地上、地下工程的关系。

城市地下综合管廊的建设不可避免会遇到各种类型的地下空间，实际工程中经常会发生综合管廊与已建或规划地下空间、轨道交通产生矛盾的现象，解决矛盾的难度、成本和风险通常很大。应从前期规划入手，将综合管廊与地下空间建设统筹考虑，不但可以避免后期出现的各种矛盾，还可以降低综合管廊的投资成本。如综合管廊与地下空间重合段可利用地下空间某个夹层、结构局部共板等。综合管廊与地下空间结合见图8-30。

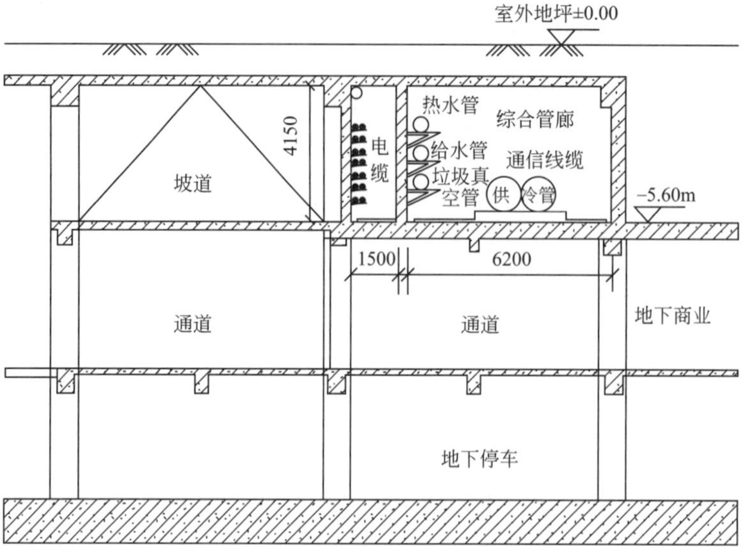

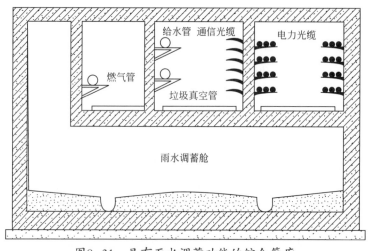

图8-30　综合管廊与地下空间结合

（3）综合管廊与海绵城市建设技术相结合

从目前政策导向看，对于具备条件的排水管道建议纳入综合管廊，新版《城市综合管廊工程技术规范》（GB 50838，后面简称《技术规范》）增加排水管道入廊的技术规定，将综合管廊的设计与海绵城市技术措施相结合，既满足综合管廊的总体功能，又能提高排水防涝标准，提升城市应对洪涝灾害的能力。将雨水调蓄功能与综合管廊功能相结合，是工程设计中比较容易实现的一种模式。雨水调蓄舱防淤积问题除设计坡度控制外，还应考虑设置复合断面和增加冲洗设施等措施。具有雨水调蓄功能的综合管廊见图8-31。

图8-31　具有雨水调蓄功能的综合管廊

（4）"BIM+GIS"技术在综合管廊建设中的应用

BIM是建筑信息模型（building information modeling）的英文简称。以三维数字技术为基础，对工程项目信息进行模型化，提供数字化、可视化的工程方法，贯穿工程建设从方案到设计、建造、运营、维修、拆除的全寿命周期，服务于参与工程项目的所有方。

GIS是地理信息系统（geographic information system或Geo-information system）的英文简称，是一种特定的十分重要的空间信息系统。在计算机硬、软件系统支持下，对整个或部分地球表层空间中的有关地理分布数据进行采集、储存、管理、运算、分析、显示和描述的技术系统。要准确把握一项市政工程如道路、桥梁、地道、综合管廊从宏观到微观的全面信息，包括周边环境、地质条件和现状管线等。

"BIM+GIS"正好互补两者之间信息的缺失。采用"BIM+GIS"三维数字化技术，将现状地下管线、建筑物及周边环境三维数字化建模，形成动态大数据平台。在此基础上，将综合管廊、管线及道路等建设信息输入，以指导综合管廊的设计、施工和后期运营管理，有效提高地下综合管廊工程的建设和管理水平。通过"BIM+GIS"技术，大大方便后期运营管理智能化的实现，通过运营管理智能化监控平台的建设，实现综合管廊运行的安全性、可靠性和便捷性。

地下综合管廊BIM模型及综合管廊运行管理智能化管控平台见图8-32、图8-33。

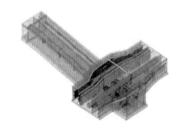

图8-32　地下综合管廊BIM模型

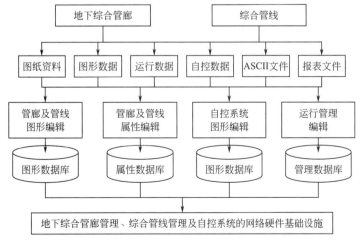

图8-33　综合管廊运行管理智能化监控平台

（5）加强综合管廊的安全保障措施

住建部对综合管廊试点城市要求燃气管道尽可能入管廊，《城市综合管廊工程技术规范》（GB 50838—2015）也增加了燃气管道入廊的技术规定。首先是要求天然气管道应在独立舱室内敷设；其次在管材和施工质量方面，要求天然气管道管材应采用无缝钢管，对于压力级别高于0.4MPa的管道，环焊缝无损检测比例达到100%的射线检验和100%的超声波检验；阀门、阀件系统设计压力按提高一个压力等级设计；天然气调压装置不允许设置在综合管廊内；当分段阀设置在综合管廊内时，应具有远程关闭功能；进出综合管廊时应设置具有远程关闭功能的紧急切断阀；同时，在消防、通风、监控与报警系统等方面对燃气舱都提出较高的技术要求。

此外，热力管道特别是蒸汽管道对于综合管廊的安全运营也至关重要。《城市综合管廊工程技术规范》（GB 50838—2015）要求蒸汽管道也应在独立舱室内敷设，热力管道不能与电力电缆同舱敷设；对于蒸汽管舱的逃生口设置间距要求则远高于其他管线，要求间距≤100m。但总体而言，《技术规范》中对于入廊燃气管道安全性的技术措施仍不够全面和深入。因此，在具体工程设计和实施中，需结合管廊的断面布置形式和周边环境情况，对燃气、蒸汽管道的安全保障措施进行专项重点研究，并与管线专业运营管理单位深入沟通交流，联合制订具体应对措施方案，保证综合管廊安全运行。

（6）绿色施工与新技术的应用

目前，综合管廊主要的施工形式有明挖和暗挖，通过基槽支护、现浇、预制拼接、顶管、盾构等方法实现。现阶段，虽然传统现浇的综合管廊仍然占据主流，但是预制装配式综合管廊，由于施工快速、便捷高效等特点而得到了快速发展和应用。

另外，大断面下穿重要建（构）筑物的顶管技术也将迅猛发展，内蒙古包头管廊项目作为首例项目实践，取得明显效果，未来将有更多的下穿建（构）筑物管廊案例出现。

长距离暗挖掘进施工的盾构技术也将得到更多应用，唐山曹妃甸工业区管廊、济宁济北新区等项目也进入了实际应用阶段。

随着综合管廊的发展和项目实践，众多新型管廊结构或材料也将陆续得到研发推广和应用。

8.5 海绵城市建设与地下综合管廊建设的标准

8.5.1 地下综合管廊的定义

综合管廊指设置于地面以下用于容纳2种及以上市政管线，设有专门的检修口、吊装口和监测系统，实施统一规划、设计、建设和管理的构造物及其附属设施，是目前城市地下空间开发的重要形式之一。综合管廊建设具有综合性、长效性、可维护性、安全性、环保性、低成本性等优势，是实实在在的民生工程，也是实现供给侧改革、缓解经济增长压力及打破行业和部门垄断的重要措施。综合管廊示意图见图 8-34。

图8-34　综合管廊示意图

8.5.2　地下综合管廊建设的技术标准

8.5.2.1　地下综合管廊建设的标准设计体系

2016年1月22日，由住房和城乡建设部组织中国建筑标准设计研究院完成的城市综合管廊建设国家建筑标准设计体系（见图 8-35）正式发布，用以指导我国城市综合管廊建设，提高设计水平和工作效率，保证施工质量，为推动我国工程建设的持续、健康发展，发挥积极作用。

8.5.2.2　综合管廊建设的主要标准

截至目前，仅有《城市综合管廊技术规范》（GB 50838，2015年修编）正式颁布实施，《城镇综合管廊监控与报警系统工程技术规范》（GB/T 51274—2017）刚刚颁布，行业标准《城市地下综合

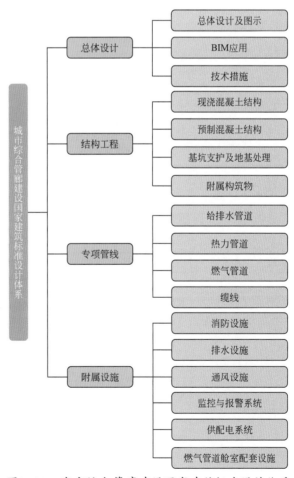

图8-35　城市综合管廊建设国家建筑标准设计体系

管廊运行维护及安全技术标准》正在征求意见，《城市综合管廊工程防水材料应用技术规程》《城市综合管廊运营管理标准》《综合管廊管线工程技术规程》《城市综合管廊施工及验收规程》等团体标准，综合管廊的相关标准图集也都在进一步的研究编制当中。

（1）标准

见表8-6。

表8-6　综合管廊建设的主要标准

序号	编号	标准名称	主编单位	实施日期
1	GB 50838—2015	城市综合管廊工程技术规范	上海市政工程设计研究总院（集团）有限公司；同济大学	2015年6月1日
	GB 50289—2016	城市工程管线综合规划规范	沈阳市规划设计研究院	2016年12月1日
2	GB/T 51274—2017	城镇综合管廊监控与报警系统工程技术标准	上海市政工程设计研究总院（集团）有限公司；杭州创博科技有限公司	2018年7月1日
3	T/BSTAUM 002—2018	城市综合管廊运行维护技术规程	北京城市管理科技协会；北京市市政工程研究院	2018年3月1日
4	DGJ 08—2017—2014	综合管廊工程技术规范	上海市政工程设计研究总院（集团）有限公司；同济大学	2015年2月1日
	DB/T 29—238—2016	天津市综合管廊工程技术规范	天津市市政工程设计研究院	2016年6月1日
5	DB11/1505—2017	城市综合管廊工程设计规范	北京市市政工程设计研究总院有限公司	2018年7月1日
6	DB44/T 2113—2018	化工园区公共管廊运营企业服务规范	珠海汇华公共管廊投资管理有限公司；广东省特检院珠海检测院	2018年4月25日

（2）图集

见表8-7。

表8-7　综合管廊建设图集

序号	标准号	名称	主编单位	实施日期
1	17GL201	现浇混凝土综合管廊	中冶京诚工程技术有限公司；中国市政工程西南设计研究总院有限公司；中国二十冶集团有限公司	2017年12月1日
2	17GL203-1	综合管廊基坑支护	华东建筑设计研究院有限公司；中国二十冶集团有限公司；中国建筑标准设计研究院有限公司	2017年12月1日
3	17GL401	综合管廊热力管道敷设与安装	中国市政工程华北设计研究总院有限公司；北京市热力工程设计有限责任公司；中国建筑标准设计研究院有限公司	2017年12月1日
4	17GL603	综合管廊监控及报警系统设计与施工	上海市政工程设计研究总院（集团）有限公司；中冶京诚工程技术有限公司；公安部沈阳消防研究所	2017年12月1日
5	17GL701	综合管廊通风设施设计与施工	中国市政工程华北设计研究总院有限公司	2017年12月1日

8.6　海绵城市建设与地下综合管廊建设的技术设施

8.6.1　地下综合管廊建设的技术设施

8.6.1.1　管廊结构

综合管廊包括现浇混凝土综合管廊和预制拼装综合管廊，施工方法包括明挖法和暗挖法。

综合管廊的施工从技术类型上又分为明挖基槽支护技术、明挖主体结构施工技术、顶管施工技术、盾构施工技术、浅埋暗挖法施工技术等。综合管廊的施工体系如图8-36所示。

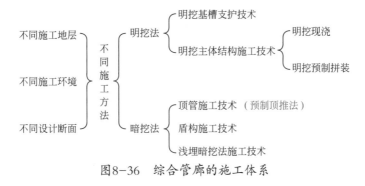

图8-36　综合管廊的施工体系

（1）明挖基槽支护技术

包括原状土放坡开挖无支护、土钉墙支护、钢板桩支护、地连墙支护、桩锚支护、桩内支撑支护、SMW工法支护、双排桩支护、微型钢管桩支护等技术。不同支护形式见图8-37。

图8-37　不同支护形式

（2）明挖主体结构施工技术

明挖主体结构施工技术目前较为普遍的还是现浇施工，也有在此基础上创新的施工方式，较为代表性的有：移动模架技术、半预制技术、预制节段拼装技术、分块预制拼装技术、叠合整体式预制拼装技术。

明挖预制拼装指在明挖施工条件下，将综合管廊分块或分节段在工厂预制好，然后运到现场进行拼装的一种施工技术。日本较早使用该技术，且技术发展较成熟。我国自2012年在上海世博园建设中开始应用第一个试验段后，沈阳、湘潭、厦门等地陆续出现预制拼装项目。近几年，随着管廊建设的迅猛发展和建筑工业化的大趋势，预制拼装项目越来越多，规模越来越大。图8-38为移动模架技术和预制技术。

图8-38　移动模架技术和预制技术

（3）顶管施工技术（预制顶推技术）

顶管施工属于暗挖法的一种，分为手掘式、机械式顶管机，矩形顶管机等。20世纪70年代，日本最早开发了矩形顶管机。我国从2005年上海自行研制的土压平衡矩形顶管机开始，到2014年最新研发的世界上最大断面的矩形顶管机（7.5m×10.4m），制造技术已非常先进。图8-39为顶管施工示意图。

矩形顶管技术应用条件包括以下方面：a.穿越较松软的土质地层时；b.穿越铁路、公路、河流或建筑物时；c.街道狭窄且两侧建筑物较多时；d.在车流量和人流量大的闹市区街道施工，又不能断绝交通时；e.现场条件复杂，与地面工程交叉作业、相互干扰、易发生危险时；f.管道覆土较深，开槽土方量大，并需要支撑时。

2014年9月6日，中铁隧道集团承建的河南省郑州市红专路下穿中州大道顶管隧道正式贯通。"中原一号"顶管机宽10.12m，高7.27m，是当前世界上最大的矩形盾构顶管之一，其掘进距离105m，号称最长且未采用中继间的矩形顶管隧道。2014年12月，由上海城建隧道股份承建的河南省郑州市纬四路下穿中州大道隧道主线正式通车，隧道断面7.5m×10.4m，长110m，"中州一号"矩形顶管掘进机也成为世界之最。

图8-39　顶管施工示意图

（4）盾构施工技术

盾构法是暗挖法施工中的一种全机械化方法。将盾构机械在地中推进，通过盾构外壳和管片支承四周围岩，防止发生隧道内的坍塌。同时在开挖面前方用切削装置进行土体开挖，通过出土机械运出洞外，靠千斤顶在后部加压顶进并拼装预制混凝土管片，形成隧道结构的一种机械化施工方法。

盾构管廊具有盾构施工速度快、安全性好、地层适应性强、适合复杂的繁华城市区管廊施工、允许有较大的平曲线和纵坡等优势。但也存在不足，如圆形断面利用率低，管线全部入廊，需要更大的断面直径，成本较高；下料口、通风口等特殊节点较难设置，施工难度大。

（5）浅埋暗挖法施工技术

浅埋暗挖法施工主要用于电力、热力等隧道的施工，目前较少应用于综合管廊施工。

8.6.1.2　管线

综合管廊内的入廊管线，主要包括给水、再生水管道，排水管渠，天然气管道，热力管道，电力电缆，通信线缆等。纳入综合管廊的金属管道应进行防腐设计。管线配套检测设备、控制执行机构或监控系统应设置与综合管廊监控与报警系统联通的信号传输接口。

（1）给水、再生水管道

给水、再生水管道设计应符合现行国家标准《室外给水设计标准》（GB 50013）和《城镇污水再生利用工程设计规范》（GB 50335）的有关规定。给水、再生水管道可选用钢管、球墨铸铁管、塑料管等。接口宜采用刚性连接，钢管可采用沟槽式连接。管道支撑的形式、间距、固定方式应通过计算确定，并应符合现行国家标准《给水排水工程管道结构设计规范》（GB 50332）的有关规定。

（2）排水管渠

雨水管渠、污水管道设计应符合现行国家标准《室外排水设计规范》（GB 50014）的有关规定。雨水管渠、污水管道应按规划最高日最高时设计流量确定其断面尺寸，并应按近期流量校核流速。排水管渠进入综合管廊前，应设置检修闸门或闸槽。雨水、污水管道可选用钢管、球墨铸铁管、塑料管等。压力管道宜采用刚性接口，钢管可采用沟槽式连接。雨水、污水管道支撑的形式、间距、固定方式应通过计算确定，并应符合现行国家标准《给水排水工程管道结构设计规范》（GB 50332）的有关规定。

利用综合管廊结构本体排出雨水时，雨水舱结构空间应完全独立和严密，并应采取防止雨水倒灌或渗漏至其他舱室的措施。

（3）天然气管道

天然气管道设计应符合现行国家标准《城镇燃气设计规范》（GB 50028）的有关规定。天然气管道应采用无缝钢管，天然气管道的连接应采用焊接。天然气管道的阀门、阀件系统设计压力应按提高一个压力等级设计。天然气调压装置不应设置在综合管廊内，天然气管道分段阀宜设置在综合管廊外部。当分段阀设置在综合管廊内部时，应具有远程关闭功能。天然气管道进出综合管廊时应设置具有远程关闭功能的紧急切断阀。天然气管道进出综合管廊附近的埋地管线、放散管、天然气设备等均应满足防雷、防静电接地的要求。

（4）热力管道

热力管道应采用钢管、保温层及外护管紧密结合成一体的预制管，并应符合国家现行标准《高密度聚乙烯外护管硬质聚氨酯泡沫塑料预制直埋保温管及管件》（GB/T 29047）和《玻璃纤维增强塑料外护层聚氨酯泡沫塑料预制直埋保温管》（CJ/T 129）的有关规定。管道及附件保温结构的表面温度不得超过50℃。保温设计应符合现行国家标准《设备及管道绝热技术通则》（GB/T 4272）、《设备及管道绝热设计导则》（GB/T 8175）和《工业设备及管道绝热工程设计规范》（GB 50264）的有关规定。热力管道设计应符合现行行业标准《城镇供热管网设计规范》（CJJ 34）和《城镇供热管网结构设计规范》（CJJ 105）的有关规定。热力管道及配件保温材料应采用难燃材料或不燃材料。

（5）电力电缆

电力电缆应采用阻燃电缆或不燃电缆，应对综合管廊内的电力电缆设置电气火灾监控系统，在电缆接头处应设置自动灭火装置。电力电缆敷设安装应按支架形式设计，并应符合现行国家标准《电力工程电缆设计规范》（GB 50217）和《交流电气装置的接地设计规范》（GB/T 50065）的有关规定。

（6）通信线缆

通信线缆应采用阻燃线缆。通信线缆敷设安装应按桥架形式设计，并应符合国家现行标准《综合布线系统工程设计规范》（GB 50311）和《光缆进线室设计规定》（YD/T 5151）的有关规定。

8.6.1.3 消防系统

根据《城市综合管廊工程技术规范》（GB 50838—2015）规定，综合管廊舱室火灾危险须进行分类处置，如表8-8所示。

表8-8　综合管廊舱室火灾危险性分类

舱室内容纳管线种类		舱室火灾危险性类别
天然气管道		甲
阻燃电力电缆		丙
通信线缆		丙
热力管道		丙
污水管道		丁
雨水管道、给水管道、再生水管道	塑料管等难燃管材	丁
	钢管、球墨铸铁管等不燃管材	戊

当舱室内含有两类及以上管线时，舱室火灾危险性类别应按火灾危险性较大的管线确定。综合管廊主结构体应为耐火极限不低于3.0h的不燃性结构。综合管廊内不同

舱室之间应采用耐火极限不低于3.0h的不燃性结构进行分隔。除嵌缝材料外，综合管廊内装修材料应采用不燃材料。

天然气管道舱及容纳电力电缆的舱室应每隔200m采用耐火极限不低于3.0h的不燃性墙体进行防火分隔。防火分隔处的门应采用甲级防火门，管线穿越防火隔断部位应采用阻火包等防火封堵措施进行严密封堵。

综合管廊交叉口及各舱室交叉部位应采用耐火极限不低于3.0h的不燃性墙体进行防火分隔，当有人员通行需求时，防火分隔处的门应采用甲级防火门，管线穿越防火隔断部位应采用阻火包等防火封堵措施进行严密封堵。

综合管廊内应在沿线、人员出入口、逃生口等处设置灭火器材，灭火器材的设置间距不应大于50m，灭火器的配置应符合现行国家标准《建筑灭火器配置设计规范》（GB 50140）的有关规定。

干线综合管廊中容纳电力电缆的舱室，支线综合管廊中容纳6根及以上电力电缆的舱室应设置自动灭火系统；其他容纳电力电缆的舱室宜设置自动灭火系统。

综合管廊内的电缆防火与阻燃应符合国家现行标准《电力工程电缆设计标准》（GB 50217）和《电力电缆隧道设计规程》（DL/T 5484）及《阻燃及耐火电缆塑料绝缘阻燃及耐火电缆分级和要求　第1部分：阻燃电缆》（GA 306.1）和《阻燃及耐火电缆塑料绝缘阻燃及耐火电缆分级和要求　第2部分：耐火电缆》（GA 306.2）的有关规定。

8.6.1.4　通风系统

综合管廊宜采用自然进风和机械排风相结合的通风方式。天然气管道舱和含有污水管道的舱室应采用机械进、排风的通风方式。综合管廊的通风口处出风风速不宜大于5m/s。综合管廊的通风口应加设防止小动物进入的金属网格，网孔净尺寸不应大于10mm×10mm。综合管廊的通风设备应符合节能环保要求。天然气管道舱风机应采用防爆风机。

当综合管廊内空气温度高于40℃或需进行线路检修时，应开启排风机，并应满足综合管廊内环境控制的要求。综合管廊舱室内发生火灾时，发生火灾的防火分区及相邻分区的通风设备应能够自动关闭。综合管廊内应设置事故后机械排烟设施。

8.6.1.5　供电系统

综合管廊供配电系统接线方案、电源供电电压、供电点、供电回路数、容量等应依据综合管廊建设规模、周边电源情况、综合管廊运行管理模式并经技术经济比较后确定。

综合管廊的消防设备、监控与报警设备、应急照明设备应按现行国家标准《供配电系统设计规范》（GB 50052）规定的二级负荷供电。天然气管道舱的监控与报警设备、管道紧急切断阀、事故风机应按二级负荷供电，且宜采用两回线路供电；当采用两回线路供电有困难时，应另设置备用电源。其余用电设备可按三级负荷供电。

综合管廊附属设备配电系统应符合下列规定：

① 综合管廊内的低压配电应采用交流220V/380V系统，系统接地型式应为TN-S制，并宜使三相负荷平衡；

② 综合管廊应以防火分区作为配电单元，各配电单元电源进线截面应满足该配电单元内设备同时投入使用时的用电需要；

③ 设备受电端的电压偏差：动力设备不宜超过供电标称电压的±5%，照明设备不宜超过+5%、-10%；

④ 应采取无功功率补偿措施；

⑤ 应在各供电单元总进线处设置电能计量装置。

综合管廊内电气设备应符合下列规定：

① 电气设备防护等级应适应地下环境的使用要求，应采取防水防潮措施，防护等级不应低于IP54；

② 电气设备应安装在便于维护和操作的地方，不应安装在低洼、可能受积水浸入的地方；

③ 电源总配电箱宜安装在管廊进出口处；

④ 天然气管道舱内的电气设备应符合现行国家标准《爆炸危险环境电力装置设计规范》（GB 50058）有关爆炸性气体环境2区的防爆规定。

综合管廊内应设置交流220V/380V带剩余电流动作保护装置的检修插座，插座沿线间距不宜大于60m。检修插座容量不宜小于15kW，安装高度不宜小于0.5m。天然气管道舱内的检修插座应满足防爆要求，且应在检修环境安全的状态下送电。

非消防设备的供电电缆、控制电缆应采用阻燃电缆，火灾时需继续工作的消防设备应采用耐火电缆或不燃电缆。天然气管道舱内的电气线路不应有中间接头，线路敷设应符合现行国家标准《爆炸危险环境电力装置设计规范》（GB 50058）的有关规定。

综合管廊每个分区的人员进出口处宜设置本分区通风、照明的控制开关。

综合管廊接地应符合下列规定：

① 综合管廊内的接地系统应形成环形接地网，接地电阻不应大于1Ω。

② 综合管廊的接地网宜采用热镀锌扁钢，且截面面积不应小于40mm×5mm。接地网应采用焊接搭接，不得采用螺栓搭接。

③ 综合管廊内的金属构件、电缆金属套、金属管道以及电气设备金属外壳均应与接地网连通。

④ 含天然气管道舱室的接地系统尚应符合现行国家标准《爆炸危险环境电力装置设计规范》（GB 50058）的有关规定。

综合管廊地上建（构）筑物部分的防雷应符合现行国家标准《建筑物防雷设计规范》（GB 50057）的有关规定；地下部分可不设置直击雷防护措施，但应在配电系统中设置防雷电感应过电压的保护装置，并应在综合管廊内设置等电位联结系统。

8.6.1.6　照明系统

根据《城市综合管廊工程技术规范》（GB 50838—2015）规定，综合管廊内应设正常照明和应急照明，并应符合下列规定：

① 综合管廊内人行道上的一般照明的平均照度不应小于15lx，最低照度不应小于15lx；出入口和设备操作处的局部照度可为100lx。监控室一般照明照度不宜小于300lx。

② 管廊内疏散应急照明照度不应低于5lx，应急电源持续供电时间不应小于60min。

③ 监控室备用应急照明照度应达到正常照明照度的要求。

④ 出入口和各防火分区防火门上方应设置安全出口标志灯，灯光疏散指示标志应设置在距地坪高度1.0m以下，间距不应大于20m。

综合管廊照明灯具应符合下列规定：

① 灯具应为防触电保护等级 I 类设备，能触及的可导电部分应与固定线路中的保护（PE）线可靠连接。

② 灯具应采取防水防潮措施，防护等级不宜低于IP54，并应具有防外力冲撞的防护措施。

③ 灯具应采用节能型光源，并应能快速启动点亮。

④ 安装高度低于2.2m的照明灯具应采用24V及以下安全电压供电。当采用220V电压供电时，应采取防止触电的安全措施，并应敷设灯具外壳专用接地线。

⑤ 安装在天然气管道舱内的灯具应符合现行国家标准《爆炸危险环境电力装置设计规范》（GB 50058）的有关规定。

照明回路导线应采用硬铜导线，截面面积不应小于2.5mm²。线路明敷设时宜采用保护管或线槽穿线方式布线。天然气管线舱内的照明线路应采用低压流体输送用镀锌焊接钢管配线，并应进行隔离密封防爆处理。

8.6.1.7 监控与报警系统

综合管廊监控与报警系统宜分为环境与设备监控系统、安全防范系统、通信系统、预警与报警系统、地理信息系统和统一管理信息平台等。监控与报警系统的组成及其系统架构、系统配置应根据综合管廊建设规模、纳入管线的种类、综合管廊运营维护管理模式等确定。监控、报警和联动反馈信号应送至监控中心。

根据《城市综合管廊工程技术规范》（GB 50838—2015）规定，综合管廊应设置环境与设备监控系统，并应符合下列规定：

① 应能对综合管廊内环境参数进行监测与报警。环境参数检测内容应符合表8-9的规定。

表8-9　环境参数检测内容

舱室容纳管线类别	给水管道、再生水管道、雨水管道	污水管道	天然气管道	热力管道	电力电缆、通信线缆
温度	●	●	●	●	●
湿度	●	●	●	●	●
水位	●	●	●	●	●
O₂	●	●	●	●	●
H₂S	▲	●	▲	▲	▲
CH₄	▲	●	●	▲	▲

注：●代表应检测；▲代表宜检测。

含有两类及以上管线的舱室，应按较高要求的管线设置。气体报警设定值应符合国家现行标准《密闭空间作业职业危害防护规范》（GBZ/T 205）的有关规定。

② 应对通风设备、排水泵、电气设备等进行状态监测和控制；设备控制方式宜采用就地手动、就地自动和远程控制。

③ 应设置与管廊内各类管线配套检测设备、控制执行机构联通的信号传输接口；当管线采用自成体系的专业监控系统时，应通过标准通信接口接入综合管廊监控与报警系统统一管理平台。

④ 环境与设备监控系统设备宜采用工业级产品。

⑤ H_2S、CH_4 气体探测器应设置在管廊内人员出入口和通风口处。

根据《城市综合管廊工程技术规范》（GB 50838—2015）规定，综合管廊应设置安全防范系统，并应符合下列规定：

① 综合管廊内设备集中安装地点、人员出入口、变配电间和监控中心等场所应设置摄像机；综合管廊内沿线每个防火分区内应至少设置一台摄像机，不分防火分区的舱室，摄像机设置间距不应大于100m。

② 综合管廊人员出入口、通风口应设置入侵报警探测装置和声光报警器。

③ 综合管廊人员出入口应设置出入口控制装置。

④ 综合管廊应设置电子巡查管理系统，并宜采用离线式。

⑤ 综合管廊的安全防范系统应符合现行国家标准《安全防范工程技术标准》（GB 50348）、《入侵报警系统工程设计规范》（GB 50394）、《视频安防监控系统工程设计规范》（GB 50395）和《出入口控制系统工程设计规范》（GB 50396）的有关规定。

根据《城市综合管廊工程技术规范》（GB 50838—2015）规定，综合管廊应设置通信系统，并应符合下列规定：

① 应设置固定式通信系统，电话应与监控中心接通，信号应与通信网络联通。综合管廊人员出入口或每一防火分区内应设置通信点；不分防火分区的舱室，通信点设置间距不应大于100m。

② 固定式电话与消防专用电话合用时，应采用独立通信系统。

③ 除天然气管道舱，其他舱室内宜设置用于对讲通话的无线信号覆盖系统。

干线、支线综合管廊含电力电缆的舱室应设置火灾自动报警系统，并应符合下列规定：

① 应在电力电缆表层设置线型感温火灾探测器，并应在舱室顶部设置线型光纤感温火灾探测器或感烟火灾探测器；

② 应设置防火门监控系统；

③ 设置火灾探测器的场所应设置手动火灾报警按钮和火灾警报器，手动火灾报警按钮处宜设置电话插孔；

④ 确认火灾后，防火门监控器应联动关闭常开防火门，消防联动控制器应能联动关闭着火分区及相邻分区通风设备，启动自动灭火系统；

⑤ 应符合现行国家标准《火灾自动报警系统设计规范》（GB 50116）的有关规定。

根据《城市综合管廊工程技术规范》（GB 50838—2015）规定，天然气管道舱应设置可燃气体探测报警系统，并应符合下列规定：

①　天然气报警浓度设定值（上限值）不应大于其爆炸下限值（体积分数）的20%；

②　天然气探测器应接入可燃气体报警控制器；

③　当天然气管道舱天然气浓度超过报警浓度设定值（上限值）时，应由可燃气体报警控制器或消防联动控制器联动启动天然气舱事故段分区及其相邻分区的事故通风设备；

④　紧急切断浓度设定值（上限值）不应大于其爆炸下限值（体积分数）的25%；

⑤　应符合国家现行标准《石油化工可燃气体和有毒气体检测报警设计规范》（GB 50493）、《城镇燃气设计规范》（GB 50028）和《火灾自动报警系统设计规范》（GB 50116）的有关规定。

根据《城市综合管廊工程技术规范》（GB 50838—2015）规定，综合管廊宜设置地理信息系统，并应符合下列规定：

①　应具有综合管廊和内部各专业管线基础数据管理、图档管理、管线拓扑维护、数据离线维护、维修与改造管理、基础数据共享等功能；

②　应能为综合管廊报警与监控系统统一管理信息平台提供人机交互界面。

综合管廊应设置统一管理平台，并应符合下列规定：

①　应对监控与报警系统各组成系统进行系统集成，并应具有数据通信、信息采集和综合处理功能；

②　应与各专业管线配套监控系统联通；

③　应与各专业管线单位相关监控平台联通；

④　宜与城市市政基础设施地理信息系统联通或预留通信接口；

⑤　应具有可靠性、容错性、易维护性和可扩展性。

天然气管道舱内设置的监控与报警系统设备、安装与接线技术要求应符合现行国家标准《爆炸危险环境电力装置设计规范》（GB 50058）的有关规定。

监控与报警系统中的非消防设备的仪表控制电缆、通信线缆应采用阻燃线缆。消防设备的联动控制线缆应采用耐火线缆。火灾自动报警系统布线应符合现行国家标准《火灾自动报警系统设计规范》（GB 50116）的有关规定。监控与报警系统主干信息传输网络介质宜采用光缆，综合管廊内监控与报警设备防护等级不宜低于IP65，监控与报警设备应由在线式不间断电源供电。

监控与报警系统的防雷、接地应符合现行国家标准《火灾自动报警系统设计规范》（GB 50116）、《数据中心设计规范》（GB 50174）和《建筑物电子信息系统防雷技术规范》（GB 50343）的有关规定。

8.6.1.8　排水系统

综合管廊内应设置自动排水系统，综合管廊的排水区间长度不宜大于200m，综合管廊的低点应设置集水坑及自动水位排水泵。综合管廊的底板宜设置排水明沟，并应通过排水明沟将综合管廊内积水汇入集水坑，排水明沟的坡度不应小于0.2%。综合管廊的排水应就近接入城市排水系统，并应设置逆止阀。天然气管道舱应设置独立集水坑，综合管廊排出的废水温度不应高于40℃。

8.6.1.9 标识系统

综合管廊的主出入口内应设置综合管廊介绍牌，并应标明综合管廊建设时间、规模、容纳管线。纳入综合管廊的管线，应按符合管线管理单位要求的标识进行区分，并应标明管线属性、规格、产权单位名称、紧急联系电话。标识应设置在醒目位置，间隔距离不应大于100m。

综合管廊的设备旁边应设置设备铭牌，并应标明设备的名称、基本数据、使用方式及紧急联系电话。

综合管廊内应设置"禁烟""注意碰头""注意脚下""禁止触摸""防坠落"等警示、警告标识。

综合管廊内部应设置里程标识，交叉口处应设置方向标识。人员出入口、逃生口、管线分支口、灭火器材设置处等部位，应设置带编号的标识。综合管廊穿越河道时，应在河道两侧醒目位置设置明确的标识。

8.6.2 地下综合管廊建设的典型应用案例

经过几十年的建设实践，我国的综合管廊建设规模及数量已经超过了欧美发达国家，成为了综合管廊建设的超级大国，其中较为典型的一些工程案例如表8-10所示。

表8-10 我国城市综合管廊典型工程案例

序号	工程名称	典型记录	主要指标
1	天安门广场管廊	中国第一条	建于1985年，宽4.0m，高3m，埋深7~8m，长1km
2	上海张杨路管廊	我国第一条较具规模并已投入运营的综合管廊	建于1994年，两条宽5.9m、高2.6m、双孔各长5.6km的管廊
3	广州大学城管廊	国内已经建成投入运营、单条距离最长、规模最大的综合管廊	管廊长17.4km，断面7m×2.8m
4	北京中关村西区管廊	国内首个已建成的管廊综合体，入廊管线最多、规模最大的项目	项目为地下三层，9.509万平方米，长1.9km
5	北京通州新城运河核心区管廊	国内整体结构最大及综合管廊于一体的复合型公共地下空间	项目断面尺寸为16.55m×12.9m
6	上海世博会管廊	国内系统最完整、技术最先进、法规最完备、职能定位最明确的一条综合管廊	管廊总长约6.4km，国内首个200m预制装配试验段
7	六盘水市管廊一期	国内首个PPP模式的管廊项目，首批十大试点城市之一	管廊全长39.69km，15个路段
8	西安综合管廊PPP一标	国内单个项目规模最大	管廊全长72.23km，30个路段，投资92亿元
9	沈阳南运河段管廊	国内首个全部采用盾构施工的管廊项目	管廊全长12.8km，直径6.2m，埋深20m，四舱
10	绵阳科技城集中发展区管廊	国内首个全部采用预制装配式的管廊项目，且规模最大	管廊全长33.654km，四舱，最大的断面尺寸11.75m×4m
11	十堰市管廊一期	国内施工方法最多，节段预制尺寸最大，首个矿山法隧道管廊	项目涉及21段路，全长55.4km，总投资52.3亿元，使用了8种工法
12	包头新都市区经三路、经十二路管廊	国内首个采用矩形顶管法施工的管廊项目	85.6m+88.5m，7m×4.3m，埋深6m

第9章

影响中国智能建筑
电气行业品牌评选

9.1 影响中国智能建筑电气行业品牌评审规则、流程和评审团队

9.1.1 评选介绍

中国建筑节能协会建筑电气与智能化节能专业委员会、中国勘察设计协会建筑电气工程设计分会、《智能建筑电气技术》杂志联合举办了"影响中国智能建筑电气行业年度优秀品牌评选"活动。评选活动因公平公正性强、线上线下互动参与范围广、专家评审团阵容强大权威性高、品牌价值提升快、颁奖现场隆重、持续推广力度大等特色在行业内独树一帜，倾力打造"最具公信力"的评选平台。

该评选活动将采取多种方式进行投票：在中国智能建筑信息网（www.ib-china.com）开通投票平台；在《智能建筑电气技术》杂志上刊登选票；在行业相关展会、沙龙、会议上发送选票。充分利用传媒机构平台全方位、立体化、多渠道的传播优势，聚合资源、提升品牌形象，促进行业发展，表彰优秀企业、优秀品牌，为智能建筑电气行业的繁荣发展做出贡献。参评企业数及投票票数：2017年度评选参评企业479家，从2017年7月1日至同年10月31日，共获得401623张（网络投票315458张、微信投票86165张）有效选票，较之去年选票增加12.7%，见图9-1。

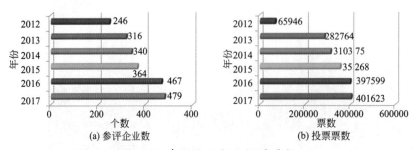

图9-1 参评企业数及投票票数

9.1.2 评选宗旨

序号	宗旨	主要内容
1	表彰优秀企业	多种渠道收集评选选票，综合评判，弘扬表彰优秀企业
2	提供交流平台	汇集各行业内新老品牌，全面展示，提供交流服务平台
3	引领行业进步	邀请智能建筑权威专家坐阵参评，引领行业健康发展

9.1.3　主办单位简介

序号	单位	主要内容
1	中国建筑节能协会建筑电气与智能化节能专业委员会	中国建筑节能协会是经国务院同意、民政部批准成立的国家一级协会，由住房和城乡建设部（以下简称住建部）主管，其下属分会"建筑电气与智能化节能专业委员会"由中国建筑设计研究院负责筹建，已正式通过民政部审批，其致力于提高建筑楼宇电气与智能化管理水平，加强与政府的沟通，进行深层次学术交流，促进企业横向联合，规范行业产品市场，实现信息资源共享并进行开发利用；积极组织技术交流与培训活动，开展咨询服务；编辑出版发行有关刊物和资料；保障国家节能工作稳步落实，促进建筑电气行业节能技术的发展
2	中国勘察设计协会建筑电气工程设计分会	中国勘察设计协会是民政部批准，住建部主管的国家一级行业协会，其下属建筑电气工程设计分会（以下简称电气分会）是由设计单位、建设单位、高等院校、研究机构、产品商和集成商等人士自愿组成的全国性非营利性社会团体。该电气分会致力于为中国一流电气协会服务，搭建中国一流电气交流平台，创新中国一流电气技术推广，推动中国建筑电气行业发展。服务促品牌，交流促推广，研究促技术，创新促发展，打造中国建筑电气行业（建设单位、设计单位、生产厂商）"三位一体"的高端技术交流平台
3	《智能建筑电气技术》杂志	依托中国建筑节能协会建筑电气及智能化专业委员会、全国智能建筑技术情报网和中国建筑设计研究院（集团）三大技术力量，充分发挥行业协会的指导作用、领先的技术水平、强大的专家号召力、多种媒体形式等四大优势，致力于打造全方位、立体化、多渠道的媒体宣传平台。举办行业顶级技术交流活动，针对当前行业的新热点、新技术、新方案进行研讨，促进行业发展进步。旗下媒体：《智能建筑电气技术》杂志、中国智能建筑信息网（www.ib-china.com）、中国建设科技网（www.znjzdq.cn）、ib-china壹周刊、智能建筑电气手机报、智能建筑电气专业传媒机构官方微博

9.1.4　评审团队

评审包括大众投票和专家评审，大众投票团有中国智能建筑信息网的网友，《智能建筑电气技术》的读者以及智能建筑电气传媒机构组织的展会、沙龙等的参会人员。专家评审团有中国建筑节能协会建筑电气与智能化节能专业委员会专家库中的电气双高专家（其中包括现场评审专家和邮件评审专家）。

9.1.5　评选奖项

影响中国智能建筑电气行业品牌评选奖项		
序号	十大优秀品牌奖	行业单项优秀奖
1	供配电优秀品牌	最具行业影响力品牌
2	建筑设备监控及管理系统优秀品牌	最佳用户满意度品牌
3	智能家居优秀品牌	最佳产品应用品牌
4	安全防范优秀品牌	最具市场潜力品牌
5	建筑照明优秀品牌	最佳性价比品牌
6	综合布线优秀品牌	最佳科技创新品牌
7	公共广播及会议系统优秀品牌	

9.1.6 评选流程

影响中国智能建筑电气行业品牌评选流程		
序号	评选阶段	内容
1	第一阶段：初选阶段（5月1日～10月20日）	采用中国智能建筑信息网在线投票，全国智能建筑技术情报网网员投票，《智能建筑电气技术》杂志等媒体刊登选票，论坛、沙龙、行业展会等渠道获得投票
2	第二阶段：统计阶段（10月末）	汇集所有选票，排出入围前20名企业
3	第三阶段：专家评审（10月末）	由专家评审团综合统计结果，评出十大优秀品牌及单项优秀奖获奖名单
4	第四阶段：颁奖典礼（11月）	邀请专家评委、获奖企业代表出席颁奖盛典，现场公示获奖企业票数和专家参评意见，为获奖企业颁发荣誉证书和奖杯
5	第五阶段：媒体宣传（11～12月）	智能建筑电气专业传媒机构通过杂志、网站、手机报、壹周刊、微博、微信等媒体平台全程跟踪报道并对获奖企业进行深度宣传

9.2　第一届影响中国智能建筑电气行业品牌评选

第一届影响中国智能建筑电气行业品牌评选（2012年）行业十大优秀品牌获奖名单		
序号	行业优秀品牌类别	获奖前十名名单（排序不分前后）
1	供配电优秀品牌	① ABB（中国）有限公司 ② 上海安科瑞电气股份有限公司 ③ 常熟开关制造有限公司 ④ 德力西电气有限公司 ⑤ 珠海派诺科技股份有限公司 ⑥ 松下电器中国有限公司 ⑦ 施耐德电气（中国）有限公司 ⑧ 西门子（中国）有限公司 ⑨ 正泰集团股份有限公司 ⑩ 浙江中凯科技股份有限公司
2	建筑设备监控及管理系统优秀品牌	① 佛山市艾科电子工程有限公司 ② 加拿大Delta控制有限责任公司 ③ 霍尼韦尔（天津）有限公司 ④ 贵州汇通华城楼宇科技有限公司 ⑤ 江森自控 ⑥ 施耐德电气（中国）有限公司 ⑦ 同方泰德国际科技（北京）有限公司 ⑧ 北京泰豪智能工程有限公司 ⑨ 西门子（中国）有限公司 ⑩ 浙江中控研究院有限公司
3	智能家居优秀品牌	① ABB（中国）有限公司 ② 福建省冠林科技有限公司 ③ 广州市河东电子有限公司

续表

第一届影响中国智能建筑电气行业品牌评选（2012年）行业十大优秀品牌获奖名单		
序号	行业优秀品牌类别	获奖前十名名单（排序不分前后）
3	智能家居优秀品牌	④ 青岛海尔智能家电科技有限公司 ⑤ 快思聪亚洲有限公司 ⑥ 施耐德电气（中国）有限公司 ⑦ 深圳市松本先天下科技发展有限公司 ⑧ 罗格朗集团 ⑨ 南京天溯自动化控制系统有限公司
4	安全防范优秀品牌	① ABB（中国）有限公司 ② 安讯士网络通讯有限公司 ③ 博世安保通讯系统 ④ 霍尼韦尔安防集团 ⑤ 汉军智能系统（上海）有限公司 ⑥ 金三立视频科技（深圳）有限公司 ⑦ 上海三星商业设备有限公司 ⑧ 松下电器（中国）有限公司 ⑨ 施耐德电气（中国）有限公司 ⑩ 深圳英飞拓科技股份有限公司
5	建筑照明优秀品牌	① 广州世荣电子有限公司 ② 合肥爱默尔电子科技有限公司 ③ 澳大利亚邦奇电子工程有限公司 ④ 广州市河东电子有限公司 ⑤ 惠州雷士光电科技有限公司 ⑥ 深圳美莱恩电气科技有限公司 ⑦ 欧司朗（中国）照明有限公司 ⑧ 索恩照明（广州）有限公司 ⑨ General Electric Company
6	综合布线优秀品牌	① 德特威勒电缆系统（上海）有限公司 ② 成都大唐线缆有限公司 ③ 康普公司 ④ 莫仕商贸（上海）有限公司 ⑤ 耐克森综合布线系统（亚太区） ⑥ 南京普天天纪楼宇智能有限公司 ⑦ 施耐德电气（中国）有限公司 ⑧ TE Connectivity安普布线系统 ⑨ 美国西蒙公司 ⑩ 浙江一舟电子科技有限公司
7	公共广播及会议系统优秀品牌	① 博世安保通讯系统 ② 广州迪士普音响科技有限公司 ③ 北京广电音视科技发展有限公司 ④ 科视数字投影技术（上海）有限公司 ⑤ 深圳市台电实业有限公司 ⑥ 提讴艾（上海）电器有限公司 ⑦ 天创数码集团 ⑧ 铁三角（大中华）有限公司 ⑨ 广州市天誉创高电子科技有限公司

	第一届影响中国智能建筑电气行业品牌评选（2012年）行业单项优秀奖获奖名单	
序号	行业单项优秀奖类别	获奖名单
1	最具市场潜力品牌	广州市河东电子有限公司
2	最具行业影响力品牌	ABB（中国）有限公司
3	最佳性价比品牌	浙江一舟电子科技有限公司
4	最佳用户满意度品牌	加拿大Delta控制有限责任公司
5	最佳产品应用品牌	霍尼韦尔（中国）有限公司
6	最佳节能科技创新品牌	同方泰德国际科技（北京）有限公司

9.3 第二届影响中国智能建筑电气行业品牌评选

	第二届影响中国智能建筑电气行业品牌评选（2013年）行业十大优秀品牌获奖名单	
序号	行业优秀品牌类别	获奖前十名名单（排序不分前后）
1	供配电优秀品牌	① ABB（中国）有限公司 ② 上海安科瑞电气股份有限公司 ③ 常熟开关制造有限公司 ④ 珠海派诺科技股份有限公司 ⑤ 松下电器（中国）有限公司 ⑥ 施耐德电气（中国）有限公司 ⑦ 泰永集团 ⑧ 天基电气（深圳）有限公司 ⑨ 西门子（中国）有限公司 ⑩ 浙江正泰电器股份有限公司
2	建筑设备监控及管理系统优秀品牌	① 广东艾科技术股份有限公司 ② 加拿大Delta控制有限责任公司 ③ 重庆德易安科技发展有限公司 ④ 霍尼韦尔（中国）有限公司 ⑤ 贵州汇通华城股份有限公司 ⑥ 江森自控 ⑦ 松下电器（中国）有限公司 ⑧ 施耐德电气（中国）有限公司 ⑨ 同方泰德国际科技（北京）有限公司 ⑩ 西门子（中国）有限公司
3	智能家居优秀品牌	① ABB（中国）有限公司 ② 南京天溯自动化控制系统有限公司 ③ 澳大利亚邦奇电子工程有限公司 ④ 福建省冠林科技有限公司 ⑤ 广州市河东电子有限公司 ⑥ 霍尼韦尔（中国）有限公司 ⑦ 松下电器（中国）有限公司

续表

第二届影响中国智能建筑电气行业品牌评选（2013年）行业十大优秀品牌获奖名单		
序号	行业优秀品牌类别	获奖前十名名单（排序不分前后）
3	智能家居优秀品牌	⑧ 施耐德电气（中国）有限公司 ⑨ TCL-罗格朗国际电工（惠州）有限公司 ⑩ 威仕达智能科技有限公司
4	安全防范优秀品牌	① ABB（中国）有限公司 ② 博世安保通讯系统 ③ 飞利浦商用显示器大中华区 ④ 霍尼韦尔（中国）有限公司 ⑤ 汉军智能系统（上海）有限公司 ⑥ 金三立视频科技（深圳）有限公司 ⑦ 广州市瑞立德信息系统有限公司 ⑧ 上海三星商业设备有限公司 ⑨ 松下电器（中国）有限公司 ⑩ 施耐德电气（中国）有限公司
5	建筑照明优秀品牌	① 合肥爱默尔电子科技有限公司 ② 澳大利亚邦奇电子工程有限公司 ③ 广州市河东电子有限公司 ④ 快思聪亚洲有限公司 ⑤ 重庆雷士实业有限公司 ⑥ Lutron Electronics Co. Ltd ⑦ 深圳美莱恩电气科技有限公司 ⑧ 欧司朗（中国）照明有限公司 ⑨ 松下电器（中国）有限公司 ⑩ 南京天溯自动化控制系统有限公司
6	综合布线优秀品牌	① 德特威勒电缆系统（上海）有限公司 ② 成都大唐线缆有限公司 ③ 康普公司 ④ TCL-罗格朗国际电工（惠州）有限公司 ⑤ 莫仕商贸（上海）有限公司 ⑥ 南京普天天纪楼宇智能有限公司 ⑦ 施耐德电气（中国）有限公司 ⑧ TE Connectivity 安普布线系统 ⑨ 西蒙电气（中国）有限公司 ⑩ 浙江一舟电子科技有限公司
7	公共广播及会议系统优秀品牌	① 广州市保伦电子有限公司 ② 琉璃奥图码数码科技（上海）有限公司 ③ 博世安保通讯系统 ④ 广州迪士普音响科技有限公司 ⑤ 飞利浦商用显示器大中华区 ⑥ 铁三角（大中华）有限公司 ⑦ 深圳锐取信息技术股份有限公司 ⑧ 北京双旗世纪科技有限公司 ⑨ 深圳市台电实业有限公司 ⑩ 提讴艾（上海）电器有限公司

第二届影响中国智能建筑电气行业品牌评选（2013年）行业单项优秀奖获奖名单		
序号	行业单项优秀奖类别	获奖名单
1	最具市场潜力品牌	西蒙电气（中国）有限公司
2	最具行业影响力品牌	同方泰德国际科技（北京）有限公司
3	最佳科技创新品牌	宁波能士通信设备有限公司
4	最佳用户满意度品牌	加拿大Delta控制有限责任公司
5	最佳产品应用品牌	广州市河东电子有限公司
6	最佳性价比品牌	浙江一舟电子科技有限公司

9.4 第三届影响中国智能建筑电气行业品牌评选

第三届影响中国智能建筑电气行业品牌评选（2014年）行业十大优秀品牌获奖名单		
序号	行业优秀品牌类别	获奖前十名名单（排序不分前后）
1	供配电优秀品牌	① ABB（中国）有限公司 ② 上海安科瑞电气股份有限公司 ③ 常熟开关制造有限公司 ④ 深圳市泰永控股集团 ⑤ 施耐德电气（上海）投资有限公司 ⑥ 珠海派诺科技股份有限公司 ⑦ 西门子（中国）有限公司 ⑧ 伊顿（中国）投资有限公司 ⑨ 浙江中凯科技股份有限公司 ⑩ 深圳市中电电力技术股份有限公司
2	建筑设备监控及管理系统优秀品牌	① 加拿大Delta控制有限责任公司 ② 重庆德易安科技发展有限公司 ③ 霍尼韦尔（天津）有限公司 ④ 江森自控 ⑤ 施耐德电气（上海）投资有限公司 ⑥ 松下电器（中国）有限公司 ⑦ 同方泰德国际科技（北京）有限公司 ⑧ 西门子（中国）有限公司 ⑨ 浙江中控研究院有限公司 ⑩ 北京易艾斯德科技有限公司
3	智能家居优秀品牌	① ABB（中国）有限公司 ② 福建省冠林科技有限公司

续表

序号	行业优秀品牌类别	获奖前十名名单（排序不分前后）
\multicolumn{3}{c}{第三届影响中国智能建筑电气行业品牌评选（2014年）行业十大优秀品牌获奖名单}

序号	行业优秀品牌类别	获奖前十名名单（排序不分前后）
3	智能家居优秀品牌	③ 广州市河东电子有限公司 ④ 快思聪亚洲有限公司 ⑤ 罗格朗集团 ⑥ 南京普天天纪楼宇智能有限公司 ⑦ 施耐德电气（上海）投资有限公司 ⑧ 松下电器（中国）有限公司 ⑨ 广州视声电子实业有限公司 ⑩ 南京天溯自动化控制系统有限公司
4	安全防范优秀品牌	① ABB（中国）有限公司 ② 佛山市艾科电子工程有限公司 ③ 博世安保通讯系统 ④ 霍尼韦尔（天津）有限公司 ⑤ HID Global ⑥ 杭州海康威视数字技术股份有限公司 ⑦ 金三立视频科技（深圳）有限公司 ⑧ 广州市瑞立德信息系统有限公司 ⑨ 上海三星商业设备有限公司 ⑩ 松下电器（中国）有限公司
5	建筑照明优秀品牌	① 广州世荣电子有限公司 ② 澳大利亚邦奇电子工程有限公司 ③ 广州市河东电子有限公司 ④ 惠州雷士光电科技有限公司 ⑤ Lutron Electronics Co. Ltd ⑥ 欧司朗（中国）照明有限公司 ⑦ General Electric Company ⑧ 松下电器（中国）有限公司 ⑨ 广东三雄极光照明股份有限公司 ⑩ 合肥伊科耐信息科技股份有限公司
6	综合布线优秀品牌	① 德特威勒电缆系统（上海）有限公司 ② 成都大唐线缆有限公司 ③ 上海高桥电缆集团有限公司 ④ 上海快鹿投资（集团）有限公司 ⑤ 康普公司 ⑥ 莫仕商贸（上海）有限公司 ⑦ 耐克森综合布线系统（亚太区） ⑧ TE Connectivity 安普布线系统 ⑨ 浙江一舟电子科技有限公司 ⑩ 西蒙电气（中国）有限公司
7	广播电视及会议系统优秀品牌	① 博世安保通讯系统 ② 广州畅世智能科技有限公司 ③ Bose Corporation ④ 广州迪士普音响科技有限公司 ⑤ 飞利浦（中国）投资有限公司 ⑥ 哈曼国际工业公司 ⑦ 利亚德光电股份有限公司 ⑧ 深圳市台电实业有限公司 ⑨ 提讴艾（上海）电器有限公司 ⑩ 铁三角（大中华）有限公司

第三届影响中国智能建筑电气行业品牌评选（2014年）行业单项优秀奖获奖名单		
序号	行业单项优秀奖类别	获奖名单
1	最具市场潜力品牌	德特威勒（苏州）电缆系统有限公司
2	最具行业影响力品牌	同方泰德国际科技（北京）有限公司
3	最佳科技创新品牌	广州世荣电子有限公司
4	最佳用户满意度品牌	莫仕商贸（上海）有限公司
5	最佳产品应用品牌	广州市河东电子有限公司
6	最佳性价比品牌	浙江一舟电子科技有限公司

9.5 第四届影响中国智能建筑电气行业品牌评选

第四届影响中国智能建筑电气行业品牌评选（2015年）行业十大优秀品牌获奖名单		
序号	行业优秀品牌类别	获奖前十名名单（排序不分前后）
1	供配电优秀品牌	① ABB（中国）有限公司 ② 施耐德电气（中国）有限公司 ③ 常熟开关制造有限公司 ④ 西门子（中国）有限公司 ⑤ 深圳市泰永电气科技有限公司（贵州泰永长征技术股份有限公司） ⑥ 珠海派诺科技股份有限公司 ⑦ 安科瑞电气股份有限公司 ⑧ 北京双杰电气股份有限公司 ⑨ 浙江中凯科技股份有限公司 ⑩ 深圳市中电电力技术股份有限公司
2	建筑设备监控及管理系统优秀品牌	① 霍尼韦尔安防（中国）有限公司上海分公司 ② 北京江森自控有限公司 ③ 西门子（中国）有限公司 ④ 施耐德电气（中国）有限公司 ⑤ 同方泰德国际科技（北京）有限公司 ⑥ 重庆德易安科技发展有限公司 ⑦ 浙江中控自动化仪表有限公司 ⑧ 北京易艾斯德科技有限公司 ⑨ 加拿大达美通控制有限责任公司 ⑩ 南京天溯自动化控制系统有限公司
3	智能家居优秀品牌	① ABB（中国）有限公司 ② 广州市河东智能科技有限公司

续表

序号	行业优秀品牌类别	获奖前十名名单（排序不分前后）
3	智能家居优秀品牌	③ 霍尼韦尔环境自控产品（天津）有限公司 ④ 施耐德电气（中国）有限公司 ⑤ 快思聪亚洲有限公司 ⑥ 邦奇智能科技（上海）有限公司 ⑦ 广州视声电子实业有限公司 ⑧ TCL-罗格朗国际电工（惠州）有限公司 ⑨ 福建省冠林科技有限公司 ⑩ 南京普天天纪楼宇智能有限公司
4	安全防范优秀品牌	① 霍尼韦尔安防（中国）有限公司 ② 上海三星商业设备有限公司 ③ 安保迪科技（深圳）有限公司 ④ 飞利浦（中国）投资有限公司 ⑤ 杭州海康威视数字技术股份有限公司 ⑥ ABB（中国）有限公司 ⑦ 深圳市泰和安科技有限公司 ⑧ 博世（上海）安保系统有限公司 ⑨ 广州市瑞立德信息系统有限公司 ⑩ 松下电器（中国）有限公司
5	建筑照明优秀品牌	① 邦奇智能科技（上海）有限公司 ② 惠州雷士光电科技有限公司 ③ 广州市河东智能科技有限公司 ④ 欧司朗（中国）照明有限公司 ⑤ 广州世荣电子有限公司 ⑥ 佛山电器照明股份有限公司 ⑦ 西蒙电气（中国）有限公司 ⑧ 浙江中控自动化仪表有限公司 ⑨ 广东三雄极光照明股份有限公司 ⑩ 松下电器（中国）有限公司
6	综合布线优秀品牌	① 上海市高桥电缆厂有限公司 ② 浙江一舟电子科技股份有限公司 ③ 苏州康普国际贸易有限公司 ④ 泰科电子（上海）有限公司 ⑤ 耐克森综合布线系统（亚太区） ⑥ 美国西蒙公司 ⑦ 上海快鹿电线电缆有限公司 ⑧ 莫仕（中国）投资有限公司 ⑨ 美国UCS（优势）布线产品事业部 ⑩ 德特威勒（苏州）电缆系统有限公司
7	公共广播及会议系统优秀品牌	① 深圳市台电实业有限公司 ② 飞利浦（中国）投资有限公司 ③ 利亚德光电股份有限公司 ④ 铁三角大中华有限公司 ⑤ 北京迪士普音响科技有限公司 ⑥ 博世（上海）安保系统有限公司 ⑦ 广州市保伦电子有限公司 ⑧ 提讴艾（上海）电器有限公司 ⑨ 哈曼（中国）投资有限公司 ⑩ 恩平市海天电子科技有限公司

表头：第四届影响中国智能建筑电气行业品牌评选（2015年）行业十大优秀品牌获奖名单

第四届影响中国智能建筑电气行业品牌评选（2015年）行业单项优秀奖获奖名单		
序号	行业单项优秀奖类别	获奖名单
1	最具市场潜力品牌	德特威勒（苏州）电缆系统有限公司
2	最具行业影响力品牌	同方泰德国际科技（中国）有限公司
3	最佳科技创新品牌	广州市荣电子有限公司
4	最佳用户满意度品牌	莫仕（中国）投资有限公司
5	最佳产品应用品牌	深圳市台电实业有限公司
6	最佳性价比品牌	浙江一舟电子科技股份有限公司

9.6 第五届影响中国智能建筑电气行业品牌评选

第五届影响中国智能建筑电气行业品牌评选（2016年）行业十大优秀品牌获奖名单		
序号	行业优秀品牌类别	获奖前十名名单（排序不分前后）
1	变压器及应急电源	① 施耐德电气（中国）有限公司 ② ABB（中国）有限公司 ③ 伊顿电源（上海）有限公司 ④ 顺特电气设备有限公司 ⑤ 康明斯（中国）投资有限公司 ⑥ 大全集团 ⑦ 特变电工沈阳变压器集团有限公司 ⑧ 台达集团 ⑨ 深圳市中电电力技术股份有限公司 ⑩ 溯高美索克曼电气有限公司
2	高低压配电装置	① 深圳市泰永电气科技有限公司（贵州泰永长征技术股份有限公司） ② ABB（中国）有限公司 ③ 常熟开关制造有限公司（原常熟开关厂） ④ 施耐德电气（中国）有限公司 ⑤ 西门子（中国）有限公司 ⑥ 浙江中凯科技股份有限公司 ⑦ 伊顿电源（上海）有限公司 ⑧ 正泰集团 ⑨ 北京双杰电气股份有限公司 ⑩ 安科瑞电气股份有限公司
3	母线及线缆	① 美国UCS（优势）布线产品事业部 ② 施耐德电气（中国）有限公司 ③ 上海市高桥电缆厂有限公司 ④ 伊顿电源（上海）有限公司 ⑤ ABB（中国）有限公司 ⑥ 耐克森综合布线系统（亚太区） ⑦ 大全集团 ⑧ 德特威勒（苏州）电缆系统有限公司 ⑨ 上海快鹿电线电缆有限公司 ⑩ 通用（天津）铝合金产品有限公司

续表

第五届影响中国智能建筑电气行业品牌评选（2016年）行业十大优秀品牌获奖名单		
序号	行业优秀品牌类别	获奖前十名名单（排序不分前后）
4	设备监控及能效管理	① 北京江森自控有限公司 ② 施耐德电气（中国）有限公司 ③ 加拿大Delta控制有限责任公司 ④ 霍尼韦尔智能建筑与家居集团大中华区智能建筑部 ⑤ 厦门万安智能有限公司 ⑥ 西门子（中国）有限公司 ⑦ 浙江中控自动化仪表有限公司 ⑧ 南京天溯自动化控制系统有限公司 ⑨ 同方泰德国际科技（北京）有限公司 ⑩ 深圳市中电电力技术股份有限公司
5	智能家居	① 邦奇智能科技（上海）股份有限公司 ② TCL-罗格朗国际电工（惠州）有限公司 ③ 广州市河东智能科技有限公司 ④ 福建省冠林科技有限公司 ⑤ 海尔U-home ⑥ ABB（中国）有限公司 ⑦ 霍尼韦尔智能建筑与家居集团大中华区智能建筑部 ⑧ 松下电器（中国）有限公司 ⑨ 快思聪亚洲有限公司 ⑩ 南京普天天纪楼宇智能有限公司
6	消防及应急照明	① 深圳市泰永电气科技有限公司（贵州泰永长征技术股份有限公司） ② 珠海西默电气股份有限公司 ③ 中消恒安（北京）科技有限公司 ④ 深圳市泰和安科技有限公司 ⑤ 安科瑞电气股份有限公司 ⑥ 西门子（中国）有限公司 ⑦ 沈阳宏宇光电子科技有限公司 ⑧ 南京亚派科技股份有限公司 ⑨ 施耐德电气（中国）有限公司 ⑩ 欧司朗（中国）照明有限公司
7	安全防范	① 广州市瑞立德信息系统有限公司 ② 霍尼韦尔智能建筑与家居集团大中华区智能建筑部 ③ 博世（上海）安保系统有限公司 ④ 杭州海康威视数字技术股份有限公司 ⑤ 施耐德电气（中国）有限公司 ⑥ 韩华泰科（天津）有限公司 ⑦ HID Global ⑧ 飞利浦（中国）投资有限公司 ⑨ 松下电器（中国）有限公司 ⑩ 金三立视频科技（深圳）有限公司
8	建筑照明	① 广州世荣电子股份有限公司 ② 欧司朗（中国）照明有限公司 ③ 惠州雷士光电科技有限公司 ④ 邦奇智能科技（上海）股份有限公司 ⑤ 美国路创电子公司

续表

序号	行业优秀品牌类别	获奖前十名名单（排序不分前后）
		第五届影响中国智能建筑电气行业品牌评选（2016年）行业十大优秀品牌获奖名单
8	建筑照明	⑥ 通用（天津）铝合金产品有限公司 ⑦ 广州市河东智能科技有限公司 ⑧ 松下电器（中国）有限公司环境方案公司 ⑨ 施耐德电气（中国）有限公司 ⑩ 惠州市西顿工业发展有限公司
9	综合布线	① 浙江一舟电子科技股份有限公司 ② 美国UCS（优势）布线产品事业部 ③ 莫仕（中国）投资有限公司 ④ TCL-罗格朗国际电工（惠州）有限公司 ⑤ 耐克森综合布线系统（亚太区） ⑥ 美国西蒙公司 ⑦ 南京普天天纪楼宇智能有限公司 ⑧ 西蒙电气（中国）有限公司 ⑨ 德特威勒（苏州）电缆系统有限公司 ⑩ 康普公司
10	广播电视及会议系统	① 深圳市台电实业有限公司 ② 飞利浦（中国）投资有限公司 ③ 博世（上海）安保系统有限公司 ④ BOSE公司 ⑤ 提讴艾（上海）电器有限公司 ⑥ 广州市迪士普音响科技有限公司 ⑦ 利亚德光电股份有限公司 ⑧ 长沙世邦通信技术有限公司 ⑨ 北京铁三角技术开发有限公司 ⑩ 哈曼（中国）投资有限公司

序号	行业单项优秀奖类别	获奖名单
		第五届影响中国智能建筑电气行业品牌评选（2016年）行业单项优秀奖获奖名单
1	最具市场潜力品牌	美国UCS（优势）布线产品事业部
2	最具行业影响力品牌	广州市河东智能科技有限公司
3	最佳科技创新品牌	广州世荣电子股份有限公司
4	最佳用户满意度品牌	北京双杰电气股份有限公司
5	最佳产品应用品牌	深圳市台电实业有限公司
6	最佳新锐品牌	浙江德塔森特数据技术有限公司

9.7　第六届影响中国智能建筑电气行业优秀品牌评选

第六届影响中国智能建筑电气行业优秀品牌评选（2017年）行业十大优秀品牌获奖名单		
序号	行业优秀品牌类别	获奖前十名名单（排序不分前后）
1	变压器及应急电源	① 施耐德电气（中国）有限公司 ② ABB（中国）有限公司 ③ 伊顿电源（上海）有限公司 ④ 中国德力西控股集团 ⑤ 康明斯（中国）投资有限公司 ⑥ 正泰集团 ⑦ 深圳市中电电力技术股份有限公司 ⑧ 顺特电气设备有限公司 ⑨ 珠海派诺科技股份有限公司 ⑩ 溯高美索克曼电气有限公司
2	高低压配电装置	① 深圳市泰永电气科技有限公司（贵州泰永长征技术股份有限公司） ② ABB（中国）有限公司 ③ 常熟开关制造有限公司（原常熟开关厂） ④ 施耐德电气（中国）有限公司 ⑤ 西门子（中国）有限公司 ⑥ 浙江中凯科技股份有限公司 ⑦ 正泰集团 ⑧ 北京双杰电气股份有限公司 ⑨ 埃安美（北京）物联技术有限公司 ⑩ 深圳市中电电力技术股份有限公司
3	母线及线缆	① 施耐德电气（中国）有限公司 ② 上海高桥电缆集团有限公司 ③ ABB（中国）有限公司 ④ 耐克森综合布线系统（亚太区） ⑤ 德特威勒（苏州）电缆系统有限公司 ⑥ 通用（天津）铝合金产品有限公司 ⑦ 远东电缆有限公司 ⑧ 伊顿电源（上海）有限公司 ⑨ 江苏亨通电力电缆有限公司 ⑩ 大全集团
4	设备监控及能效管理	① 北京江森自控有限公司 ② 施耐德电气（中国）有限公司 ③ 加拿大Delta控制有限责任公司 ④ 霍尼韦尔智能建筑与家居集团大中华区智能建筑部 ⑤ 西门子（中国）有限公司 ⑥ 中控·浙江源创建筑智能科技有限公司 ⑦ 贵州汇通华城股份有限公司 ⑧ 同方泰德国际科技（北京）有限公司 ⑨ 珠海派诺科技股份有限公司 ⑩ 台达集团
5	智能家居	① 邦奇智能科技（上海）股份有限公司 ② 施耐德电气（中国）有限公司 ③ 广州市河东智能科技有限公司 ④ 福建省冠林科技有限公司

第六届影响中国智能建筑电气行业优秀品牌评选（2017年）行业十大优秀品牌获奖名单		
序号	行业优秀品牌类别	获奖前十名名单（排序不分前后）
5	智能家居	⑤ ABB（中国）有限公司 ⑥ 霍尼韦尔智能建筑与家居集团大中华区智能建筑部 ⑦ 南京普天天纪楼宇智能有限公司 ⑧ TCL-罗格朗国际电工（惠州）有限公司 ⑨ 松下电器（中国）有限公司 ⑩ 海尔U-home
6	消防及应急照明	① 深圳市泰永电气科技有限公司（贵州泰永长征技术股份有限公司） ② 北京易艾斯德科技有限公司 ③ 珠海派诺科技股份有限公司 ④ 深圳市泰和安科技有限公司 ⑤ 安科瑞电气股份有限公司 ⑥ 西门子（中国）有限公司 ⑦ 施耐德电气（中国）有限公司 ⑧ 欧司朗（中国）照明有限公司 ⑨ 深圳市中电电力技术股份有限公司 ⑩ 珠海西默电气股份有限公司
7	安全防范	① 广州市瑞立德信息系统有限公司 ② 霍尼韦尔智能建筑与家居集团大中华区智能建筑部 ③ 杭州海康威视数字技术股份有限公司 ④ 施耐德电气（中国）有限公司 ⑤ HID Global ⑥ 松下电器（中国）有限公司 ⑦ ABB（中国）有限公司 ⑧ 深圳市泰和安科技有限公司 ⑨ 南京普天天纪楼宇智能有限公司 ⑩ 博世（上海）安保系统有限公司
8	建筑照明	① 广州世荣电子股份有限公司 ② 浙江慧控科技有限公司 ③ 广州莱明电子科技有限公司 ④ 上海三思电子工程有限公司 ⑤ 广州市河东智能科技有限公司 ⑥ 惠州市西顿工业发展有限公司 ⑦ 欧司朗（中国）照明有限公司 ⑧ 惠州雷士光电科技有限公司 ⑨ 邦奇智能科技（上海）股份有限公司 ⑩ 松下电器（中国）有限公司
9	综合布线	① 浙江一舟电子科技股份有限公司 ② 美国UCS（优势）布线产品事业部 ③ 施耐德电气（中国）有限公司 ④ 浙江德塔森特数据技术有限公司 ⑤ 耐克森综合布线系统（亚太区） ⑥ 南京普天天纪楼宇智能有限公司 ⑦ 西蒙电气（中国）有限公司 ⑧ 德特威勒（苏州）电缆系统有限公司 ⑨ 康普公司 ⑩ TCL-罗格朗国际电工（惠州）有限公司

续表

序号	行业优秀品牌类别	获奖前十名名单（排序不分前后）
第六届影响中国智能建筑电气行业优秀品牌评选（2017年）行业十大优秀品牌获奖名单		
10	广播电视及会议系统	① 深圳市台电实业有限公司 ② 飞利浦（中国）投资有限公司 ③ 博世（上海）安保系统有限公司 ④ BOSE公司 ⑤ 雅马哈乐器音响（中国）投资有限公司 ⑥ 广州市迪士普音响科技有限公司 ⑦ 利亚德光电股份有限公司 ⑧ 长沙世邦通信技术有限公司 ⑨ 北京铁三角技术开发有限公司 ⑩ 上海三思电子工程有限公司

序号	行业单项优秀奖类别	获奖名单
第六届影响中国智能建筑电气行业优秀品牌评选（2017年）行业单项优秀奖获奖名单		
1	最具市场潜力品牌	美国UCS（优势）布线产品事业部
2	最具行业影响力品牌	南京普天天纪楼宇智能有限公司
3	最佳科技创新品牌	深圳市台电实业有限公司
4	最佳用户满意度品牌	北京双杰电气股份有限公司
5	最佳产品应用品牌	浙江一舟电子科技股份有限公司
6	最佳新锐品牌	埃安美（北京）物联技术有限公司

9.8　第七届影响中国智能建筑电气行业优秀品牌评选

序号	行业优秀品牌类别	获奖前十名名单（排序不分前后）
第七届影响中国智能建筑电气行业优秀品牌（2018年）行业前十名获奖名单		
1	电源系统	① 施耐德电气（中国）有限公司 ② ABB（中国）有限公司 ③ 康明斯（中国）投资有限公司 ④ 伊顿电源（上海）有限公司 ⑤ 海鸿电气有限公司 ⑥ 常州科勒动力设备有限公司 ⑦ 北京德威特电气科技股份有限公司 ⑧ 北京双杰电气股份有限公司 ⑨ 浙江正泰建筑电器有限公司 ⑩ 泰豪科技股份有限公司

续表

序号	行业优秀品牌类别	获奖前十名名单（排序不分前后）
		第七届影响中国智能建筑电气行业优秀品牌（2018年）行业前十名获奖名单
2	高低压配电系统	① 施耐德电气（中国）有限公司 ② ABB（中国）有限公司 ③ 常熟开关制造有限公司（原常熟开关厂） ④ 西门子（中国）有限公司 ⑤ 上海良信电器股份有限公司 ⑥ 贵州泰永长征技术股份有限公司 ⑦ 浙江中凯科技股份有限公司 ⑧ 安科瑞电气股份有限公司 ⑨ 北京双杰电气股份有限公司 ⑩ 大全集团有限公司
3	母线及线缆系统	① 上海高桥电缆集团有限公司 ② ABB（中国）有限公司 ③ 远东电缆有限公司 ④ 大全集团有限公司 ⑤ 江苏亨通电力电缆有限公司 ⑥ 珠海光乐电力母线槽有限公司 ⑦ 伊顿电源（上海）有限公司 ⑧ 施耐德电气（中国）有限公司 ⑨ 深圳市海德森科技股份有限公司 ⑩ 德特威勒（苏州）电缆系统有限公司
4	照明及智能家居系统	① 欧普照明股份有限公司 ② 昕诺飞（中国）投资有限公司 ③ 广东三雄极光照明股份有限公司 ④ 欧司朗（中国）照明有限公司 ⑤ 深圳市鸿宸雷士光环境工程有限公司 ⑥ 南京普天天纪楼宇智能有限公司 ⑦ 上海三思电子工程有限公司 ⑧ 德国摩根智能技术有限公司 ⑨ 广州莱明电子科技有限公司 ⑩ 广州河东科技有限公司
5	电气消防系统	① 安科瑞电气股份有限公司 ② 施耐德电气（中国）有限公司 ③ 霍尼韦尔（中国）有限公司 ④ 珠海派诺科技股份有限公司 ⑤ 珠海西默电气股份有限公司 ⑥ 中消恒安（北京）科技有限公司 ⑦ 浙江台谊消防设备有限公司 ⑧ 西门子（中国）有限公司 ⑨ 深圳市泰和安科技有限公司 ⑩ 阜阳华信电子仪器有限公司
6	电能质量系统	① 安科瑞电气股份有限公司 ② 珠海派诺科技股份有限公司 ③ 伊顿电源（上海）有限公司 ④ 上海正尔智能科技股份有限公司 ⑤ 江苏斯菲尔电气股份有限公司 ⑥ 北京双杰电气股份有限公司 ⑦ 广州阿珂法电器有限公司 ⑧ 德力西集团有限公司 ⑨ 江苏默顿电气有限公司 ⑩ 溯高美索科曼（北京）能源技术有限公司
7	安全技术防范系统	① 浙江大华技术股份有限公司 ② 杭州海康威视数字技术股份有限公司 ③ 施耐德电气（中国）有限公司

续表

序号	行业优秀品牌类别	获奖前十名名单（排序不分前后）
第七届影响中国智能建筑电气行业优秀品牌（2018年）行业前十名获奖名单		
7	安全技术防范系统	④ 霍尼韦尔（中国）有限公司 ⑤ 深圳市泰和安科技有限公司 ⑥ 西门子（中国）有限公司 ⑦ 南京普天天纪楼宇智能有限公司 ⑧ 厦门立林科技有限公司 ⑨ Johnson Controls（江森自控） ⑩ 广州市瑞立德信息系统有限公司
8	综合布线及网络	① 美国西蒙公司 ② 浙江一舟电子科技股份有限公司 ③ 康宁光通信中国 ④ 美国UCS（优势）布线产品事业部 ⑤ 浙江拓谱科技股份有限公司 ⑥ 浙江德塔森特数据技术有限公司 ⑦ 南京普天天纪楼宇智能有限公司 ⑧ 德特威勒（苏州）电缆系统有限公司 ⑨ 苏州兰贝信息科技有限公司 ⑩ 宁波韩电通信科技有限公司
9	音视频会议系统	① 深圳市台电实业有限公司 ② 博士视听系统（上海）有限公司 ③ 上海三思电子工程有限公司 ④ 昕诺飞（中国）投资有限公司 ⑤ 北京星启邦威电子有限公司 ⑥ 广州市迪士普音响科技有限公司 ⑦ 哈曼（中国）专业音视系统 ⑧ 利亚德光电股份有限公司 ⑨ 北京铁三角技术开发有限公司 ⑩ 深圳市迪斯文化科技有限公司
10	建筑设备管理系统	① 西门子（中国）有限公司 ② 深圳达实智能股份有限公司 ③ 珠海派诺科技股份有限公司 ④ 同方泰德国际科技（北京）有限公司 ⑤ Johnson Controls（江森自控） ⑥ 北京易艾斯德科技有限公司 ⑦ 安科瑞电气股份有限公司 ⑧ 浙江慧控科技有限公司 ⑨ Delta Controls Inc. ⑩ 贵州汇通华城股份有限公司

序号	行业单项优秀奖类别	获奖名单
第七届影响中国智能建筑电气行业优秀品牌（2018年）行业单项优秀奖获奖名单		
1	最佳用户满意度品牌	北京双杰电气股份有限公司
2	最佳产品应用品牌	深圳市台电实业有限公司
3	最具市场潜力品牌	南京普天天纪楼宇智能有限公司
4	最具行业影响力品牌	浙江一舟电子科技股份有限公司
5	最佳科技创新品牌	美国UCS（优势）布线产品事业部
6	最佳性价比品牌	德特威勒（苏州）电缆系统有限公司
	最佳新锐品牌	浙江拓谱科技股份有限公司

参考文献

［1］袁行飞，张玉.建筑环境中的风能利用研究进展［J］.自然资源学报，2011，26（5）：891-898.

［2］欧阳东.BIM技术：第二次建筑设计革命［M］.北京：中国建筑工业出版社，2013.

［3］中国建筑科技集团课题组.BIM技术科研成果汇编［M］.北京：中国建筑工业出版社，2018.

［4］中国市政工程协会.中国市政工程海绵城市建设实用技术应用手册［M］.北京：中国建材工业出版社，2017.